5년간 찾아다닌 우리나라 흙집

흙집으로 돌아가다

2009년 1월 10일 초판 1쇄 찍음
2014년 3월 10일 초판 5쇄 펴냄

발행인   이 심
편집인   임병기
발행처   (주)주택문화사
출판등록번호   제13-177호
주 소   서울시 강서구 강서로 466 우리벤처타운 6층
전 화   02-2664-7114(代)
팩 스   02-2662-0847

기획&진행   이세정
기획&편집   김연정
사 진   변종석
편집디자인   고스트에이전시
마케팅   서병찬
총판·관리   장성진, 이미경

자매지   월간 전원속의 내집 · www.uujj.co.kr
          주간 노년시대신문 · www.nnnews.co.kr

출 력   삼보프로세스
인 쇄   애드그린 인쇄(주)
용 지   영은페이퍼(주)

정 가   35,000원

ISBN   978-89-85047-06-7-13540

흙집으로 돌아가다

5 년 간 찾 아 다 닌 우 리 나 라 흙 집

52채 황토 건축 보고서

흙집으로 돌아가다

주식
회사 주택문화사

많은 이들이 시멘트 집에서 깨어나, 시멘트 길을 내달려, 시멘트 건물에서 일을 하고, 다시 시멘트 집으로 돌아옵니다.
그렇게 하루의 일상은 시멘트 공간에서 반복 또 반복됩니다. 그런데 어느 한순간, 견고한 시멘트 환경에 빨간불이 켜졌습니다.

그때부터 사람들은 하찮게만 봐왔던 '흙'을 찾기 시작했습니다.
편리함과 효율성의 대가로 돌아온 불신과 두려움을 흙이 삭혀 주었습니다.
자신은 썩지 않되 썩어가는 생명을 자신의 품에서 녹여 버리듯이 말입니다.

먼 길을 돌아 이제야 친환경적인 삶의 대안으로 흙집에 주목하고 있습니다.
흙벽돌과 목구조, 한옥구조와 흙벽돌, 다짐흙벽과 목구조, 통나무와 흙의 결합에다
흙자루(Earthbag), 흙다짐(Rammed earth), 볏단벽(Straw bale) 공법 등 형태도 다양해지고 있습니다.

흙집을 짓고 살고 있는 전국의 현장을 찾아 나섰습니다.
거기서 만난 사람들은 하나같이 손톱에 흙이 끼고, 옷에선 흙먼지가 날려도 행복해 했습니다.
흙집에서 맑게 숨쉬며 따뜻하고 시원하게 살기를 원했기 때문입니다.
흙이 떨어지면 다시 흙을 바르고, 벽이 갈라지면 아무렇지 않게 흙으로 틈을 메웁니다.
그 한켠, 쓰다 남겨진 흙에선 새싹이 살포시 돋으면서
'생명은 흙에서 나와 흙으로 돌아간다'는 진리를 일깨워 줍니다.

월간 전원속의 내집 편집부

014

040

090

C·O·N·T·E·N·T·S

Ⅲ. 흙집에 산다

:: 주거공간

142

178

200

228

266

296

314

336

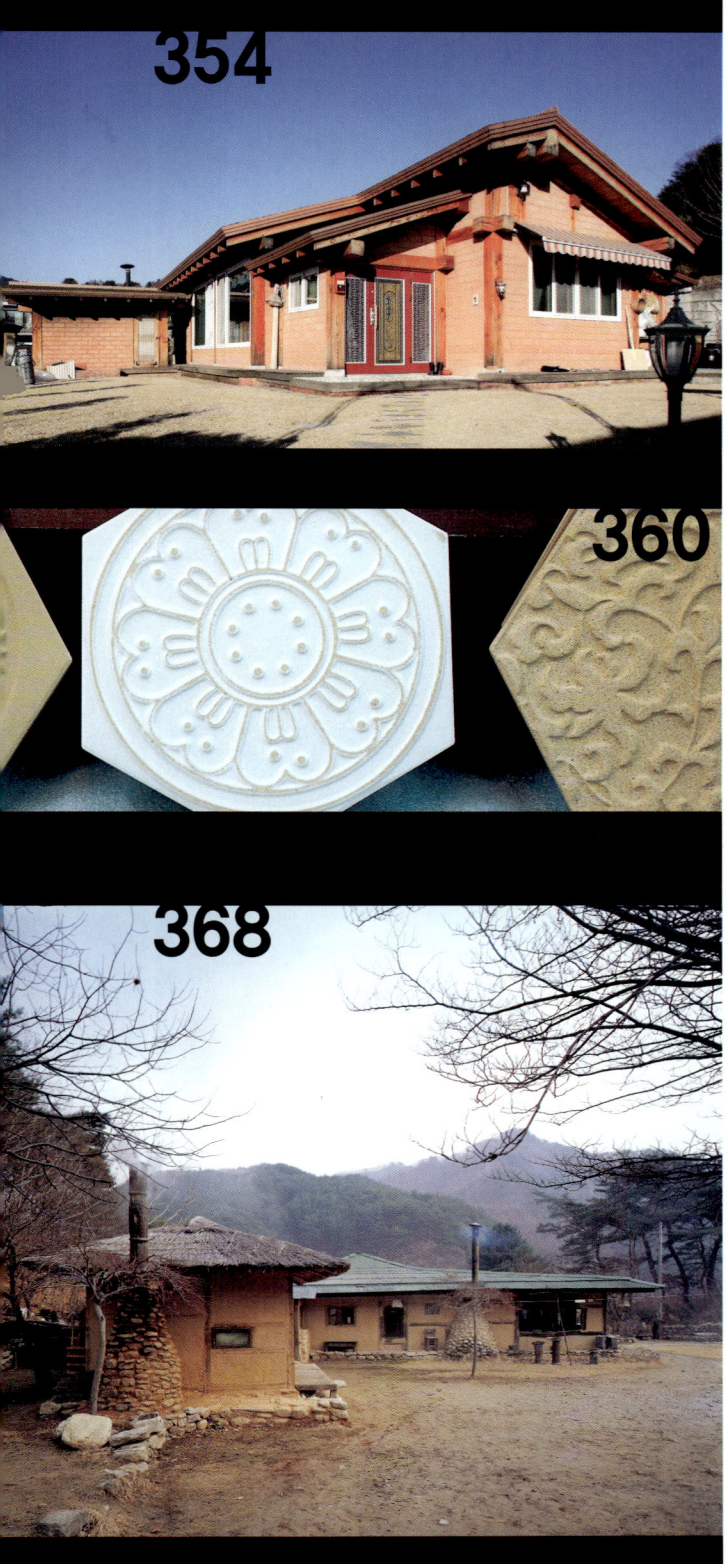

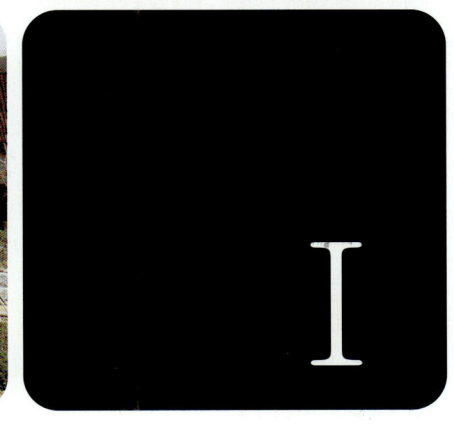

I

[흙집을 말하다]

01

흙건축연구소 살림 김석균 대표

우리 삶을 건강하게 담아낼 건축

늦가을 길을 걷는다. 황금빛 나락이 들판을 휩쓸고, 화려한 꽃 잔치를 벌이던 단풍도 이젠 내년을 기약하고 물러났다. 구불구불 논두렁길을 휘돌아 보기도 하고 산자락을 넘어 옆 마을에 마실이라도 다니다 보면 '아 참 좋구나!' 라는 생각이 절로 든다.

이럴 때 구부러진 길 끝에서 쇠락해 가는 작은 흙집이라도 만나게 되면 그야말로 보물을 찾은 듯 들뜬 기분이 들곤 한다. 구석구석 들여다보고 있자면 그 작고 불편한, 하지만 우리의 삶을 통째로 담고도 부족하지 않은 그 '흙집' 에 새삼 빠져들게 된다.

사실 우리 모두는 집에서 살지만 정말 '집' 에서 살까? 면적당 얼마짜리라든가, 창호가 시스템창호라든가, 싱크대가 이태리 대리석이라든가, 집값이 얼마가 올랐다든가 등등, 외형적 가치를 던져버리고 그저 집을 본래의 집으로 느껴본 적이 얼마나 되었던가.

너무 작고 초라하기에 오히려 '집' 이란 것에 다시 한번 생각이 머무를 때쯤이면 가슴 속에 깊이 숨겨두었던 로망이 스멀스멀 새어나오기 시작한다.

"몇 년 후엔 나도 시골로 내려가야지! 그리고 집을 한 채 지어보자. 방 하나 정도는 구들을 때 뜨끈뜨끈 등을 지지고 거실에는 벽난로도 하나쯤 있으면 좋겠지. 그렇다면 벽난로이면서 구들 아궁이가 되게 만들면 더욱 좋겠구나. 그래! 그렇다면 흙집을 지어야 하겠네. 그런데 흙으로 지으면 무너지지는 않을까? 부슬부슬 흙이 떨어져 내릴지도 몰라. 그건 그렇고 생활하기에 불편할 텐데, 어쩌면 애들이 촌스럽다고 안 좋아할지도 몰라…."

:: 해외 각국에선 흙에 대한 연구 앞서 진행돼

생각이 여기에 이를 때쯤이면 다시 현실이다. 어머니 품 속 같이 푸근한 흙을 이상으로 꿈꾸면서도 현실적으론 생활하기에 불편할거라는 생각에 흙에 대한 염려를 선뜻 떨칠 수 없게 만든다.

그리고 보면 우리는 흙을 좋아하면서도 이를 믿지 못하는 양면성을 가지고 있다. 과거에는 참 좋은 집이었지만 오늘날 우리의 삶을 담기에는 무언가 부족하고 약할 것 같다는 생각이 발목을 잡기 때문이다.

왜 우리들은 흙을 믿지 못할까? 시멘트가 우리 건축물에 적용된 것은 불과

3

구분	입도(粒度 : mm)	이화학성(理化學成)
모래	2.0 ~ 0.02	· 토양의 골격 형성을 돕고, 입자간 공극을 크게 하여 통기와 배수를 좋게 한다. · 각 입자가 분리되어 있어 접착성, 응집성이 없다.
마사토	0.02 ~ 0.002	· 거친 부분은 골격 역할을 하나 미세 부분은 물리 · 화학적 반응에 관계된다. · 점착성은 없으나 응집성이 약간 있다.
점토	0.002	· 표면적이 크므로 물의 표면흡착, 이온 교환 등의 물리 · 화학적 반응에 관련된다. · 점착성, 응집성이 크다.

1 온통 흙으로 지은 호주 코랄빈에 자리한 호텔. 흙을 거푸집에 10cm씩 부어 넣고 절구공이로 다져 벽체를 형성하였다. 이는 우리나라에서 수백 년 전부터 지어왔던 담틀집을 연상케 한다. **2** 전북 무주군에 자리한 전통 된장문화센터. 흙건축 살림과 지 건축이 공동으로 시공했다. **3** 전남 순천에 지어진 흙 건축물. 설계는 건축공방 무, 시공은 흙건축 살림이 맡았다. **4** 서울 하얏트 호텔의 인테리어 벽체로 사용된 흙벽. **5** 강원도 철원에 지어진 펜션의 방갈로.

2백년도 되지 않았다. 하지만 흙은 수 천 년 전부터 사용되어 왔고, 우리가 흙을 버리고 시멘트와 철, 유리에 열광하고 있을 동안 외국에선 오히려 흙에 대한 연구를 지속해 오고 있다.

프랑스를 보더라도 그루노블에 있는 흙건축학교에서는 30년 전부터 흙에 대한 연구를 지속적으로 펼치고 있는 흙건축연구소가 활동하고 있다. 뿐만 아니라 독일이나 호주에도 이미 30년이 넘도록 흙의 현대적 이용에 관한 실험과 사용이 활발하게 진행되고 있다.

시멘트의 사용량을 지금의 30%로 줄여야 한다는 연구가 이곳저곳에서 나오고 그 대안으로 흙이 대두된 지가 한참이다. 그나마 다행스러운 것은 우리나라에서도 흙에 대한 연구가 십 여 년 전부터 시작되어 왔다. 목포대학교의 경우 프랑스 그루노블연구소와 공동으로 다양한 연구를 하고 있고, 흙건축연구회에서는 몇 년째 세미나와 심포지엄, 흙건축 아카데미 등을 통해 교육과 시공, 연구 활동을 전개하고 있다.

:: **합리적인 흙 사용을 위한 세 가지 요소**

건축소재로서 흙의 물성은 반드시 짚고 넘어가야 할 문제다 흙이 가지는 가장 기본적인 성격을 이해하고 나면 흙을 사용함에 훨씬 자유롭다. 여러 흙 중에 일단 표토는 피해야 한다. 표토(땅 표면의 흙)에는 많은 유기물질들이 포함되어 거름냄새처럼 쾌쾌한 냄새가 나므로 쉽게 구별할 수 있다. 표토를 걷어내고 나면 나오는 흙을 사용하는 것이 좋은데, 이를 심토라 한다.

채취한 흙의 성격을 알아야 한다 흙을 구성하는 입자의 크기를 기준으로 살펴보면 자갈, 모래, 마사토, 점토로 나뉜다. 이중 자갈, 모래를 사토질이라 하는데 구조제의 역할을 하고 점토질인 마사토와 점토가 접착제의 역할을 한다. 그런데 흙에 점토가 너무 많으면 접착력은 좋아지지만 흙에 크랙(금이 가는 것)이 생기기 쉽고, 모래가 너무 많으면 각 입자들끼리의 접착력이 부족해서 흙이 부슬거리게 된다는 것을 염두에 둘 필요가 있다. 이를 적절히 맞추어 사용하면 미장을 하든 벽돌을 찍든 아니면 흙을 다져서 벽체를 만들든 큰 문제가 없다. 미장마감을 할 때는 모래를 많이 넣게 되는데 이럴 때 접착력이 부족하므로 끊인 해초풀로 보완해 주기도 한다.

흙 속의 함수율을 통해 수분의 정도를 파악해야 한다 흙이 너무 질면(함수율이 높으면) 흙 속에 물이 들어있는 만큼 공극이 생기게 되어 건조되면서 쉽게 금이 생기고, 함수율이 너무 적으면 입자들이 충분히 접착되지 못해 흙이 부슬거리게 된다.

김석균 흙건축연구소 살림 대표로 오랫동안 흙집을 짓고 연구해 왔다. 전북대학교 철학과를 졸업하고 목포대학교 흙건축연구실 연구원, 한국흙건축연구회 이사로도 활동 중이다. 전북 장수에서 폐교를 임대하여 흙건축학교를 운영하고 있으며, 네이버에 '흙건축연구소 살림' 이라는 인터넷 카페를 운영하고 있다.
010-4006-5628 http://cafe.naver.com/earthist21

|02

행인흙건축 이동일 대표

흙집에 대한 궁금증 풀이

Q 흙집에서 갈라짐은 문제점으로 지적되는데…

사실 흙집에서 어느 정도의 갈라짐과 터짐은 자연스러운 것이다. 재래식 방법으로는 황토미장 후 사발그릇 등으로 몇 차례 문질러 주면서 틈을 메우는 방법과 흙벽돌을 가루 내어 구운 후 마감미장을 해주는 방식이 있었다. 본인의 경우, 흙벽돌을 쌓는 흙은 찰진 성분이 높은 진흙에 모래를 섞어 쓰는데 터짐을 방지하기 위함이다. 한편 벽체의 미장 흙은 황토분과 향나무 톱밥, 무기바인더가 혼합된 가공된 흙을 사용한다. 바닥재는 카로틴이라고 하는 자연섬유질 성분을 섞어 갈라짐과 트는 현상을 방지하고 있다.

모든 건축이 그러하지만 특히 흙집은 흙일을 하는 사람에 의해 많이 좌우된다. 원자재인 흙의 성질이 찰진가, 마사성분이 많은가에 따라 다르며, 물의 양을 얼마로 조정하느냐에 따라 다르다. 혼합한 재료를 손으로 쥐었을 때 알맞은 정도를 찾아내는 것은 현장의 경험이 축적되어야만 가능하다. 예를 들어 물을 많이 섞으면 갈라짐이 심하고 물이 적으면 터짐이 많이 생긴다. 특히 흙집은 짓는 방식에 따라 혼합하는 소재나 방식이 다르기 때문에 하나로 정형화하기엔 어려움이 있다. 다양한 흙집 건축 양식을 체계적으로 정리하는 일은 건축학계와 현장 전문가들의 몫이라고 생각한다.

Q 흙집의 구조체는 어떻게 이루어지나?

흙집의 뼈대를 이루는 골조방식은 몇가지로 나눌 수 있다. 흙벽돌로만 쌓는 조적조 방식, 담틀을 이용한 담틀방식, 목구조로 골조를 세우는 방식이 그 것이다. 그 중에서 구조적으로 안정적이고 집의 형태를 제대로 갖추기 위해서는 목구조 방식이 가장 타당하다고 생각한다. 최근 목구조 대신 H빔이나 철골조, 콘크리트 골조 등을 사용하는 예를 간혹 접하는데, 이는 흙자재의 성질과 맞지 않기 때문에 하자가 발생할 수 있는 여지가 많다.

목구조 방식은 건물 평형(규모)에 따라 6치(약 18㎝), 7치(약 21㎝), 8치(약 25㎝) 사각 또는 원형 목재를 사용하여 기둥과 도리로 골조를 세우고 보로 연결한다. 암수 홈을 파 짜맞추기 시공을 하며 멋을 내기 위해서는 보머리를 만들기도 한다. 콘크리트 기초 위에 간이 주춧돌을 세우고 기둥을 세우

고자 할 때는 목기둥 위치에 주춧돌을 고정하고 앵커를 이용하여 목기둥을 고정한다. 선조들의 흙집(한옥)은 건축물의 폭이 좁아 대들보와 마룻대(종도리)를 이용한 서까래 방식의 지붕을 만들었으나, 건축물의 폭이 넓어진 현대 건축물에 있어서는 서까래 방식보다는 서구 목조주택의 지붕 방식인 트러스 방식으로 처리하는 것이 합리적이라고 본다.

Q 흙집 벽체, 약하지는 않을까?

선조들은 목구조로 골조를 세운 후 수수깡이나 싸리나무 등으로 가로외를 엮어 흙을 쳐서 흙벽을 만들었다. 이 방식은 기둥과 흙벽 사이의 틈이 많이 벌어지고 풍화작용으로 인해 내구성이 떨어지며, 외양이 단조롭다는 단점이 있다.

현대 흙건축의 대중화를 위해선 자재의 규격화와 시공의 단순화가 필수적인데, 목재로 골조를 세우는 방식과 더불어 흙벽돌로 벽체를 구성하는 것은 시공의 용이성과 자재의 규격화를 높이는 방법 중 하나라고 본다. 또한 기계압을 이용한 강도 높은 흙벽돌을 생산 시공함으로 내구 연한을 높일 뿐만 아니라 문양흙벽돌 등의 생산으로 외양의 단조로움도 극복할 수 있다.

기초콘크리트에서 바닥 방통높이(약 20cm) 만큼은 시멘트벽돌로 쌓는다. 외벽은 300×200×140mm 흙벽돌을 뉘여 쌓고, 내벽 칸막이는 세워 쌓는다. 목기둥과 흙벽돌 사이, 보와 흙벽돌 사이, 창틀과 흙벽돌 사이엔 압축 스티로폼(10mm)을 끼워 단열 및 줄눈공사가 용이토록 한다. 화장실 등 물쓰는 공간은 흙벽돌 벽체 안쪽으로 시멘트 벽돌을 세워쌓기하여 방수미장을 할 수 있도록 하는 것이 좋다. 이러한 방식으로 하면 구조적으로 전혀 문제될 것이 없다.

Q 벽은 그렇다 치고 천장은 어떻게 흙으로 마감하는지?

우리 옛 살림집은 지붕에 흙을 얹었다. 별도의 단열재나 천장 마감재가 없었기 때문이기도 하다. 지금도 지붕에 흙을 얹기를 희망하는 분들이 많다. 지붕에 흙을 올리는 것은 단열기능과 기와 또는 너와 초가 등의 지붕재를

엎기 위한 전 단계에 해당하는 면처리 개념으로 생각하면 이해가 빠를 듯 싶다. 오늘날의 집짓기는 거실 정도만 모양을 내기 위해 삼량 구조 방식의 노출 서까래를 만들고 나머지 방과 같은 공간은 천장을 만든다. 이전에는 합판을 사용하기도 했으나 현재는 방화 기능이 강한 석고보드를 사용한다. 황토는 열을 받았을 때 원적외선이 방출되는데, 바닥과 벽뿐만 아니라 천장도 황토로 마감되면 원적외선의 반사층이 형성되어 효과가 더 높은 것으로 알려져 있다. 때문에 천장 석고보드를 이중으로 하고 그 위에 메쉬(망)을 친후 황토 미장을 하면 하자도 줄이고 기능은 높일 수 있다. 석고보드를 이중으로 시공하는 이유는 황토미장 시 처짐을 방지하기 위한 것이다. 특히 천장 황토 미장은 일반 미장과 달리 숙련된 기술을 요하는 부분이다.

Q 섞는 재료에 따라 황토벽돌은 어떻게 분류되는가?

시중에 유통되고 있는 흙벽돌은 대략 3가지 정도이다. ①짚 등을 썰어서 논흙과 마사토, 황토를 섞어 손으로 찍은 손벽돌, ②중소형 벽돌제작 기계로 현장에서 찍는 흙벽돌(15톤 하중 정도), ③공장에서 제작된 기계압 벽돌(35톤 하중 정도) 등이며 기계압으로 찍는 흙벽돌은 황토만으로 찍기도 하고 강도를 높이기 위하여 규사와 돌가루 등을 섞기도 한다. 일부에선 강도를 높이기 위하여 백회와 시멘트를 섞기도 한다.

토담집이나 보다 토속적인 주택을 희망한다면 짚을 섞어 만든 손벽돌이 좋다. 물론 보다 현대적인 목구조 흙집이라면 기계압 벽돌을 사용하는 것이 좋고 느낌에 따라 문양이 있는 것과 문양이 없는 것을 선택할 수 있다. 손벽돌에 짚을 섞는 이유는 손으로 찍기 때문에 강도가 약한 것을 방지하고 진흙성분으로 벽돌이 트는 것을 막아주기 위함이다. 기계압 벽돌일 경우는 이러한 문제는 없다. 기계압 벽돌 중에서도 구멍이 있는 것과 구멍이 없는 것이 있는데, 구멍이 있으면 공기층을 형성해 단열을 높이는 작용을 하고, 건조와 시공에 용이한 장점이 있다.

흙벽돌은 찍는 과정을 직접 눈으로 확인하는 것이 좋다. 백회나 이물질이 포함되지 않은 순수 황토벽돌을 사용하는 것이 바람직하기 때문이다.

Q 구조적 강도를 높이기 위한 별도의 화학물을 쓰고 있지는 않은지?

흙집 시공상 원칙적으로 화학제를 쓰지 않는다. 예전 흙집의 내벽 미장 시에는 새벽(마감미장)에 찹쌀을 풀처럼 쑤어 황토와 반죽하여 발랐던 것처럼 흙이 가지고 있는 응집력으로 미장 시 터지고 갈라지는 현상을 방지하기 위

하여 몇가지 첨가제를 쓰기도 했다. 업체마다 다를 수 있는데 본인은 흙벽돌 조적공사 시 모르타르에 진흙 성분이 강한 흙과 모래를 섞어 터지는 현상을 방지하고 있으며, 내벽 미장 시의 황토는 완제품을 쓴다. '황토라이트'라는 벽체용 모르타르는 황토분과 향나무톱밥, 그리고 무기바인더가 혼합된 제품이다. 무기바인더는 접착제 성분을 가지고 있는 것으로서 유기바인더와 구분되고 천연소재로 가공된 제품이다. 바닥재 황토는 카로틴이라는 펄프재질을 혼합하여 방바닥이 터지고 갈라지는 현상을 방지하고 있다.

한지벽지와 한지장판을 시공할 때는 테두리에만 접착제를 쓰고 나머지는 초배 위에 이음매 부분만 풀칠을 한다. 한지장판 시공 시에는 사방 테두리에 광목천을 두르고 그 위에 종이장판 초배를 하고 콩기름 먹인 한지장판을 시공한다. 현대 흙건축 소재의 개발에 따라 완제품 가공 시 접착제 사용이 이루어지고 있는데, 이처럼 그 소재는 황토와 궁합이 맞는 천연소재로 쓰는 것이 바람직하다.

Q 흙집은 물에 약하다고 하는데, 괜찮을까?

간혹 농촌을 지나다보면 흙벽이 주저앉은 흙집을 볼 수 있다. 이로 인해 여러 가지 걱정이 앞서는 것 같다. 흙은 물기를 머금고 내뱉는 자연 기능을 가지고 있으나 원칙적으로 흙집을 물로부터 보호하는 장치는 필요하다. 특히 서북풍 바람에 유의하여 설계하고, 건축공정 상에도 흙벽을 보호하는 시공이 필요하다.

일상적인 비를 피하기 위해서는 방바닥 면을 지면에서 약 60cm 이상 높이고, 처마의 길이를 1m 정도 길게 뽑아야 한다. 태풍과 같이 들이치는 비를 피하기 위해서는 흙벽 하단부를 중심으로 통기성 발수제를 뿌려 준다. 만약에 세월의 풍화작용으로 흙벽의 손상이 심하다면 신축 후 10~20년 뒤 흙미장, 목재사이딩 설치 등의 리모델링도 생각해 볼 수 있다.

이동일 일반 전원주택 단지 형태의 흙집단지와 노인주거 중심의 실버 황토주택단지을 조성하는데 주력하고 있다. 솟대 흙건축 연구소를 만들어 흙건축 자재 및 시공 기술에 관한 지속적 연구를 하고 있고, 국내 최초 흙집단지인 솟대전원마을의 완공 및 분양을 성공적으로 마친 바 있다.
031-338-0983 http://www.hangin.co.kr

|03

우리흙집연구소 최효영 소장

경제적인 형태, **통나무흙집**

Q 전원주택 시장에서 통나무흙집이 차지하는 비율과 앞으로 추이는?

전원주택 시장에서 통나무흙집이 차지하는 비율은 아직까지는 미미하다.
통나무흙집을 전문적으로 시공하는 업체가 많지 않기 때문이다. 그러나 누
구나 쉽게 지을 수 있는 집이기 때문에 손수 짓고자 하는 흙집 마니아들이
점차 늘고 있는 가운데, 전망은 밝으리라 내다 본다.

Q 통나무흙집이란 무엇인가?

통나무 토막을 쌓고 흙반죽으로 메워 벽체를 쌓아올리며 짓는 집이다. 흙이
주는 색감과 질감, 그리고 적송에서 풍겨 나오는 원형미와 선명하게 동심원
이 드러나는 나무의 나이테가 내외부 벽체에 그대로 드러나게 된다.
통나무흙집의 평면은 대부분이 원형이다. 이것은 구조적으로 안정적인 벽
체를 만들기 위해서고, 또한 가장 경제적인 것이 원형태이다(같은 면적의
원과 정사각형, 직사각형의 둘레를 비교해 보면 원형이 가장 짧다. 즉 벽체
시공비가 제일 적게 소요된다).
평면이 원형인 지붕의 형태는 원뿔형(엄밀하게 말하면 다각뿔형, 예로 서까
래가 24개가 설치된 방의 지붕 형태는 24각뿔형)이다.

Q 통나무흙집이 여타 주택에 비해 가지는 가장 큰 장점은?

가장 자연적인 소재(흙과 나무와 돌 등)를 사용하는 생태적인 주택이라는
점과 통나무와 흙으로 이루어진 벽체가 골조(집의 뼈대)가 되기 때문에 전
문적인 기술이나 기능이 없어도 누구나 쉽게 집을 지을 수 있다는 점이다.
다만 많은 노동력이 소요되기 때문에 인건비가 많이 든다.

Q 흙과 어울리는 가장 적합한 지붕마감재는 무엇이며, 현대적 흙집으로 시공
될 경우는 어떤 지붕재를 접목시키면 무난할까?

지붕의 마감자재는 시공비, 사용연한, 시공의 가부와 전체적인 흙집과의 조화 등을 검토하여 시공하여야 한다.

생태적으로 어울리는 마감재로는 초가나 너와(나무기와), 능애(돌기와) 등이 있으나, 초가는 최소 2~3년에 한번씩 이어야 하는 번거로움과 비용이 발생한다. 또한, 전통너와(참나무 껍질)는 요즘 구하기가 어렵다. 능애는 지붕의 하중을 가중시키고 축열이 되므로 주의해야 한다.

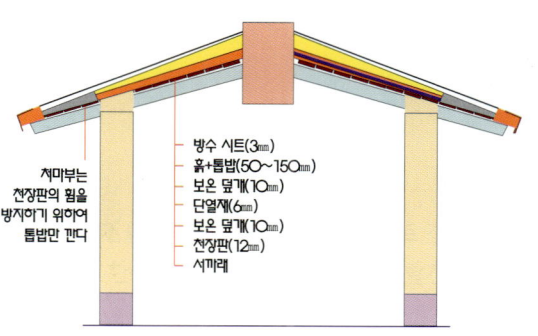

영구적으로 사용할 자재로는 기와가 있으나 지붕 형태가 원뿔형이기 때문에 특별히 주문제작해야 하므로 많은 시공비가 예상된다. 또한 하중을 고려하여 서까래의 간격도 더 좁게 해야 한다.

쉽게 구할 수 있고 시공비가 저렴하면서 시공이 손쉽고, 통나무흙집에 잘 어울리는 지붕마감재로 죽데기(제재소에서 사용하고 남은 원목의 껍질 부분으로 변죽, 또는 피죽으로 부르기도 한다)가 있다. 특히 낙엽송이나 육송 죽데기가 좋다. 이는 다만 사용연한이 약 10년 정도로, 짧은 것이 흠이다.

현대적인 통나무흙집에 어울리는 마감재로는 동판기와를 들 수 있는데, 이 또한 특별히 주문제작해야 하므로 비용이 많이 들고, 아스팔트 싱글은 미관상 어울리지 않는다.

Q 생활하기 불편하지 않은 흙집을 만드는 방법은?

원형의 통나무흙집에는 가구나 집기류(옷장이나 장롱, 침대, 소파, 책상 등)를 배치하기 힘들기 때문에 많은 사람들이 사각형의 통나무흙집에 대한 미련을 버리지 못한다. 원형과 직선, 또는 완만한 원호(타원형의 장변부의 원호)를 적절히 안배하여 평면 설계를 한다. 자투리 공간을 활용하여 수납공간(옷장이나 이불장)을 만들고 주방이나 화장실의 공간은 가급적 직선으로 설계하여 주방기구나 위생기구를 설치할 수 있도록 한다.

Q 흙집을 2층으로 올릴 경우 유의할 점은?

통나무흙집을 2층으로 시공할 경우 구조적으로 벽체를 수직으로 쌓아야 한다. 또는 연직에서 올라갈수록 약간 안쪽으로 기울어지게 쌓는 것은 구조적으로나 시각적으로 안정감을 준다.

통나무흙벽체를 시공할 때 수시로 수직추나 수평기를 확인하면서 벽체가 바깥쪽으로 기울어지지 않았나 확인 한다.

Q 단열과 창호의 보완문제는 어떻게 해결하나?

통나무흙집은 흙벽의 두께가 40㎝ 정도 되기 때문에 별도의 단열재를 시공하지 않는다. 바닥의 단열은 구들 난방을 제외하고는 일반 주택의 경우와 별반 다를 것이 없다.

다만 지붕의 단열은 중요하다. 지붕의 형태가 원뿔형이기 때문에 부피단열재(스티로폼, 우레탄폼, 아이소핑크, 그라스울 등)로 시공하기가 어렵고 연결 부위가 많기 때문에 효과적으로 단열이 안 된다.

가장 효과적인 것은 시공이 간편하고 두께가 얇으면서 단열 효과가 큰 복사열 단열재다. 복사열 단열재의 구조는 보온층(충격음 흡음 및 보온효과) + 열반사층(알루미늄 박판, 복사열 차단) + 보온층(충격음 흡음 및 보온효과) + 접착제층(시공 편리)으로 되어 있으며, 열반사층이 2중으로 되어 있는 제품을 사용하면 더욱 좋다.

창문은 주로 PVC새시 이중창 구조로 외부창 은 페어그라스 16㎜, 내 부창은 5㎜ 단창으로 시 공하고 창틀의 색깔은 나무색(Wooden color) 으로 제작한다. 겨울철 추운 지방에서는 목재

로 만든 덧문을 외부에 추가로 설치하면 단열에도 좋고 분위기도 살릴 수 있다. 외부와 접하는 출입문의 경우 전통 한옥문(세살문)을 설치하는 것이 어울리는데, 단열에 문제가 있으므로 문을 이중으로 설치하는 것이 바람직하다.

Q 통나무흙집의 내부는?

통나무흙집의 천장은 모두 목재(서까래와 판재)로 이루어져 있고, 벽체 또한 통나무와 흙으로 이루어져 있다. 내부에서는 별도의 벽지를 바르지 않는다.

흙벽에는 흙물과 천연 접착제(우뭇가사리, 찹쌀풀 등)로 도배를 한다. 바닥은 흙미장을 하여 초배지를 바르고 한지로 마감하거나, 대나무 돗자리를 깔면 가장 천연적인 소재이다. 많은 사람들이 이용하는 장소(펜션, 카페 등)의 바닥은 온돌마루나 강화마루가 적당하다.

Q 흙집에 있어서 주방과 욕실은 어떤 방식으로 설계, 시공하나?

통나무흙집에 있어서의 주방과 욕실은 현대식 주택과 마찬가지 방식으로 설계, 시공하는 것이 바람직하다. 가능한 주방과 욕실은 직선이나 완만한 곡선(원호)에 주방기구나 위생기구가 설치될 수 있도록 설계 시 반영한다. 주방은 싱크대가 설치되는 높이까지 타일을 붙이고, 윗부분은 흙 미장 또는 통나무흙벽 그대로 드러낸다.

욕실 내부는 물이 닿는 부분까지 방수 후 타일을 붙이고 윗부분은 역시 흙 미장 또는 통나무 벽체로 마감한다. 이때 타일과 흙벽체가 만나는 부분에는 재료분리대를 설치한다.

Q 흙집의 취약점인 습기차단 문제는 어떻게 해결하나?

집터를 주변보다 약 30cm 이상 높게 조성하고, 기초를 20cm 이상 돌로 쌓은 다음 통나무흙벽을 쌓는다. 처마는 최대한 길게 내어(약 1m 이상) 비가 들이치는 것을 방지하도록 한다. 처마 끝단에서 떨어진 낙수가 벽체로 튀는 것을 막기 위하여 뜨럭(축담, 뜰돌 또는 봉당)을 설치한다.

내부 바닥은 구들난방을 제외하고는 바닥을 진동 다짐기(콤펙타)로 잘 다진 다음 비닐(두께 0.05㎜ 이상)을 두 겹 깔고 단열재(스티로폼 100㎜) + 철망 (와이어메쉬) + 난방코일 + 콩 자갈(또는 맥반석) + 황토 미장으로 마감한다.

ⓠ 전통구들방식을 벗어나거나 접목할 수 있는 난방 형식은?

새로운 형태의 난방 방식을 두 가지 소개한다. 첫 번째는 벽난로보일러(벽난로로 직접 난방 + 벽난로 내부의 난방수에 의한 간접 난방, 온수이용 가능한 구조로 제작됨)를 실내(거실 등 넓은 공간)에 설치하는 것이다.

벽난로가 데워져서 실내 공기를 덥혀 주고, 벽난로 내부의 물을 데워서 일정 온도 이상이 되면 온도 조절기에 의해서 난방 순환 펌프가 작동하여 바닥 난방을 할 수 있도록 해 주는 방식이다. 이 방식의 경우, 장기간 외출할 때 동파를 방지하기 위하여 반드시 전기 히팅 코일을 내장하거나, 다른 보일러시스템과 직렬로 연결해야 한다. 장시간 부재 시에는 보일러의 외출 기능을 이용하면 된다.

두 번째는 아궁이 보일러(구들 난방 + 아궁이 보일러 내부의 난방수에 의한 간접 난방, 온수 이용 가능한 구조로 제작됨)를 아궁이에 솥 대신 설치하여 화목으로 불을 때면 물을 데워주고 난 다음 화기가 구들장 내부로 들어가 바닥을 데워주는 방식이다. 이 방식 또한 첫 번째 방식과 마찬가지로 동파 방지를 위한 시스템 구성이 요구된다. 이런 형태의 보일러는 특별히 주문 제작을 해야 한다.

이렇게 설치한 아궁이 보일러로 구들난방과 배관난방을 동시에 할 경우 아 랫목(방의 절반)은 난방 배관을 깔지 말고 윗목만 깔아서(XL-파이프로) 사 용해 보니 난방효과가 극대화되었다. 불을 땐 초기에는 물이 먼저 데워져서 윗목이 먼저 따듯해지고 아랫목은 나중에 오랫동안 축열이 되어서 다음날 저녁까지 온기가 남는다.

이 경우에는 반드시 굴뚝에 흡출기(아궁이용)를 달아서 아궁이 쪽에서 켜고 끌 수 있도록 스위치를 설치해야 한다.

ⓠ 각 집의 용도에 따른 규모와 공간구성에 대한 제시안은?

① 1세대 주거용 살림집 : 연면적을 약 99㎡(30평) 내외로 하고 거실, 방 2~3개, 주방, 다용도실, 보일러실, 현관, 화장실, 옷장 등으로 구성한다. 방 1개는 구들난방으로 한다.

② 2~3세대 동거용 살림집 : 연면적을 약 132~165㎡(40~50평) 규모로 하 고 거실, 주방, 다용도실, 보일러실, 현관 등은 공통으로 사용한다. 방

4~5개, 화장실 2~3개, 옷장 2~3개로 구성하고 복층 구조로 한다. 방 1개 정도는 찜질방으로 구들난방으로 한다. 2층은 외부계단과 내부계단을 설치하여 용도에 따라 편리하게 사용할 수 있도록 한다.

③ 주말주택용 : 연면적 약 66㎡(20평) 내외로 하고 거실, 방 1~2개, 화장실, 주방, 보일러실, 현관, 화장실, 옷장 등으로 구성한다.

④ 펜션, 카페 등 영업용 : 펜션의 경우 연면적을 약 231~302㎡(70~90평) 규모의 복층 구조로 한다.

- 소형 약 23~26㎡(7~8평) – 방 16.5㎡{5평} + 주방 3.3㎡{1평} + 화장실 3.3㎡{1평}
- 중형 약 33~40㎡(10~12평) – 방 26~33㎡{8~10평} + 주방 3.3~6.6㎡{1~2평} + 화장실 3.3~6.6㎡{1~2평}
- 대형 약 50~60㎡(15~20평) – 방 36.3~49.5㎡{11~15평} + 주방 6.6~9.9㎡{2~3평} + 화장실 6.6㎡{2평}
- 관리자용 약 33~50㎡(10~15평) – 방 16.5~26.4㎡{5~8평} + 주방 6.6~9.9㎡{2~3평} + 화장실 6.6㎡{2평} + 다용도실 6.6㎡{2평}
- 기타 부대시설 33㎡(10평) – 현관, 복도, 보일러실, 창고 등

카페나 식당 등 영업용의 경우는 홀의 규모에 따라 소규모에서 대규모까지 얼마든지 공간 구성이 가능하다. 공간은 홀, 현관, 주방, 화장실(남여 구분), 보일러실, 다용도실, 창고 등으로 구성한다.
가장 큰 홀의 크기를 약 99㎡(30평) 미만으로 구성하고 여러 개의 크고 작은 홀로 필요한 규모를 정하면 좋다. 평면계획 시 주방에서 각 홀의 동선을 고려하여 설계한다.

Q 흙집 건축의 시공비는 평균 얼마 정도가 적당할까?

통나무흙집의 건축비는 전체적인 규모와 마감 자재 등에 따라 다소 차이가 있지만, 건축면적 약 99㎡(30평) 정도인 주택인 경우 약 3백만원/3.3㎡(자재비가 약 120만원, 인건비가 150만원, 경비가 30만원) 정도 소요된다.
단, 사정이 허락된다면 누구나 손쉽게 지을 수 있는 흙집을 본인 스스로 지어 보길 바라며, 기본적으로 흙집을 유지 보수 관리할 수 있는 기술을 익히는 것은 필수다.

최효영 부산대 공대를 졸업, 건축 고급기술자, 일반기계기사 1급, 열관리기사 1급, 소방설비기사 1급 등의 자격을 가지고 있다. 코오롱건설에서 18년을 근무한 후, 흙집의 매력에 푹 빠져 우리의 전통흙집과 황토집을 연구, 시공하는데 힘쓰고 있다. 지금은 우리흙집연구소를 열어 흙집에 대한 자료를 모으고 공유할 뿐 아니라, 손수 짓고 싶어하는 이들에게 교육의 장을 마련해주고 있다.
031-585-6598 http://ecohouse.net

04

동방황토산업(주) 박기홍 팀장 & 박주현 소장

현대생활을 감안한 흙집

Q 전원주택 시장에서 흙집이 차지하는 비율과 앞으로 추이는?

아직은 흙집의 비중이 그리 높은 편은 아니지만, 사람들이 건강과 친환경 쪽에 관심이 높아 디자인과 완성도를 보완하고 전문적인 엔지니어들이 많이 생겨난다면 전망이 아주 밝다고 할 수 있다.

Q 흙집이 여타 주택에 비해 가지는 가장 큰 장점은?

진정한 웰빙주택이 바로 흙집이다. 물론 제대로 된 흙집이라는 단서를 붙인다면 말이다. 황토는 옥이나 맥반석 등 여타 광물질과는 다르게 낮은 온도에서 인체에 유익한 원적외선을 방출한다. 또한 스스로 습도를 조절하고 탈취 및 항균작용을 함으로써 쾌적한 주거환경을 제공한다.

Q 현대적 흙집에 어울리는 지붕재를 추천한다면?

우선은 건물의 디자인에 어떤 지붕소재가 어울릴지 고려하는 것이 중요하다. 흙은 자연소재이면서 부드러운 질감을 주기 때문에 이에 걸맞는 소재를

선택해야 하는데, 너무 무겁게 보이거나 가벼운 소재는 어울리지 않는다. 흙집에는 적삼목 쉐이크의 질감이 잘 어울리며, 가볍지 않은 컬러의 투톤기와도 이상적이다.

Q 흙집의 단열은 어떠한가?

심벽구조의 벽체는 흙의 배합비율로 단열문제를 해결한다. 기본적으로 건축에 적합한 황토란 흙 자체에 수많은 기공이 있어야 한다. 거기에 짚, 마사토, 스사 등을 배합해 형성한 공기층으로 단열효과를 얻는 원리다. 황토벽돌주택은 이중띄어쌓기를 함으로써 단열을 높일 수 있다.

Q 흙집을 2층으로 올리는 경우 주의할 점은?

2층 구조에는 흙벽돌을 쌓아올리는 조적식 공법은 무리가 있다. 물론 콘크리트 슬래브를 친다거나, H빔을 세워 시공하기도 하지만 완성도에 문제가 있을 수 있다. 해결책으로 경골목구조나 포스트앤빔(Post & Beam) 방식의 원목구조를 권한다. 경골목구조와 원목구조의 설계라면 내진설계가 가능하고 디자인이나 평면배치가 자유롭다. 내부마감을 요즘의 아파트 수준으로 높일 수가 있으며, 물론 구조적 안정성에 전혀 문제가 없다.
1층과 2층 사이에는 구조적인 공간을 확보하고 1층 천장과 2층 바닥 사이 차음재를 적절히 사용해야 하며, 2층 바닥에서 벽으로 전달되는 진동을 차단시켜야 한다. 주의할 점은 흙이나 기타 하중들로 인한 건물의 변형을 기초설계부터 충분히 반영시켜야 한다는 점이다.

Q 화학적인 건축소재를 최소화하는 방안은 무엇인가?

자연으로 돌려 보낼 수 있는 천연소재를 사용하되, 기술적으로 진부하지 않은 마감이 요구된다. 이를테면 친환경 제품으로 인증받은 자재를 사용(특히 접착제 종류는 필수다)하고 건축 초기에 자재에 대한 철저한 검토가 필요하다. 흙의 특성이 부드럽기 때문에 경질의 마감재를 사용하는 일반건축의 시각으로는 어려운 점이 있다.

흙집은 설계 부분을 소홀히 하면 마감 중도에 시행착오가 많이 생기고, 의도하지 않은 문제로 완성도가 떨어지게 된다. 흙의 성질을 활용한 마감으로 완성도를 높이고 자연친화적 건축에 접근하는 것이 필요하다.

Q 흙으로 짓기 때문에 설계상 한계가 있다면 무엇인가?

특별히 설계상의 한계는 없지만 좀더 고려되어야 할 부분에 기초 부분을 콘크리트를 쓰게 되는데, 이는 건물의 안정성을 위한 선택이다. 또한 다른 주택에 비해서 처마를 길게 내는데, 이는 흙벽의 보호를 위해서이긴 하나 여타의 장점도 많다.

Q 각 집의 용도에 따른 규모와 공간구성에 대해 짧은 코멘트를 한다면?

① 1세대 주거용 살림집 - 4인 기준으로 약 142㎡(43평) 내외가 적당. 식당

28 흙집으로 돌아가다

과 주방을 분리. 거실 외에 가족실을 구성하여 가족간의 화목에 중점.
② 2~3세대 동거용 살림집 – 동거용 다가구 주택은 프라이버시와 공동체라는 양면성을 만족시켜줘야 하는데 이를 위해 공동공간이 필요.
③ 주말주택용 – 약 82㎡(25평) 내외. 휴식에 주안점을 둔 안락한 공간.
④ 펜션, 카페 등 영업용 – 영업 방향과 종류, 특성에 맞춘 공간구성이 되어야 하고 소홀하기 쉬운 화장실, 작업실과 창고를 겸한 부속공간에 대한 배려가 중요. 이것이 곧 영업성과 연결되기 때문.

Q 흙집의 취약점인 습기 차단 문제는 어떻게 해결하는가?

가장 중요한 것이 환기이다. 바람의 방향을 충분히 고려해 건물의 위치를 잡고 내부 또한 창의 위치와 평면 구조를 공기의 흐름이 최적화 될 수 있도록 설계해야 한다. 기초 부분은 지면보다 약간 높게 설치해 습기를 차단할 수 있지만, 건물 내부에서 생기는 결로는 가을에 공사한 건물에서 입주 첫해 겨울에 심할 수 있다. 이는 여타 다른 공법의 건축에서도 있는 현상이며, 공사 도중 내부에 남아 있는 습기가 원인이다. 환기에 주의하면 크게 문제되지 않는다.

Q 흙집에 접목할 수 있는 난방 형식은?

근래에는 전통구들방식이 시공되는 경우는 많지 않고, 거의 기름보일러나 심야전기 난방, 전기필름 난방 등을 사용한다. 혹은 전통구들방식에 기름보일러로 온수 난방을 겸해서 시공하기도 한다. 이는 내구성에 대한 검증은 되지 않았으나 기술적으로는 문제가 되지 않는다.

Q 흙집 건축의 시공비는 평균 얼마 정도가 적당한가?

약 149㎡(45평)을 기준으로 했을 때 흙벽돌 조적조는 3.3㎡(1평)당 250만원 가량, 경골목구조는 3.3㎡당 350만원 가량, 원목구조는 3.3㎡당 5백만원 가량으로 보면 된다(시공가는 시기에 따라 다소 차이가 날 수 있다).

박기홍 & 박주현 지난 15여년간 황토주택만을 시공한 전문회사 동방황토산업(주)의 두 젊은 일꾼은 다양한 신공법 개발과 개성있는 디자인을 만들어내는 주역이라 할 수 있다. 황토벽돌주택 뿐 아니라 미국식 경량목구조를 적용한 전통흙집, 한옥의 결구방식을 적용한 원목흙집 등을 개발해 새로운 미래형 흙집을 만들어내고 있다.
02-575-3600 http://www.dbwhangto.co.kr

05

담틀집에서 비롯된 **다짐흙공법**

Q 흙집의 의미는 무엇인가?

흙집, Earth Architecture는 지구를 위한 건축이기도 하다. 지속가능한 방법으로 우리에게 주어진 자원들을 활용해야 하는 시대의 과제 앞에서 흙이 가지고 있는 여러 가지 장점들은 일찍이 여러 건축가들과 사상가들에게 관심을 끌어 왔다.

흙은 지구상에서 공기 다음으로 가장 구하기 쉬운 재료이다. 흙을 가지고 작업하는 방법은 누구나 가능할 정도로 쉬운 기술이다. 이는 재료의 수명이 거의 영구적이며 해체된 이후에도 특별한 처리 없이 자연으로 바로 돌아가며 인체와 자연에 해를 남기지 않는 최고의 재료라 할 수 있다.

Q 다짐흙공법이란 무엇인가?

흙건축에 있어서 흙을 다져서 건축하는 방법은 세계 여러 곳에서 수세기 동안 사용되어 왔다. 우리나라에서는 '담틀집' 혹은 '담집' 이라는 이름으로 불리워져 왔고 '도둑집' 이라는 불명예스러운 이름을 얻기도 하였다. '다져진 흙구조' 라고 할 수 있는 이 방법을 개략적으로 설명하면, 일단 땅에서 가져온 흙을 특별히 제조된 틀 안에서 층층이 다진다.

다 다져지고 난 후에 틀은 벗겨져서, 그 층들 위에 다시 올려지거나 다음 담의 위치로 이동된다. 이런 방법으로 건축물은 담들의 층과 열들로 빠르게 만들어진다. 건축구조적인 면에서 보자면 이 구조는 콘크리트와 마찬가지로 일체형구조에 가깝다고 할 수 있다.

Q 어떤 흙을 사용하나?

흙은 색보다는 입자의 성분비가 중요하다. 그 이유는 점토성분은 흙입자의 접착력을 높여주며 모래 성분은 강도를 높여주기 때문이다. 점토성분이 많으면 접착력이 좋아지지만 수분을 많이 흡수하므로 수분 증발로 인한 갈라짐이 생기기 쉽다. 반면, 모래 성분이 너무 많아도 부스러져 내리기 쉬우므

로 점토와 모래성분이 적절히 섞인 흙으로 골라야 한다. 집이 터를 잡게 되면 우선 그 지역에서 나는 흙을 알아보아야 한다. 바스켓들을 가지고 몇 군데 표본을 채집하여서 설계, 시공업자와 적당한지를 상의한다. 육안으로 보았을 때의 판별은 우선 적당한 색이어야 한다. 성분적으로는 별 문제가 없다고 하더라도 대개의 흙벽은 외부로 노출되는 경우가 많으므로 흙색도 집의 분위기를 결정하는데 매우 중요한 역할을 한다. 약간 불그레하면서 밝은 황토색이 가장 무난한 색이라고 여겨진다.

Q 흙은 어디서 구하나?

우리나라의 건설 환경이 흙집을 짓는데 보태주는 것도 있는데, 그중의 하나가 주변 어디선가는 항상 도로 공사를 하고 있다는 것이다. 운이 좋아서 주변의 도로 공사장에 절토 부분이 많다면 의외로 쉽게 흙을 구할 수도 있다.

흙을 구할 수 있는 또 하나의 장소는 농시지을 땅을 마련하고자 마을이나 면단위로 객토하기 위해 낮은 둔덕들을 깎아서 사용하는 곳이다.

사실 현지에서 오래 살아야 알기 쉬운데 마을의 이장님

이나 어르신들께 문의하면 된다. 집짓기 수개월 전에 미리 섭외를 해놓을 수도 있다. 주로 겨울철에 객토가 이루어지므로 그때 미리 흙을 받아두면 좋다.

Q 흙의 강도와 방수를 위한 해결책은?

석회는 시멘트가 발명되기 전부터 전통적으로 사용하여 오던 물질인데 우리나라에서도 주춧돌을 놓을 자리나 무덤을 만들 때, 흙과 섞어서 단단한 지반을 만들 때 사용하였다. 이것이 굳으면 나중에 돌처럼 단단하게 되고 벌레나 곰팡이가 침투하지 못하게 된다.

흙다짐 공법에서는 석회가 강도 뿐만 아니라 수화 반응을 통하여 열을 내기 때문에 초겨울 공사에서 흙이 동결되지 않도록 하는 역할도 한다. 단, 덩어리진 생석회는 나중에 흙 속의 수분과 급격히 반응하여 크랙을 유발할 수도 있으니 유의한다.

또한 여러 가지 식물의 즙(예를 들면 느릅나무를 끓여서 만든 액체나 우유의 단백질을 걷어서 삭힌 것들, 비눗물, 우뭇가사리즙, 솔잎을 태워서 그 재를 물에 넣은 것 등 주로 수산화나 단백질 류이다)이 전통적으로 흙 벽체의 방수 성능을 위해 고안되었다. 최근에는 콘크리트의 표면 방수를 위한 방수액이 한동안 사용되었다. 그러나 이런 표면 방수재는 흙의 통기성을 떨어뜨리고 비가 왔을 때 피막이 약한 부분에 집중적인 손상을 유발하게 되므로 별로 권장할 사항은 아니다. 연구가 더 필요한 부분이다.

Q 흙집 설계 & 시공 시 유의점은?

기초공사 때 기단을 주변보다 높게 만들어 습기가 올라오는 것을 피하고, 지붕에서 떨어진 우수가 들이치거나 고이지 않게 주변 정리를 해야 한다. 벽체는 차단 기능도 중요하지만 창문을 통한 빛과 경관의 확보, 환기 기능 등 소통도 중요하다.

요즘은 전원주택에서 전체가 통창으로 되는 유리창을 많이 사용하는데 설계가 주의 깊게 되지 않는다면 여름철에 냉방부하를 높이게 되고 겨울철에는 열기가 많이 빠져 나가서 난방부하를 높이게 된다. 흙집의 경우, 창의 크기와 개수를 적절히 내어 단열과 소통의 최고선을 찾아야 한다.

지붕 부분은 비와 눈으로부터 집 전체를 보호하며 처마를 통하여 햇빛이 집 안에 얼마나 들어올 것인가를 결정하게 된다. 덥고 강수량이 적은 지역의 경우 지붕은 평지붕이 쓰이기도 하며 흙으로 되어 있는 지붕이 쓰이기도 한다. 덥고 강수량이 많은 지역의 경우엔 지붕의 각도가 높은 편이고 주로 식물성 재질을 가지고 환기에 유리한 형태를 지향하게 된다. 지붕의 각도는 눈이 많이 오는 지역에서도 높은 편인데, 이 경우 단열을 위해서 지붕을 매우 두껍게 만든다.

Q 흙집을 짓고자 하는 예비건축주들에게 한 말씀?

흙의 가치를 제대로 평가하기 위해서는 오히려 과도하게 흙을 신비화 하는 것을 삼가해야 한다. 흙의 가장 큰 신비함은 바로 '특별한 어떤 것' 이 아니라는 점이다. 귀하지도 않고 순결하지도 아니한 것이 온 만물을 살린다는 것 뿐이다. 어떤 특별한 지역이나 특별한 가공을 거친 흙만이 신비한 효능을 지녔다고 하는 것은 흙을 상업적으로 이용하려는 의도니 경계해야 한다.

강용상 홍익대 건축학과를 졸업하고 기용건축사무소 흙건축 연구원을 역임, (주)이장 생태건축팀 팀장과 한국사랑의집짓기 건축공모전 등을 기획했다. 2004년 '좋은 그릇' 을 설립하고 흙다짐공법을 이용, 양평주택과 화천주택 등을 설계, 시공하고 한옥리노베이션에도 성과를 보여주고 있는 젊은 건축가다.

02-322-0278 http://www.earthhouse.or.kr

|06

스트로베일 하우스 이웅희 컨설턴트

우리 땅에 뿌리내리는 **스트로베일 하우스**

스트로베일 하우스는 우리나라 사람들에게 아주 생소한 건축 방식이다. 어휘 자체에서도 알 수 있듯이 외국에서 생겨난 공법이기 때문이다. 하지만 사용되는 자재와 방식에 있어서 매우 생태적이고 손쉬운 공법이기 때문에 전 세계적으로 확산되고 있다. 특히 단열 성능에 있어서 어떠한 건축 방식보다 우수하기 때문에 고유가 시대에 새로운 대안 건축으로 자리 잡을 것으로 전망된다.

:: 압축 볏짚을 쌓아올린 집

스트로베일 하우스는 벽을 압축 볏짚(Strawbale)으로 쌓아 올리고 그 볏짚 벽에 황토를 미장하는 방식이다. 볏짚으로 집을 짓는다고 하면 대개의 사람들은 전통적인 흙집을 연상하는데, 전혀 다른 방식이다.

소먹이용으로 쓰이는 직육면체의 압축 볏짚(길이 80㎝×폭 49㎝×높이 35㎝)을 벽돌 조적하듯이 쌓아올리고 그 볏짚 벽 양면을 황토로 미장하게 된다. 아기 돼지 삼형제에 나오는 큰형이 지은 짚으로 만든 집과 스트로베일 하우스가 다른 점은 첫째, 무거운 압축 볏짚 블록으로 쌓는다는 것이고, 둘째는 그 쌓여진 볏짚 블록을 철근으로 상하좌우로 박아 서로 엮어 놓는다는 것, 그리고 무엇보다도 다른 점은 그 볏짚 양 벽면을 황토로 미장한다는 것이다. 이 황토 미장 벽은 마치 샌드위치 패널의 철판과 같은 역할을 한다. 패널 속의 부드러운 스티로폼을 얇은 철판으로 감싸서 세우면 아무리 무거운 지붕도 견딜 수 있는 것과 같은 이치이다. 스트로베일이 유래된 미국의 네브라스카 주에는 120년 된 집이 아직도 사용되고 있다. 19세기 말 생겨난 이 방식은 현재 전 세계적으로 수천 채가 지어졌고, 가까운 일본, 몽골, 중국 등지에서도 수백 채가 지어졌다.

우리나라에서는 2004년부터 강원도 동강과 경주 강동면 등지에서의 작업을 시작으로 현재 20채 이상의 스트로베일 하우스가 지어졌다. 각종 워크샵을 통해 스스로 짓거나 품앗이로 짓는 형태가 대부분인데, 이에 대한 관심과 참여가 점차 늘고 있는 추세다.

국내 스트로베일 하우스 제3호 탄생 다이어리

경북 경주시 강동면에 위치한 K씨 집의 작업실(외부 38㎡(11.5평), 내부 31㎡(9.2평)). 스트로베일로 지어진 본채와 어울릴 수 있도록 작업장을 만들어 달라는 건축주의 요구로, 건축 소요 기간은 2달, 공사 주인원은 2명, 중간 7일간 11명의 품앗이(워크샵)가 있었다.

이 건물을 지은 시공자는 스트로베일 하우스 연구회 회원들로, 건축주 스스로가 직접 집을 지으며 짧은 기간 지인들의 품앗이를 이용하면 저렴하게 지을 수 있다는 것을 보여주기 위한 시도였다.

생태적인 자재를 쓰려고 노력했으며, 특히 생태화장실은 건식 화장실로 왕겨와 재를 이용하여 냄새가 전혀 나지 않으며 인분이 거름으로 바로 쓰일 수 있게 하였다. 내부에는 다락의 공간을 만들어 쉴 수도 있고 수납도 할 수 있는 공간을 만들었다.

지붕재는 재활용 샌드위치패널을 사용하여 경비를 줄였고, 벽의 색깔과 질감을 맞추기 위해 지붕 마감재로 피죽을 사용하였다.

이 건물을 짓는데 들어간 자재 값은 4백만원 정도이고, 식비는 150만원 인건비는 8백만원 정도 그리고 기타 연료비, 교통비 등등의 잡비는 1백만원 정도이다.

:: 구체적인 시공 방법

›› 준비과정

주 재료인 베일을 구하는 것이 가장 먼저 해야 할 일이다. 가을 추수 시기에 전국 각지 농가에서는 소먹이용으로 압축 볏짚을 생산한다. 추수가 끝나고 논에 1~2주 건조된 볏짚을 그 자리에서 압축기(Baler)로 압축한다. 잘 건조된 볏짚은 1차에 60만~70만원(운임 포함) 정도면 구입할 수 있다. 한 차 분량이면 66㎡(20평) 면적의 집을 지을 수 있다. 그리고 황토를 15톤 1차[66㎡(20평 정도)]를 운임 포함 35만원 정도에 구입한다. 터파기에서부터 기초까지는 거의 일반 건축방식과 비슷하다. 물론 다양한 방식으로 기초를 놓을 수도 있다. 기초가 끝나면 골조를 세우고 베일을 끼워 넣는 포스트 & 빔 방식으로 집을 지을 수도 있고, 골조 없이 바로 베일을 쌓아올리고 지붕을 얹을 수도 있는 무골조 방식(로드베어링 방식)으로 지을 수도 있다. 여기에서는 무골조 방식을 소개한다.

›› 벽 쌓기

기초 위 압축 볏짚이 놓여질 자리에 방수포를 깔고 나무틀(기초연결판)을 설치한다. 그리고 그 틀 사이에 스티로폼을 채운다. 이 작업이 끝나면 집 모서리 부분에 수직을 잡기 위한 지지대를 설치하고 볏짚을 쌓는다. 7단까지 쌓아올리면서 중간 중간 철근을 박고 창문틀, 문틀을 설치한다. 다 쌓아지면 보(지붕 연결판)를 얹고 벽을 전체적으로 압축한다. 이를 마친 상태에서 지붕을 얹는다. 지붕 형태는 서까래 방식이나 트러스 방식을 사용할 수 있다. 지붕 공정이 비 가림 정도의 상태로 진행되면, 벽 미장을 시작한다. 물론 날씨에 따라 두 작업의 우선 순위를 정하면 된다.

›› 벽 미장하기

스트로베일 하우스의 벽을 미장하기 위해서는 몇 가지 준비 작업이 필요하다. 벽 다듬기, 벽의 틈새 채우기, 벽을 코브(흙과 볏짚 반죽)로 고르게 하기, 전선관 설치하기, 배수관 설치하기 등의 작업을 미리 한다.

이 작업이 끝나면 세 차례 미장을 시작한다. 1차 미장은 흙이 볏짚 사이사이에 잘 고정되도록 하는 역할을, 2차 미장은 흙을 두껍게(4~5㎝) 미장하여 벽의 구조를 이루게 한다. 3차 미장은 2차 미장의 잔금(크랙)을 보강하고 전체의 벽 색깔을 나타나게 하는 마감 미장의 역할을 한다. 그리고 미장 반죽을 할 때는 크랙 방지용으로 볏짚이나 수사를 넣고, 방수 및 발수 역할을 하기 위해 해초풀이나 카세인 또는 아마인유를 넣는다.

›› 마감하기

1차 미장이 끝나면 천장 작업이 이어지고, 2차 미장이 끝나면 바닥 작업을 하게 된다. 그리고 전기 작업, 타일 작업, 위생시설 작업 등을 하면서 3차 미장을 병행한다.

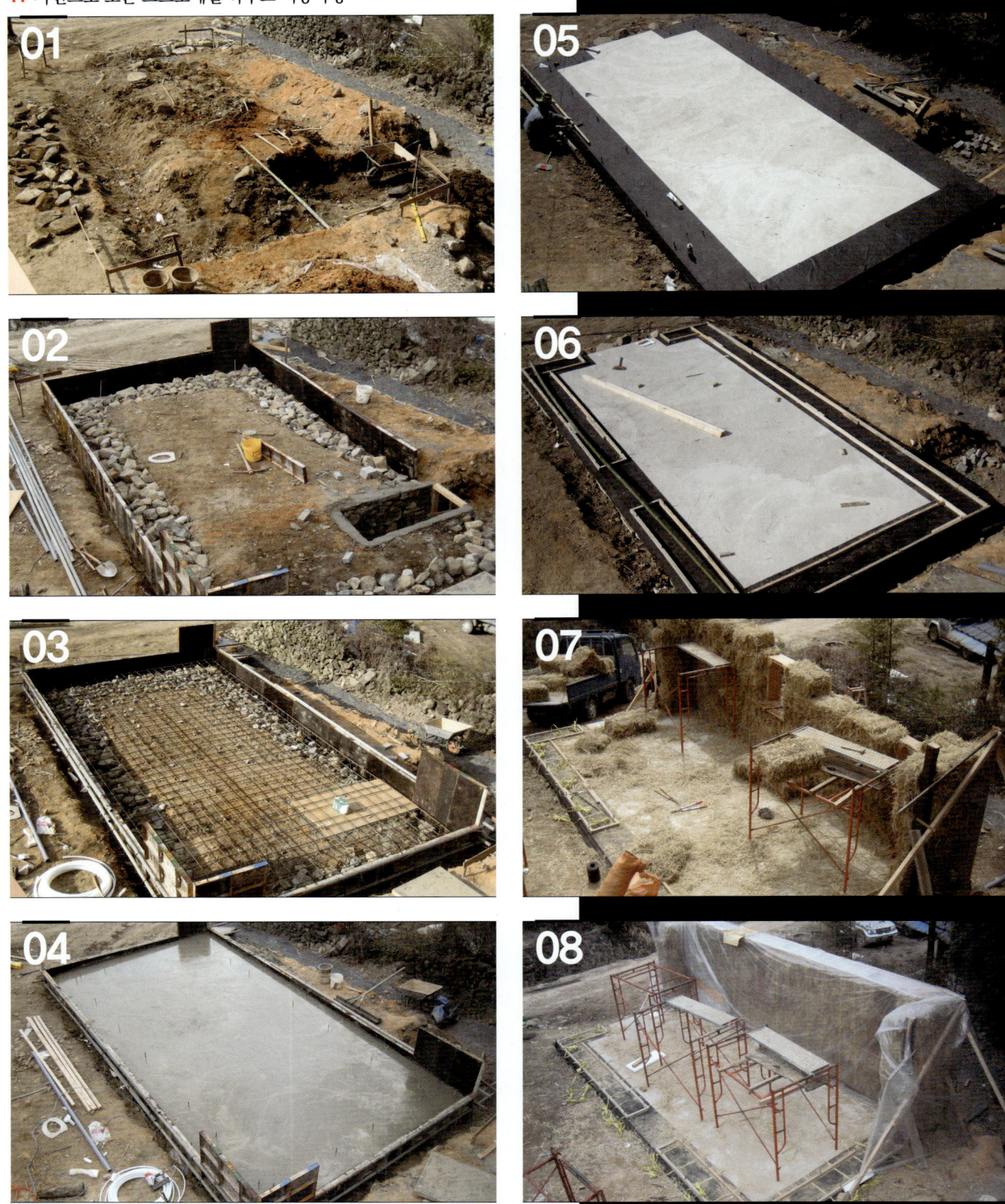

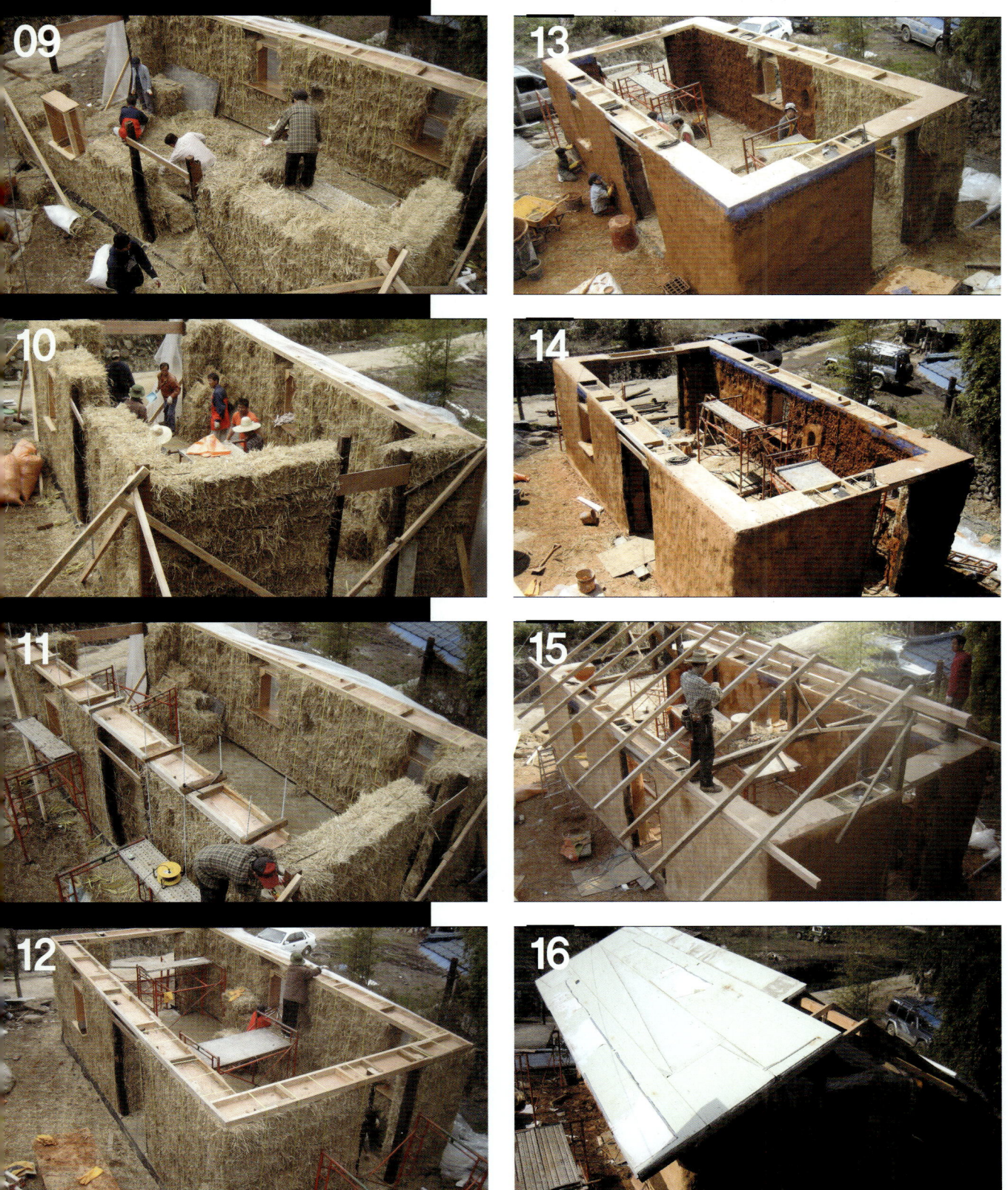

:: 스트로베일 하우스의 건축비

이러한 집을 짓고 있다보면 가장 많이 받는 질문은 "3.3㎡(1평)당 얼마나 해요?"라는 것이다. 아마 건축에 관계된 분들이라면 이러한 질문이 얼마나 잘못된 질문이라는 것을 잘 알 것이다. 면적당이라는 개념은 아파트처럼 정해진 틀 속에서 짓는 집에나 적용되는 것이고, 일반 주택의 경우는 아주 다르다. 집 짓는 주체가 업자일 수도 있고 건축주 자신일 수도 있기 때문이다. 그리고 건축자재를 얼마나 고급으로 쓰느냐에 따라, 건물의 구조가 얼마나 복잡하냐에 따라 그리고 집짓는 상황(날씨, 장소, 구성원)이 얼마나 좋으냐에 따라 다 다를 수 있다.

특히 스트로베일 하우스는 어떻게 짓느냐에 따라 건축비의 차이가 상당히 크다. 가장 저렴하게 드는 조건을 예로 든다면, 우선 건축주 자신이 기술을 익혀 스스로 짓는 것이다. 물론 기술이 쉽기 때문에 누구나(남녀노소) 쉽게 배울 수 있다. 그리고 집을 66㎡(20평) 이하의 단순한 모양으로 짓는 것이다. 그렇게 지어야 간단하고 저렴한 공법을 사용할 수 있다.

그리고 두 차례의 주말을 이용하여 지인들의 품앗이를 이용하는 것이다. 비교적 짧은 기간의 품앗이기 때문에 지인들에게 부담을 적게 줄 수 있다. 그리고 마지막으로 재활용 자재를 미리 수집해 놓는 것이다. 이렇게 4가지 조건만 충족한다면 3.3㎡당 1백만원 정도의 집을 지을 수 있다. 하지만 이러한 조건과 반대로 짓는다면 3.3㎡(1평)당 250만~350만원 정도의 경비가 소요될 수도 있다.

그리고 다른 건축과 비슷한 건축비가 들었다 해도 스트로베일 하우스는 저렴한 집이다. 난방비가 고공행진을 하는 시대에서 단열로 생기는 연료비의 절감은 앞으로 더욱더 커질 것이다. 따라서 "스트로베일 하우스에서 20여 년 살면서 집값을 뽑았다"는 소리가 나올 것이라 기대한다.

:: 스트로베일 하우스, 이것이 궁금하다

Q 짚은 어디서 생산되는가 그리고 어떻게 압축되는가?

넓은 논을 가진 지역에서는 요즘 소먹이용으로 추수가 끝난 다음, 건조시켜 볏짚 압축기로 압축하여 판매한다. 단, 둥근 모양으로 말아서 판매하는 것은 건축용으로 쓰지 못하고 네모난 성냥갑 모양의 압축 볏짚만 사용할 수 있다. 우리나라 어느 지역에서든 10월 중순부터 구입이 가능하다.

Q 농약을 친 볏짚을 써도 되는가?

상관없다. 왜냐하면 추수가 될 무렵이면 볏짚에 잔류하는 농약 성분이 거의 다 빠져나갔기 때문에 인체에 무해하다. 그리고 황토벽이 볏짚을 사이에 두고 미장되어 유해 성분을 정화시킨다.

Q 볏짚으로 집을 지으면 화재 위험성은 없는가?

볏짚이 압축되어 있어 불이 붙어도 쉽게 타지 못하며, 황토로 미장되어 있기 때문에 2시간 동안 1,000℃의 불을 견딘다는 실험결과가 있다.

Q 황토미장을 할 때 흔히 발생하는 균열은 없는가?

다른 종류의 황토집을 지을 때는 당연히 균열이 많이 가지만 압축짚 표면에 황토를 바를 때는 미장도 쉽고 균열도 덜 간다.
균열이 일어날 수 있는 만약의 사태에 대비해 수사와 한천을 섞어 반죽하기 때문에 균열은 최소화한다.

Q 짚은 습기에 약해 금방 썩지 않나?

짚 표면 양쪽을 황토로 감싸기 때문에 습기가 침투하는 문제를 걱정할 필요는 없다. 혹 장마철에 계속되는 비로 황토벽이 축축해지면, 그 속에 있는 짚도 썩지 않을까 우려하는 이들도 있으나, 그것은 황토에 대한 이해가 부족해서 생기는 걱정이다. 점토(황토)는 젖게 되면 분자들이 서로 막을 형성하면서 물이 통과하는 것을 막는다. 그래서 장마철에 아무리 비가 벽에 들이친다 해도 물기가 짚 표면까지 침투하지 못한다. 그리고 황토는 습도조절 기능이 있다. 집안에서 생기는 습기를 머금었다가, 마를 때는 다시 내뿜기 때문에 볏짚은 항상 건조한 상태 그대로를 유지된다. 황토벽은 마감 미장 시 발수제(한천 끓인 물이나 우유에서 추출한 카세인 등)를 발라 주어 습기가 직접 침투되지 못하게 한다.

Q 우리나라 풍토에도 스트로베일 건축이 적합한가?

기후와 환경에 아주 적합한 편이다. 매년 볏짚이 풍부하고, 황토가 점점 고갈되는 때에 황토의 소비를 현저하게 줄일 수 있는 건축방식이기 때문이다. 그리고 여름에 너무 덥고 겨울에 무척 추운 기후에다, 봄가을 일교차도 심하기 때문에 단열성능이 우수한 장점이 있다. 스트로베일로 지은 경주의 집은 지난 12월 영하 10도까지 내려가던 밤에도 보일러를 외출로 맞추어 놓고 자도 전혀 추위를 모를 정도였다.

이웅희 스트로베일 하우스 컨설턴트다. 직접 호주로 건너가 스트로베일 건축 연수를 거치고, 국내에서 이론교육과 워크샵 등을 통해 이를 보급하고 있다. 스스로가 귀농을 준비하던 차, 생태주택에 관심을 갖고 스트로베일 하우스를 접하게 되었단다. 작고 소박하고 느린 것을 좋아하는 그는 조만간 귀농해 작은 스트로베일 하우스에서 사는 꿈을 가지고 있다.
010-3021-0577 http://cafe.naver.com/strawbalehouse

II

[흙집을 짓다]

그림 그리는 일을 업으로 삼은 이가 있었다. 그는 평면을 대상으로 하는 예술을 넘어서 3차원의 공간에 자신의 혼을 담고 싶었다. 그렇게 시작한 것이 집 짓는 일이었다. 10년 넘게 건축현장에서 몸으로 부딪히면서 실무를 익혔다. 그리고 장장 8백일에 거쳐, 충북 제천에 흙집을 완성했다. 그는 3차원의 공간에 집이라는 그림을 그려낸 것이다.

사람은 옆으로 웅크린 채 자면 가장 편안한 심신 상태를 얻을 수 있다고 한다. 이는 어머니의 자궁 속에 있는 태아의 모습이다. 모나지 않은, 원형의 공간에서 느낄 수 있는 무위의 편안함. 양동직 씨가 흙집을 짓기 시작하면서 생각한 출발점이 바로 이것이다. 생명력을 품고 있는 집. 이 존재론적 모티브를 어떻게 건축으로 풀어낼 수 있었을까.

"무극은 동양철학에서 말하는 처음의 상태죠. 모든 것을 품을 수 있고 그 자체로 자유로운 것입니다. 바닥부터 벽, 지붕에 이르기까지 각을 없애고 사람에게 전혀 해가 없는 물질로 건축을 이뤘습니다."

집 한 채 지으면서 본질을 이야기하기는 어려운 노릇이다. 그러나 양씨는 자신이 추구하는 최선의 본질에 닿기 위한 작업으로 집이라는 건축을 택했다. 서양화가라는 본업의 연장선으로 자연을 캔버스 삼아, 그의 손은 붓이 되었다.

고운 선과 편안한 면, 모나지 않은 공간의 원형흙집. 완성까지의 그 긴 여정을 따라가 본다.

인구 10만명이 채 되지 않는 충북 제천. 원래 서울이 고향인 양씨는 인근의 청풍면에 화실을 두고 작업을 하다, 제천 땅에 마음을 붙였다. 사람도 붐비지 않고 전체적으로 지대가 높아 공기가 청명한 것이 좋았다.

이 곳을 거처로 삼고 전국의 집 짓는 현장을 찾아다녔다. 흙이나 나무, 금속 등 한 분야에 전문가가 있다고 하면 직접 만나 마음을 통하고, 친구가 되었다. 그렇게 어깨 너머로 배운 건축일이 제법 손에 익으면서 그는 서서히 자신이 지을 집을 구상하기 시작했다.

건축모형을 만들어 보고, 전문가 친구들과 모여 의기를 투합했다. 설계가

끝나자, 제일 먼저 한 일은 질 좋은 재료를 찾는 것이었다. 천연의 무공해 물질, 인체에 해가 없는 재료만을 사용하기로 하니 재료 구하는 일은 참으로 까다로웠다.

주재료는 돌과 흙, 나무. 돌은 화강암과 차돌, 그 외는 주변의 자연석을 그대로 사용했다. 흙은 황토와 마사, 백광석을 사용했는데, 평생 흙을 연구한 한 도예가의 도움으로 충북 방곡 도예마을의 마사토와 경남 산청과 고령에서 고운 빛의 점토를 구할 수 있었다.

일단 구한 흙을 벽돌로 만들기 위해 직접 연구한 재료비율을 토대로 배합, 제작에 들어갔다.

"흙벽돌을 대량생산하는 공장에 직접 찾아다녔습니다. 꼬치꼬치 물으니 결국 시멘트 등의 화합물질을 섞는다고들 얘기하더군요. 쉽게 부서지지도 않고, 방수처리가 잘 되는 흙벽돌은 애초에 없습니다. 그래서 직접 만들 수 밖에 없었어요."

나무를 고를 때도 예외는 없었다. 2~3년간 건조시킨 국산 소나무만을 원칙으로 정하고 변재는 모두 깎아내 심재(나무의 중심부분)만을 사용했다. 쭉 뻗은 나무보다는 곡체 소나무가 외부환경에 강한 나무로 원형집에 더 잘 어울렸다.

재료가 준비되고 건축면적의 2배 정도 넓이로 터를 다지기 시작했다. 2~3년 성토된 지표층은 다지고, 50㎝ 이상 땅을 파내고 잡석을 채워 기반을 삼았다. 흙집의 습기를 감안해 부득이하게 굵은 철근을 깔고 지표면 위 50㎝ 높이로 콘크리트를 타설했다. 이렇게 만들어진 기초에 원형의 차돌을 이용해 주춧돌을 올렸다. 흔히들 사용하는 각진 돌이나 맷돌이 아니라, 있는 그대로 모습의 둥근 차돌이다. 여기에다 완벽한 그랭이질을 통해 기둥을 세우면 평면에 세운 기둥보다 훨씬 안정적이고 견고했다.

목구조는 한옥에서 쓰이는 끼워맞추기 공법으로 이뤄졌다. 이 집의 가장 큰 특징이라 할 수 있는 기둥목은 벽체 밖으로는 볼록(배흘림), 내부로는 오목(등흘림)한 곡체 소나무를 사용해 만들었다. 전체적으로 볼록한 항아리형을 떠올리면 된다.

양씨는 "흙과 나무로 짓는 집은 비를 피해야 하는 처마구조 때문에 특별한 디자인을 얻을 수 없다"며 "사람을 감싸고 있는 듯 생겨서, 안에 들어가 앉으면 편안한 공간을 만드는 데 중점을 두었다"고 한다.

직접 제작한 벽돌은 지표면에서 50㎝ 이상 띄워 쌓았다. 흙집에서 가장 유의해야 할 습기 때문이다. 또 하나 흙집에서 흔히 발생할 수 있는 하자가 벽과 창호와의 갈라짐이다. 이를 예방하고자 창호는 고재만을 엄선하여 직접 짜 맞춰, 기둥선에 맞추어 시공했다. 곡선인 벽체에 들어맞는 창호를 제작하는 일은 무척이나 까다롭고 지루한 작업이었다. 그러나 몇 년이 지난 지금도 바람 한 점 새지 않게 견고하니, 제대로 된 집은 그만큼 공이 많이 드는 것이 당연하다.

1 주택이 위치한 충북 제천의 변두리. 근처에 학교와 편의시설들이 있어 생활하기 편리한 지역이다. **2** 배가 볼록한 형태의 주택 측면. 일일이 고재로 짜맞춘 창호가 흙집과 조화를 이룬다. **3** 지붕은 완벽한 공기순환과 방수를 위해 1차 방수층 위에 덧지붕, 그 위에 너와를 4~5겹 올렸다. **4** 주택을 빙 둘러 앉고 있는 돌담. 돌은 화강암으로 약간 수마된 것을 단양에서 직접 구해왔다. 최대한 자연스럽게 전통기법으로 시공했다.

3

서까래와 지붕작업을 시작하면서 양씨는 주춤하기 시작했다.

"양평에 아버지의 집을 지어 드린 적이 있는데, 몇 년이 지나지 않아 지붕 위의 너와가 썩어 버리는 거에요. 습기가 고이고 공기 순환이 안 되었기 때문이지요. 이 부분을 해결하기 위해 고민을 거듭하며 지붕작업에만 한참을 매달렸습니다."

지붕작업만 가히 집 한 채를 짓고도 남을 만큼의 일손과 시간이 들었다. 서까래 위에 육송인 개판을 깔고, 그 위에 2×4각재로 틀을 만들어 흙을 채웠다. 일명 '당골막이 공사'라고 하는데, 이는 지붕의 단열을 유지하기 위함이다.

처마도리는 육송건조목으로 한바퀴 두르고 두꺼운 합판으로 마감한 후, 방수시트를 덮어 1차 방수를 하였다. 거실과 주방을 제외한 방과 복도를 위해 서까래를 2중으로 해 단열과 보온에 세심하게 신경썼다.

공기가 통하지 않으면 너와는 썩어 버리기 때문에, 환기 구조를 완벽하게 만들어야 했다. 1차 방수층 위에 덧지붕을 만들고, 그 위에 너와를 4~5겹 돌려 쌓았다. 비 온 후 최대한 빨리 마를 수 있게 해, 늘 건조된 너와 상태를 유지할 수 있었다.

앞서 이야기한 바와 같이, 흙집은 습기를 막는 것이 중요하다. 바닥으로부터 올라오는 습기와 지붕에서 새는 비, 벽체로 내리치는 빗물까지 철저하게 차단해 주어야 했다.

흙집의 벽은 3차에 걸쳐 미장했다. 외벽은 백광석과 단양의 마사토, 산청의 점토를 배합하여 고운 빛을 내주고, 물이 튀기기 쉬운 하단부는 아교를 최대한 묽게 만든 자연방수제를 발라주었다. 1년간 물이 잘 튀는 곳을 눈여겨 보고, 부분부분만 발라 준 재료에 대한 세심함이 돋보인다.

서까래 사이의 송판 밑에는 잘 벗긴 수수대를 촘촘히 대고 흙미장을 1차와 2차로 나누어 했다. 바닥 역시 1차 보온과 습기 차단을 위해 은박시트와 압축스티로폼 위에 보일러 배관을 하고 전체 두께를 약 10cm 정도로 맞추었다. 방바닥 도배도 직접 쑨 풀에 최고급 한지와 천(가재)을 사용하여 초배, 재배에 5배까지 마친 후, 치자 끓인 물로 색감을 주고 생들기름으로 코팅하였다.

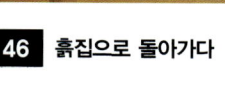

실내를 구성하는 모든 가구와 소품들은 손으로 만든 것이다. 창과 붙박이장, 싱크대에서 선반까지, 최고의 고재를 사용해 목공예가의 혼을 실었다. 조명 역시 한지공예와 가죽공예가의 작품들로, 내부 분위기와 온화하게 어울리도록 제작되었다.

양씨는 "그림을 그리는 일보다, 그림을 돋보이게 할 수 있는 공간을 만드는 일이 더욱 힘이 들었다"며 "끌과 조각칼로 만들어 놓은 오브제가 제 자리에서 빛을 발하는 인테리어에 초점을 맞추었다"고 한다. 다만, 다음에 집을 지을 때는 어떤 소품을 두어도 어울릴 수 있는 열린 공간을 만들고 싶다고 밝혔다. 집을 짓는 것도 일종의 중독성이 있는가 보다. 벌써 다음 집을 구상하고 있다.

마치 고행을 하듯 집을 지은 그를 보며 누구에게나 집은 같은 의미가 아님을 깨닫는다. 아마도 집 역시 누구에게나 같은 공간감을 제공하지는 않을 것이다. 가장 이상적인 모습은 집과 그 집에서 숨쉬는 이가 서로 최선을 다하며 공존하는 것이리라.

1 순백의 복도와 열린 문으로 보이는 실내. 2 침실은 환한 창을 세로로 길게 내어 빛을 깊숙이 끌어들인다. 침대 맞은 편 붙박이장 등 대부분의 가구는 설계단계에서 직접 구상해 건축과 동시에 제작되었다. 3 북쪽으로 나 있는 작업실 겸 서재. 4 나무로 짠 작은 창과 수납장, 디딤판으로 사용한 자연석으로 구성된 욕실. 오른쪽 흙담 안으로는 샤워시설도 갖춰져 있다. 5 거실에서 주방쪽으로 바라본 복도. 벽기둥이 밖으로 볼록한 형태로 집을 편안하게 안고 있다.

양동직 서양화를 전공하고 몇 년간 시각적 즐거움에 대해 작품활동을 하던 중 건축예술에 관심을 갖게 되었다. 이후 십여년을 건축현장에서 실무적인 경험을 쌓고 공간과 미(美)의 조화에 대해 연구, 매진하고 있다.
011-730-7982 http://www.eerang.net

나의 흙집의 주재료는 토종소나무와 황토이며, 재료 선택의 포인트는 '완벽한 숨쉬기'와 '재료 본연이 가지고 있는 향기'라 할 수 있다. 바닥과 벽체, 천장 공간 모두는 엄선된 소나무와 흙(황토)으로 이루어져 있으며, 부분적으로 약간의 석고와 전통한지가 사용되었다.

다들 알고 있는 내용이겠지만, 소나무와 황토의 보편적 특성에 대해 간략히 정리해보고자 한다.

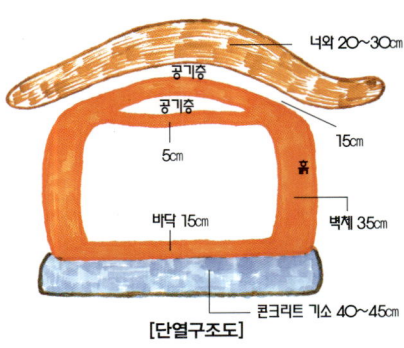

[단열구조도]

너와 20~30cm
공기층
공기층
5cm
15cm
흙
바닥 15cm
벽체 35cm
콘크리트 기초 40~45cm

:: 소나무 예찬

소나무는 민족의 나무다. 최근 한국갤럽이 실시한 여론조사에 따르면 한국인이 좋아하는 나무의 순위는 다음과 같다.

1위 – 소나무 43.6% 2위 – 은행나무 4.4% 3위 – 단풍나무 3.6%

이같이 현대에 들어서도 우리민족이 가장 사랑하는 나무는 소나무이다. 소나무는 고대부터 물질적 이용 뿐 아니라 민족의 정서와 기질에 큰 영향을 미쳤다. 정화, 생명, 장수, 기개, 성실, 지조, 순결… 이렇듯 소나무가 상징하는 바는 우리 민족이 추구하던 가치관과 맞닿는다. 소나무의 의미는 건축은 물론 공예, 회화, 문학, 민속 등 우리 문화 전반에 골고루 드러나 있다.

〉〉 건축재료로서의 소나무

요즘 관심이 높은 생태주택을 한마디로 요약해 본다면 우리 조상들의 역사와 얼이 담긴 고건축양식이라 할 수 있다. 옛집이야말로 가장 완벽한 생태주택이라 생각되며, 소나무 없는 고건축은 존재할 수 없다고 해도 과언이 아니다. 소나무는 생명의 나무이다.

건축물의 구조체나 부속물로 조립된 후에도 계절의 변화에 따라 호흡을 하는 생명을 품고 있다. 수축과 팽창을 오랜시간 반복한 뒤, 완성된 구조체로서 단단히 자리매김하는 것이다. 그러므로 십년 후, 백년 후가 아니라 천년 후도 바라볼 수 있는 영구적인 믿음직한 나무이다.

:: 황토에 대하여

우리 민족에게 나무의 우두머리를 소나무라 한다면, 흙의 우두머리는 황토라 할 수 있다. 요즘 건강과 관련하여 황토의 효능과 쓰임새는 여러모로 입증되어 우리 실생활에 깊숙이 자리잡고 있다.

그 보편적 특징과 상징에 대해 간략하게 정리해 본다. 우선 황토는 태양에너지의 저장고이며 그 자체로 생명체이다. 식물과 동물의 정기를 강화하고 원적외선을 방출하며 스스로 해독력과 자정력을 가지고 있다. 습도와 온도 조절에도 탁월한 황토의 효능을 주거에 적용한다면 얼마나 좋겠는가?

〉〉 건축재료로서의 황토벽돌

어떤 것이 좋은 황토벽돌인가? 흙의 속성으로 보았을 때 물에 녹지 않는 황토벽돌은 있을 수가 없다. 만약 물에 녹지 않는다면 흙벽돌이긴 하지만 순수한 황토벽돌이라 볼 수 없다. 무언가 화합물질이 배합된 것이다.

지역적 환경에 따라 황토벽돌의 구조를 미루어 보자. 남부지방 같이 마사토가 거의 없는 지역에서는 찰기로 인해 터지는 현상을 보완하기 위해 짚을 섞어 사용하는 경우가 많았다.

반면 중부 이북처럼 마사토가 풍부하게 섞여 있는 지역은 굳이 짚을 섞지 않고도 터지는 것을 방지할 수 있는 이점이 있다. 마사의 거친 입자가 고운 황토의 뼈대 역할을 충분히 할 수 있으며, 적절한 배합비율로 반죽하게 되면 방수성에도 어느 정도 도움을 줄 수 있기 때문이다.

그러나 기본적으로 황토는 완벽한 방수가 불가능하

기 때문에 별도의 자연방수제 처리나 석회 마감미장이 필요한 것이 현실이다. 아울러 건축양식에 있어서 처마의 역할은 황토집에서 가장 중요하게 부각되고 있다.

:: 집을 짓기 앞서서

건축에 앞서 생각해 볼 문제들을 짚어보자. 우선 우리 자연 환경의 특성을 깊이 이해하는 것이 필요하다. 더 나아가서 앞으로의 기후변화까지도 고려해 철저한 준비를 하는 것이 좋다. 예를 들어 지구온난화로 인해 짧아지는 겨울과 집중호우에서 보이는 열대기후의 징후들은 오래 가는 집을 위해 생각해 볼 문제들이 아닐까?
실제로 우리 조상들은 묘자리 하나를 써도 풍수 사상의 도움을 받아 신중히 결정해 왔다. 이럴진대 집터를 구하는 고심은 말로 해서 무엇하겠는가. 그러나 21세기 우리의 현실은 아주 다른 방향으로 가고 있다. 자연에 순응하기보다 도전하고 쟁취해가는 산업구조의 건축관이 주류를 이루고 있다. 인구 밀도 높은 대도시의 특성상 불가피한 흐름이겠지만, 안타깝게도 도시의 건축문화는 이제 구조적인 획일성으로 대표되고 있다.
도심과 달리 자연과 함께하는 전원주택 문화를 공유하는 사람은, 이런 점에서 복 받은 사람들이다. 자연의 섭리에 순응해 돌아온 이들이, 주택 중에서도 사람에게 가장 이로운 물질로 지어진 생태주택 안에서 산다면 그 복은 정말 큰 것이 아닐 수 없다.

:: 자연환경과 가옥 형태의 조화

우리나라는 국토 면적은 작지만, 지역마다 풍토와 문화적 차이가 커 가옥 형태와 종류가 다양하다.
풍토, 즉 기후와 지형, 토양 등 지역적 자연환경의 개괄적 이해는 집을 짓기 위한 가장 중요한 기본 조건이다. 여기에 그 집에서 살 사람의 개인적 성격(기질)이나 취향을 고려하여 설계하는 것이 바람직하다. 그러므로 공사의 패턴과 경제적 요소만 중요한 것이 아니라 집 주인과 시공자가 가능한 한 많은 시간을 갖고 깊고 넓게 생각을 나누는 인간적인 교류가 이상적인 주택을 만드는 필수조건이다.

》 대지의 모양과 높이와 방향에 대하여

배산임수는 참으로 이상적인 조건이다. 그러나 이처럼 좋은 집터를 구하기란 쉬운 일이 아니다. 많은 시간을 투자해야 하며 혹 좋은 인연으로 터를 구할 수 있다면 참으로 고마운 일이 아닐 수 없다.

모양 모나지 않은 형태가 좋다. 정방형이 가장 좋으며, 건물의 모양이나 부지 조성 시 유동적으로 조절이 가능하다고 본다. 대지의 모양은 결국 담을 조성하는 경계선의 기점이 된다. 그러나 '여기까지가 내 재산권이요'라는 소유권 때문에 모 난대로 담과 터를 조성한다면 흉한 터에 집을 짓고 사는 결과를 낳을 수밖에 없다. 모가 나 있는 대지를 보완하는 방법을 예로 들어보겠다.

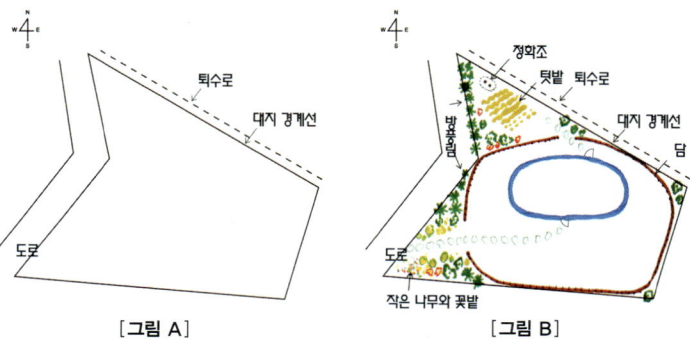

[그림 A]   [그림 B]

[그림 A]의 대지를 [그림 B]로 재조성 한다면 집터도 반듯해지고 터 이외의 공간도 나름대로 조화롭게 사용할 수 있다. 조금은 자연에게 돌려줌으로써 여유로운 생활을 즐길 수 있을 것이다.

높이 주변이 평지라고 가정할 때 침수의 우려가 있지 않는 한 주변보다 너무 높지 않게 성토하는 것이 바람직하다. 대지 주변에 물이 자연스럽게 흐르는 조건을 고려해 조성하는 것이 좋다. 내 집터를 너무 높이면 옆집 사람들도 위기감이 생겨 더 높이 성토하려 들 것이다. 그런 현상이 반복되다 보면 저지대가 형성되고 결국 수해를 입는 결과를 초래한다. 내 터는 양기가 넘치는 반면 주변에 물이 고이게 되면, 그 음기를 우리 식구가 다 마시게 될 가능성이 크다.
그러므로 주변 사람들과 이치를 이해하는 나눔의 철학으로 집을 지어야 한다. 단지 '내 집'이 아니라 '조화로운 촌락'으로 가꾸어 나가는 공동체 의식 또한 중요한 것이다.

방향 보편적으로 가옥의 방향은 남동향이나 남향이 좋은 것이 당연하나, 주변의 지형이나 환경적 여건에 따라 약간의 유연성을 가져야 한다. 일조량이 부족한 추운 계곡지형인 경우 겨울의 일조량이 많은 남서향이 좋으며, 벌판이어서 서풍이 강한 지형에서는 남동향이 유리할 것이다. 또한 방향과 함께 시각적 조망권과 주변의 특수한 환경을 고려하여 가옥의 형태와 방향을 조화롭게 배치해야 한다. 이러한 방향성과 터의 모양, 외부적 자연조건의 유기적 관계를 더불어 생각한다면, 자연과 인간은 상호 보완적인 조화를 이룰 수 있을 것이다.

:: 소나무흙집의 설계 동기와 개요

건축 설계에 있어서 보편적 이치는 당연한 것이고 건축주의 체질이나 미적 취향을 반영하여 기능성과 아름다움을 동시에 충족시키면 이상적인 건축이 될 것이다.

어떤 이는 앞이 훤히 열린 높은 지대를 선호하는 외향적 기질이 있는가 하면 어떤 이는 사방이 둘러싸인 은밀하고 소자연적인 구조를 좋아하기도 한다. 조금 더 생각해 본다면 위의 두 가지 장점이 조화롭게 어울린다면 더욱 좋을 것이다.

나는 소자연적인 경향을 좋아하는 편이다. 사실 하늘 아래 살아도 하늘 몇 번 쳐다보지 못하고 사는 경우가 대부분이고, 산 중턱에 살아도 산 아래 풍경을 매일 즐기며 살지 못한다. 주변 환경의 시각적 감상도 좋지만 만들어 놓은 집의 내외부적 아름다움과 작은 꽃밭을 즐기며 사는데 더 많은 시간을 들이며 살고 있다.

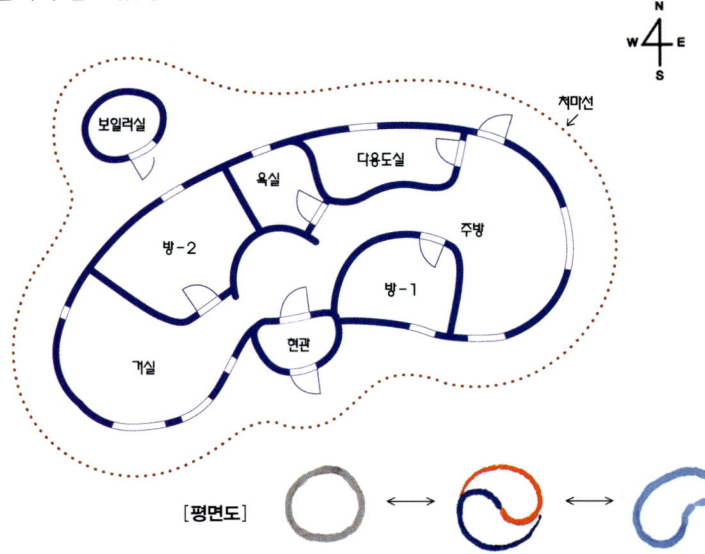

[평면도]

인류는 인공적 주거형태가 존재하기 전에 동굴 생활을 하였으며 그 원초적 유전자는 우리의 뇌간 깊이 존재하고 있다고 여긴다. 하루의 생활 중 뇌파가 가장 안정되는 시간은 수면 중일 때라 한다. 아기도 많은 시간을 자면서 안정된 상태를 갖는다. 어떤 학자는 인간이 가장 편안하게 느끼는 곳이 어머니의 자궁(아기집)이라고 했다. 내 집의 설계 동기는 이러한 원형적 사유와 생태적 재료에서 출발했으며, 이는 디자인에도 반영되었다. 각과 모서리가 배제된 비정형의 고아한 선의 조화에 중점을 두고 벽체 또한 완만한 항아리형으로 일체감을 강조하였다. 전체적인 선에 어울리게 처마를 두르니 자연스런 처마선도 그려지게 되었다.

집의 규모는 3인 가족의 소박한 크기로 구성해 보았다.

:: 흙집의 장단점

완벽한 건축물이란 존재하는가? 이에 대한 정의는 불가능하다. 모든 것은 변화하고 있다!

그 변화에 있어서 흙집은 얼마나 생태적이며 견고한가? 질문 자체에 장단점이 모두 드러나 있다. 흙집의 장점은 오랜 역사를 통해 입증된 바, 우리의 건강에 가장 적합한 생명력 있는 건축임에 틀림이 없다.

그러나 재료의 선택과 시공 방법, 밀도 있는 완성도가 요구되기 때문에 이 중 하나라도 부실하거나 급하게 시공되었을 때 여러 가지 문제점이 발생한다. 결론적으로 완벽한 시공을 하였을 때 단점은 거의 없다고 본다. 흙의 속성상 음한 성질을 가지고 있기 때문에 쾌적한 여름을 즐길 수 있으며 타 재료에 비해 단열성은 떨어지지 않지만 열의 반사율은 약하므로 겨울을 대비해 심야 전기를 이용한 난방을 하는 것이 바람직하다. 또한 소나무를 구조체로 사용할 경우 소나무의 속성을 고려해 시공하여야 견고한 결과를 기대할 수 있을 것이다.

:: 청명한 기운이 느껴지는 질 좋은 토양

집이 지어진 충북 제천의 자연 환경을 살펴보자면 지리적으로 중부 내륙의 가장 깊숙한 곳에 위치해 있다. 그러나 중부 지방의 산악을 낀 적당히 완만한 지형이 아니라, 사방이 높은 산으로 둘러 싸여진 평균 해발 200m 정도의 고원분지 지형이라 볼 수 있다.

기후의 특징을 보면 높은 고도로 인해 사계절 청명하고, 웬만한 집중호우에도 끄떡 없을 만큼 물이 잘 빠져 낮은 습도의 쾌적함을 느낄 수 있다.

온도는 연교차와 일교차의 폭이 큰 편이라 겨울에 약간 춥기도 하지만, 농산물은 매우 실하며 사람들의 기질도 강하고 건강한 이들이 많다. 제천을 중심으로 차로 약 20분 정도 거리의 관광지로는 소백산맥과 치악산, 월악산, 충주호, 영월과 평창의 동강, 서강 등이 있어 산과 강을 두루 즐길 수 있는 천혜의 자연조건을 가지고 있다. 지질의 분포는 거의 마사토로 이루어져 있으며 부분적으로 석회암 지역을 끼고 있어 물이 잘 고이지 않아 양기가 좋은 토양을 지녔다.

이러한 자연 환경과 더불어 생활(쇼핑, 통학, 근린시설의 이용 등)의 편리함 또한 집터를 구하는 데 있어서 신중히 고려해야 할 부분이다. 제천은 인구 13만명 정도의 소도시여서 시내 중심부에서 10분 이내의 거리에 전원생활을 할만한 곳을 쉽게 찾을 수 있다.

》》 대지의 조성

구입 당시 대지는 오래된 집터였다. 주변 도로보다 약간 높게 성토되어 있었고 풍부한 수량을 가진 우물이 있었다.

성토한 지는 약 2년 정도 지난 터라 안정된 지반으로 보였으나 자세히 살펴보니 마사토의 상태가 찰기가 전혀 없는 푸석한 굵은 입자였다. 지지력이 약할까 염려되어, 성토 전의 생흙이 나올 때까지 60~70cm 깊이로 걷어내고 기초할 넓이의 두 배 면적으로 잡석다짐을 하였다.

대형 굴삭기와 돌을 실은 25톤 트럭이 몇 차례씩 드나들며 작업이 끝난 후, 완벽한 다짐 상태를 확인한 후 콘크리트 기초를 시작했다.

》》 콘크리트 기초 작업

비정형 곡선 형태의 바닥이므로 벽돌을 50cm 높이로 조적하여 거푸집 작업을 하고 배관의 물매를 정확히 잡으며 철근 배근을 시작하였다. 굵은 철근을 가로 세로로 최대한 촘촘하게 엮어 두 겹으로 층을 만들어 단단히 고정시켰다. 이어 콘크리트 타설 준비를 하고 고강도 레미콘에 방수제를 혼합하여 부었다.

볕이 뜨거운 한여름인데다 콘크리트는 양생 시 많은 열을 뿜어내므로, 물을 충분히 공급하며 천천히 양생시켰다. 결국 견고하며 비가 와도 물이 전혀 스미지 않는 방수성을 확인하고 나서 순조롭게 다음 작업을 준비할 수 있었다.

참고로 이 때부터 시작된 작업은 10여 년간 동거동락한 3인의 친구들이 철저하게 공부하며 연구하는 자세로 2년여의 시간을 함께 하였다.

:: 한 곳에서 벌목한 소나무 사용하기

소나무! 듣기만 하여도 기분이 좋아진다. 소나무의 물리적 특성과 아름다움은 일일이 열거하지 않아도 우리 민족의 정서 깊숙이 자리 잡고 있다. 소나무와 가까이 하여 생명력과 향기, 빛깔, 그 쓰임새에 반하다 보면 어떤 나무와도 비교할 수 없는 편안함과 은근한 정취를 맛볼 수 있다.

구조체로 사용할 소나무를 구하는 일은 깊은 안목과 경험을 필요로 한다. 구조체에 있어서 육송으로 한 채의 집을 지을 때 소요되는 나무는 되도록 한 곳에서 벌목한 것을 사용하는 것이 좋다. 한 혈통의 유전자가 비슷한 성질을 지니듯 한 환경에서 자란 나무 또한 휨이나 나무 수축의 정도가 비슷해 균형이 깨질 위험성이 덜 하기 때문이다. 예를 들어 구조체를 육송과 수입송으로 마구 섞어 조립할 경우 당장은 문제가 없어 보이나 시간이 경과함에 따라 틀어지고 서로 이물감이 생길 수 있다.

깊이 생각해 보면 같은 지역 소나무여도 골짜기에서 자란 나무와 언덕 위에서 자란 나무의 속성이 다르다. 같은 조건 하에서 성장한 나무도 어떠한 방법으로 건조하고 보관하며 치목하고 세우느냐에 따라 다양한 결과가 나타난다. 그러므로 사려 깊은 목수 한 분 모시는 것 또한 건축주로써 큰 행운이라 할 수 있다.

:: 나이테가 좁고 껍질이 밝은 소나무 구입하기

좋은 소나무 목재를 구별하는 안목은 쉽게 갖출 수 있는 것은 아니나 간략히 보자면 나이테의 치밀성과 나무껍질의 상태로 판단해 볼 수 있다. 나이

테는 나무의 성장기록이다. 같은 지름이라도 테의 간격이 넓을수록 속성수로 무른 편이며 좁을수록 단단하며 느리게 자란 나무이다. 껍질의 빛깔로 보자면 일반적으로 색이 검은 것보다는 붉거나 밝은 색을 띠는 것이 속이 단단하고 변형도 적으며, 속살도 더욱 노란 빛으로 고운 편이다.

좋은 나무를 구하는 것도 좋지만 관리 역시 중요하다. 구입 즉시 껍질을 벗겨내 자체 내의 습기를 방출시킨다. 외부의 수분 침투에 의해 청이 생기기도 하지만 본래 지니고 있는 수분 또한 청이 생기는 원인이 된다. 보관할 때는 지표면과 닿지 않게 띄우고, 위로는 가(假)지붕을 만들어 통풍이 잘 되게 하여 천천히 건조시켜야 한다.

사실 나무의 관리라 표현했지만 그 속성을 아는 이들은 소나무를 아기 다루듯 아끼게 된다. 필자는 반(半)목수도 못 되지만, 작은 집 한 채 지을 곡재 용목들을 3년 전에 구입하여 위와 같은 방법으로 보관하고 있다.

원목의 구입 시기는 습도가 높은 계절은 피하고 나무에 벌레가 생기기 전인 초봄 정도가 좋다. 벌목은 나무 속에 수분이 적은 늦가을부터 이듬해 초봄까지 행해지므로 봄엔 물량도 풍부해 선택의 폭도 넓은 편이다.

요즘은 육송을 취급하는 제재소가 점점 줄어 좋은 재료를 구하려면 많은 발품을 팔아야 한다. 벌목 시기에 맞춰 산판 현장에서 직접 구입하는 것도 좋은 방법이다. 작업에 사용된 나무들은 제천 주변과 풍기, 영주, 봉화, 안동을 두루 돌다 안동의 한 제재소에 구입하게 되었다.

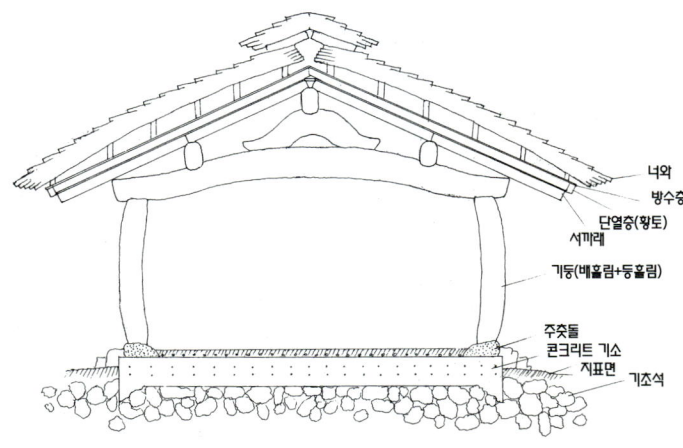

:: 곡재 구조체를 만드는 치목작업

소나무흙집은 완만한 선을 가진 항아리형 벽체이므로 기둥도 곡재를 사용하여 세웠다. 이 집의 구조체는 직재가 없는 곡재로만 이루어졌다. 곡재 구조체를 만드는 일은 시공 사례를 거의 본 적이 없어 많은 고민을 하게 만들었다. 평면적 설계로는 부족한 부분이 있어 입체 모형을 만들어 신중히 시작하였고, 바닥 기초를 한 후에도 각재로 임의의 구조체를 만들어 실측하여, 균형과 조화를 확인한 후에 치목작업을 시작하였다.

기둥을 견고하게 세우기 위하여 주춧돌 또한 비정형의 커다란 차돌을 단단

실내에서 본 그렝이 작업

하게 고정시키고 기둥재에 섬세하게 그렝이 작업을 했다. 1mm의 오차도 없이 세워 놓으니 주춧돌의 볼록한 면과 기둥의 오목한 면이 서로 맞물려 웬만한 힘으로 밀어도 움직이지 않는 안정감을 갖게 되었다.

곡재 구조체를 치목할 때는 나무의 굽은 정도, 즉 나무의 성격을 제대로 알아야 한다. 나무의 운동 방향과 힘을 받는 역학적인 부분을 예측하여 이 나무가 앞으로 어떻게 변할 것인지 고려해 용도에 맞게 다루어야 한다. 대체로 생긴 모양 그대로 써주는 것이 크게 무리가 없는 방법으로 보인다.

나무를 치목하는 이유는 용도에 맞게 사용하려는 기능적인 역할이 주된 목적일 것이다. 더불어 소나무 고유의 빛깔과 나무의 결을 드러내 그 아름다움을 즐길 수 있게 하는 것이다. 이번 작업에서는 아래 그림과 같이 심재와 변재의 장점을 적절히 살려 치목하였다. 기둥뿐만 아니라 그 외의 구조체도 그림과 같이 치목하였다.

1 곡재로 가공해 만든 구조체들. 소나무 고유의 빛깔과 나무결이 드러나 그 아름다움을 즐길 수 있다. 2 나무가 뻗어나간 모양 그대로 각자의 자리를 찾아 얹힌 모습.

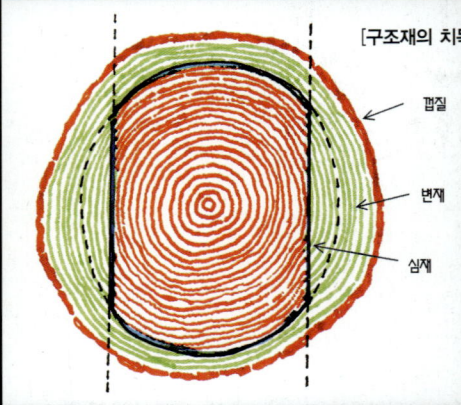
[구조재의 치목]
껍질
변재
심재

당하기에 좋은 형태라 볼 수 있다. 건축물의 크기를 고려하여 여러 구조재와 조화롭게 어울릴 수 있도록 선목(選木)하고 치목(治木)하였다. 조금은 굵다 싶을 정도로 튼실한 둘레를 가지고 적당하게 굽은 나무로 잘 살펴 골랐다. 위를 향해 볼록한 형태로 얹혀 놓으니, 완만하게 안으로 휘어진 기둥과 어우러져 한 몸처럼 자연스런 모양이 되었다.

〉〉 동자기둥
구조재의 비정형적인 형태에 어울리도록 U자형의 곡재들로 구했다. 나뭇결의 아름다움을 살려 고아한 형태로 다듬은 후, 들보 위에 그렝이 작업을 한다. 지지하는 부분을 두 점으로 견고하게 끼워 맞춰 구조적 안정감과 곡재들과의 조화를 꾀했다.

〉〉 도리
골조보와 직각 방향으로 걸어 기둥과 기둥을 건너 서까래를 받치는 골조가 된다. 도리 작업 또한 원형 형태의 지붕과 곡재 구조체에 어울려야 하므로 쓰임새에 맞도록 곡재를 선목하였다. 집의 원형적 특성상 마주보는 보들이 서로 평행하게 바라보지 않으므로 도리와 도리 사이의 변각을 꼼꼼히 맞추어 올려놓으니 여러 곡재가 서로 의지하고 버티어 주는 자연스런 모습이 되었다. 이러한 형태를 기본으로 앞으로 전개될 공정에 대해 세세한 부분까지 미리 그려보고 서까래 공정을 준비하였다.

이 집은 전통 한옥의 삼량 형태의 목구조에 원형의 벽체 구조를 가진다. 벽체 위에 단목을 이어 처마 도리를 덧붙이는 외벽 작업을 마치고 서까래 작업에 들어갔다.

:: 원형 벽체에 어울리는 지붕 목구조 짜기

비정형의 곡재들을 전통적 방법으로 끼워 맞추기 위해서는 나무가 어떠한 환경에서 자랐으며, 앞으로 어떠한 방향으로 변화할 것인가에 대한 확실한 이해가 선행되어야 한다. 구조적인 안정성과 시각적 아름다움을 동시에 충족시키는 이 작업은 다소 까다롭긴 하지만, 상상력을 발휘하며 느긋하게 즐길 수 있는 여유로움이 있다면 좋은 결과물을 얻을 수 있다. 소재에 대한 확실한 이해와 작업자의 창의력이 만나는 목구조작업. 그 과정에 대해 간략히 소개해 보고자 한다.

〉〉 보
기둥 위에 수평으로 걸쳐져 지붕의 하중을 내려 받고 기둥을 눌러 제자리를 잡아 주는 역할을 한다. 이중 대들보 감은 약간 휘어져 있어야 그 무게를 감

〉〉 서까래
수년 동안 말린 곡재를 사용하여, 천장 미장 후 나무와 흙 사이의 벌어짐을 최소화했다. 또한 외부 벽체와 나무를 보호하기 위해 처마의 깊이를 넉넉히 확보하였다.

:: 용도별로 속성이 다른 흙 구하기

흙집에 사용되는 흙의 종류를 보면 황토벽돌, 조적용 메지흙, 벽체 미장흙, 난방을 위한 바닥흙, 개판 위에 올릴 단열 용도의 흙 등이 있다. 필자는 각 용도에 따라 흙을 구입하고 때론 직접 채취하기도 하였다.

흙은 선택에 앞서 공부가 우선이다. 순수 황토, 마사토가 적당히 섞인 흙, 모래, 백광석, 백토 등 여러 재료가 비율을 달리해 섞인 흙 등 직접 실험해 보고 그 결과를 눈으로 확인했다. 종류에 따라 속성도 천차만별이었다. 이러한 작업은 '흙' 이라는 물성을 이해하는데 큰 도움이 되었다.

건축에 가장 많이 사용되는 순수 황토와 마사토가 섞인 흙은 충북 방곡 도예촌에서 직접 채취하였다. 큰 언덕을 쌓을 만한 물량을 체로 걸러 용도에 따라 여러 물질과 배합하여 사용했다.

외부 마감을 위한 미장흙은 밝고 고운 색을 찾아 경남 산청과 고령을 두루 돌아 구할 수 있었다. 미장 표면의 질감을 자연스럽게 하고 뼈대 흙으로 사용하기 위해서 백광석을 사용하였는데, 충북 단양의 광산에서 10톤 정도의 물량을 구입해 입자의 굵기를 대·중·소로 분류해 썼다.

그동안 몇 차례 작업을 하면서 여러 황토 벽돌을 사용해 보았으나, 딱히 마음에 드는 벽돌을 얻지 못하였다. 어쩔 수 없이 직접 만들기로 하고 충남 서산, 당진 등 여러 공장을 찾았지만, 주문형 벽돌을 취급하는 곳은 없었다. 결국 현장 가까이에 있는 작은 벽돌 공장에서 우리 나름대로 연구한 배합비를 적용해 생산하였다.

배합비에는 정석이 없다. 지역에 따라 황토의 점성이 다르고, 마사의 크기와 입자의 굵기도 조금씩 다르기 때문에 배합의 절대비율을 제시하는 것은 의미가 없다.

:: 소나무 고재를 사용한 창호재

모든 창호재는 소나무 고재를 사용하였다. 따로 인방을 설치하지 않은 채, 흙과 나무의 틈이 벌어지는 현상을 방지하기 위해서는 이만큼 좋은 소재는 없을 것이다. 소나무 고재는 오랜 시간 한옥 건축물의 구조재로 사용되면서 많은 시간을 견디어 낸다. 그 동안 모든 습기가 빠져나가 변형이 없고 버티는 힘 또한 매우 강해진다. 단, 판재로 켜서 사용할 경우에는 약간 수축하기도 하므로 일 년 이상 건조시킨 후 사용해야 한다.

한옥 고재를 쓰고자 하면 좋은 고재를 선별하는 안목이 있어야 하고, 다시 한 번 마름질하는 까다로운 과정을 거쳐야 한다. 가격은 타목재에 비해 몇 배 비싸고 버려야 하는 부분도 많아 경제적으로 부담은 되지만, 소나무의 속성을 이해하고 완벽하게 시공한다면 제값을 톡톡히 해내는 자재이다. 나는 적지 않은 고재를 구하기 위해 안동, 충주, 평택, 안산 등 여러 곳으로 발품을 팔다가 광릉 근처의 한 고재상에서 많은 물량의 질 좋은 고재를 구해

치목작업하는 친구들과 함께 매우 기뻐한 기억이 있다. 돌은 기단석, 돌담, 현관 바닥, 마당의 징검다리, 화장실 바닥 등 여러 용도로 사용되었다. 강돌, 정식, 이끼 낀 자연석, 수마된 화강암 등 여러 종류의 돌을 사용해 보았지만 가장 자연스러우며 편안함을 주는 돌은 적당히 수마된 화강암이다. 소나무와 같이 우리 고건축의 대표적 재료로 정서적으로 온화하며 단단한 재질감을 갖고 있다. 그러나 수마된 화강암은 지표면에만 분포하므로 구하기가 매우 어렵다. 필자는 운이 좋아 돌 쌓는 분의 소개로 덤프트럭 10대 분의 질 좋은 화강암을 구할 수 있었다.

:: 완만한 항아리형 벽체 만들기

흙은 속성상 물기를 흡수하려는 성질을 가지고 있기 때문에 방수가 무엇보다도 중요하다. 일차적으로 지표면과 띄워 작업하고 흙 미장 후 방수 처리, 빗물이 튀는 것을 방지하는 기단석 설치, 비바람을 막기 위한 처마 작업이 함께 되어야 완벽한 방수라 할 수 있다.

지표면에서 한 자 정도 올라와 있는 콘크리트 기초 위에 시멘트 벽돌을 두 장 높이로 단단히 조적을 하고 황토벽돌 조적작업을 시작하였다.

건물 내부 쪽으로 완만하게 휘어있는 기둥선에 맞춰 창틀 또한 굵은 고재로 가공하여 튼튼히 지지하고 황토 벽돌을 쌓아 올렸다. 내부 조적도 외부조적에 사용한 벽돌로 작업하고 방의 천장은 서까래를 걸고 송판을 올려 1차 마감하고 전기를 배선하였다.

벽돌은 완벽히 건조된 것을 사용하여야 접착력이 좋아 견고하게 조적되며, 메지흙

도 수분이 많거나 너무 찰지면 좋지 않으므로 고운 마사
토와 황토를 적당히 배합해야 한다. 완만한 선을 가진
항아리형 벽체이므로 한층한층 올릴 때마다 어느 정도
곡선을 유지하며 안정성과 전체적인 균형을 살펴 쌓아
올려야 했다.

:: 수천장의 송판을 직접 재단한 지붕작업

목구조 흙집에 있어서 지붕과 처마는 비와 바람으로부
터 흙과 나무를 보호하며, 시각적인 조화를 이루어 건축
물을 아름답게 완성시키는 역할을 한다.
눈이 많은 지역은 지붕의 물매를 급하게 하여 눈이 빨리
흐르게 하고 더운 지역은 처마를 길게 내어 일조량을 줄
인다. 지붕의 소재도 자연환경과 용도에 따라 기와, 너
와, 초가, 돌, 금속 등 다양하게 사용되고 있다.
소나무흙집은 벽체와 지붕이 매우 자유로운 형태라 대
량 생산된 정형적인 재료는 기능과 작업성, 시각적 조화
에 전혀 어울리지 않으므로 송판을 사용해 하나하나 재
단하여 짜 맞추었다. 생태건축의 생명력과 아름다움을
실현하기 위해 지붕재 뿐만 아니라 구조재, 마감재, 인
테리어 소품까지 모두 자연물로 직접 만들었다. 나무의
속성 또한 습기에 약하므로 젖은 나무가 최대한 빨리 마
를 수 있는 통풍 구조에 대해 연구하여 그림A와 B의
공법으로 시공하였다.

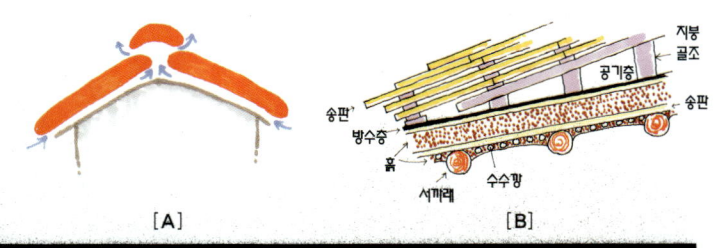

[A]　　　　　　　[B]

서까래 위에 송판을 올리고 흙을 채워 단열층을 만들었
다. 여기에 합판과 방수시트를 덮어 1차 방수층과 처마
몰딩 공정을 끝내고 나무지붕 작업을 진행했다. 나무가
충분히 숨쉬기 위한 공기층을 확보하며, 빗물이 잘 흐를
수 있는 물매로 지붕틀을 만들었다. 수천 장의 판재를
지붕각에 맞춰 자르고 조립하여 오랜 과정 끝에 나무지
붕이 완성되었다. 그 기쁨에 수탉 한 마리를 목조각하여
동쪽 용마루 위에 올려두었다.

:: 내외부 미장마감과 돌 작업

제천 주변의 시골 마을에서는 아직도 흙으로 만들어진 창고를 찾아볼 수 있다. 그 형태를 가만히 들여다보면 처마의 길이가 매우 짧아 벽체 대부분이 비바람에 노출되어 있지만, 오랜 세월 잘 견디고 있음이 놀라울 뿐이다. 순수한 황토라면 물에 녹는 것이 당연하지만, 창고 흙은 황토 외에 크고 작은 마사 알갱이들의 적절한 배합비로 섞여 어느 정도 안정된 방수성을 갖게 된 것이다.

이집 역시 이러한 배합황토를 사용했다. 뼈대가 되는 굵은 입자와 이를 안정감 있게 지지해 주는 중간입자와 고운 입자, 그리고 이러한 구조를 끈끈하게 접착시켜 주는 점성이 강한 황토와 물이 준비되고, 충분한 실험으로 배합비를 맞춰가며 외부 미장을 시작하였다.

뼈대 흙은 마사와 대, 중, 소 크기의 백광석, 그 사이를 잡아 주는 흙은 밝은 색조의 점성이 좋은 고령토를 사용했다.

2차 미장 시에는 접착이 잘 되도록 약간 퍽퍽하게 초벌 미장을 한 후, 비바람에 취약한 벽체 하단부터 중간 부분까지 완만한 선으로 마감 미장하였다. 벽체가 완전히 건조된 후 스펀지와 고운 붓으로 물칠을 하면서 표면을 얇게 닦아냈다. 작업이 끝나자 백광석의 반사성과 자연스런 질감이 그대로 드러나게 되었다. 견고한 방수를 위해서는 아교를 끓여 최대한 묽은 농도로 만든 뒤, 빗물의 영향을 가장 많이 받는 벽체 하단부에 2~3번 칠하여 무광 코팅해 주었다.

:: 천장과 바닥의 흙미장은 기다림의 작업

내벽 미장도 외부와 같이 작업하고 다음은 천장이다. 천장은 서까래 위에 흙을 받기 위한 산자가 소나무 판재로 마감되어 있는 형태여서 굳이 미장을 하지 않아도 기능적으로는 문제가 없었다. 그러나 내벽과 일체감을 주면 벽과 천장이 둥글게 이어지는 조화로운 그림이 될 것 같아 미장을 결심했다.

많은 양의 수수대를 구해 잎을 깨끗이 정리하고 서까래 사이사이에 촘촘히 고정시켜 흙을 붙일 수 있는 구조를 만든 후 수수대가 살짝 덮일 정도로 흙을 채워 기초 작업을 하였다. 수직의 벽에 미장하는 것과 달리 천장 미장은 점성을 강하게 하므로 자칫하

면 터지게 된다. 터진 부분은 다시 강하게 붙여 완전히 건조시킨 후, 한 번 더 얇게 미장하여 견고히 하였다.

바닥 흙 미장의 두께는 약 10cm로 정하고 난방 배관 시 파이프를 움직임 없이 고정시키고 세 번에 나누어 미장한다. 순수한 흙으로만 할 때는 한 번에 너무 두껍게 미장한다면 많은 수분이 빠져 나가면서 균열이 생긴다. 약 3cm 두께로 1차 미장하고 완전히 건조시킨 후 이와 같은 방법으로 2차, 3차 미장을 하는데 바람과 직사광선이 닿지 않는 실내에서 자연 건조를 하므로 기나긴 기다림이 필요하다.

:: 돌담과 기단석 쌓기 그 외 돌 작업

옛 돌담의 자연스런 정취를 떠올릴 수 있는 담을 만들고
자 했다. 건물과 담을 따로 보지 않고 벽체, 기단과 이어
져 한 몸이 되는 형태로 돌담 쌓기가 시작되었다.

여러 종류의 자연석들이 있지만 모서리가 날카롭지 않
고 편하게 수마된 화강암을 사용하였다. 담의 면을 고르
게 하기 위해서는 한쪽 면이 어느 정도 평면의 형태를
가져야 하므로 수많은 돌을 펼쳐 놓고 쓰임새 좋은 돌들
을 1차 분류하고 현관, 기단, 담의 순서로 나누어 작업
하였다.

기단은 빗물이 튀지 않을 정도의 높이로 벽체에서 조금
내어 쌓고 담은 너무 높지 않으며 마감선은 부드러운 곡
면으로 율동감을 살려 작업하였다.

돌쌓기란 비정형의 퍼즐 맞추기라 할 수 있다. 하나의
돌 위에 어울리는 돌을 찾기 위해 많은 돌을 여러 각도
로 굴리고 대보는 행위를 수없이 반복해야 한다.

하나둘씩 조화롭게 짜 맞추어 가는 일은 인내와 여유가
동시에 필요한 작업이었다. 현관 바닥과 욕실 바닥의 돌
은 납작한 강돌과 화강암 판재, 태백 근처에 분포하는
붉고 푸른 면 돌을 사용했다. 거친 부분은 연마하고 모
난 부분은 부드럽게 컷팅하여 쓰고, 메지는 백 시멘트와
백광석을 섞어 바르고 메지 표면은 곱게 갈아 섬세하게
마감했다.

돌 작업을 통해 옛 어르신들의 무위적인 아름다움을 재
현해 보려 욕심냈다. 단지 기술적인 문제가 아니라 자연
과 하나 되는 정서가 그 안에 있다는 것을 새삼 느낀 작
업이다.

소나무 고재를 이용한 대문과 창호 만들기

모든 창호재는 소나무 고재의 굽이를 잘 살펴 각재와 판
재로 직접 가공하여 작업하였다. 기능성과 미관을 고려
하여 원자재를 자르고 대패질하는 수많은 반복 공정과,
끼워 맞춘 자리가 벌어질 것을 대비하여 쐐기를 박고 나
비장으로 견고히 하는 과정이 이어졌다. 여기에 광솔 덩
어리를 조각하여 손잡이를 박고 나면 비로소 하나의 문
이 완성 된다. 다양한 디자인의 창호들과 탁자, 붙박이
장 문, 환기구, 싱크대 상판, 그 외의 소품들은 목공예를
천직으로 여기는 한 친구가 깊은 고민과 열정을 담아 만
들어 냈다.

대문은 박달나무로 틀을 만들고 물고기 세 마리를 참나

무로 조각하여 틀 안에 와이어를 연결해 모빌 형식으로 매달았다. 대문 기
둥 위에는 속을 파낸 은행나무에 작은 문을 단 후 둥글고 큰 차돌을 올려 우
편함을 설치하였다. 후에 이 우편함은 청개구리들의 한철 별장이 되어, 보
는 이들을 즐겁게 하였다.

:: 한지장판으로 바닥 마감하기

흙 미장 후 바닥 마감은 흙의 기운을 단절시키지 않는 것이 중요하다. 가장
좋은 방법은 멍석이나 돗자리 등 공기가 통할 수 있는 바닥재를 사용하는
것이지만, 생활의 편리함에 문제가 있으므로 절충하여 한지 장판을 직접 제
작하기로 했다.

한지는 초배를 할 가장 얇은 한지, 재배할 한지, 마감용 한지 등을 전통 한
지 공장에서 용도별로 구입했다.

시중에서 판매하는 풀은 오래 두어도 곰팡이가 생기지 않는 속성으로 보아
방부제가 많이 포함되어 있을 것 같았다. 그래서 한지 공예가의 조언을 얻
어 밀가루 풀보다 점성이 좋은 감자 전분 풀을 쑤어 사용하였다. 배접 준비
로 가로와 세로 약 30cm의 정사각형으로 모든 한지를 재단하였다. 풀의 점
성은 건조 시 종이를 수축하므로 여러 번 배접할 경우 일정한 농도를 유지
하는 것이 좋으며 종이의 면적이 넓을수록 수축율도 커지므로 최대한 작게
재단하여 사용하였다.

가장 얇은 한지로 초배하고 내구성을 좋게 하기 위해 의료용 면 거즈로 재
배하고 다시 얇은 한지로 삼배하고 보다 두꺼운 한지로 사배, 오배 하여 배
접 작업을 끝내고 채색과 코팅 작업을 하였다. 편안한 황색 조의 색감을 내
기 위해 치자를 끓여 염료로 도색하고 생들기름으로 코팅해 주었다.

조명은 한지를 주재료로 용도에 맞게 여러 종류로 제작하고 가죽 공예가의
도움을 받아 간접등과 주방 후드까지 작업했다. 밝은 형광색 전구는 욕실과
주방 등 작업 공간에 배치하고 온화한 느낌의 노란색 전구는 침실과 거실,
복도 등 즐기고 쉴 수 있는 공간에 배치하였다.

:: 내벽의 완성과 그 외 소품 만들기

벽체의 색은 흰색으로 결정했다. 우선 적당한 크기의 백광석 알갱이를 물로
여러 번 세척하여 색을 탁하게 하는 불순물을 제거해 주었다. 여기에 미세
한 양의 테라코트를 섞어 접착력을 높이고 밝기를 조절하는 용도로 지당을
배합하여 2회 뿜칠을 했다. 완전히 건조된 후 표면을 물로 닦아내니 백광석
의 반짝임과 편안한 질감이 잘 살아났다.

욕실은 흔히 사용하는 타일은 배제했다. 바닥에는 넓고 둥근 형태의 돌을
징검다리로 배치해 주었다. 물이 직접 닿는 부분은 백광석을 주재료로 약간
의 백시멘트를 배합하여 미장한 후 곱게 연마하였고, 물이 닿지 않는 곳은

방수와 발수성이 좋은 드라이비트 종류의 마감재에 고운 백광석을 혼합하여 미장 후 부드럽게 다듬었다.
욕실의 천장은 고재 송판을 타원의 형태로 작업하였다. 세면대 등 도기의 전체적인 색감은 내벽과 같이 화이트톤으로 선택했다.

1 소나무 고재를 이용해 만든 들창. 오랜 세월을 견딘 나무는 더 이상 휘거나 갈라지지 않아 창호로는 제격이다. **2** 좌우 여닫이창은 미세한 틈새까지 막기 위해, 쐐기를 박고 나비장으로 견고히 짜맞추는 까다로운 작업이다. **3** 곡선형의 실내 분위기에 맞춰 모난 곳을 최대한 줄여 만든 창의 프레임. 작업자의 세심한 정성이 느껴진다. **4** 우리네 전통 코쿨을 닮은 미니 벽난로. 난방기구 보다는 잔솔가지를 피워 나는 향내를 맡는 놀이적 기능으로 만들어 졌다. **5** 거북이 모양을 한 실내등은 한지로 만들었다. **6** 등 위에 한지를 덮어 온화한 분위기의 간접등을 만들었다. **7** 간접등이나 주방의 후드는 가죽공예가의 도움을 빌려 나무와 원시적으로 어울리도록 연출했다. **8** 거실에 있는 실내환기창. 간단하게 열고 닫히는 기능이 재미난다.

4

:: 코쿨을 닮은 미니 벽난로 작업

지금껏 여러 벽난로를 보아 왔지만 우리네 생활 양식상 실용성이 좋은 경우는 드물었다. 소나무흙집에는 다소 다른 개념의 코쿨형 벽난로를 만들어 보았다. 높은 열효율성을 기대하지 않고, 소박하게 만들어 장마철이나 한겨울 작은 불꽃을 바라보고 잔솔가지를 태워 나는 향기를 느껴보는 놀이적 기능으로 만든 것이다. 굴뚝은 건물의 처마와 같은 높이로 하면 그을음이 생기고, 미관상 어울리지 않는다. 따라서 벽체에 붙이지 않고 지표면 밑으로 연도를 넣어 돌담 상부 쪽으로 빼내고 송풍기를 설치하여 실내로 연기가 역류하는 것을 방지하였다.

5

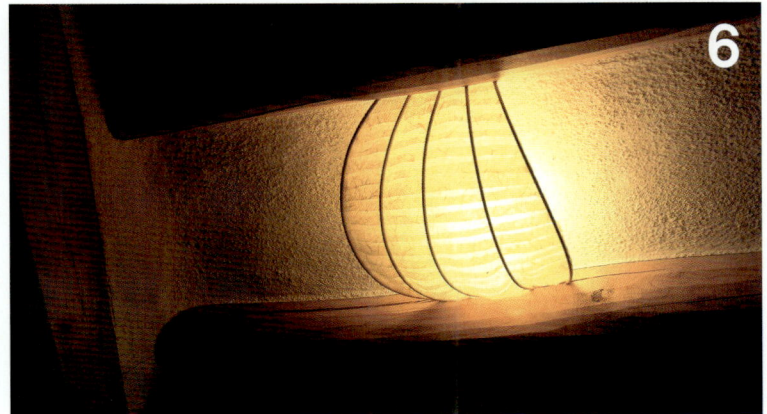

6

7

8

1 박달나무로 만든 대문에 참나무로 조각한 물고기 세 마리가 매달려 있다.　2 전선은 모두 땅 속에 묻고 외부로 노출된 전기계량기는 흙과 나무로 감싸주었다.

집짓기를 마친 소감
글 · 양동직

소나무흙집은 나무로 구성된 부드러운 처마선을 가지고 있어 두꺼운 전기선을 처마에 결속하는 것이 미관상 좋지 않을 듯했다. 한전에 문의하여 지중으로 인입하기로 하고, 전기계량기 박스도 벽체와 어울리게 흙과 나무로 만들어 보았다.

모든 공정을 마치고 주변을 마무리하기 시작하였다. 정원 이라기보다는 작은 나무들과 성모상이 모셔진 소담한 꽃 밭과 텃밭, 모양 있는 잔디밭 사이로 동선을 유도하는 징 검다리, 조그만 수도가와 자연배수로 등 틈틈이 햇볕을 즐 기며 놀이라 생각하고 작업하였다.

하나의 건축물이 완공되었다고 해서 집의 완성이라 볼 수 는 없다. 건축물의 분위기와 조화를 이루는 정원과 텃밭 등이 잘 구성되어 사는 이의 손길이 묻어나기 시작할 때 이를 완성된 집이라 할 수 있을 것이다.

건축 문화에 있어서 산업화의 결과 초래된 환경오염과 자 원의 고갈 등 생존의 위기감은 서구사회에 생태건축을 등 장시켰다. 이는 자연과 유기적 관계를 기본으로 하고 환경 을 최대한 이용하고자 하는 것이다. 서구 사회에서는 재생 가능한 자연에너지의 재활용, 전통적 자연재료와 현대 공 법의 접목, 생태 주거단지 조성 등 다양한 형태로 시도되 고 있다.

상대적으로 우리나라의 경우는 개념 정립과 본질적 연구 가 미흡하여 단편적인 도입에 그치고 있는 실정이다. 서구 의 선진국들은 미래를 환경의 시대로 보고 대책을 세우며 연구하고 있다. 우리도 우리의 환경에 적합한 생태건축에 주목할 필요가 있다. 고유의 생태문화에 뛰어난 과학 기술 을 접목하면 새로운 개념의 생태건축 문화가 피어날 수 있 을 것이다.

이를 위해서는 국가적 지원도 필요하며 집을 정서적 모체 로 보는 진솔한 안목을 지닌 이들이 솔선수범해야 한다.

이들의 적극적인 투자로 아름답고 건강한 건축문화가 형성되기를 기대해 본다.

소나무흙집은 역사 속에서 입증된 생태 건축인 우리 옛 건축의 토대 위에 실용성과 아름다움을 더해 보고자 다소 '실험성'을 가지고 작업한 집이다. 시간과 돈에 끌려 다니지 않도록 최대한 노력한 결과물이기도 하다.

이러한 실험성을 반영하고 그에 따른 결과를 확인해 나가는 과정 속에서 살 아 숨쉬는 집의 생태적 개념을 조금이나마 느껴보는 의미가 있었다.

2년여의 쉼 없는 여정으로 자연에서 얻어진 수많은 재료의 속성을 다양하 게 체험하고 비정형 구조와 조화로움에 대해 생각해 보았고, 무엇보다도 '공간에 대한 적극적 사유'가 시작되어 개인적으로 기쁜 일이었다.

1

2

1 창고에서 올려다 본 집의 전경. **2** 집 뒤로 장작더미와 환기구가 보인다. 반대편 아궁이에서 불을 때는 구들집이기 때문이다. **3** 구들보일러를 만드는 흡열판 모습. 동파이프를 6번 이상 감아 코일을 만들게 된다. **4** 아궁이 방향은 낮게, 굴뚝 방향은 높게 바닥을 만들어 줘야 불길이 잘 빠져나간다.

난방비 제로에 도전하는 현대식 구들

본채+9.9㎡(3평) 황토구들방

귀농 5년째 되는 해 이우성, 유안나 씨 부부가 새 집을 마련했다. 농사짓는 밭을 바로 곁에 두고 창고와 별채, 비닐하우스 등이 모두 딸린 근사한 농가다. 더욱이 특이한 점은 개량형 구들을 시공해 기름이나 가스가 필요 없고, 오직 장작만으로 난방이 가능한 차세대 흙집이란 것이다.

2007년 봄 상량식이 있던 날, 부부는 대들보를 세우고 집 앞 밭에 옥수수 씨앗을 심었다. 집터 기초공사를 하면서 밭에도 땅고르기를 해 둔 터라, 새 땅에서는 건축과 농사가 동시에 이루어졌다.

그로부터 3개월이 지나, 옥수수는 영글고 부부도 어느새 새집으로 이사를 마쳤다. 5천여㎡(1천5백평)의 광활했던 땅이 이제는 집과 곡식들로 빼곡히 들어찼다. 본채와 황토방 별채, 창고, 컨테이너, 비닐하우스에 강아지와 닭을 위한 집까지. 나머지 밭은 옥수수가 사람 어깨높이 만큼 자라 시야를 꽉 채우고 있다. 이우성 씨는 "아직 주변이 정리되지 않아 부족하지만, 부부가 오랫동안 바라던 집짓기가 끝나 감개무량하다"며 소감을 밝혔다.

:: 전통 흙벽에 현대적 마감 접목

집은 외관상 목조주택 분위기다. 그러나 실제는 목구조흙집으로 분류할 수 있다. 미송햄록을 이용해 주먹장 결구 방식으로 기둥과 보를 연결하니 전통 한옥 방식의 골조가 되었다. 여기에 벽체는 흙으로 심벽을 쳤다. 가는 각재로 외를 삼고 황토를 잘 반죽해 치대는 작업이다.

더욱 주목할 점은 전통 흙벽에 현대적 마감재를 접목한 것이다. 심벽 밖으로 스티로폼 단열재, 아트론 시트 그리고 목재루버사이딩으로 외부를 마감했다. 이유인즉, 흙벽의 단점인 갈라짐이나 습기 문제 때문이다.

싱글과 목재 사이딩으로 마감된 외관과 달리, 바닥은 전통 구들을 사용했다. 기름보일러나 심야전기보일러도 없다. 90㎡(27평) 면적의 본채와 작은 황토방 별채는 모두 장작열로 난방을 해결한다. 일명 '구들보일러'가 가동되는 1호 집인 셈이다.

이씨는 "한두 번 장작을 때 보았는데, 그 때는 여름이라 외부와 온도차가 크지 않아서 미지근한 느낌을 받았다. 그러나 축열이 잘 되어 아침까지 온기가 남아 있었다"고 짧은 경험담을 밝혔다.

구들만으로 난방을 해결하자고 결정하기까지 우려가 많았다. 농사일로 바쁜 부부가 온종일 장작을 마련하고, 불을 피우는 데만 시간을 소비하면 의미가 없기 때문이다.

이씨는 '뜨거운 방바닥보다 더 중요한 것은 한 번 때면 오래가는 축열' 이라며 다른 흙집과 달리 단열재를 시공했으니 한결 나을꺼라 기대했다.

:: 부부 침실과 아이방 난방은 구들로 해결

바닥은 콘크리트 타설을 하고 기초에서 1m 이상 시멘트 벽돌을 쌓아올렸다. 방 두 칸을 이어 한 아궁이로 연결해 구들을 앉혔는데, 고래둑의 높이는 80㎝ 이상으로 하고 폭은 30㎝ 정도 띄웠다. 고래둑을 높이 만들어줘야 불길이 잘 살아나가고, 바닥 흙의 습기로부터 안전할 수 있다.

이렇게 만들어진 고래둑 위에 구들장을 올리고 틈새가 없도록 시멘트모르타르로 잘 메워주었다. 흙을 사용하지 않는 이유는 추후 갈라져 가스가 새고, 바닥이 약해 구들장이 무너지는 안전사고가 생길 수 있기 때문이다.

아궁이에 불을 피워 연기가 새는 곳이 있나 확인한 후, 바닥은 7㎝ 두께로 시멘트모르타르 미장을 했다. 구들을 가지고 부부 침실과 아이방 난방을 해결하게 되었다. 아이방 앞에 아궁이가 있고 뒤쪽 침실로 굴뚝이 나 있는 형태다.

시공을 맡은 대한전통구들협회의 조창완 대표는 "우리 선조들은 구들을 난방 뿐 아니라 취사에도 활용했지만, 현재는 입식 주방인데다 취사에 가스를 사용하기 때문에 그 기능이 축소되었다"며 남은 열을 다른 방식으로 활용하기를 제안했다.

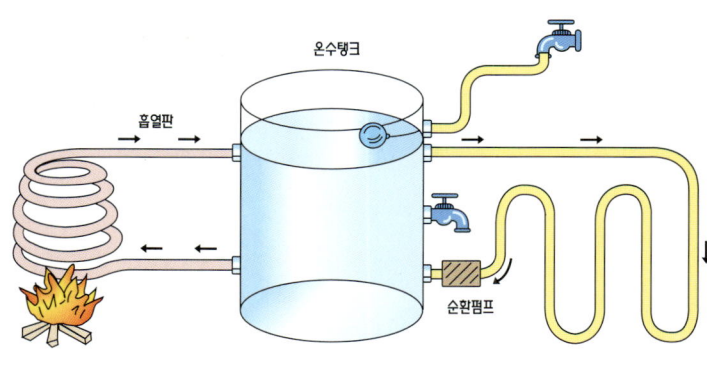

가마솥 걸이가 없는 함실구들 안에 동파이프로 코일을 감아 물을 데우는 방식이다.

기존의 가마솥 자리에 동파이프로 만든 코일(흡열판)을 설치하고, 장작을 때운 열기가 흡열판을 달군다. 달구어진 흡열판이 물탱크를 데우면 전기도 필요 없는 무동력으로 4백ℓ의 온수를 얻을 수 있다. 이 온수 배관이 거실을 돌면서 난방을 해결한다.

1 거실에서 방을 바라보니, 바닥이 한 계단 정도 높게 올라가있다. 고래둑의 높이 때문이다. 2 거실 전경. 기둥과 보, 서까래가 그대로 노출된 천장이 멋스럽다. 벽면 한 쪽을 상단 통창을 내어 외부를 조망하기 좋다. 3 매입식으로 만든 책장에 책이 빼곡하다. 욕실은 현대식으로 시멘트블럭 안에 타일로 마감하고, 이동식 욕조를 가져다 놓았다.

흡열판에서 물이 데워질 때 폭발음으로 시끄럽지만, 사용에는 전혀 지장이 없으며 아래쪽 찬물 방향에서 순환펌프를 달아 물을 밀어주면 한층 조용해 진다.

:: 생활의 편의에 맞춘 공간 설계

구들집 안은 최대한 생활의 편의에 맞춰 설계했다. 거실공간은 둘로 나뉘었는데, 한쪽은 조각보 공예를 하는 아내를 위한 갤러리다. 이미 레일조명을 설치해 두고 작품을 기다리고 있다.

천장은 서까래를 그대로 드러내고, 벽에는 한지를 덧발라 전통 분위기를 냈다. 흙벽을 그냥 두고 싶었지만, 흙가루가 떨어질 것을 대비해 어쩔 수 없었다. 책을 좋아하는 부부를 위해 거실 한쪽 면에는 매입책장이 만들어져 있고, 전경이 보이는 벽면은 상단을 유리로 채웠다. 유리 사이에는 염색한 꽃잎을 넣어 인테리어 효과를 높였다. 이 꽃잎유리창은 싱크대 위에도 설치해 부엌 일을 하는 아내를 기분 좋게 한다.

별채인 황토방은 바닥을 한지로 마감하고, 벽은 흙을 그대로 노출시켰다. 사람이 앉으면, 그 높이에서 밭 전경이 훤히 보이는 시원한 창을 갖고 있다. 별채는 이씨가 책을 읽고, 글을 쓰는 공간이다. 손수 농사를 지으면서, 흙살림 기자일까지 하는 터라, 하루 일과가 벅찬 그에게 좋은 쉼터가 된다.

"직접 내 집을 짓고 싶은 꿈도 있었지만, 저에겐 농사가 먼저였습니다. 농사일은 때가 있으니까요. 첫 집이라 아쉬운 점이 있지만, 사람이 다 맞춰가면서 사는 거 아니겠어요? 나중에 정말 제 시간이 나면 직접 집짓기에도 도전해 볼 생각입니다."

황토방 역시 날이 더워 군불 효과를 제대로 보진 못했지만, 올 겨울엔 기대가 크다. 언제든 손님이 찾아오면 뜨끈한 아랫목을 내어 줄 그, 소박한 별채와 참 잘 어울리는 한 쌍이다.

'산처럼, 새처럼, 나무처럼 살고 싶어 박달산 기슭에 집짓다' 그가 직접 적은 상량문 글귀가 새 집에 제 살처럼 박혀 있었다.

1 별채로 지은 황토방. 이우성 씨가 주로 서재로 쓰다가, 손님들이 오면 내 주는 사랑방이다. 서양식 목조주택처럼 목재루버와 싱글로 외장을 마감했지만, 전통문과 항아리를 설치하니 황토방에 제법 잘 어울린다. 2 실내는 흙미장이 그대로 드러난 벽체에 한지로 바닥을 마감했다. 문 반대편으로 큰 통창을 설치해 경치를 감상할 수 있다.

How did you make it?

조창완 대한전통구들협회 대표. 한민족 고유의 구들문
화를 계승, 발전시키려는 목적으로 현대에 맞춘 개량화
구들을 보급하고 있다. 구들 뿐 아니라 생태건축 전반에
걸쳐 관심이 높아, 그 동안 지리산과 괴산 등지에 다수
의 농어촌 개량형 주택을 시공한 바 있다. 향후 본격적
으로 구들박물관을 지어 후손에게 구들의 중요성을 알리고, 문화의 자부심을 지
키고자 박차를 다하고 있다. 구들학교는 한달에 두 번 일반인들을 대상으로 무
상으로 열린다.

032-762-8666, 010-2078-9204 http://www.goodul.co.kr

충북 괴산에 위치한 현장에는 83㎡(25평) 크기의 본채와 9.9㎡(3평) 크기의
황토방이 별채로 지어진다. 두 채의 건물은 동시 진행되겠지만, 상대적으로
크기가 작은 황토방이 먼저 완성될 것이다.

황토방은 전통보다는 개량식으로 지어지게 된다. 전통 구들의 장점은 최대
한 유지하면서, 현대인의 생활을 고려한 편의성을 갖기 위함이다. 관리가
불편한 옛방식을 고집하다보면, 2~3년에 한번 구들방바닥을 뜯어내야 될
지도 모른다. 이번 현장에는 무너지지 않고, 오래가는 구들을 만들기 위해
시멘트도 사용될 것이다. 흙벽돌로 쌓는 벽체 밖으로는 필요에 따라 단열재
를 덧댈 수도 있다. 지붕 역시 수명이 오래가는 싱글로 마감된다.

이른바 온고지신(溫故知新) 황토방을 표방한 것이다. 연료비를 줄이고 건강
에 좋은, 단 생활에는 불편함이 없는 집. 충북 괴산에 지어지는 9.9㎡(3평)
구들방은 본서와 전(全) 공정을 함께 하게 되었다.

땅고르기를 한다는 소식을 듣고 찾아간 첫 날, 이미 본채의 기초는 콘크리
트 작업이 끝나고, 황토방이 앉혀질 자리에 붉은 흙이 덮여 있었다. 태어난
지 두 달 된 강아지와 닭 열두마리가 먼저 주인행세를 하고 있었다. 동물들
을 곁에 두고 건축주 이우성 씨와 시공자 조창완 씨는 머리를 맞대었다.

이우성 & 유안나 부부

:: 황토구들방의 주인이 될 귀농 5년차 부부

"흙이 좋아 시골로 내려왔는데, 구들방이 있어야 제격
이죠"

이들을 처음 만난 때는 2005년 초여름이었다. 말수
적은 남편과 쾌활하고 밝은 아내가 오랫동안 인상을
남겼던 건 그들의 밀고 당기는 신경전 때문이었다.
아내의 반대를 무릅쓰고 귀농한 남편을 따라, 1년여의
실랑이 끝에 가족 전부가 시골에 정착하게 된 이야기.
그 당시 솔직한 그녀의 심정을 들으며 같이 울고 웃다
가, 가슴이 따뜻해진 기억이 있다.
2년이 채 안된 지난 2007년 3월 19일, 그들을 한 시
골마을에서 다시 만났다. 부부는 괴산에서 농사를 짓
지만 음성 시내에 살았던 터라 이동이 불편하고 시간
도 아까웠다.
집 앞으로 자신의 일터가 펼쳐지는 꿈. 아내 유안나
씨는 밭일을 하다 땀을 식힐 때면 집터 쪽을 바라보며
기도를 했다고 한다.
간절한 바람이 이뤄진 것일까. 그들은 지난해 말 이
터를 구입하고, 그 중 약 661.1㎡(2백평)은 집 지을 대
지로 전용까지 마친 상태였다.

"남편은 구들을 고집했는데, 사실 전 유럽식 카페 같
은 집을 갖고 싶었어요. 조각보 공예를 전수받고 있는
터라, 나중에 제 작품을 걸 수 있는 갤러리식 공간이
필요했거든요. 그렇지만, 결국 남편한테 졌지요. 제가
시골에 내려올 때도 보셨겠지만, 결국엔 남편에게 다
지게 되잖아요."

구들 전문가 조창완 대표가 시공을 맡게 되면서, 82.6
㎡(25평) 규모의 집과 뒤로는 9.9㎡(3평) 구들방을 짓
기로 했다.
그녀의 바람을 어느 정도 반영해, 집은 현대적인 갤러
리식 공간으로 디자인하고, 구들방은 철저히 남편의
취향에 맞추기로 했다.

"손님들이 놀러오면 제대로 방을 내어 드릴 수 있으니
좋고, 겨울이면 온가족이 구들방에서 잘 수도 있으니
여러모로 기대가 커요. 특히 우리 아이들이 좋아할 것
같아요."

아직 기초작업도 마무리 안 된 집터 곁으로 남편 이우성 씨는 비닐하우스 창고를 만드느라 여념이 없다. 흙이 좋아 내려온 이들은 2년 전 그들이 말했던 희망에 성큼 다가가 있었다.

:: 시공자가 조언하는 황토구들방 만들기

어린 시절을 회상해 보자. 방학이 되어 시골 할머니 댁에 놀러 가면, 아궁이 앞에서 불장난을 하고 놀았다. 할머니는 가마솥에 여물을 삶거나 밥을 하시고, 불씨에 고구마나 감자도 구워주셨다. 그 때 태우던 것은 마른 가지나 볏짚이 전부였다. 볏단 3~4개면 식사를 해결하고, 뜨끈한 구들방에서 겨울밤을 날 수 있었으니, 이 얼마나 지혜로운 난방인가.

구들은 나무 1단이면 초저녁부터 아침까지 12시간 이상을 따뜻하게 보낼 수 있다. 실제 아자방으로 유명한 경남 하동군 칠불사의 구들을 그대로 재현해 본 결과, 봄 가을에는 온기가 10일 정도나 유지된다는 실험결과도 있었다.

그렇다면 서양 난방과 우리 전통구들을 비교해보자. 서양의 페치카(Pechka)는 불을 지피면 실내의 더운 공기 때문에 난로 속으로 공기가 들어가지 않는다. 결국 실제 열에너지의 30% 정도밖에 활용되지 않는 것이다. 반면 우리 구들은 어떠한가? 10㎡ 면적에 달하는 구들장이 축열판 역할을 하기 때문에 열량의 80~90%를 사용하고, 굴뚝으로 나가는 열량은 10~20%에도 못 미친다. 우리의 구들은 최고의 소각로로 에너지 절약은 물론 최소의 열량으로 최고의 난방을 할 수 있는 우리 조상들의 걸작품이다.

:: 9.9㎡(3평)짜리 구들방 얼마나 들까?

건축비용에 있어 면적이 작으면, 시공가는 높아진다. 자재값보다 운송비가 더 비쌀 때가 있고, 전문적 인력이 많이 필요한 공사는 인건비가 자재비를 훨씬 앞지르기도 한다.
9.9㎡(3평)짜리 황토구들방 역시 누가 어떤 자재를 사용

해 짓느냐에 따라 건축비용은 천차만별이 된다. 주변에서 나무를 구해다가 벽돌도 직접 만들어 홀로 짓는다면, 몇 백만원 선에서 공사가 완료될 수도 있다.
반면 소나무 고재로 한옥식 기둥을 짜고, 최고급 운모석 구들장까지 갖춘다면 비용은 상상을 초월할 것이다. 이번 구들방 작업은 아래 표 외에 내부미장, 방바닥 마감, 구들기초공사 등을 포함 총 1천2백만원 선의 건축비를 예상하고 있다. 생각보다 높은 비용이라 여길 수 있으나, 하자가 적고 에너지 소비가 없다는 점도 감안해야 한다.

[벽채공사]

자재	필요량	단가	비용
황토벽돌	300×150×150 약 400개	개당 1,100원	운송비 포함 60만원
문짝	1개	15만원	15만원
창틀	1,200×2,000(225mm 두께)	30만원	2백만원
기타 잡비 및 인건비			약 1백만원

총 약 3백만원

[목재]

	자재	필요량	단가	비용
미송 햄록	150×150 6자	4개	개당 2만5천원	10만원
	150×150 10자	9개	개당 4만5천원	40만5천원
	80×80 11자	16개	개당 1만7천원	27만2천원
	150×20 12자	58개	개당 7천원	40만6천원
합판	9mm 4×8	8개	개당 1만8천원	14만4천원
다루끼	3.3×3.3 12자	4단(48개)	단당 1만7천5백원	7만원
스티로폼	30mm	16개	개당 2만4천원	38만4천원
기타 잡비 및 인건비				약 1백만원

총 약 3백만원

[지붕공사]

자재	필요량	단가	비용
아스팔트 쉬글	29.7㎡(9평)	3.3㎡(1평)당 2만원	18만원
방수포	4개	개당 2만원	8만원
철물	자체제작	공장마다 다름	10만원
기타 잡비 및 인건비			약 60만원

총 약 1백만원

[구들공사]

자재	필요량	단가	비용
중국산 구들장	3.3㎡(1평)	15만원	15만원
일반 구들장	9.9㎡(3평)	7만원	21만원
시멘트	6포	포당 5천원	3만원
적벽돌	1파레트	파레트당 12만원	운송비 포함 15만원
아궁이 문짝	1개	2만원	2만원
굴뚝	1개	4만원	4만원
모래	1톤 트럭 한 차	톤당 12만원	운송비 포함 15만원
기타 잡비 및 인건비			약 2백만원

총 약 3백만원

※ 2007년 당시 건축비 기준

:: 황토방 필수 공구

건축 전문가들은 자신의 공구를 직접 가지고 다닌다. 실제 이들의 비싼 인건비에는 공구값이 포함된다고 봐야 할 것이다. 아래 소개하는 공구들은 전문가가 아니라도, 목공 DIY에 관심있는 이라면 제법 가지고 있을 기구들이다. 황토방 짓기는 화려한 공구보다는 사람의 손이 더 필요한 작업이기에, 실제 현장에서도 이 정도 공구면 충분하다고 한다.

공구 임대 쪽으로 관심을 가지는 이들도 있겠지만, 임대료가 생각보다 비싸고 사용 시 고장이 나면 해결이 곤란하다. 차라리 전문가를 대동, 공구상가를 돌며 직접 구입해 두고두고 사용하는 편이 나을 것이다. 두레 집짓기 모임 등에 참여하면, 한 집 공사가 끝나면 공구를 서로 돌려쓰기도 한다.

[수공구]

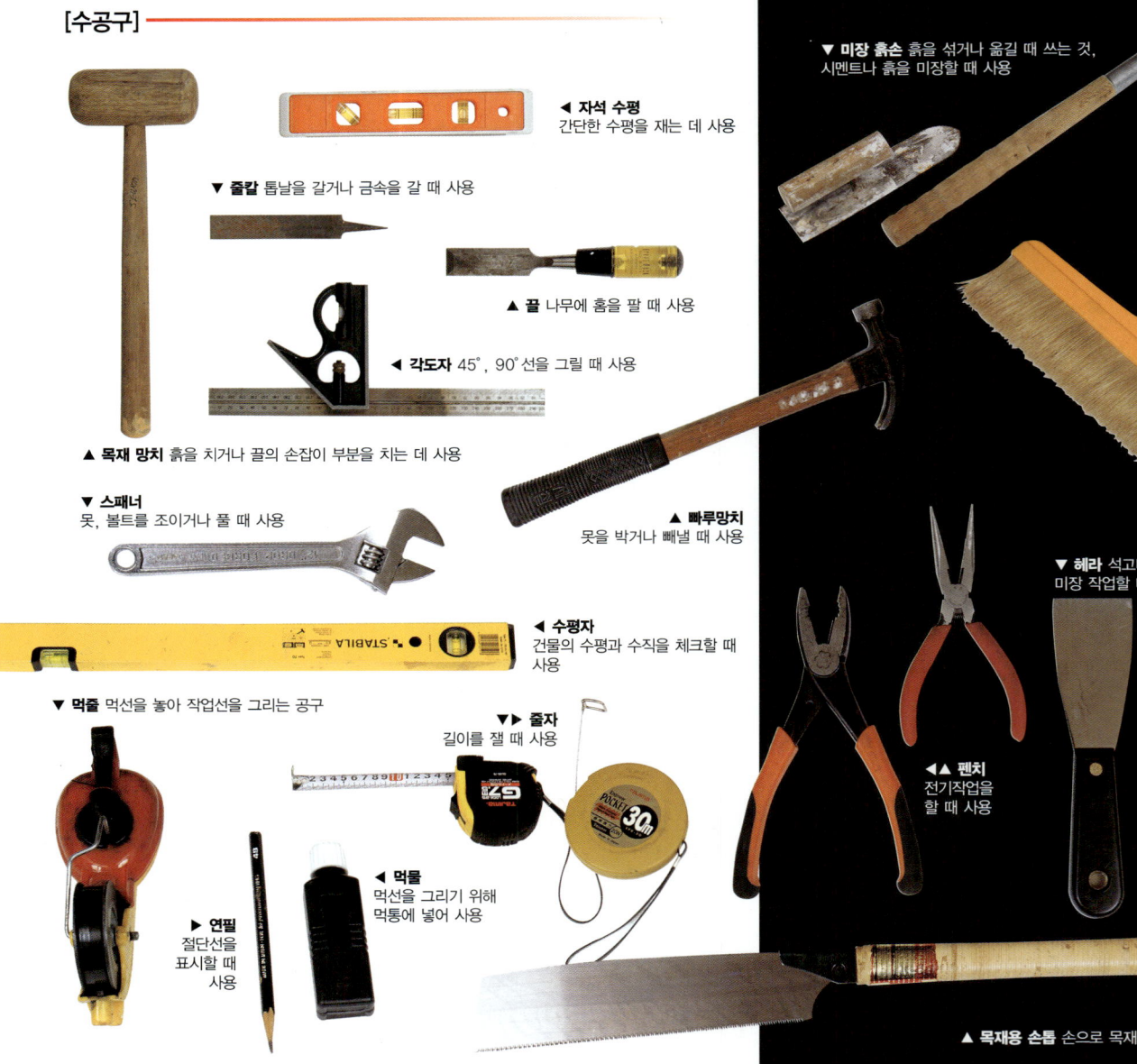

▶ **자석 수평** 간단한 수평을 재는 데 사용

▼ **줄칼** 톱날을 갈거나 금속을 갈 때 사용

▲ **끌** 나무에 홈을 팔 때 사용

◀ **각도자** 45˚, 90˚ 선을 그릴 때 사용

▲ **목재 망치** 흙을 치거나 끌의 손잡이 부분을 치는 데 사용

▼ **스패너** 못, 볼트를 조이거나 풀 때 사용

◀ **수평자** 건물의 수평과 수직을 체크할 때 사용

▼ **먹줄** 먹선을 놓아 작업선을 그리는 공구

▼▶ **줄자** 길이를 잴 때 사용

▶ **연필** 절단선을 표시할 때 사용

◀ **먹물** 먹선을 그리기 위해 먹통에 넣어 사용

▼ **몽키스패너** 볼트를 잠그거나 풀 때 사용

▼ **십자드라이버, 일자드라이버** 나사못이나 작은 나사를 돌려 박을 때 사용

▼ **미장 흙손** 흙을 섞거나 옮길 때 쓰는 것, 시멘트나 흙을 미장할 때 사용

▼ **도배붓** 벽면이나 방바닥 도배 시 사용

▲ **빠루망치** 못을 박거나 빼낼 때 사용

▼ **헤라** 석고나 미장 작업할 때 사용

◀▲ **펜치** 전기작업을 할 때 사용

▲ **목재용 손톱** 손으로 목재나 합판을 자를 때 사용

◀ **커팅기** 목재나 몰딩을
여러 각도로 자를 수 있는 공구

▼ **에어타카** 자동못을 박는 공구와 공기를 연결하는 호스

▲ **전동드릴**
구멍을 뚫거나 나사못을 박을 때 사용

▼ **수평레이져** 적색의 레이저 선이 나와
수평이나 수직을 그을 때 사용

▶ **전기대패** 나무를 다듬는 공구

▶ **실리콘 건** 창호작업에 실리콘을 미는 도구

▶ **원형톱** 목재를 자를 때
톱날을 끼워서 사용

▼ **4인치 글라인더** 절단, 절삭에 사용

▲ **에어컴프레서** 에어공구를 사용할 때 공기압을 만드는 장치

:: 단면도로 보는 건축계획

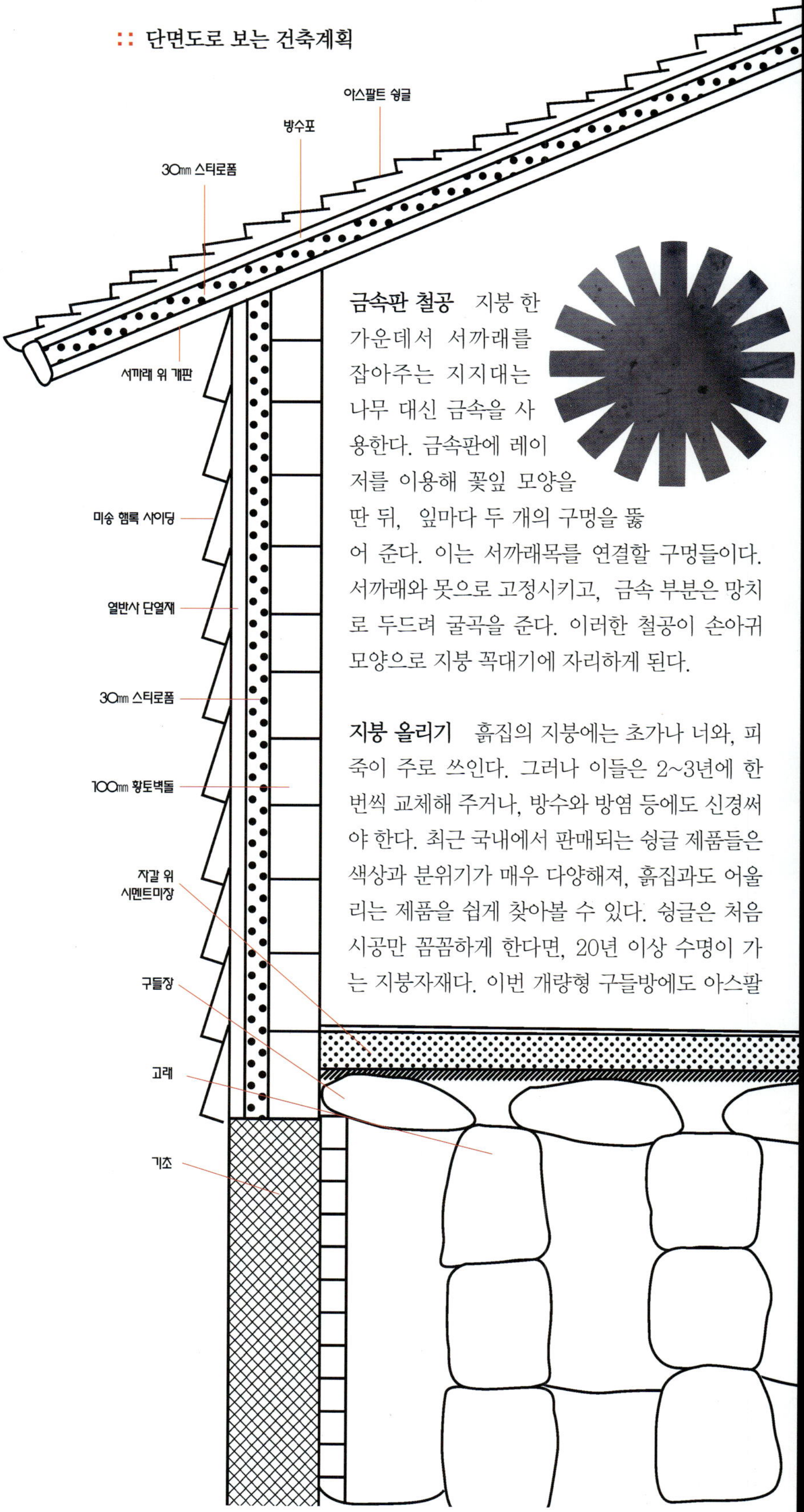

아스팔트 싱글
방수포
30㎜ 스티로폼
서까래 위 개판

금속판 철공 지붕 한 가운데서 서까래를 잡아주는 지지대는 나무 대신 금속을 사용한다. 금속판에 레이저를 이용해 꽃잎 모양을 딴 뒤, 잎마다 두 개의 구멍을 뚫어 준다. 이는 서까래목을 연결할 구멍들이다. 서까래와 못으로 고정시키고, 금속 부분은 망치로 두드려 굴곡을 준다. 이러한 철공이 손아귀 모양으로 지붕 꼭대기에 자리하게 된다.

지붕 올리기 흙집의 지붕에는 초가나 너와, 피죽이 주로 쓰인다. 그러나 이들은 2~3년에 한 번씩 교체해 주거나, 방수와 방염 등에도 신경써야 한다. 최근 국내에서 판매되는 싱글 제품들은 색상과 분위기가 매우 다양해져, 흙집과도 어울리는 제품을 쉽게 찾아볼 수 있다. 싱글은 처음 시공만 꼼꼼하게 한다면, 20년 이상 수명이 가는 지붕자재다. 이번 개량형 구들방에도 아스팔

미송 햄록 사이딩
열반사 단열재
30㎜ 스티로폼
100㎜ 황토벽돌
자갈 위 시멘트미장
구들장
고래
기초

트 싱글을 적용했다.
(내) 서까래 + 미송 햄록 개판 + 스티로폼 30㎜ + 합판 12㎜ + 방수포 + 싱글 (외)

벽체 만들기 일반적인 흙집은 300㎜ 두께의 흙벽돌을 쌓고, 흙으로 미장한다. 그러나 아무리 방수처리를 한다고 해도 흙은 물 앞에서 약한 존재다. 특히 요즘 지어지는 집은 처마가 짧기 때문에 비와 눈이 들이치는 것을 피할 수 없다. 이번 구들방의 경우 (내) 흙미장 + 100㎜ 흙벽돌 + 30㎜ 스티로폼 + 열반사단열재 + 미송 햄록 루버 (외) 로 시공된다. 외부에 목재사이딩과 스티로폼 시공은 습기를 피하고 단열을 높이는 하나의 보완책이 될 것이다.

바닥 낮추기 집터는 약 1만6천5백㎡(5천평)의 너른 밭을 앞에 두고 있다. 주변이 허허한데다, 뒤로는 골짜기 바람이 들이치는 곳이라 바람이 쎈 편이다. 이 때문에 집은 상대적으로 낮아져야 한다. 구들방은 대개 집 자체가 높은 방식이다. 땅을 1m 내외로 파서 집 높이를 낮출 계획이다.

개량형 구들 놓기 전통구들은 온통 흙으로 만들어졌다. 흙벽돌을 쌓고 그 위에 옛구들장을 놓은 뒤 흙반죽으로 마감하는 식이다. 그러나 흙으로 구들을 쌓으면 쥐나 동물들이 파먹기도 하고, 습기가 많으면 무너지기 쉽다. 또한 높게 쌓지 못해 재로 인해 고래둑이 막히기도 한다. 개량형 구들에서는 적벽돌과 시멘트 블럭으로 둑을 쌓고, 높이는 80㎝ 이상으로 한다. 구들장은 중국산과 국산을 섞어 사용한다.

TIP | 현장에서 쓰는 용어 따라잡기

루베 1루베는 3㎥을 뜻한다. 정확한 어원은 없다.
헤베 1헤베는 1㎡ 면적의 단위
덴바 목표로 하는 시공면의 높이
　⑩ 옹벽기초덴바를 끊는다 → 옹벽 기초높이를 레벨 측량해서 못을 치거나 표시를 해준 후 먹을 놓거나 실을 띄워서 그 선에 맞춰 콘크리트를 타설한다.
공투, 공육, 텐 포크레인의(쇼벨) 바가지의 체적을 뜻한다. 공투=0.2루베
야리끼리 정해진 일을 다 하면 시간에 관계없이 퇴근하는 것
데나오시 작업이 잘못 되어서 부수고 다시 하는 것
데마 작업이 여의치 않아서 일을 못하는 것
　⑩ 버림을 늦게 쳐서 철근이 데마났다.
삼육, 사육 합판 삼육→90×180 합판
　　　　　　　　사육→120×240 합판
노바시 높이를 올리는 것
　⑩ 철근을 노바시해야 한다 → 철근의 높이가 낮아서 겹이음하여 높이를 올려야 한다.
다대 종방향
　⑩ 철근 다대의 간격이 맞지 않는다 → 종방향의 철근간격이 맞지 않는다.
요꼬 횡방향
　⑩ 삼육짜리 요꼬합판을 100장 짜야겠는데 → 삼육짜리 합판을 옆으로 뉘여서 100장을 짜야겠는데
다루끼 일반인들이 각목으로 부르는 목재
투바이 다루끼 두 배 폭에 높이는 같은 목재
정재, 비끼 정재는 폭과 높이가 제대로 된 목재고 비끼는 정사이즈보다 1~3cm 적게 나오는 것이다. 가격은 비끼가 싸고 주로 소모적인 부분에 사용한다.
가다 거푸집, 형틀
　⑩ 옹벽 기초 가다를 대다 → 옹벽 기초 거푸집을 설치하다.
함바 현장에서 식사를 해결하는 밥집
하시라 기둥
하리 보
나라시 땅고르기
사이게 시아게라고도 하며 끝마무리를 뜻함

미리 치목작업을 시작했다. 비를 피할 수 있는 공간에서 며칠을 나무와 씨름하고 있다. 치목은 인건비가 비싸도 전문목수를 꼭 불러야 후회가 없다. 이 날도 두 명의 목수가 본채와 구들방 구조목들을 치목하고 있다.

:: 사진으로 파악하는 현장

03 양생하기 전, 표면을 고르는 작업이 시작된다. 터 바로 뒤가 황토방이 지어질 자리다. 앞으로 구들이 들어갈 자리는 지면을 파야 한다.

01 원래 밭이었던 이 곳을 대지로 형질변경 허가를 받고, 포크레인을 불러 땅을 다진다.

04 미리 치목작업을 시작했다. 비를 피할 수 있는 공간에서 며칠을 나무와 씨름하고 있다.

02 다져진 땅 중 82.6㎡(25평) 본채를 앉힐 부분은 콘크리트 타설을 시작한다. 수평을 고루 맞추기 위해서는 노련한 기술이 필요하다.

05 치목은 인건비가 비싸도 전문목수를 꼭 불러야 후회가 없다. 이 날도 두 명의 목수가 본채와 구들방 구조목들을 치목하고 있다.

≫ 나무는 어떤 종류를, 어디서 구입해야 하나?

나무는 원산지에 따라 질에서 큰 차이가 난다. 이번 현장에는 미송 햄록을 주로 사용하기로 했다. 조 대표는 "나무는 러시아나 북유럽산보다 우리나라와 같이 사계절을 보내는 나라의 것이 좋다. 계절변화에 잘 견뎌 추후 휘어지거나 터질 염려가 적기 때문"이라고 이유를 설명했다. 물론 더글라스 퍼나 소나무 고재를 다시 치목해 사용하면 좋겠지만, 이는 비용이 너무 높기 때문에 적당한 선에서 선택한 것이다. 나무는 인천의 목재상에 직접 구입했다.

목재 가격은 지역마다 차이가 크다. 최근엔 온라인상으로 목재를 판매하는 곳이 있지만, 직접 목재소에 방문해 상태를 봐야 불량자재 구입을 막을 수 있다. 또한 보관 상태도 필히 확인해야 한다. 잘 건조된 나무일수록 뒤틀리지 않는다.

≫ 황토방에 가장 중요한 구들장은 어디서 어떻게 구입할까?

국내에서는 논산 왕암지역의 운모석이 가장 좋은 구들장으로 알려져 있다. 그러나 요즘은 구하기도 힘들 뿐더러 가격도 비싸다. 주변 농가에서 구들을 헐 때 나오는 중고구들장은 철거 시 바로 가져온 것은 사용할 만하지만, 골동품점에서 살 때는 잘 확인하고 구입해야 한다.

구들은 햇볕을 쐬거나 비를 맞으면, 금방 약해지기 때문이다. 조 대표는 구들장으로 중국산 화산암과 국내 화강암을 골랐다. 중국산 화산암은 두께 5cm, 60×60cm인 바둑판 모양으로 수입되고 있다. 구들 작업 시 속도가 빠르고, 무엇보다 웬만해서는 깨지지 않아 부넘기 앞 부분에 사용하면 좋다.

국산 화강암은 자연적으로 넓적하게 깨져 있는 돌들이며, 자연스러운 두께대로 사용하면 된다. 구들장은 지리산 인근 봉선당(055-741-5725)이라는 중고물품상에서 구입했다.

≫ 황토방 공정표 짜기

공사구분	세부공사
현장조건파악	대지 폭과 길이, 경사로, 진입로, 본채의 위치
건축설계	토지 형질변경, 건축 착수
가설공사	자재 창고, 공사에 필요한 임시전기(발전기) 설치
임시수도확보	지하수 및 상수도 연결, 임시 연못이나 물탱크
기초공사	줄기초, 시스템 블록 기초 등
골조공사	치목된 목재를 이용한 뼈대 만들기
지붕공사	서까래와 개판 우선 설치로 벽체 보호
흙벽돌 조적	창호부분 유의하면서 벽체쌓기
내장공사	목창문, 문틀 설치공사
구들공사	고래와 구들장 놓기, 바닥 고르기
미장공사	내벽황토미장, 방바닥 기름종이 마감
창호공사	외부새시와 목창호, 문공사
외장공사	단열재와 목재 루버 마감
도장공사	구조재 및 지붕목재, 문 등 칠공사
마감공사	붙박이 가구 설치 및 준공청소

:: 구들 알기

구들은 취사와 난방 두 가지를 동시에 해결할 수 있는 과학적이고 합리적인 우리네 난방이다. 서양 난방에 비해 축열식이라 열에너지를 오랜 시간 저장할 수 있으며 연기가 실내로 유입되지 않고 열효율 또한 매우 높다. 연기, 화재, 재 등을 피하고 열에너지만 가려내어 사용하는 무공해 방식이라 할 수 있다. 또한 나무와 풀에서 나는 연기는 천연방충제 역할을 해 주변의 해충을 없애준다.

≫ 기초공사

줄기초 방식과 비슷한 시멘트블록 쌓기 방식으로 기초를 대신했다. 블록을 두 개 겹치고 그 안에 콘크리트를 타설하는 방법이다. 시멘트 벽돌 속에 앵카라 불리는 철물을 고정시켜 시멘트 모르타르로 보강하게 된다. 블록 위로 튀어나온 철물은 추후 목재와 연결된다.

≫ 구들의 구조 살펴보기

구들의 구조를 크게 나누면 아궁이, 부넘기, 고래, 구새(굴뚝)로 나누어진다. 구들은 아궁이부터 구새까

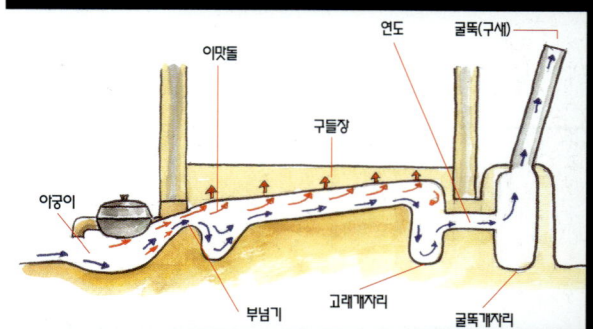

지 열기의 정도가 다르다. 각 단계별 구조에 따라 온도차, 기압차가 달라 열기는 자연스럽게 흐르게 되어 있고 그 양도 조절할 수 있는 구조이다.

:: 흩은 고래 방식 막구들 놓기

보편적으로 가장 많이 쓰이고 작업도 편리한 구들이다. 우리나라 구들 중 90% 정도가 여기 해당하며 고래를 세우지 않고 돌을 괴어 놓은 형태다. 구들장의 크기에 따라 고임돌이 불규칙하게 배치된다.

》 개량형 구들 짓기 3가지 포인트

구들의 내부에는 흙을 사용하지 말자 과거 구들장은 2~3년에 한 번씩 뜯어내야 해서 불편했다. 흙으로만 쌓았기 때문이다. 흙은 습기에 닿으면 죽이 되는 게 당연하다. 우기나 습기가 되면 둑이 무너지기 쉬우며, 쥐나 동물들이 파먹어 주저앉기도 한다. 또한 흙과 돌만으로는 고래둑을 높게 쌓지 못해 바닥이 막힐 수 있다.
그을음(구들미)은 수분을 흡착하는 성질을 가지고 있어서 흙으로 쌓으면 좋지 않다.

고래둑 높이는 80㎝ 이상으로 옛 우리 조상들은 구들내부 바닥에 소금, 참숯, 회가루 등을 깔았다. 이것은 축열기능을 높이고, 수분과 동물이 침투하는 것을 막기 위한 장치다. 바닥에서 습기와 수분이 올라오면 고래 속에 불길이 금세 죽어 버린다.
부넘기를 넘은 불이 열기와 수분으로 나누어지기 위

해서는 큰 고래 공간이 필요하므로 고래둑과 두둑이 높아야만 한다. 개량형 구들에서는 고래의 높이를 80㎝ 이상으로 시공한다. 고래의 크기는 아무리 작아도 35㎝ 이상 되어야 하며, 폭(양쪽 구들장이 놓이는 곳)은 30㎝ 정도면 충분하다. 구들돌을 놓을 때 서로 괴는 식으로 놓지 말아야 한다.

굴뚝에서 더운 연기가 나와야 좋다 구새(굴뚝) 속의 연기는 밖으로 배출되는 것만은 아니다. 구새 속으로부터 나가는 더운 연기는 외부의 찬 공기를 만나면서 교차와 대류가 형성되고 그 작용으로 우리가 소위 말하는 목초액을 만들어 낸다. 목초액은 예로부터 천연 농약, 약품 등으로 사용되었으며 최근에는 그 활용범위가 더욱 넓어지고 있는 추세이다. 그러나 불을 땔 때 과자 봉지 등 화학 성분이 들어간 재료가 있으면, 목초액은 무용지물이 된다.

TIP | 기본적인 구들 용어

부삭 부엌 바닥보다 낮은 아궁이를 가르키는 말로 구들 구조에서 아궁이로 찬 공기를 밀어주는 가장 처음 단계이다.

부넘기 부넹기, 부목이라고도 불리며 불을 넘기는 곳이다. 고래바닥 어귀에 세모꼴로 흙을 쌓아서 고래의 절반 정도는 막는다. 이것은 열기가 높이 올라가 구들장에 닿게 하고 고래가 재로 메이는 것을 방지하기 위함이다. 부넘기는 기압차를 이용, 불힘을 극대화하여 윗목까지 불이 도달할 수 있도록 한다.

새침 구들장을 덮을 때, 구들장과 구들장 사이를 돌을 넣고 흙으로 막는 일을 지칭한다. 흙이 질지 않게 한 후에 마른 흙으로 잘 다져 넣는데, 이번 현장에서 흙 대신 시멘트모르타르를 사용했다. 거미줄이라고도 불린다.

이맛돌 아궁이 위 구들개자리를 덮는 돌로 가장 넓고 두꺼운 구들장을 사용한다. 한 번 데워지면 축열 시간이 길고 따뜻하다.

함실 난방 위주의 함실로 부뚜막이 없는 아궁이를 말한다. 부넘기가 없는 것이 특징이며 불길이 방고래 깊숙이 들어가므로 방이 고루 따뜻하다.

:: 사진으로 보는 구들방 놓는 과정

기단석 배치 9.9㎡(3평) 공간이다보니 구들 내부의 절반이 기단석이 된다. 기단석(축대돌)은 불이 닿는 정면에 두어도 튼튼하다.

아궁이 불을 어느 정도 때고 아궁이문을 닫아 놓아야 열에너지 손실을 막을 수 있고 짐승들이 들어가는 일도 막을 수 있다.

균형 맞추기 기단석이 구들둑이 되므로 구들장 넓이를 감안하면서 간격을 맞춘다. 윗면의 수평을 맞추기 위해 돌을 괸다.

굴뚝 더운 연기와 찬 연기가 만나는 굴뚝 안은 수분이 생기게 된다. 목초액이 저장되는 통을 미리 설치해 둔다.

현무암 구들장 현무암 구들장은 불에 맞닿는 부분에 놓는다. 정해진 규격으로 나오므로 설치에 어려움이 없다.

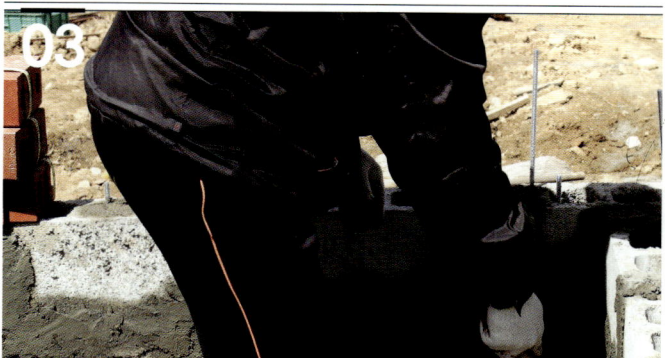
시멘트 미장 시멘트블록 안 쪽에 적벽돌을 쌓고 그 위에 시멘트모르타르로 미장한다. 틈이 생기지 않도록 두껍게 바른다.

고래둑 쌓기 불이 빠져나가는 윗목 부분은 시멘트블록과 적벽돌로 일정하게 쌓아 준다. B급 적벽돌을 사용해도 상관없다.

둑 완성 고래의 높이는 80cm 이상, 고래둑 간격은 30cm 이상으로 한다. 굴뚝 쪽은 높게, 아궁이쪽은 낮게 쌓는다.

흙 메우기 열기는 아래에서 위로 가는 성질이 있으므로, 윗목 바닥에 흙을 쳐서 높게 둔덕을 만들어 준다.

흙 메움 완성 경사가 있어 열기가 위로 올라간다. 바닥에서 습기와 수분이 올라오면 난방에 해가 될 수 있으므로 흙을 잘 메운다.

구들장 놓기 두께 5~8cm의 화강암 구들장을 놓는다. 열기가 고래를 타고 전달되면서 구들장이 열을 축적하게 된다.

구들장 완성 옆변의 기울기를 잘 살펴보면 전체적으로 굴뚝 쪽을 향해 비스듬히 올려놓은 것을 알 수 있다.

새침하기 돌이나 벽돌 부스러기로 구들장과 구들장 사이를 메운 후 시멘트모르타르로 전체 틈을 모두 메워 준다.

연기 피우기 불이 아니라 연기만 피운다는 생각으로 종이 등을 태우고 굴뚝 쪽으로 연기가 잘 나오는지 확인한다.

새는 부분 잡기 연기가 새어 나오는 부분이 발견되면, 다시 한 번 새침한다. 틈을 모두 잡고 나서 시멘트 미장을 한다.

:: **목재 준비와 기둥과 보**

지진에 견디는 내진구조로 목구조를 활용한다. 목구조 없이 짓는 벽돌 조적식이나 단목 조적식은 직하중은 견딜 수 있지만, 횡하중에는 취약하여 지진이 발생하면 무너질 수 있다.

이렇게 집을 만드는 나무 뼈대 얽기를 가구(架構)라고 칭한다. 가구에서 가장 중요한 구조부재는 기둥과 보, 도리이다. 보는 기둥을 앞뒤로 연결하는 부재이고, 도리는 좌우로 연결하는 부재다. 한옥에서 말하는 민도리집은 보와 도리만으로 사괘맞춤을 하는 집을 말한다. 이번 현장에서 각 부재는 주먹장과 촉으로 연결하였다.

≫ 수입 목재 미송 햄록 사용

전통 흙집은 우리나라 산에서 벌목한 소나무(육송)를 제일 많이 선호하지만, 길이의 한계와 희소성으로 보통은 수입목을 사용하게 된다. 뉴송(뉴질랜드 소나무)이나 미송(햄록이나 더글라스)을 주로 사용하고, 특수한 경우 국내 낙엽송이나 잣나무도 쓴다. 이번 현장에는 인천에서 직접 공수해 온 미송 햄록을 사용했다.

또한 흙벽돌을 쌓아올리는 벽체 방식에는 원형 목재보다는 사각 직립 목재가 작업에 용이하다. 옛날에도 사찰이나 궁궐 등 큰 건물을 제외하고는, 민가의 살림집에서 주로 각기둥을 사용해왔다.

▼ 주먹장 맞춤

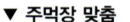
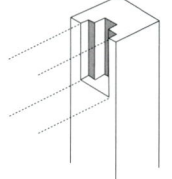

▼ 촉이음

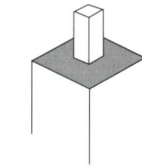

▼ 장부이음

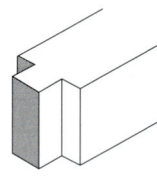

≫ 치목한 나무의 보관

치목이 끝난 기둥과 보, 서까래들은 장소를 미리 마련해 철저하게 보관해야 한다. 비를 맞거나 통풍이 잘 되지 않으면, 썩거나 벌레가 먹을 수 있다. 바닥

에 비닐을 깔아 습기가 올라오지 못하게 하고, 그 위에 굄목을 두어 목재를 바닥으로부터 떨어뜨려 놓는다.

나무 사이사이에도 굄목을 두어 간격을 두면서 쌓아 올려주면 더욱 좋다. 통풍이 안 되면 금방 곰팡이가 필 수 있다.

목재 표면이 마르면서 갈라지고 트는 것도 문제가 될 수 있다. 직사광선을 받지 않게 하우스 안에 보관하는 것이 좋다.

≫ 주먹장으로 기둥 세우기

치목과 목재 연결은 현장에서 목수가 하는 가장 중요한 일이다. 한 치의 오차 없이 진행되어야 목재의 낭비를 막을 수 있을 뿐 아니라 구조적으로 튼튼한 집을 지을 수 있다.

기둥을 세울 때는 나무의 방향을 보아가며, 치목 단계에서 기록해 둔 번호를 확인해야 한다. 기둥을 수직으로 세우는 일을 '다림본다'라고 하는데, 먹선과 수평자를 이용해 수직을 맞춘다. 기둥과 바닥에 우선 사선으로 못을 박고, 나중에 뽑을 수 있게 못머리를 밖으로 남겨 놓는다. 예전에는 나무로만 짜맞춰 기둥을 세웠지만, 요즘엔 못이나 꺾쇠 등을 사용해 고정하기도 한다.

본격적인 조립을 위해서 발 딛을 곳인 비계(飛階)를 준비한다. 옛날에는 나무로 발판을 만들어 밧줄로 묶었으나, 오늘날에는 철로 된 비계를 사용해 크기와 높이를 자유자재로 조립해 쓴다.

≫ 보와 도리, 조립하기

목재를 결합하는 데는 여러 전통적인 방법이 있다. 이번 현장에서는 주먹장과 촉으로 결구를 했다. 주먹장이란 도리의 대강이 부분을 안쪽은 좁고 끝은 조금 넓게 에어 깎는 것을 말한다.

주먹장의 목 부분은 기둥 직경의 4분의 2 크기로

만드는 것이 적당하다.

보와 도리를 결구할 때에는 보를 먼저 건 다음에 도리를 짜 맞춰야 한다. 기둥 양쪽으로 걸쳐지는 도리는 주먹 모양으로 된 촉을 만들어 기둥머리의 주먹장부에 끼워 넣도록 만들어야 한다. 기둥세우기와 보와 도리걸기를 마치면 상량식이 이루어진다.

구들방 짓는 현장 옆으로는 본채가 같이 지어지고 있어 9.9㎡(3평)짜리 별채도 상량식에 같이 참여했다.

TIP | 쇠망치 사용은 피해라

부재를 소립할 때는 쇠망치를 쓰지 말자. 잘못 내리치면 망치 맞는 부분이 패이게 돼서 홈이 생기거나 깨질 수 있다. 때문에 나무망치를 쓰거나, 별도의 나무를 올려놓고 내리치는 것이 좋다.

:: 지붕 만들기

골격이 자리 잡았으면 지붕 작업을 먼저 해 준다. 그래야 비가 내려도 벽체 작업을 할 수 있어 유리하다. 지붕은 서까래가 양쪽으로 걸리는 일반적인 지붕(맛배지붕)과 달리 지붕의 꼭지점 한 군데에서 서까래가 걸려나가는 모임 지붕 형태를 취한다. 서까래에 쓸 목재는 한쪽 끝을 날씬하게 치목을 하고, 반대 부분은 시공 후 개판을 덮고 잘라낸다. 지붕 위에는 흙은 덮지 않고 스티로폼과 방수합판, 방수시트, 싱글 순으로 마감한다.

:: 사진으로 보는 지붕 만들기

04 개판 덮기 서까래를 걸면 그 사이가 뚫려 있는데, 그 곳을 막기 위해 가는 판재, 즉 개판을 붙인다.

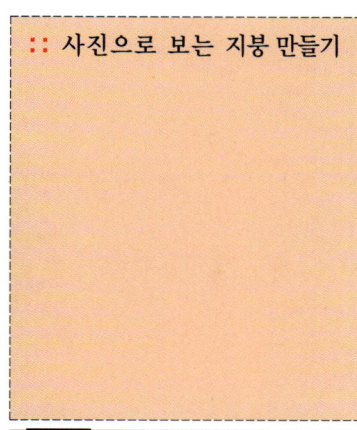

01 서까래 치목 80×80 11자 크기의 미송 햄록을 16개 준비한다. 꼭지점에 연결되는 부위는 치목해 둔다.

05 처마 깊이 서까래가 개판 밖으로 빠져나온 부분은 처마 깊이에 맞춰 잘라내 준다.

02 서까래 걸기 사각의 각 모서리에 우선 4개, 한변의 중심에 한 개씩, 사이 공간마다 한 개씩 더 걸치면 총 16개다.

06 단열재 넣기 개판 위에 30mm 두께의 스티로폼을 덧댄다. 지붕에 흙을 잘못 올리면 단열은 약하고 하중만 키울 수 있다.

03 철공판에 연결하기 절병통 대신 철공판을 구부려 구멍에 목재를 연결해 부착한다.

07 방수합판 방수합판을 부착하고 그 위에 방수지를 댄다. 그 사이 비를 맞지 않도록 만전을 기한다.

처마 쪽 끝에, 싱글의 아래 노출면을 잘라낸 뒤 붙인다. 이렇게 하면 싱글의 자체 접착띠가 노출되는 첫째 장이 부착된다. 물끊기 금속 각재가 쓰일 경우, 처마 끝에서 13mm 정도 내어서 붙여주고, 물끊기 각재를 안 쓸 경우 19mm 정도 내어서 시공한다.

:: 지붕 싱글 붙이기

지붕 작업만 우선 끝나면, 벽체와 바닥 등 나머지 공사는 하세월을 보내며 지을 수 있다. 싱글은 의외로 시공이 어렵지 않아, 아래에서 위로 원칙만 따라 붙이면 누구라도 따라할 수 있을 것이다.

》 동으로 만든 물끊기 설치

아스팔트 싱글의 경우, 금속 물끊기를 지붕 구배 모서리에 먼저 설치해야 한다. 물끊기는 처마선을 지지하는 동시에, 지붕에서 물이 떨어져 배수되도록 하는 역할을 한다. 동판이 잘못 설치되어 싱글 아래로 물이 고이면 나무로 된 구조는 쉽게 썩을 수 있다.

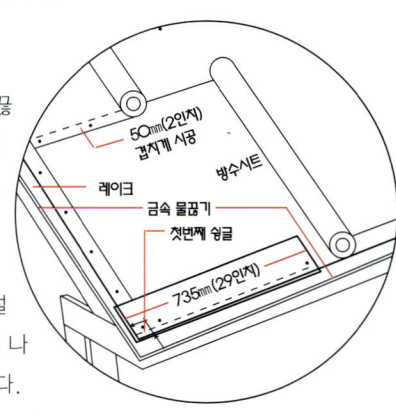

》 방수지 부착

바탕면에 합판, 또는 OSB를 부착하고 그 위에 방수시트를 댄다. 흔히 지붕시트라고도 불리는 방수지는 롤 형태로 들어온다. 가로로 깔되, 서로

겹치는 부분이 있도록 해야 물이 스미는 하자를 막을 수 있다. 처마 끝 물끊기 금속 각재를 방수재가 덮도록 해야 한다.

》 지붕 바탕 면 / 초장 밑장 작업

싱글의 수평을 맞추기 위해 먹줄로 수평, 수직라인을 긋는다.

》 싱글 잇기

싱글 전장을 초장밑장 위에 처마 쪽 끝 부분을 일치시켜 시공한다. 이것이 노출되는 첫 번째 싱글이다. 싱글 전장을 한쪽이 143mm가 되도록 두 조각으로 절단한다. 잘라낸 작은 쪽 싱글은 나중에 쓸 수 있으므로 보관한다. 잘라진 긴 쪽의 싱글을 앞서 첫 번째 전장 위쪽에 시공하는데, 두 번째 노출되는 싱글이다. 또 한 장의 싱글 286mm를 잘라 긴 쪽을 앞선 두 번째 노출 싱글 위에 시공한다. 이것이 세 번째 노출 싱글로 역시 잘라낸 작은 쪽도 보관한다.
세 번째 노출 싱글 위에 바로 전에 잘라내고 남은 싱글을 시공한다. 이것이 네 번째 노출 싱글이다. 네 번째 노출 싱글 위에 맨 처음 잘라낸 작은 싱글을 시공한다. 싱글 전장들을 이 싱글들의 옆쪽으로 부착해 나간다. 이러한 과정을 아래에서 위쪽으로 반복해 나가면서 시공하면 된다.

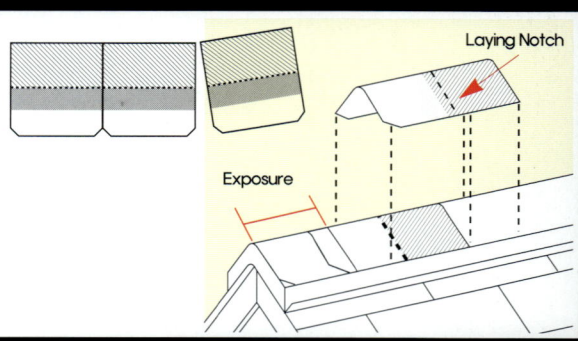

》 지붕 정점 마감

지붕의 꼭지점은 항아리를 엎어 두는 것으로 대신했다. 항아리가 고정될 수 있도록 방수 실리콘 등으로 주변을 마감하고, 굴뚝도 바닥이 뚫린 항아리로 장식해 통일감을 주었다.

:: 목재루버 사이딩으로 외부마감하기

한옥의 단점인 위풍을 없애기 위하여 단열재를 사용, 열손실을 최소화하는 벽체를 만들기로 했다.

벽체 내부는 심벽치기를 활용한 흙미장, 외벽의 흙벽은 발수제 등을 사용하지 않고 나무루버를 사용한다. 기둥재로 쓴 햄록 홍송루버를 그대로 사용하기로 했으며, 사이딩재로 가공하기 위해 한쪽 끝에 홈을 내 계단식으로 부착했다.

》 가로목과 세로목 대기

벽에 문과 창을 내고 외부사이딩을 대려면 기둥 사이와 천장과 바닥 사이 가로 세로목을 대주어야 한다. 우선 인방(가로목)은 이웃한 기둥 사이, 또는 문이나 창의 아래나 위를 수평으로 가로지르는 부재다. 그 곳에 창을 낼 것인지, 아니면 문이나 벽을 달 것인지에 따라 인방의 수와 위치가 달라진다.

9.9㎡(3평) 황토방은 기둥 사이 간격이 좁기 때문에 벽체를 고정할 인방은 필요없지만, 창과 문을 달 곳에 상하 가로목을 건너질러야 한다. 작은 구들방은 하방 역시 고정볼트에 미리 연결되기 때문에 창틀만 만들어 주고, 문의 양옆과 위아래만 문선을 대어 준다.

》 귀마루 부위 시공

귀마루와 지붕마루의 쉥글은 마루에서 양쪽으로 100mm 이상 연장되게 하고, 바람 피해를 막기 위해서 150mm 이상 서로 겹치게 설치한다.
철물은 바닥 쉥글 모서리부터 25mm 이내에, 겹치는 쉥글 밑에 설치하여 철물이 노출되지 않도록 한다.

》 외벽널(사이딩) 시공하기

비닐과 시멘트사이딩 등 다양한 외벽널 중에 홍송 소재의 목재루버를 사용했다. 목재 외벽널은 자연스럽고 우아하며, 목재의 천연 색상이 더욱 돋보이는 소재다.

외벽널은 마감 지면에서 200mm 이상 떼어 설치하는 것이 기본인데, 구들방 자체가 높기 때문에 외벽 하단 시멘트 미장 부위를 1인치 정도 덮는 것

으로 족하다. 시공은 아래 외벽널 위에 25mm 이상 겹쳐 표면에 못을 박아 설치하는 식이다. 이번 현장에서는 양끝이 동일한 두께의 루버를 한쪽만 ㄱ자 형태로 따서 이어붙였다.

윗부분 외벽널을 관통하게 못을 박아 아래쪽 열의 외벽널 모서리에 못이 박히지 않도록 주의해야 한다. 못은 아연도금된 것으로 사용하고, 25mm 이상 박히도록 충분히 긴 것을 사용한다.

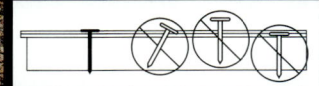

:: 좌식 스타일에 맞춘 창문 설치하기

입식 디자인의 본채에 비해, 구들방은 철저한 좌식 스타일로 꾸며진다. 구들의 높이 때문에 계단을 밟고 올라서야 방에 들어설 수 있고, 신발을 벗고 선 아무 곳에나 엉덩이를 깔고 앉아야 한다는 점을 고려해 창문의 높이를 정한다. 여타의 집처럼 창턱을 높이면, 앉은 사람은 밖을 전혀 바라보지 못하는 답답함을 느끼게 될 것이다. 남향을 향해 나지막이 창을 설치해 채광과 전망을 모두 좋게 했다.

》 창문 제품별 시공 요령

일반 조적조 건물이나 철근콘크리트 건물은 앵커나 우레탄폼으로 창을 고정한다. 반면, 서구 목조주택에서는 2×6 각재에 날개가 있는 미국식 시스템 창호를 피스로 고정한다.

하지만 흙벽에는 앵커나 우레탄폼만으로 지탱하지 못하고, 미국식 창호는 결합 방식 자체가 맞지 않는다. 또한 흙벽과 창호의 이음매가 정확하지 않아 겨울철 외풍이 심할 수 있다.

》 창문 선택 요령

보통은 알루미늄이나 PVC 재질의 새시로 외부 창을 한다. 단열 기능이 높아진 새시는 보통 130mm 정도의 폭으로, 벽체의 두께에 따라 선택할 수 있다. 알루미늄 창은 단열 성능이 PVC 재질보다 떨어지나 강도가 좋아 처짐과 변형이 적은 편이다. 황토구들방이라고 같은 계열의 색상을 구하는 이들도 있는데, 목재 색 프레임보다 오히려 흰색 새시가 깔끔해 보일 수 있다.

창문을 선택할 때 가장 중요한 것은 에너지효율이다. 창에는 인증기관에서 테스트한 결과가 자세히 표기되어 있다. 열손실율과 태양열 전도 치수 등을 따져보고, 가격 대비 적합한 창을 고르도록 한다.

》 현장의 창문 설치 요령

골조 개구부는 창틀보다 25mm 크게 만들어, 창틀과 골조개구부 사이에 12.5mm 정도 틈을 만들어 준다. 틈에는 유리섬유나 우레탄폼, 실리콘 등으로 마감을 해 밀폐시킨다. 창틀에 나사못이나 타카를 받아 창문을 고정시킨 후, 나머지 사이딩을 마무리한다.

TIP | 구들방 창문은 결로가 생기기 쉽다

겨울철에 극한 기온을 가진 지역은 결로에서 자유로울 수 없다. 구들로 뜨거운 열기를 내뿜는 황토방은 더더욱 주의해야 할 부분이다.

추운 날씨에 온도가 높은 방 안에서 사람이 호흡을 할 때, 창문의 단열 품질이 불량하면 결로는 어김없이 발생한다. 주로 창문의 안쪽 창 유리나 문 안쪽에 생기게 된다. 수분이 아래 창틀 위에 고이고, 물은 집의 하부 구조로 스며들 수 있다.

결로를 방지하기 위해서, 창문은 기후조건에 알맞은 에너지 보전 특성을 가져야 한다. 또한 창문 유리틀과 창틀, 창틀 주위의 밀폐를 신경써서 해야 한다. 무엇보다 겨울철이라도 환기를 자주 시켜주어야 쾌적한 환경을 얻을 수 있다.

100% 재활용도 가능하다. 또한 무해하고 먼지 발생이 적은 장점도 있다.
사이딩 작업을 마치고 건축 내부에서 벽면에 시트를 부착한다. 한치의
틈도 없이 도리와 토대목 아래로 끼워 맞추며 타카로 고정시켜 준다.

〉〉50mm 스티로폼 시공

아트론 시트 위에 스티로폼을 시공한다. 스티로폼은 건축물의 단열재로
우리가 가장 일반적으로 접촉할 수 있는 재료다. 단열 성능이 우수하고
가벼우면서 취급이 간편하다는 이점이 있지만, 화재에 취약한 단점 때문
에 기존 목조주택 현장에서는 인슐레이션으로 대부분 대체되고 있다.
현장은 내벽에 흙벽이 따로 설치될 것이므로 스티로폼으로 단열 역할을
해주기로 했다. 설치는 구조체 내부에 빈 공간이 없도록 모든 부위를 완
전히 채우는 것이 중요하다.

:: 난방비 절감을 위한 단열재 시공하기

외벽에 단열재를 시공하는 것은 집 안에서 밖으로 또는
밖에서 안으로 열이 이동하는 것을 차단하기 위한 것이
다. 여름에는 바깥 열기가 집 안으로 들어오지 않아서
좀 더 시원하고, 겨울에는 열손실을 막아 에너지 절약과
함께 좀 더 따뜻한 실내를 만들 수 있다. 단열재는 구조
용재는 아니지만 주택의 난방 및 냉방효율을 높이기 위
하여 필수적인 요소가 된다.

〉〉5mm 아트론 시트 시공

아트론은 Polyester 100% Fiber를 소재로 한 견면
형태의 내장용 단열, 흡음재이다. 시트 형태는 건축
에 주로 쓰이고, 보드 형태는 방음 시설에 활용되고
있다.
롤 형태로 구입할 수 있어, 취급과 시공이 간편하고

TIP | 목조심벽집의 장점

목조로 뼈대를 세운 심벽집에서 7월~12월까지 습도 변화를 관찰한 결과,
실외의 일교차는 3~69%까지인데, 여름철에 12% 이하, 겨울철에 12%
이하로 항습 효과가 있었다. 그리고 실내의 쾌적 습도 60%에서 여름에는
10% 정도 높게, 겨울에는 10% 정도 낮게 유지되었다. 슬래브집은 단열
재를 사용하고 알루미늄 창틀 설치 등으로 밀폐되어 내부에서 일상생활 중
에 발생되는 수분의 배출이 어려워 환기를 한 상태에서도 습도의 일교차가
커서 습도조절 효과가 없다.

:: 흙을 이용한 내벽 심벽치기

심벽을 위해 흙과 5㎝ 길이로 잘게 썬 볏짚, 물을 사용하고 그 어떤 첨가물도 섞지 않았다. 황토에 물을 섞어가며 오랜 시간 발로 치대주고, 며칠 숙성시켜주면 더 좋은 질감의 흙을 얻을 수 있다.

》 흙 구하는 방법

흙은 색보다 입자의 성분비가 중요하다. 점토성분이 많으면 흙입자의 접착력을 높여주며, 모래성분은 강도를 높인다. 점토성분이 많으면 접착력은 좋지만 수분을 많이 흡수하므로, 수분 증발로 인한 갈라짐이 생기기 쉽다.

집이 터를 잡게 되면, 우선 그 지역에서 나는 흙을 알아보아야 한다. 바스켓들을 가지고 몇 군데 표본을 채집하여 설계 및 시공업자와 적당한지를 상의한다. 약간 불그레하면서 밝은 황토색이 무난하다.

주변에 혹 도로 공사를 하는 현장이 있으면, 의외로 쉽게 흙을 구할 수 있다. 농사지을 땅을 마련하기 위해 마을이나 면 단위로 객토를 하는 곳에서도 얻을 수 있다. 현지에서 오래 살고 계신 마을이장이나 어르신들께 문의하면 쉽다. 괴산 현장은 가까운 곳에 흙벽돌을 만드는 공장이 있어, 질 좋은 흙을 구할 수 있었다.

》 외 만들기

중깃이란 벽을 바르는 곳의 뼈대라고 생각하면 되는데 중깃은 각재를 40㎝ 너비 정도로 고정시켜 준다. 중깃에 의지해서 '가시새'라는 것을 가로로 설치한 다음에 중깃과 가시새에 의지해서 외를 엮는다.

수평으로 설치한 외를 '눌외'라고 하고 수직으로 세운 외를 '설외'라고

하는데, 요즘에는 눌외만 사용한다. 버려진 각재를 길이에 맞춰 잘라 400㎜ 간격으로 설치한다. 옛날에는 외의 재료로 대나무와 싸리나무 등을 칡넝쿨이나 새끼로 촘촘히 엮어 사용해 왔다.

》 흙벽치기

준비단계가 끝나면 본격적인 흙벽치기를 하는데 원래는 세 번 치는 과정이 있다. 먼저 외엮기한 벽의 한쪽에 흙을 바르는데, 이를 초벽치기라고 한다. 이 때 흙이 각재 사이로 잘 밀려 들어가게 꾹꾹 누르면서 바른다. 손을 넣기가 불편하면 밑에서부터 외를 엮고 흙을 치는 동시 작업을 해도 좋다.

초벽치기가 끝나고 어느 정도 마르면 반대쪽도 발라 맞벽치기를 하는데, 이번 현장에서는 외벽에 루버를 덧대므로 한쪽만 치게 된다. 일단은 거칠게 하여 흙이 잘 달라붙게 한 다음, 갈라진 틈을 잘 고르면서 마무리로 다시 한번 치게 된다.

박달산 기슭에 산처럼 새처럼 나무처럼 살고 싶어

글 · 건축주 이우성 씨

새들도 지푸라기와 흙 알갱이, 나뭇가지 하나씩 부리로 주워 허공에 집을 짓거늘 시골에 내려와 만 5년째 되는 해, 이젠 정착할 곳도 눈에 익었겠다 싶어 용기내어 집짓기를 실행에 옮겼다.

구들 전문가에게 부탁해서 설계와 시공을 맡기고 기초를 세우고 구들을 놓고 기둥을 세우고 드디어 대들보를 올렸다. 상량식을 하던 날, 박달산 산신령에게 이 모든 사실을 알리고 술잔 한 잔 부어 올렸다. 근처 귀농한 동지들과 이웃 어른들은 농사일이 바쁜데도 오셔서 축하말씀을 해 주셨다.

'2007년 4월 12일 오후 6시 산처럼, 새처럼, 나무처럼 살고 싶어 박달산 기슭에 둥지 짓다'

내가 대들보에 쓴 상량문이다. 흔들림 없는 마음으로, 자유로운 마음으로, 나 아닌 남에게 쉴 그늘을 아낌없이 내려주는 자연물을 닮고 싶은 마음을 담았다. 그러나 어찌 그런 마음으로 사는 것이 쉬운 일이겠는가? 그저 그 언저리까지 가고 싶은 소망인 셈이다.

약 5천㎡(1천5백평) 되는 넓은 땅을 비닐하우스 자리, 컨테이너 자리로 나누고 집 지을 자리, 창고 자리를 정하고 공사를 시작했다. 여러 곳에 흩어져 있던 농사 짐부터 옮기고 개발행위 신청을 하고 측량을 하고 집지을 터를 닦았다. 앞집에 사시는 어르신께서는 책자와 패철을 들고 오셔서 내 나이를 따져 보시더니 올해 집짓는 방향은 이렇게 하라고 일러주셨다. 그 방향으로 잠시 서 있었더니 참 편안했다. 노을도 더욱 운치를 더했다.

상량식 하던 날, 고맙게도 흙살림 연구원이 액맥이 타령을 구성지게 불러주었다. 정월부터 12월까지 드는 액을 다 막았다고 했다.

그날 나머지 밭에는 이곳 명물인 대학찰옥수수를 심었다.

밤늦도록 이어진 일에 귀농친구들과 선배 농부들이 모두 환한 대낮인 것처럼 호흡을 맞춰 일했다. 이웃 어르신은 슬며시 나와 당신 마당의 전깃불을 끌어다 밭 귀퉁이에 걸어주었다. 옥수수를 다 심고 난 후 막걸리 한 잔 하는데 빗방울이 떨어진다. 박달산 산신령께서도 참고 참았던 빗줄기를 때맞춰 내려주신다.

봄농사 한창이라 새벽부터 밤늦도록 정신없이 농작업이 이어지지만 이번 봄은 두고두고 잊지 못할 것이다.

5년 전 귀농할 때 심은 매화나무를 집짓는 뒷자리로 고이 옮겨놓았더니 고맙게도 다시 꽃을 피웠다. 느티나무 한 그루 서 있는 이곳, 박달산 그늘에서 천상 박달산 귀신이 되어야겠다. 마음만은 자유롭게.

행복한 귀거래사(歸去來辭)
막사발 닮은 막흙집 짓기

"나는 전생에 산골에서 농사 지으며 살았을 것이다"
3천3백여㎡(1천평)의 논을 덥썩 사들였다. 옆에 비닐하우스 하나를 지어두
고 시간만 나면 내려와서 농사를 지었다. 남들은 다 힘들다고 하는 농사일
이지만, 정인수 씨에겐 일상의 단비 같았다. 그러나 그 곳은 해가 늦게 뜨고
일찍 지는 골짜기 땅이었다. 볕이 짧아 일할 시간이 줄어들고 골짜기는 바
람길이 되어 사람을 내몰았다. 앞으로 흐르는 계곡은 비만 오면 수량이 늘
어 마음을 졸일 때가 다반사였다.
자연 속으로 은거할 날만 기다리며 닦아둔 터였지만, 과감히 신을 들러매고
나왔다. 그리고 나서 다섯해가 지났다. 평일이면 대구에서 직장에 다녀야
했기에 다시 땅을 찾는 일은 쉽지 않았다. 마음만 그곳에 두고 온 채 계절은
다섯 번이나 바뀌고 있었다….

:: 전기도 수도도 없는 수락산 자락에 터를 잡다

그가 다시 둥지를 튼 곳은 김천의 수락산 자락 한 굽이였다. 주말이면 올라
와 몸을 움직이고 마음을 쉰다는 막사발 마을. 어떻게 깊은 이곳까지 오게
되었는지, 마을을 찾아가는 길 내내 혀를 내두를 수밖에 없었다.
길은 가다 없어지고 다시 나타나기를 수차례, 돌밭을 지나는 네 짝 타이어
가 온전하기만을 바라며 깊이깊이 산으로 빨려 들어갔다. 차창을 치는 키높
은 풀들을 헤치니 저만치 넓은 터에 '사람 사는 곳'이 나타났다.
개가 짖기 시작했고, 문 여닫는 소리가 들렸다. 온통 초록이던 산등성이에
서 넓은 흙터를 만나게 되니 눈이 의심스러웠다. 잘 정돈된 터에는 슬레이
트 지붕을 얹은 창고형 주택 하나와 흙집 두 채, 한창 서까래를 올리고 있는
귀틀집이 자리하고 있었다. 마을이라고 하기엔 정말 소박하다. 전기는 물론
이고 수도도 없다. 옛날에는 10여 가구 되는 작은 촌락이었지만, 60년대 화
전민이주정책 후 인적이 끊겨 버린 곳. 이곳에서 정인수 씨는 다시 꿈을 찾
고 땅을 일구기 시작한 것이다.
처음엔 달랑 텐트 하나를 쳐 둔 것이 전부였다. 거처를 마련하고 온통 풀숲
이었던 자리에 길을 내고 집터를 다졌다. 돌을 쌓아 기초를 삼고 주변의 나
무와 흙을 이용해 집도 지었다. 산비탈에는 오미자나 오가피 등 약초를 심

고, 곰취나 참나물도 재배했다. 이렇게 해서 또 5년이 흘러갔다. 6만6천여
㎡(2만평)의 땅은 길도 제법 닦이고 자가발전을 이용해 소량의 전기도 쓸
수 있으며, 비바람을 피할 든든한 집들로 채워졌다. 한 사람의 힘으로 이 곳
은 서서히 마을의 모습을 갖춰가고 있었다.

"집이라는 게 참 신기한기라. 워낙 산 속이라 깜깜해지면 겁이 날 때도 있었
재, 헌데 딱 허니 집 한 채 지어놓고 보니 무서운 게 없는기라, 참말로 신기
하재, 안 그렇나?"

아내에게 물음을 던지는 그는 배잠방이를 걸치고 손에 낫을 쥔, 영락없는
초부의 모습을 하고 있다. 주말만 되면 산골짜기에 숨어 있다 나타나는 남
편이라니, 아내의 속내는 어떠했을까?

"가만히만 있으면 된다 해놓코 슬슬 일을 시킨다 안캅니까? 농기구 필요한
게 생기고, 집 지을 자재 살라치면, 내사 온전 심부름꾼이였제. 직장에서 전
화 한통 오면 제가 트럭 몰고 안 다녔겠습니까?"

아하, 그녀도 반농사꾼이 다 되었나 보다. 여느 시골의 아낙네처럼 때가 되
면 된장을 담고 잎과 꽃을 따다가 옷감을 물들인다. 전기 없는 생활에, 재래
식 화장실에도 불편한 줄 모르게 되었다. 수시로 집에 황토칠하는 일도 그
녀의 몫이라고.

:: 마음이, 몸이 원해서 짓는 집

그의 막흙집을 보자면, 꼭 막사발을 닮아 있다. 막사발은 땅을 파서 나온 흙
을 가지고 빚는 그릇이다. 발로 밟아 흙을 반죽하고 참나무와 소나무를 섞
어 땐 가마에 구워 낸다. 모양은 각기 다르고 비례도 맞지 않는다. 그러나
투박함 속에 드러나는 소박한 미(美)가 아무리 보아도 질리지 않는 것처럼,
자연스런 흥취가 집에서도 그대로 드러난다. 재단한 듯 뚝 떨어지는 요즘
집들과는 너무나 다르다.

흙집 아래 넓은 터에는 한창 귀틀집을 짓고 있는 중이다. 벽체는 다 쌓아졌
고 이제 서까래를 올리는 작업을 하고 있다. 서까래 작업이 끝나면 나무껍
질로 지붕을 덮고 흙으로 벽틈을 메우게 될 것이다. 못질을 하는 그의 배잠
방이가 바짝 소금기에 절어 버렸다. 살가죽을 태울 듯한 뙤약볕 아래서 계
속 몸을 놀리다보면 힘이 들만도 한데, 그에게 그런 기색은 전혀 찾아볼 수
없었다.

일하다 말고 '스포츠 농업, 스포츠 건축' 이란 전공을 만들어 보면 어떻겠냐
고 묻는다. 대학에 몸담고 있는지라, 체육과 교수들에게 그런 제안을 해본
적이 있다고 우스개소리를 한다. 그는 분명 일을 즐길줄 아는 사람이다.

집 짓는 이야기를 풀어가면서 그가 가진 고민은 '어쩌면 죽은 지식이 될지
도 모른다는 사실' 이라고 한다. 책과 인터넷이 주는 정보는 그 양이 방대하
고 전문적이지만, 직접 겪지 않으면 전혀 쓸모없는 것이 되어버린다. 직접
몸으로 부딪히는 생생함이 있어야 지식이 뼈에 사무치게 된다는 사실, 이것
이 그가 자연에게 배운 것이라 했다. 남을 딛고 일어서야 사는 곳이 도시라

면, 이렇게 자기 자신을 밟고 돌아가야 하는 곳이 자연인가 보다. 마음 속의 물욕과 공명을 밟고 산으로 돌아가는 그의 모습을 뒤로 하고 우리는 천천히 산에서 내려왔다.

하산길에서 산을 오르는 한 젊은이를 만났다. 그는 막사발 마을을 찾아가던 중, 길을 잃고 잠시 헤매고 있었다. 차 안은 운전석만 간신히 남은 채 짐으로 가득 채워져 있었다. 이제 막 서울을 떠났다고 했다. 전생이란, 정말 있는 것일지 모르겠다.

정인수 경북 김천의 수도산 자락에 안식처를 마련하고 오미자와 산나물 등을 기른지 8년 째이다. 낮에는 식상, 저녁에는 도자기 수업, 주말과 휴일에는 삽질가로 땀의 소중함을 직접 체험하고 있다.
011-9359-3169 http://cafe.daum.net/ecovilmaksabal

자연으로 들어가서 살고픈 사람들이 많이 늘어나고 있다. 용기가 없거나 여건이 안 되어 지금은 못하지만 언젠가는 자연으로 돌아갈 꿈꾸는 것이다. 속도와 경쟁에 지친 사람들이 삶이 힘들 때 푸념처럼 "안되면 시골가서 농사나 짓고 살지" 라고 쉽게 말하곤 한다.

자연을 그렇게 만만히 보면 안 된다. 더욱이 삽자루도 잡아 보질 못한 사람이 오묘한 자연과학의 총합체인 농사를 업으로 삼아 잘 해낼 수 있을까. 어찌보면 도시에서 사회의 부품역할만 수행하는 것이 농촌에서 최고경영자가 되어 농사를 짓는 것보다 수월할 수도 있다.

농업은 자신이 근로자이자 최고경영자이다. 악조건 속에서 힘든 육체적 고통을 이겨낼 수 있는 강인하고도 끈질긴 체력과 모든 학문을 아우르는 지식과 경험, 그리고 위기관리능력 등 오늘날 최고경영자들이 지녀야 할 대부분의 덕목들이 요구되는 직업이 바로 농업이다.

결론적으로 농촌에서 성공한다는 것은 도시에서 성공기보다 어렵다. 자연에서 살기 위해서는 다양한 능력과 끝없는 노력이 필요하다. 10년 가까운 반거충이 농사일을 통해 참으로 많은 것을 느꼈다.

이 시대에 농촌에서 농민으로 살려면 미국의 서부 개척민들의 의지와 능력이 필요할 것 같다. 기라성 같은 농촌의 선배제현들 앞에 부끄럽지만 그나마 자연의 삶을 계획하는 이들에게 조금이라도 도움이 될까하여 이야기를 시작해 본다.

:: 터잡기 전 감안해야 할 사항

자연으로 들어가 살기 위해 우선은 터를 잡고 그 다음은 비바람을 피할 집을 지어야 한다.

값싸고 좋은 터를 잡기 위해서는 남다른 노력이 요구된다. 신문광고나 중개인, 부동산정보지를 통해서 구하는 것보다 발품을 많이 팔아 직접 찾는 것이 바람직하다. 중개인의 말만 듣고 맘이 동해 현장을 방문해 보면 십중팔구 실망한다. 풍수이론상 배산임수의 길지는 일찌감치 포기하는 것이 속 편하다. 그런 곳은 이미 없다. 혹 있다고 해도 땅값이 엄청 비싸다.

값싸고 좋은 터는 이렇게 찾는다. 먼저 지도를 잘 활용해야 한다. 우선 서점에 가서 10만분의 1 축척의 지도책을 구입한다. 도로지도가 아니다. 한 2만원 쯤 한다. 지도의 아래쪽이 남쪽이며 오른쪽이 동쪽이면 왼쪽이 서쪽이

다. 등고선이 넓으면 경사가 약하고 좁으면 경사가 심하다. 지도를 통해서 도로의 포장, 비포장과 물길도 알 수 있다. 지도를 들여다 보면 그 동네의 그림이 떠 오를 때까지 열심히 익혀야 한다. 지도 보기가 경지에 이르면 이제 땅을 찾아 나선다.

땅을 찾을 때는 어떤 삶의 방식을 택할 것인지를 먼저 정해야 한다. 단순히 전원생활을 영위할 것인가? 아니면 농사를 업으로 삼을 것인가? 만일 조금만 농사라도 짓고 싶다면 농사 위주로 땅을 선택해야 한다. 땅이 농약이나 화학비료로 오염되어 있다면 아무리 노력해도 3년은 실패를 각오해야 한다. 지력이 회복될 수 있는 최소한의 기간이다. 농약 치지 농사 지을 생각이라면 그냥 도시에서 몸 편히 사는 것이 나을 것이다.

초보자가 유기농이나 자연농으로 성공하기 위해서는 땅이 살아 있어야 하는데 구입 시 물의 유무, 흙의 질, 나무와 돌을 비롯한 지상물 등 땅의 속살을 잘 파지봐야 한다. 개인적인 생각으로는 산을 이용한 자연농이 가장 좋을 듯 싶다.

처음 적응기간은 적은 비용과 노력으로 그저 먹는 문제만 해결하는 정도로 시작하는 것이 현명하다. 수 십년 농사를 짓던 사람들도 그저 운에 맡기는 것이 오늘날 농촌의 현실이다. 남들 말만 믿고 따라서 하는 것처럼 어리석은 일이 없다.

농사를 업으로 삼고 살려면 가능한 한 오지를 택하는 것이 여러모로 유리하다. 오지는 땅값이 싸고 오염으로부터 독립되어 있으며 자연의 가장 큰 오염원인 인간으로부터 격리되어 있어 맘이 편하다. 자칫하면 시골의 어쓸 않은 텃세 때문에 적응이 힘들 수도 있다. 오지에서 사는 것이 우선은 불리한 듯 해도 이웃의 간섭이 없고 대체로 흙이 살아 있다.

정작 초기에는 무척 힘이 들어도 적응만 잘 하면 자신만의 세계를 창조할 수 있다. 오지의 두려움과 적막을 이겨내고 처음에 잘 적응할 수 있다면 자리잡은 이후부터는 살면서 부딪히는 웬만한 어려움은 문제가 안 된다. 열심히 살다 보면 관청에서도 관심을 가지고 길이나 전기 등 기본적인 인프라에도 배려를 해 준다. 외로움과 두려움, 차량통행 등은 불리하나 햇살, 물, 공기, 인심은 좋은 곳이 오지이다. 아침은 햇살을 상징한다. 물은 생명, 공기는 숲, 인심은 이웃이다. 공짜로 무한히 누릴 수 있는 커다란 자산이다.

도심에서 먼 곳일수록 위의 요건을 구비하면서 땅값도

싸다. 도, 군 단위의 후보지를 물색하고 후보지가 정해지면 후보지의 가장 정밀한 지도를 구입하여 지도정찰을 한다.

지도상에 표시된 후보지를 시간이 날 때마다 답사를 한다. 후보 땅이 맘에 들면 지번을 알아내어 관련 서류를 확인하고 만약 외지인(서울사람)이 주인일 경우에는 포기하는 것이 낫다.

:: 누구나 지을 수 있는 집, 막흙집

답사는 혼자서 다니는 것이 바람직하다. 간첩으로 몰리는 상황을 맞을 수 있을 만큼 고물차에 허름한 형색으로 다니고 누가 이 깡촌에 무엇하러 땅을 사느냐고 물으면 몸이 안 좋아 시골로 이사온다고 하는 것이 상책이다. 돈 있는 행세는 절대로 금물이다. 처음에는 빌릴 수 있는 빈집을 구한다고 하는 것이 좋다. 항상 담배, 드링크 류, 과자를 갖고 다니다가 현지인들에게 권하고 땅에 대해 무심한 듯 사는 얘기 위주로 대화를 하다보면 그들이 먼저 땅을 소개한다.

이 때 겸손은 최고의 무기이다. 경계심을 풀 때까지 인내하고 기다리면 마음을 열어 준다. 그렇게 되면 후보 땅의 내력이나 매도 여부 등 궁금 사항에 대해 넌지시 질문하되 절대 조급한 질문은 금한다.

그분들이 집으로 초대하면 거절치 말고, 선물을 드리고 신세를 지며 가급적 친해지도록 노력한다. 시골 노인의 마음만 열리면 당신은 이미 땅을 산 것이나 진배 없다. 먼저 집이나 집터를 확보하고 농지는 천천히 구입하는 것이 좋다. 명심할 점은 땅을 사게 되면 후회는 절대 금물이다.

요즘 전원주택으로 통나무집, 목조주택, 시멘트 골조의 양옥 등 서양식 주택들이 넘쳐나고 있다. 물론 전문목수들이 짓는 전통한옥 형태의 우리식 집도 명맥을 유지하고는 있다. 또 요즘은 흙에 대한 인식이 달라지면서 흙집에 대한 관심이 높아지고 있는 추세다.

당초 집짓기를 계획할 때 어떤 집을 지을 것인지를 두고 고민을 많이 했다. 원했던 집의 주된 관점은 비용을 최소화하고 두 사람 정도의 인력으로 겨울에 따뜻하고 여름에는 시원하며 주변의 재료를 활용할 수 있는 생태적인 집이었다.

이리저리 현장답사와 집짓기 실습 참가, 통나무 학교도 다니고 책도 읽고, 웹서핑도 하며 귀동냥 눈동냥을 한 결과 위의 조건과 현장사정에 걸맞는 막흙집을 선택했다.

주재료는 흙, 돌, 나무이며 시멘트는 기초 부분에 소량을 쓰기로 했다. 건축은 벌목현장에서 흔히 쓰는 6자짜리 육송이나 리기다송을 한자 반 길이로 잘라 흙으로 쌓아 올리는 방식을 택했다. 나무껍질을 벗길 필요 없이 그냥 써도 무방한 방식이라 공사가 용이하고 누구나 한번 보면 지을 수 있다.

막이라는 접두어가 '마구', '함부로'란 의미를 뜻하지만 여기서는 '전문목수 없이 누구나 지을 수 있다'는 뜻으로 사용됨을 앞서 알린다. 필자가 지은 막흙집 짓는 방법은 돈을 받고 가르쳐주는 곳도 있지만, 굳이 돈 주고 안 배워도 사지육신 멀쩡하고 눈썰미와 끈기만 갖추면 누구나 지을 수 있다.

:: 막흙집 짓기의 유리한 점

아무나 지을 수 있다 이 글을 꼼꼼히 읽으면 '아! 나도 할 수 있겠구나' 하고 자신감을 가지리라 생각된다. 집을 지어본 사람은 알겠지만 건축비의 대부분이 인건비인데다 돈이 있어도 사람 구하기가 힘든 세상이다.

부부가 열심히 지으면 완성할 수 있는 집이 막흙집이다. 하자가 생겨도 내가 지었으니 누구 탓을 할 필요도 없고 스스로 보수하면 된다. 내가 고생해서 지은 만큼 애정이 가며 열심히 일을 하니 살도 빠지고 건강도 얻을 수 있다. 집 짓는 일은 고달픔보다 즐거움이 더 많다. 집 짓는 즐거움을 남에게 뺏기지 마라.

비용이 적게 든다 남에게 맡겨 집을 지으면 인건비와 식비, 새참 등의 비용도 만만치 않고 숙소와 관리 등 신경 쓸 일이 한두 가지가 아니다. 주변에서 쉽게 구할 수 있는 자재를 싼값에 이용하고, 부부의 노동력으로 지으면 인건비가 절감되어 의외로 값싸게 지을 수 있다. 3.3㎡(1평)당 100만~150만원 정도의 비용만으로 가능하다.

인테리어 작업이 필요 없다 집 자체가 자연 소재이기 때문에 내부마감처리만 잘하면 따로 돈을 들여 도배 등의 작업을 할 필요가 없다.

단열이나 보온작업이 필요 없다 벽 두께가 40㎝에 달하니 단열과 보온은 확실하다. 천장을 약간 낮게 지으면 더욱 확실한 단열 보온 효과를 얻을 수 있다.

자연친화적이며 건강에 좋다 요즘 웰빙, 생태라는 말을 많이 쓴다. 결국 자연스럽게 살자는 말일 것이다. 흙집이 건강에 좋다는 건 세상이 다 아는 상식이다. 근자에 흙집에 세균이 있다는 등의 뜬소문이 있는데, 아마 일부 몰지각한 건축업자들이 사업상 낸 소문이 아닐까라고 짐작된다. 우리 땅에서 우리의 돌과 나무, 흙으로 집 짓고 살면 건강은 스스로 따라오기 마련이다.

납골당이나 산소가 필요 없다 살다가 죽으면 무덤이 따로 필요 없다. 집도 사람도 자연으로 돌아가면 그 뿐이다. 비석만 하나 세우면 된다.

:: 흙집 짓기의 불리한 면

육체적으로 힘이 든다 특히 흙을 찰지게 이기는 흙반죽 작업이 어렵다. 일손이 여럿이라면 힘이 덜 들겠지만 부부만의 일손으로 반죽하는 데는 힘이 많이 든다. 그러나 운동으로 생각하면 오히려 재미있게 할 수 있고, 그래도 힘들다면 기계를 쓰면 된다.
내 경우에는 중고 굴삭기를 사서 쓰고 있다. 흙집 짓고 농사지으려면 굴삭기가 필수적이다. 살 때는 비싼 듯해도 집짓기 외에도 시골에서 요모조모 요긴하게 쓰임이 많다. 업자의 기계를 불러다 쓰면 그 비용도 만만치 않고 작업 일정을 맞추기가 곤란한 경우가 자주 생긴다.

집짓는 계절이 제한된다 흙집은 습기에 약한 관계로 옛부터 봄철에 지었다. 여름철 장마가 오기 전에 벽체를 올리고 지붕을 씌워서 비를 막아 주어야 한다. 흙집은 습기만 잘 방지하면 매우 단단하며 또 오래간다.
내가 집을 지은 곳이 전기도 없는 워낙 깊은 산골이다 보니 찾아오는 사람들마다 질문이 많다. 그 중에서 '무섭지 않느냐'는 의문점이 많다. 도둑이나 강도들이 돈 되는 도시에 가지 뭣 하러 전기도 없는 산 속에 올까?
밤이 되어도 낮 풍경에 어둠만 덧씌운 것이니 무서울 것이 없다. 설사 귀신이 나타난들 저나 나나 피차에 외로운 처지니 막걸리나 한 잔 나누며 저 세상 소식이나 들어봄직도 하건만 아무리 기다려 봐도 정작 나타나는 귀신이 없다.
다만 허락 없이 산속에 들어가 아끼는 약초나 나무껍질 등을 벗겨가는 얌체 약초꾼들은 이곳의 유일한 불청객이다.

땅값이나 구입 경위 등에 대한 질문도 상당히 많다 땅도 땅 나름이라 전, 답, 임야, 대지로 땅의 용도가 다름인데, 사람들은 모두 같은 용도로 취급하여 면적당 얼마얼마 한다.
마치 백화점에서 상품을 고르듯 강원도 정선은 얼마, 평창은 얼마, 이곳은 얼마쯤이 적당하지 않느냐고. 또 도시를 떠나 귀농을 생각하면서도 서울에서 몇 시간 거리니 어쩌니 하며 서울의 끈을 놓지 않으려 하는 사람들을 보면 과연 그들이 살 터전을 찾을 수 있을지 의문이다.
한 술 더 떠 뒤에 산이 있고 앞에는 시냇물이 흐르며, 임야와 밭이 절반 정도씩 있는 그림같은 땅을 찾으며 값은 싸야 된다고 강변하니 이 노릇을 어쩔 것인가. 이런 사람들을 만나면 가슴이 답답해진다.

전기에 대해서도 그렇게 불편하게 여긴다. 당면한 문제들을 하나씩 해결해 나가는 것도 삶의 재미라고 생각한다. 그러나 대부분의 귀농 희망자들이 그

렇지 못한 것 같아 안타까울 때가 한두 번이 아니다.
이곳에서 생태문화마을을 만들려고 같이 할 사람들을 찾기 위해 노력했으나 지금은 그럴 필요를 못 느낀다. 그런 사람을 찾기보다는 만날 때를 기다리기로 했다. 세월이 가면 이 곳과 인연이 닿는 이를 만날 수 있으리라 믿는다.

우리는 살면서 어떤 형태로든 일을 한다. 도시에 살면서 정신노동으로 먹고사는 것이 오늘날 사람들의 사는 모습이다. 채취에서 수렵, 농경사회, 산업사회를 거쳐 우리들이 살고 있는 정보화 사회에 이르기까지 인간은 많은 일들을 해 왔다.
무수한 발전을 이룬 끝에 물질적으로는 잘 살게 되었으나 정신은 황폐해지고 원인과 치료방법을 알 수 없는 갖가지의 질병들이 문명의 발전에 정비례하여 생겨나고 있다.
현대과학을 총동원하여 괴질들의 퇴치를 위해 노력하고 있으나, 내가 보기에는 억부족으로 여겨진다.

증상에만 대처하는 치료는 옳은 치료법이 아니다 질병의 원인에 대한 성찰도 없이 밖으로 보이는 증상에만 촛점을 맞춘 것이 현대 의학이다. 이러한 접근방식은 치료는 치료대로 못하면서 환자에게 고통과 재정적 손실만을 안겨 준다.
의료보호체계가 불안한 우리나라에서는 집안에 불치병 환자 하나만 생겨도 그날로 집안이 망하는 경우가 대부분이다. 벌어둔 재산 다 까먹고 남은 식구들 알거지로 만들고 나서 결국은 죽는 것이다.

자연이 약이고 헬스클럽이며 종합병원이다 자연으로 돌아가야 한다. 난치, 불치의 병이 오면 비교적 오염이 덜한 깊은 산 속으로 무조건 들어가야 한다.
숲속의 상큼한 공기, 흐르는 개울물에 풍부한 산소, 햇빛의 탁월한 소독력, 산나물들이 가진 약성까지. 환자에게 필요한 모든 것들이 숲속에 있다.
심한 아토피로 고생하던 아이들이 몇달 전 우리 마을에 입주한 후 씻은 듯이 나은 것을 보고, 자연의 큰 힘을 새삼 느꼈다.
공기 탁한 도심의 헬스클럽에서, 염소가 가득한 수영장에서 건강을 위해 운동하는 것은 몸을 가꿀 수는 있어도 건강을 얻을 수는 없다.

일은 즐겁게 해야 한다 자연 속에서 살다보면 자동적으로 일을 하게 된다. 즉 몸을 부지런히 움직여야 한다는 말이다. 그러나 일을 힘들어 하고 겁내면 일을 못한다. 일을 고생이라고 여기는 것은 일 앞에 항복을 선언하는 것과 마찬가지로 시작도 해 보기 전에 지는 것이다. 적어도 일주일의 한 두 번은 자연 속에서 온 몸에 흙을 묻혀가며 땀을 줄줄 흘려야 한다. 쿵쾅되는 심장의 박동소리를 들어야 한다. 그러면 건장하던 사람이 하루 밤새 황천으로 가는 어처구니 없는 일들은 없을 것이다. 시골 산속에서 땡볕 아래 일하는 즐거움은 경험해 본 사람만이 안다. 새소리 음악 삼아 일하다 보면 자연이 오염된 몸과 마음을 말끔하게 청소해 준다.
흙방에 불 지피고 깊은 잠을 자면 피로는 저만치 날아가고 자연의 에너지로 충만한 몸이 되어 다시 아침을 맞을 수 있다.

:: 스스로 손보면서 사는 것도 재미다

집 짓는 이야기를 쓴 것은 전원생활의 첫 단계에 부딪히는 주거문제를 해결하는데 조금이라도 도움을 주고자 함이다. 대부분의 이들이 좋은 정보를 알려준다고 공치사를 하지만, 일부 사람들은 막흙집과 같은 방식의 집을 지어 보지도 않고 '문제가 많은 집' 이라는 부정적인 반응을 보이기도 한다.
세상에 하자가 없는 집이 어디 있을까? 하자라고 해 봤자 크랙이 생기는 정도지만, 그 정도야 스스로 손보면서 사는 것도 재미다.
그러나 큰 하자를 막기 위해서는 미리 유의할 점이 있다. 이런 점들을 염두에 두고 지으면 전문 목수들이 지적하는 사항들은 큰 문제가 되지 않는다.

1. 겨울에 벌채한 육송을 쓰되 가급적 껍질을 벗기고 소금물에 담가 두었다 사용해야 한다. 기둥이 없는 방식인 관계로 나무의 벌레와 부식 방지를 위해 필수적이다.

2. 흙은 모래나 잔돌이 섞여 있는 진흙이 좋다. 순수한 진흙만 쓰면 크랙이 생길 수 있음을 유의한다.

3. 처마를 길게 뽑아주어야 한다. 가급적 1m 이상 처마를 뽑고 기초부터 넉자 이상의 외벽은 빗물 들이침을 방지하기 위해 별도의 마감작업을 해야 한다. 곱게 친 황토 흙에 석회와 해초 또는 느릅나무 껍질을 끓인 물을 섞어서 발라주면 된다.

4. 보일러를 깔더라도 구들을 놓고 그 위에 보일러 배관을 하는 것이 바람직하다. 일주일에 한 번 정도는 아궁이에 불을 지펴 습기를 말려 주는 것이 좋다. 흙집은 무엇보다 습기에 약하다. 반면 습기만 잘 방지해 주면 그 어떤 집보다 튼튼하다.

막흙집은 주인 마음가는 대로 지을
수 있는 장점이 있다. 원형으로 방
을 만들고 방과 방을 이어 붙이면
결과적으로 큰집이 된다. 물론 시

간과 돈이 넉넉하면 한꺼번에 지어
도 된다. 그러나 두 사람만의 힘으
로 지을 때는 방 하나씩 짓고 나중에 이어 붙이는 방식이 효과적이다. 여기
서는 필자가 지은 86㎡(26평) 흙집의 별채 짓는 과정을 모델로 삼아서 설명
하겠다.

01 _ 기초그리기

먼저 집터 바닥을 포크레인으로 단단하게 다지고 설계도 대로 둥근원을
그린다. 원은 벽체의 내·외벽선 두 선을 그려야 하나 내벽선만 그려도
무방하다. 초보자일 경우 두 선을 그리면 기초를 반듯하게 쌓는 데 도움
이 된다.

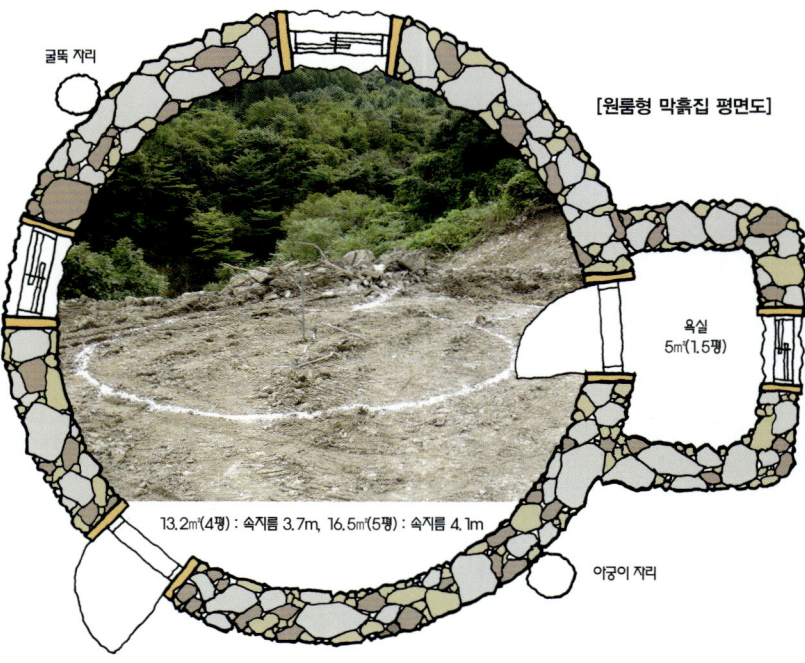

굴뚝 자리

[원룸형 막흙집 평면도]

욕실
5㎡(1.5평)

13.2㎡(4평) : 숙지름 3.7m, 16.5㎡(5평) : 숙지름 4.1m

아궁이 자리

02 _ 급배수관 설치

기초 막돌을 쌓기 전에 바닥
을 파고 100mm PVC관과 XL
선으로 급배수관을 미리 설치
한다.

03 _ 기초 막돌 쌓기

기초는 매우 중요한 공정이다. 대부분 레미콘을 타
설하여 기초를 하지만 막흙집은 흙집이 갖는 생태적
특성상 막돌을 쌓아 기초를 한다. 넓이는 50cm, 높
이는 40cm 정도로 쌓으면 된다. 쌓을 때는 흙이 묻
은 채 막 쌓기로 1차 쌓은 다음 작은 돌들을 틈새에
끼워 넣고 물을 뿌려 흙을 씻어낸다. 그 후에 자갈
과 모래로 속을 채우고 마지막으로 시멘트를 모래와
섞어 틈새를 메꾼다.

40cm

30cm

[아궁이와 굴뚝자리]

막돌을 쌓을 때는 바닥 난방을 위해 아궁이와 굴뚝
자리를 미리 만들어 주어야 한다. 보일러를 설치하
더라도 바닥을 메워 난방배관을 하는 것보다 구들을
깔고 그 위에 난방 배관을 하는 것이 더 효과적이
다. 아궁이, 굴뚝자리는 고임돌을 놓고 넓고 두터운
돌을 얹어 만든다. 고인돌을 연상하면 된다. 폭 30
cm, 높이 40cm 정도가 적당하다.

04 _ 비닐 깔기

바닥에다 비닐을 깔고 흙을 10cm 이상 덮어 준다.
습기에 약한 흙집의 단점 보완을 위해 두꺼운 비닐
로 두 겹 정도 필히 깔아 주어야 한다.

05_ 돌기초 시멘트모르타르 바르기

돌쌓기가 끝나면 시멘트모르타르를 만들어 돌과 돌 사이의 틈새를 메워 준다. 모래와 시멘트 비율을 1:3 정도로 하고 물은 흥건할 정도로 부어 질척하게 만드는 것이 좋다. 모르타르를 돌 틈새 깊숙한 곳까지 집어 넣어주어야 더 튼튼하다.

06_ 구들 깔기

산골에 집을 지을 때는 추위에 대비할 수 있는 시스템을 구축해야 한다. 더위는 크게 문제가 안 되지만 어둡고 긴 겨울을 따뜻하게 지낼 수 있도록 대책을 세우는 것이 현명하다. 한때 어느 보일러회사의 광고에 혹해 멀쩡한 구들방을 헐고 신식으로 기름보일러를 설치하는 사람들을 많이 보았다. 기름값이 쌀 때는 별문제 없이 지낼 수 있었지만, 다락같이 기름값이 오르니 주머니 얇은 시골 노인네들이 난방비가 겁나서 보일러를 돌리지도 못하고 마을회관이나 양지쪽을 찾아다닌다고 한다. 나무가 있어도 구들을 다 뜯어냈으니 속 탈 노릇이다. 효도를 한다는 것이 도리어 불효를 하는 웃지 못할 비극이다. 편하게 살려고 하면 이런 일이 생긴다.

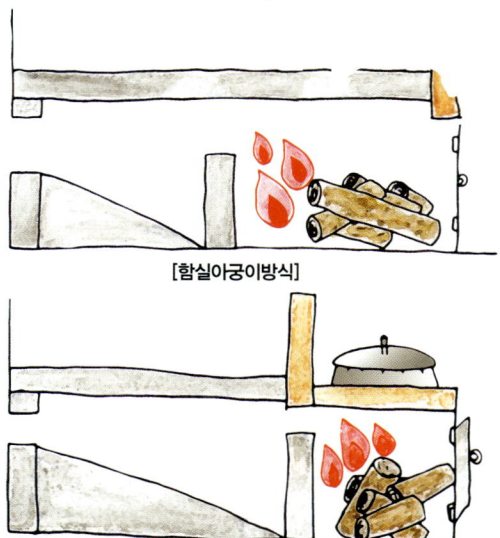

[함실아궁이방식]

[부넘기방식]

나무로 난방을 하면 장점이 아주 많다. 하루 한 짐 정도 산으로 나무하러 다니면 그만큼 운동을 하니 건강에도 좋고, 우거진 숲을 솎아내 돈 들여서 숲 가꾸기를 할 필요가 없으니 자연에 덕이 된다. 그러나 아궁이가 너무 많으면 힘이 많이 든다. 아궁이 하나로 난방과 온수를 얻는 방법을 취하면 꿩 먹고 알 먹는 격이다.

그 시스템은 이렇다. 아궁이는 난방과 취사를 겸하는 부넘기방식과 난방만을 목적으로 하는 함실아궁이방식이 있다. 먼저 아궁이는 함실아궁이를 만들어야 한다.

TIP | 함실아궁이 설치 시 고려사항

열손실을 줄이고 효율을 높이기 위해 반드시 불문을 설치해야 한다.
· 아궁이 길이는 4자(약 120㎝) 이상으로 한다.
· 불문에서 함실까지도 4자(약 120㎝) 이상으로 길게 만든다.

고래가 깊어야 4자 정도의 통나무를 자르지 않고 불을 지필 수 있어 장작을 만드는 수고를 줄일 수 있다. 장작패기가 보통일이 아님은 해 본 사람은 안다. 불이 활활 붙으면 통나무를 집어넣고 불문으로 공기조절을 하여 밤새도록 뭉긋하게 불을 지필 수 있다. 다 타고나서 불문을 완전히 닫아 온기를 오랫동안 저장한다.

06⁻¹_ 슬레이트 구들 깔기

70년대 개발붐에 밀려 시골에도 구들방이 많이 사라졌다. 구들난방방식은 우리조상들의 지혜가 집약된 우수한 난방방식이다. 필요는 발명의 어머니라 하지 않던가. 우리 민족이 겨울을 따뜻하게 지내는 방법을 찾다 보니 구들방식의 바닥 난방을 발명한 것 같다.

이에 비해 서양인들은 추위도 활동을 잘 한다. 추위를 잘 견딜뿐더러 난방방식도 겉불만 쬐는 벽난로 방식이다. 구들방식에 비해 벽난로의 열효율은 형편없이 낮다. 결론적으로 구들난방 방식이 우리 체질에 가장 잘 맞는 난방방식이라 생각된다. 그러나 구들장 구하기가 어렵다보니 구들 놓는 데 애로사항이 많다. 생각다 못해 구들장 대신 슬레이트를 쓰기로 했다. 다만 열과 하중에 약한 슬레이트의 약점을 어떻게 보완하느냐가 관건이다. 직접 불이 닿는 부분에는 구들돌이나 두꺼운 철판을 쓰고 간접적인 열기만 받는 부분에는 슬레이트를 쓰기로 했다.

06⁻²_ 슬레이트 구들 시공법

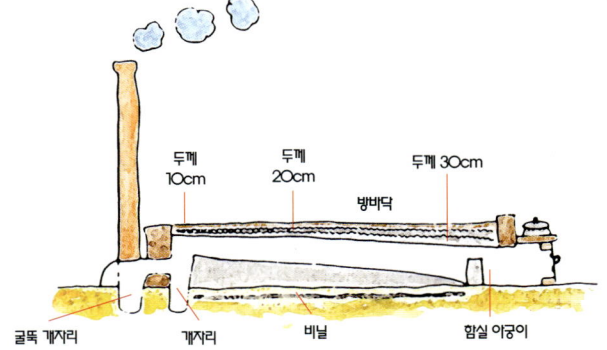

[구들 측면도]

두께 10cm / 두께 20cm / 두께 30cm

방바닥

굴뚝 개자리 / 개자리 / 비닐 / 함실 아궁이

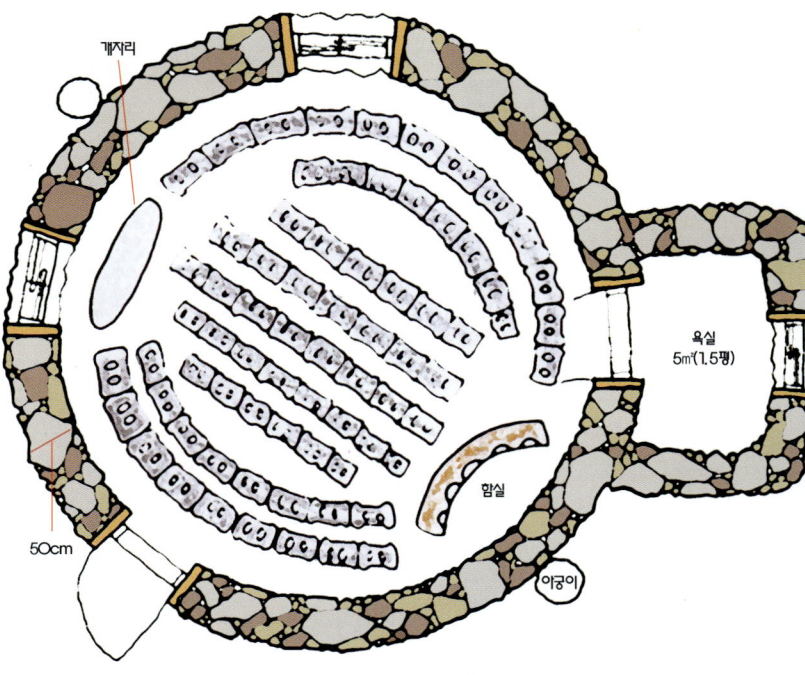

개자리

욕실 5㎡(1.5평)

함실

이궁이

50cm

[구들고래 평면도]

고임돌 쌓기

고임돌은 시멘트블록으로 하고 구들장은 대골 슬레이트를 사용한다. 아궁이 부분에는 함실 자리를 비워둔다. 구들바닥에서 방바닥 높이를 감안하여 블록을 두 장 높이로 쌓는다.

형태는 방의 생김새 대로 둥글게 만들고 블록을 진흙으로 두텁게 싸서 바른다. 가능하다면 자연석을 사용하는 것이 바람직하지만, 높이 조정이 어렵다. 이럴 경우에는 작은 돌과 진흙으로 두께 20㎝ 정도로 쌓아 주면 된다.

부넘기 구멍 만들기

구들돌을 덮기 전에 방 전체에 열기가 골고루 분산되도록 함실 부넘기

구멍을 확보한다. 방사형으로 5~6개의 구멍을 만든다. 높이가 비슷한 작은 돌들을 쌓는 방법도 있으나 두꺼운 쇠파이프를 같은 길이로 잘라서 설치해도 된다. 한 가운데는 50mm에서 70mm, 가장자리 쪽은 100mm 크기로 만든다.

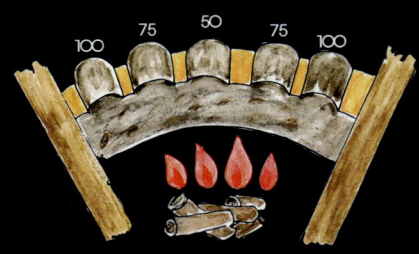

100 / 75 / 50 / 75 / 100

간이온수기 설치와 슬레이트 고정

함실 위에 간이 온수기를 설치한다. 튼튼한 돌로 괴임을 하고 온수통을 얹고 진흙으로 단단하게 고정을 한다. 함실에서 굴뚝까지 뜨거운 연기가 골고루 퍼져 방 전체가 따뜻하도록 부채살 고래를 만든다. 고래는 블록이나 자연석을 진흙으로 메워 넓이 한 자가 넘지 않도록 쌓는다. 자연석과 진흙으로 쌓을 때는 높이를 일정하게 한다. 진흙이 열을 받아 건조되면 단단하게 고정이 된다. 고래를 만들고 난 뒤에 슬레이트를 덮는다. 블록 윗부분에 방석으로 진흙을 3치(약 10㎝) 정도 쌓고 슬레이트를 얹어 지긋이 눌러주면 단단하게 고정된다.

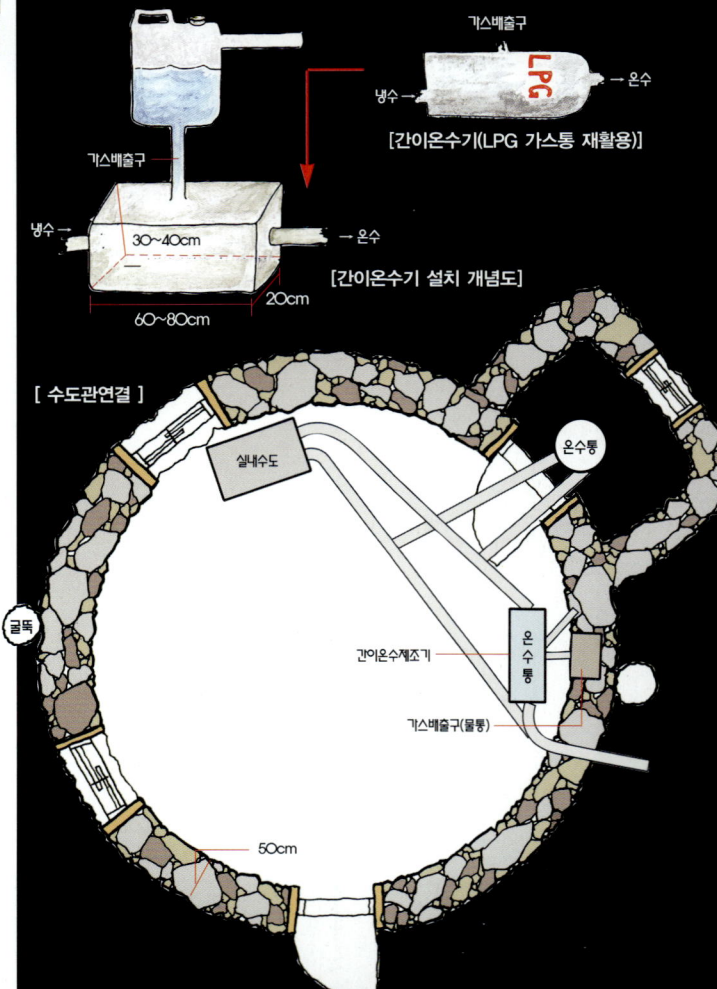

가스배출구 / LPG / 냉수 → / → 온수
[간이온수기(LPG 가스통 재활용)]

가스배출구 / 냉수 → / 30~40cm / → 온수 / 60~80cm / 20cm
[간이온수기 설치 개념도]

[수도관연결]

실내수도 / 온수통 / 굴뚝 / 간이온수제조기 / 온수통 / 가스배출구(물통) / 50cm

슬레이트 밀착하기

1차 슬레이트를 덮은 다음에 진흙을 세 치(약 10cm) 정도 깔아 골고루 편 다음 다시 슬레이트를 깐다.

지긋이 눌러 슬레이트의 요철 자국을 만들고 슬레이트를 들어낸 다음 슬레이트 사이에 틈이 없도록 손으로 주물러 일일이 요철부위를 만들어 주어야 한다.

그 위에 다시 슬레이트를 덮고 밟아주면 아래위 슬레이트가 밀착이 되어 견고한 방바닥을 만들 수 있다. 두 겹의 슬레이트 부분의 두께는 3치에서 4치가 적당한 것 같다.

숯과 석회, 소금을 넣은 마른 흙 깔기

두장의 슬레이트를 다 깔고 나면 마른 흙을 준비하여 부스러기 숯, 석회, 소금을 적당량 섞는다. 아랫목은 5치 이상, 윗목은 3치 정도 방바닥의 물매를 조정하며 깐다. 숯은 습기, 석회와 소금은 벌레와 잡균방지를 위함이다. 바닥이 얇으면 축열이 잘 안 되어 쉽게 뜨거워지고 쉽게 식어버린다. 마른 흙이 축열층의 기능을 한다고 본다. 말 만들기 좋아하는 사람들의 입장에서 보면 황토숯방이 되는 셈이다.

마른흙을 깔고 난 후에는 군불을 지펴 진흙을 말려가며 벽체를 올리면 된다.

:: 문틀세우기 작업순서

문틀을 세울 때는 정교한 작업이기 때문에 장정 세 사람 정도의 인력이 필요하다.

막돌기초 위에 방바닥 높이를 감안하여 밑판을 앉힐 방석흙을 깔아 준다(방석흙은 통상 3~4치 정도가 무난하다). 큰 나무망치로 두들겨 수평을 맞춘다. 흙이 어느 정도 굳어 밑판이 안정되면 문틀 좌, 우의 세로목을 세운다. 이어 수직 물반을 봐서 지주목을 세우고 튼튼하게 고정시킨다. 마지막으로 윗판을 얹고 대못을 쳐서 고정시킨다.

벽체를 쌓기 전에 방바닥 높이를 감안하여 현관문과 각 방들의 출입문 문틀을 세운 후, 벽체를 쌓다가 창문높이까지 쌓았을 때 창문틀을 마저 세우고 나머지 벽체를 쌓아 올린다.

우리 집의 문틀은 지름 한자 이상의 통나무를 절반으로 켜서 다시 두께 반 자로 면치기하여 사용했다. 길이는 12자짜리 5개와 9자짜리 10개를 제재소에서 켜다 썼다. 2.5톤 차로 한차 분량이며, 비용은 80만원 정도 들었다. 문틀 작업은 동생과 둘이서 한나절 만에야 마칠 수 있었다. 문의 규격을 감안하여 재단을 하는 작업에 시간이 꽤나 걸렸다.

먼저 심재의 중앙에 먹줄을 놓고 길이별로 재단하여 기계톱을 써서 자른 다음에 문의 위치대로 분류해 두었다. 윗판과 밑판은 그다지 세밀한 작업을 요하지 않지만 좌우에 세울 세로목은 상당히 정밀한 작업이 필요하다.

07 _ 문틀세우기

막흙집은 벽체가 두터워 문틀을 견고하게 만들어 세워 주어야 한다. 통나무는 반자 이상 두께를 써야 튼튼하다. 기계톱을 다룰 줄 알고 시간도 많으면 소위 하프치기를 해서 직접 만들 수도 있지만 제재소에 부탁하여 켜다 쓰는 것이 훨씬 경제적이다.

말구(통나무의 윗부분, 아래의 굵은 부분은 원구) 기준으로 지름 한자 이상의 나무를 삼면치기하여 문의 크기대로 재단해 현장으로 실어 오면 된다.→ [원목 삼면치기]

잘라서 만든 문틀용 재목마다 심재의 중앙에 먹줄을 친다. → [먹줄치기]

문틀의 윗판과 밑판에는 가장자리 안쪽으로 15cm 지점에 선을 긋는다.

→ [각목치기]

각목을 잘라 못으로 임시고정을 해 둔다. 각목 위로도 먹줄선과 같이 선을 그려두면 문틀 조립 시 매우 편리하다.

TIP | 문의 크기

단위는 문 안쪽기준이므로 자를 때 밑판과 윗판의 경우 좌, 우 150mm를 더하여 잘라야 한다.
현관 출입문 : 900mm(넓이) × 1,900mm(높이)
방문 : 900mm × 1,800mm, 거실 창문 : 1,500mm × 1,500mm
방 창문 : 1,200mm × 1,000mm

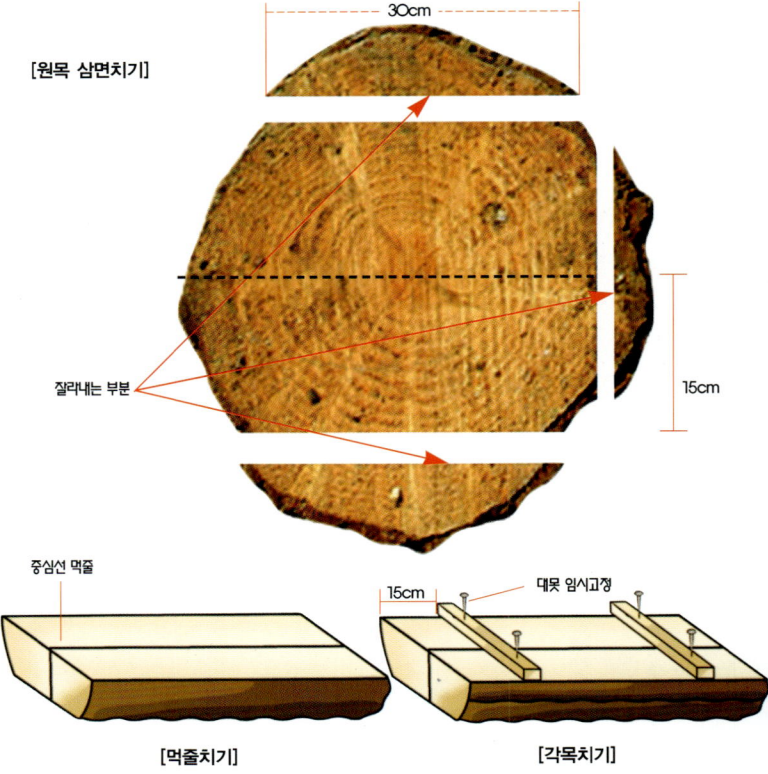

[원목 삼면치기]

30cm

15cm

잘라내는 부분

중심선 먹줄

15cm

대못 임시고정

[먹줄치기]

[각목치기]

08⁻¹_ 통나무 벽돌 만들기

막집의 벽체용 나무는 우리나라 어디서나 쉽게 볼 수 있는 육송을 쓰면 된다.

재질이 마구 구부러져 화목이나 농업용 톱밥 만드는 용도 외에는 쓸모가 없는 흔하디 흔한 나무다. 새 도로를 닦기 전에 먼저 벌목을 해내는 과정에서 나오는 나무들이며 톤당 6만~7만원 정도면 구입할 수 있다. 3치 이상 한자 또는 더 굵어도 쓸 수 있다는 것이 장점이다.

가급적 겨울에 벌목한 나무들을 사다가 기계톱을 써서 길이 한자 반으로 자른 후, 벌레와 부식방지를 위해 소금물이나 목초액에 2~3일 담궜다 말려서 쓴다. 이 과정은 필수다. 아니면 살면서 벌레와 싸우느라 엄청 고생한다.

08⁻²_ 흙 반죽 만들기

벽체용 흙반죽에 쓸 흙은 모래와 돌이 적당히 섞여 있고 점도가 높아야 좋다. 진흙만 쓰게 되면 갈라짐이 심해 살아가면서 계속 손을 봐주어야 하는 단점이 있다. 흔히 황토집을 짓는다며 멀리서 황토를 사다가 쓰는 사람들이 많지만, 대부분 누런색의 황토흙이 아니라 붉은색의 주토를 쓴다. 이 주토는 바로 진흙으로 보면 된다. 주토만을 써서 집을 지으면 크랙이 많이 생기게 된다. 다행히 우리 마을의 흙은 백토와 황토가 적당히 섞여 있으며 모래와 잔돌이 박혀 있어 크랙이 거의 없다.

마른 흙에 소금과 석회를 적당량 넣어 골고루 섞은 다음에 물을 부어 빨래를 치대듯이 찰 지게 이겨 준다. 반죽이 다 된 흙은 막돌기초 안쪽에

쌓아놓고 비닐로 꼼꼼히 덮어 두었다 쓰면 된다. 비닐을 벗겨 흙을 쓰고 일 마칠 때 흙의 습기를 봐서 건조하다 싶으면 물을 뿌려주고 비닐을 덮는다.

33㎡(10평) 미만의 작은 흙집을 지을 때는 기계를 쓸 필요는 없지만, 66㎡(20평) 이상 큰 규모의 흙집을 지으려면 굴삭기나 트랙터, 경운기 등의 기계를 쓰면 한결 편하다.

09_ 벽체 쌓기

통나무 벽돌이 올라갈 자리에 먼저 3치 정도 방석흙을 같은 높이로 깔아 준다.

먼저 흙을 깐 자리부터 비슷한 굵기의 통나무를 어른 주먹 하나 간격으로 배열한 다음 흙을 치듯이 꼼꼼하게 채워 넣는다. 이 때 내벽의 마무리 작업을 같이 해 주면 뒷일을 많이 덜 수 있다.

흙이 마른 후에는 벽면을 가지런히 다듬기가 힘이 들고 두번 일이 되기 때문이다. 내벽은 나중에 마감 처리만 하면 되도록 최대한 고르게 손질을 해 주는 것이 바람직하다.

마르지 않은 흙벽은 쉬 무너질 수 있으므로 하루에 두자 정도 쌓고, 쌓은 벽이 어느 정도 굳은 다음에 다시 쌓아 주는 것이 안전하다.

천천히 그리고 꼼꼼하게 일하는 것이 급하게 쌓느니보다 결국에는 훨씬 유리하다.

비닐과 거적을 충분히 준비해 두고 비가 오면 지체 없이 덮어 준다. 어느 가수의 말처럼 놀멘 놀멘 짓다가 힘들면 쉬고 힘나면 짓고 하다보면 재미도 난다. 살도 엄청 빠진다. 이 얼마나 흥겨운 일인가?

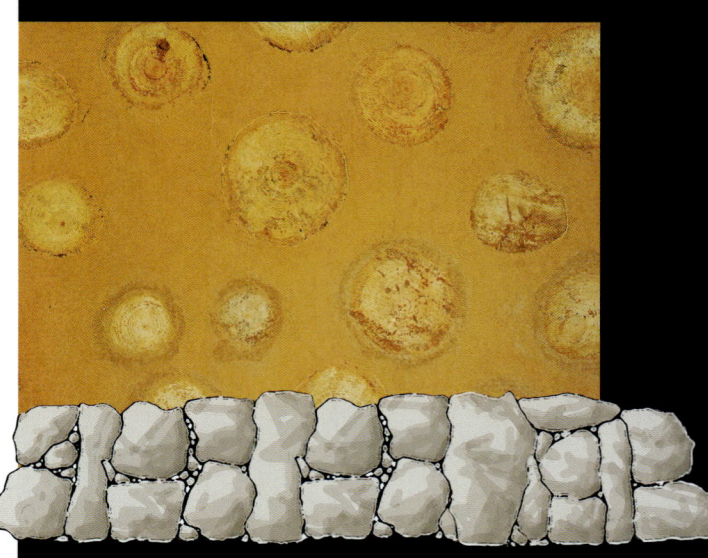

0 _ 원형 상량목 만들기

혹자는 이를 전병통이라 부르기도 하고 전통건축을 하는 목수들은 덤벙추라고도 한다. 나는 이해를 돕기 위해 원형 상량목이나 우산형 상량목이라고 이름 지어 부르겠다. 길이 65㎝, 굵기 45㎝ 이상의 통나무를 다음 그림과 같이 만든다. 올리기 전 미리 만들어 소금물에 일주일 정도 담가 두었다가 설치한다.

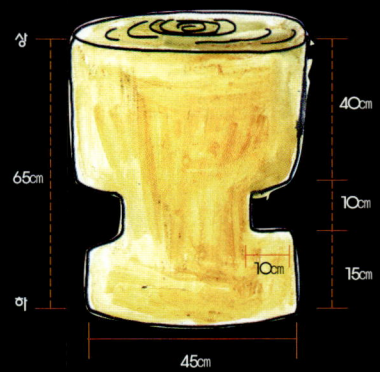

1 _ 종도리 통나무 설치

다 쌓여진 벽체 위에 서까래가 얹혀질 종도리 통나무를 설치한다. 종도리라는 말은 서까래와 연결되는 부분의 도리라는 뜻이다. 벽체의 곡선과 길이를 고려하여 지름 네 치, 길이 1.5m 이상 통나무를 적정크기로 잘라 벽체상단에 얹고 통나무끼리는 꺽쇠를 박아 연결한다.

다만 벽체 상단부 한 자 정도 아래에 반생줄을 2m 정도 잘라 반으로 접어서 벽체에 미리 설치를 해 두었다가 종도리 통나무와 벽체를 튼튼하게 묶어 고정을 시킨다.

2 _ 원형 상량목 설치

상량목을 받쳐 줄 기둥을 적당한 길이로 잘라서 기둥 위에 두꺼운 송판을 대 못을 쳐서 고정한다. 기둥의 길이는 지붕의 경사를 감안하여 정하되 통상 벽체보다 한 자 정도 더 높게 자르면 된다. 기둥을 둥근 방의 한가운데 위치를 잡아 세우고 받침각목을 설치하여 수직으로 세운다.

기둥 위에 상량목을 얹어 중심자리를 잡고 못을 빗겨 박아 임시고정을 한다.

13 _ 서까래 걸기

서까래를 걸기 전에 상량목에 끼울 수 있도록 미리 다듬어 두어야 한다. 상량목에 서까래가 끼워지는 부분의 안쪽과 바깥쪽 지름을 재서 24등분하여 쐐기꼴(안쪽이 좁고 바깥쪽이 넓은 형태)로 다듬는다. 둥근 방 하나에 24개의 서까래를 걸어 준다. 최초의 서까래를 걸고, 일직선으로 맞은편 서까래, 다음은 열십자, 열십자 이등분…. 정확하게 반씩 나누어 걸어주다 보면 어느새 우산을 펼친 형태의 천장골격이 만들어진다. 서까래를 걸치고 상량목과 종도리 부분의 두 곳에 조립식 구조물을 지을 때 쓰는 스크류 볼트를 박아서 튼튼하게 고정시킨다.

14 _ 송판치기

서까래를 다 걸고 송판을 덮어 준다. 벽체 바깥쪽 처마 부분에는 사람이 올라서도 괜찮을 만큼 두꺼운 송판을 덮고 벽체 안쪽은 좀 얇은 송판을 덮어주어도 무방하다.

송판치기에 앞서 서까래 끝부분에 먼저 각목을 붙이고 그 다음부터 서까래와 서까래의 길이만큼 송판을 잘라 못을 쳐서 덮어 준다.

15_ 지붕작업

막흙집은 지붕이 곧 천장이 되는 구조이다. 지붕이 비를 막아주는 역할과 천장의 보온단열 기능을 동시에 수행하므로 2가지 역할을 한번에 감당할 수 있도록 설치한다. 작업순서는 다음과 같다.

송판 위에 소금과 석회를 뿌려 준다. ➡ 비닐 또는 부직포를 깔아 준다. ➡ 흙을 덮는다(두께 : 처마 끝부분 5cm, 지붕 중앙부분 10cm). ➡ 소금과 석회를 뿌린다. ➡ 소금, 석회를 섞은 톱밥을 깔아 준다.

톱밥은 하중이 가해지면 얇아지므로 이를 감안하여 10cm 정도 더 두텁게 한다. 특히 방의 보온과 단열에 신경쓰려면 벽체 안쪽 지붕의 두께가 한 자 이상 되도록 마른 흙과 톱밥을 잘 깔아줘야 한다.

16_ 방수시트 깔기

시중에 판매되는 방수시트는 5mm 두께의 고무판에 아스팔트를 덧칠한 것으로 폭 1m, 길이 10m 규격의 제품이다. 방수시트는 가장 높은 지붕 꼭대기부터 처마 쪽으로 깔아 준다. 아스팔트가 칠해져 있는 부분이 위로 오도록 깔고 이음

매 부분은 5~10cm 정도 겹치도록 배열하고 부탄가스 토치로 타르를 살짝 녹여서 접착을 시킨다.
작업을 마치면 처마의 각목 위치에 얇은 송판을 덧대고 못질을 하여 완전히 고정시키고 처마 아래로 쳐지는 여분의 시트는 가위나 칼 등으로 가지런히 잘라 준다.

17_ 피죽 덮기

막흙집의 지붕은 피죽으로 마감한다. 가능한 한 두터운 우리 소나무 피죽을 껍질이 붙은 채로 길이 두 자 정도 잘라서 사용한다. 지붕의 방수는 방수시트가 담당하며 피죽은 방수 기능보다 햇볕으로부터 집을 보호하는 기능을 담당한다.

방수시트의 비닐을 벗기고 처마 끝선을 따라 톱질

된 단면이 아래로 가도록 1차 배열하고 못질을 한다. 지붕의 중심 방향으로 방수시트가 보이지 않도록 절반씩 겹쳐서 덮어 준다. 지붕 중심의 마지막 덮을 장 피죽은 무거운 돌로 눌러 주면 태풍에도 끄떡없다.

18_ 기타 잔손질

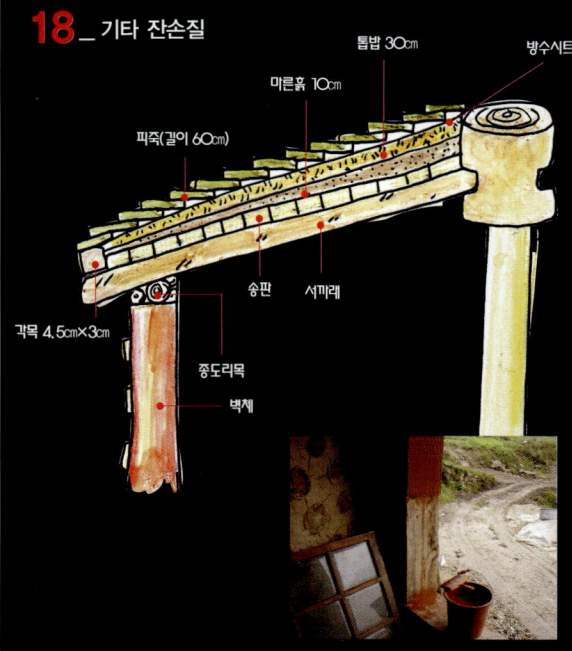

흙벽 마감 벽체가 완전히 건조된 후 황토 흙을 곱게 쳐서 해초 끓인 물이나 느릅나무 껍질 끓인 물과 섞어서 마감미장을 한다.

통나무 마감 그라인더에 사포를 붙여 거친 표면을 곱게 갈고 무광 도료를 발라 마감한다.

문틀 마감 황토 흙물을 몇 번이고 발라 흙물을 들이고 사포질을 하여 면을 매끈하게 만든 후 무광도료로 마감한다.

방바닥 마감 곱게 친 모래와 황토로 마감미장을 하고 곱게 친 황토흙에 유근피 끓인 물이나 해초 끓인 물을 섞어 방바닥에 도장을 한다. 방바닥이 마르면 한지로 도배를 하고 콩물을 발라 광택을 내주면 된다.

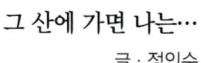

그 산에 가면 나는…

그 산에 가면 나는 이름없는 시인이 된다.
비바람, 눈송이, 초롱별, 토깽이 달을 노래하는
그런 시인이 된다.

그 산에 가면 나는 이름없는 나무꾼이 된다.
한 짐 삭정이 짊어지고, 지게목발 두드리며
노래하는 그런 나무꾼이 된다.

그 산에 가면 나는 이름없는 농사꾼이 된다.
감자랑 콩이랑 심어 깡 보리밥 된장 비벼먹고
늘어지게 낮잠 자는 그런 농사꾼이 된다.

그 산에 가면 나는 이름없는 목수가 된다.
못 주머니 옆에 차고 뚝딱 뚝딱 집을 짓는
그런 목수가 된다.

그 산에 가면 나는 이름없는 사랑꾼이 된다.
나무와 풀꽃들, 두꺼비와 버러지도 사랑하는
그런 사랑꾼이 된다.

그 산에 가면 나는 그냥 산이 되고프다.
가슴 가득 사랑 안은 그런 산이 되고프다.

그 산에 가면 나는….

04

통나무집과 한옥을 접목한
기둥 & 보 방식의 **흙살림집**

전통한옥을 짓고 싶으나 비용면에서 망설이는 중이라면, 서양식 통나무구조를 접목한 한옥으로 그 대안을 삼을 수 있겠다. 목수 한창희 씨가 충남 논산의 한 건축주를 만나 이 실험적인 작업을 완성시켰다. 공사 기간 내내 끊임없는 고민과 시도 끝에, 한옥의 기품을 닮은 실용적인 99㎡(30평) 주택이 탄생했다.

How did you make it?

한창희 한식 목구조 흙집, 조적식 통나무 집과 통나무 흙집을 전문적으로 짓고 있다. 건축 초보자들과 함께 하는 열린 현장을 운영하고 있으며, 옛 정취를 가진 우리식 건축의 현대화를 위해 늘 새로운 고민과 시도에 매진 중이다.

011-269-3207 http://cafe.daum.net/logmaker

한국의 가구식(기둥 & 보) 목구조주택(일반적인 한옥)과 서양식 목구조주택은 생활 문화적 차이에 의한 공간 분할과 사용 방식만 다르지 목구조를 이루고 있는 부재의 쓰임새와 기능적 역할은 동일하다. 다만 건축과정 중 치목 방법과 지붕의 구조체 결구법에서 차이가 있을 뿐이다.

먼저 기둥 & 보 방식의 통나무집과 한옥을 접목한 살림집을 이해하려면 각 목구조주택에 대해서 개략적이나마 종류 및 특성 등을 알아보고 넘어가야 이해가 쉬울 것이다.

:: **목구조주택의 종류**

한식 목구조주택(한옥)과 서양식 목구조주택으로 구분할 수 있다.

》 한옥(한식 목구조주택)

한옥은 나무를 사용하여 기둥, 보, 도리로 집의 골격을 만든다. 이러한 구조의 집을 '목조가구식' 건축이라 한다. 한옥은 기둥 상부의 결구 방법과 유형에 따라 민도리집, 익공집, 포집으로 분류된다.

민도리집 기둥 바로 위에 보를 올려놓은 집으로, 이것은 다시 보 위에 올리는 도리의 단면 형태에 따라 납도리집과 굴도리집으로 분류된다. 네모난 단면의 도리를 납도리라 하며 이를 사용한 집을 납도리집이라 한다. 납도리집은 기둥 위에 바로 보를 올려놓고 그 위에 창방의 역할을 겸하는 도리를 올려놓는다. 굴도리집은 둥근 단면의 도리로 지은 집이다. 창방과 도리는 별도 부재로 사용하고 도리 아래에는 네모난 단면의 장여가 놓이고 그 아래에 창방이 놓이게 된다. 창방과 장여 사이에는 높이 차이로 간격이 생기는데 여기에 소로라는 부재를 사용한다. 민도리집은 한옥에서 가장 간단한 구조로 주로 살림집에 사용하였다.

익공집 기둥머리에 익공이라는 부재를 창방과 직각으로 끼우고 그 위에 주두라는 부재를 올려놓아 보를 받도록 한 구조의 집이다.

이 부분이 건물외관을 장식하고 그 만큼 집의 높이가 높아지게 된다. 민도리집에 비해 다소 복잡한 구조로 한 차원 격식 있는 집이다. 익공집은 다시 사용한 익공의 단수에 따라 초익공집, 이익공집, 삼익공집으로 세분한다.

포집 기둥 위에 주두를 올려놓은 다음 살미, 첨차, 소로로 구성된 공포를 두어 보를 받치도록 한 구조의 집을 말한다.

공포는 역삼각형 형태를 이루므로 한층 한층 짜 올릴 때마다 건물 안팎으로 돌출한다. 이렇게 돌출한 부분을 출목이라 하는데 도리를 올려놓을 수 있어 안정된 구조로 처마를 깊게 만들 수 있다. 공포를 여러 단 짜 올리면 건물이 높아질 뿐 아니라 장식효과도 높아진다.

포집은 다시 기둥 위에만 공포를 올려놓은 주심포집과 기둥 사이에도 공포를 올려놓은 다포집으로 세분한다. 일반 살림집의 대부분은 민도리집이나 초익공

집이며 이익공, 삼익공집이나 포집은 화려하기 때문에 궁궐이나 사찰 등에서 사용하였다.

》 서양식 목구조주택

통나무주택(Log house), 팀버프레임주택(Heavy timber frame house), 경량목구조주택(Light weight wood frame house) 등으로 구분할 수 있으며 다시 통나무주택은 나치 방식(Notch style), 기둥 & 보 방식(Post & Beam style), 콤비네이션 방식(Combination style), 피세 앙 피세 방식(Piece en piece)으로 구분된다.

나치 방식(Notch style) 가장 보편적인 통나무집 형태로 원형 또는 각형의 수평목을 한단씩 쌓아 완성하는 조적식 통나무집이다.

벽체가 통나무를 쌓는 구조이기 때문에 1개층에서 7~12cm(약 6%)의 침하가 장기적(4~5년)으로 발생하게 되므로 창문틀 등의 개구부에는 침하를 고려한 세틀링 스페이스(침하여백)와 디테일을 만들어야 한다. 구조적으로 강하며 외관상 우람하다.

경량목구조주택(Lightweight wood frame house)
일명 투바이포(2×4)로 불리며 용도별로 표준화, 규격화된 각재(2×4, 2×6, 2×8, 2×10, 2×12)

와 판재를 사용한다. 수평 및 수직격판이 상호 긴밀하게 결합되어 각 하중에 저항하는 '상자형구조(Box system)'로써 설계상 거의 제약이 없어 원하는 구조와 디자인을 연출할 수 있다.

경량목구조주택은 층 단위로 스터드 시공을 한 후 상층부 바닥을 설치하고 다시 스터드 시공을 하는 플랫폼 방식(Platform framing)과 스터드가 상층부까지 시공되고 바닥 플로어를 만드는 밸룬 방식(Balloon framing)으로 구분된다.

기둥 & 보 방식(Post & Beam style) 통나무구조에서 발전된 건축양식으로 우리 한옥의 건축양식과 유사하다. 기둥, 보 등 기본 구조체인 뼈대만 통나무를 사용하고 벽체는 샛기둥(Stud), 바닥에는 장선(Joist), 지붕에는 서까래(Rafter)로 골격을 만든 다음 합판이나 OSB를 붙여 마감하는 경량목구조(2×4공법) 등의 다양한 공법을 적용시킨다.

콤비네이션 방식(Combination style) 나치 방식과 기둥 & 보 방식을 혼합한 방법으로 건축하는 통나무집이다.

피세 앙 피세 방식(Piece en piece style) 기둥 & 보 방식에서 기둥 사이의 벽체를 통나무로 구성하는 방식으로 비교적 짧은 길이에 사용하기 때문에 나무가 조금 가늘거나 휘어도 사용할 수 있다.

팀버프레임주택(Heavy timber frame house) 기둥 & 보 방식의 원리와 동일하며 다만 구조용 목재로 큰 각재(Heavy timber)를 사용하여 건축되는 것이다.

:: 기둥 & 보 방식 통나무집과 한옥 가구식 결구법의 접목 배경

이 방식은 2005년 봄에 시공한 논산 연산면 건축주의 아이디어에서 출발했다. 일반 살림집 형태의 한옥은 민도리집 또는 초익공집이 가장 보편적이다. 그러나 격식을 갖춘 한옥을 건축하려면 제일 부담스러운 것이 건축비용이다. 그래서 건축비용은 한옥보다 저렴하고 외형이나 기능은 한옥과 큰 차이가 없는 그런 집을 건축하는 것이 논산 현장의 핵심이었다. 건축주는 태어나고 자란 고향집(한옥 민도리집)의 우측 옆에 직각으로 길게 一자

모양의 사랑채를 신축하고자 했다. 건축주는 기존 한옥 본채와 잘 어울리고 친환경적이며, 적은 예산으로 거실이 넓은 99㎡(30평) 정도의 실용적인 한옥을 원했다. 하지만 한옥은 익공집이나 포집이 아니면 공간배치를 넓게 할 수 없다고 잘못 알고 있었고, 우선은 많지 않은 건축예산 때문에 한옥건축은 불가능하다고 생각하고 있었다. 그러던 중 인터넷 집짓기 동호회에서 시공하는 기둥 & 보(Post & Beam)방식 통나무집 건축현장을 방문했다. 여기서 "기둥 & 보 방식 통나무집과 한옥을 절충해서 집을 지으면 어떨까?" 하는 생각에 이르게 된다.

그 후 건축주는 99㎡(30평) 규모의 건축평면을 확정하고 50 : 1의 평면도 위에 연필 굵기의 원형목재를 이용하여 집 모형을 손수 만들기 시작했다. 결국 집짓기 동호회 현장 선임목수와 협의하여 직영공사로 기둥 & 보 방식 통나무집과 한옥의 절충식 집을 짓기로 결정한다. 이렇게 해서 '기둥 & 보 방식 통나무집과 한옥을 접목한 살림집'이 탄생하게 된 것이다.

:: 그 특징과 장점을 살펴보면

한옥을 건축하려면 건축비용과 인력수급, 기타 부자재의 공급 등 여러 가지 측면에서 서양식 목조건축에 비해서 불리하다. 한옥은 그만큼 수요가 적고 서양식 목조건축이 대중화되었다는 의미다.

어떻게 보면 기둥 & 보 방식 통나무집과 한옥을 접목한 건축의 시도가 건축비용을 줄이기 위해서라고 해도 과언이 아니다. 위에서도 언급했지만 한옥의 외형, 기능, 분위기를 최대한 살리고 건축비용은 전통한옥에 비해 삼분의 일 내지는 절반 가까이도 줄일 수 있다. 사용하는 부재에서 절약할 수 있고 공사기간을 줄일 수 있기 때문이다. 그리고 내가 살 집을 내가 스스로 건축할 수 있다는 장점도 가지고 있다. 물론 개인적 능력이나 여건에 따라서 다르지만 1개월 정도의 시간을 투자할 수 있다면 가능하다. 집짓기를 교육하는 학교나 열린현장으로 운영되는 목구조건축현장에서 1개월 정도의 교

육과 체험을 통해서 기술과 공법을 익힌다면 직영공사가 가능하다.

:: 좋은 목재의 조건과 구입방법

목구조주택 시공과정에서 가장 중요하고 비중을 많이 차지하는 부분이 목재의 선별, 구입과 치목이다.

나무는 우리나라에서 나고 자란 것이 우리 기후와 풍토에 잘 적응하기 때문에 가장 좋은 나무라 할 수 있다. 하지만 건축용 목재가 갖춰야 할 조건을 만족시키는 나무는 구하기도 어렵고, 있다고 하더라도 가격이 만만치 않다. 그래서 그 대안으로 수입목을 사용한다.

통나무건축이나 한옥건축에서 가장 많이 사용하는 수입목재는 북미산 더글라스 퍼(Douglas-Fir)와 웨스턴 헴록(Western Hemlock)이다. 이들이 우리나라 육송과 물리적인 성질이나 문양 등이 가장 유사하기 때문이다. 그 외 호주나 뉴질랜드, 북유럽, 러시아 등에서 품질 좋은 목재가 많이 수입되고 있다.

수도권 지역이라면 인천항, 충청권이나 호남지역은 군산항, 영남이나 부산지역은 부산항 주변의 목재상에서 구입하면 물류비용이 절약되어 그만큼 유리하다.

좋은 목재의 조건은 첫째, 나무가 휘지 않고 직선이어야 하며 둘째, 나무의 결이 꼬이지 않고 곧은 것을 제일로 친다. 우측방향으로 꼬인 나무는 사용해도 좋으나 좌측으로 심하게 꼬인 나무는 사용하지 않는 것이 좋다. 과학적 연구결과에 의하면 건조되는 과정에서 나뭇결이 왼쪽으로 꼬인 나무는 휘거나 처져 심하게 변형된다고 알려져 있다. 셋째, 나무의 원구(뿌리방향)와 말구(가지방향)의 차이가 적고 나이테가 촘촘한 것이 단단하고 경제적이다. 넷째, 옹이가 적고 통나무의 직경(30~40㎝)이 서로 비슷한 나무로 선별한다.

그러나 막상 목재상에서 이상의 조건을 만족시키는 나무를 선별 구입하는 것은 어려운 일이며 그만큼 단가도 비싸진다.

:: 조립 전 목재의 보관, 관리방법

아무리 좋은 나무를 선별해서 구입했다고 하더라도 보관 중 청(곰팡이)이 난다면 여간 낭패가 아니다. 일단 나

무에 청이 나면 표면을 대패로 밀어내도 없어지지 않는
다. 곰팡이가 나무의 깊숙한 곳까지 스며들었기 때문
이며 이는 썩는 것과는 달라 구조상 문제는 없지
만 얼룩이 그대로 노출되기 때문에 미관상 좋지
않다. 청이 나는 것을 방지하기 위해서는 통풍
이 잘 되도록 보관하고 바닥에는 비닐 등을 깔아
서 습기를 차단하여야 하며, 비가 내릴 때는 비닐로 덮
어서 젖지 않도록 한다.

비가 그치면 통풍이 잘 되도록 비닐을 걷어내야 하지만
직사광선에 노출되면 나무가 급격하게 건조되어 표면이
갈라질 수 있다. 통풍에 유의해 차광막으로 덮어주어야
이를 막을 수 있다. 물론 청은 치목 후에도 발생할 수 있
다. 그래서 치목이 끝난 목재는 오일스테인을 발라서 보
관하면, 청이 나거나 나무가 갈라지는 것을 방지할 수
있다.

일단 청이 발생한 나무는 잿물이나 락스로 닦아내면 완
전하지는 않지만, 어느 정도 제거할 수 있다. 최근에는
곰팡이와 각종 오염물질을 제거하는 세척제도 시판 중
이다.

:: 치목 작업 전 모탕(받침대) 만들기

목재를 선별, 구입했으면 다음은 치목작업에 들어가야
하나 이에 앞서 현장에서 치목작업을 할 것인지 아니면
다른 작업장에서 치목해 현장조립을 할 것인지 결정을
해야 한다.

도심지에 건축하는 현장이라면 치목 과정에서 발생하는
소음(엔진톱 – Chain Saw)으로 인해 민원이 발생할 소
지가 많으므로 제재소나 다른 작업장에서 치목해 현장

조립하는 것이 좋은 방법이다. 도
심지나 동네 한 가운데가 아니면 현장작
업을 하는 것이 좋으나 공간 확보가 가능한지 염두에
두고 결정할 사항이다.

다음은 치목준비 작업으로 설계도면과 모형을 보면서 기
둥, 보, 도리, 인방, 문선, 서까래 등 구조체와 부재의 규
격(길이, 두께, 형태)을 결정한 후 모탕(나무를 올려놓고
치목작업을 할 수 있는 작업대)을 2개 1조로 3~4조 정도 만들어 치목 작업
시 이용한다. 그러나 수입목을 사용할 때는 나무의 직경이 굵고 길이가 길
기 때문에 모탕을 만들어 사용하기 보다는 통나무 자체를 모탕으로 이용하
면 훨씬 편리하다.

통나무를 이용하여 모탕을 만들려면 우선 용도별로 기둥, 보, 도리감을 규
격대로 절단한다. 그 후 인방재로 사용할 목재는 재단하지 말고 긴 목재를
Ⅱ자 모양(약 2.5m 간격)으로 2조를 배열한다.

재단 후 남은 짧은 목재(길이 50~70㎝)는 중앙에 V자 모양으로 파내어 Ⅱ
자 모양으로 배열한 목재의 밑에 3m 간격으로 괸다. 그런 다음 Ⅱ자 모양
으로 배열한 목재상단에 치목할 부재를 전부 올리고 굴려가면서 작업을 한
다. 이는 하중에 의해서 휘는 것을 방지하고 우천 시 목재가 직접 흙과 닿아
썩는 것을 막는다.

:: 치목의 일반 과정

용도에 따라 재단된 부재의 박피 작업을 시작으로 치목 작업에 들어가게 된다. 원형 통나무를 그대로 사용하는 부재는 전체를 박피한 후에 필요한 길이로 자른 다음 작업하면 된다. 그러나 양면치기나 삼면치기 등 평면가공을 해야 하는 부재는 먹줄을 놓을 부위만 박피를 한 후에 면치기를 하면 박피를 하지 않은 부위는 제거되므로 그만큼 작업량을 줄일 수 있다. 이렇게 박피 작업과 면치기 작업을 마친 후에는 대패로 매끄럽게 다듬고 정확한 길이로 절단하여(이상을 마름질이라 함) 다음 공정인 바심질(마름질이 끝난 부재를 다른 부재와 짜 맞추어지는 부분을 깎고 파내는 작업)에 들어간다.

:: 기둥의 치목

기둥감으로 재단해 놓은 나무의 상태를 보아 어디에 사용할 기둥인지를 결정하여 나중에 혼동되지 않도록 기둥마다 번호를 적어 둔다. 그리고 기둥은 원구 방향이 아래로 향하고 말구 방향이 하늘로 향하도록 세워야 한다. 수입목은 그 차이가 적어서 원구와 말구의 구분이 어려울 때가 종종 있는데, 옹이의 모양을 보고 구분할 수 있다. 옹이에 나타난 나이테를 보면 폭이 넓은 쪽이 원구, 즉 뿌리 쪽이고 좁은 쪽이 말구 방향이다.

한옥에서는 궁궐이나 사찰, 사당 등을 제외하고 일반 살림집에는 4각 기둥을 주로 사용하나 통나무집에서는 ㄱ자, ㄷ자, Ⅱ자, 4각 등 위치에 따라서 기둥의 모양이 다르다. 외부로 노출되는 면은 평면가공을 하지 않고 위쪽에만 스카프가공을 하며 벽체가 닿는 부분만 평면으로 가공한다. 그렇기 때문에 집의 모서리에 서는 기둥은 ㄱ자 형태로, 중간에 서는 기둥은 ㄷ자와 Ⅱ자 형태로, 4면에 벽체가 닿는 기둥은 4각으로 가공한다.

:: 기둥 밑면과 윗면에 작도하기

치목을 하기 위해서는 기둥의 밑면과 윗면에 가공하고자 하는 모양대로 작도를 하고 먹선을 놓아야 한다. 먼저 작도법에 대해서 알아본다.

목재를 움직이지 않도록 고정시킨 다음 아래 그림의 A와 B지점(수평으로 가장 넓은 지점)을 수평자를 이용해서 선을 긋는다. 다음은 C와 D지점(수직으로 가장 넓은 지점)을 연결하는 수직선을 긋는다.

단면 중앙에 +자 모양이 그려지게 된다. 가로와 세로가 교차한 이 부분이 기둥의 수직 중심점이 되며 치목 과정 중 작도(치목하기 위해 깎아 내거나 파 낼 위치를 목재 위에 연필로 그리는 작업)할 때 항상 이 지점이 중심점이 된다.

가로와 세로선이 교차한 중심점에서 C 방향으로 120mm(기둥의 가로, 세로 넓이가 각각 240mm로 치목)가 되는 지점에 수평선(E와 F지점)을 긋는다. 다시 중심점에서 D 방향으로 120mm되는 지점에서 수평선(G와 F지점)을 긋는다. 이번에는 중심점에서 A 방향으로 120mm되는 지점에 수직선(I와 J지점)을 긋는다. 다시 중심점에서 B 방향으로 120mm되는 지점에 수직선을 긋는다. 이렇게 하면 기둥의 밑면 마구리 쪽에 정 4각형이 그려져 있을 것이다. 반대쪽 마구리에도 같은 방법으로 작도를 한다. 이상과 같이 모든 기둥으로 사용할 목재에 작도를 해 놓는다. 이 작도법은 기둥뿐만 아니라 보, 도리, 인방 등을 치목할 때도 이용된다.

이와 같이 작도를 마친 목재는 다음과 같은 순서로 먹선을 놓은 후 체인톱을 이용해서 면치기 작업을 한다.

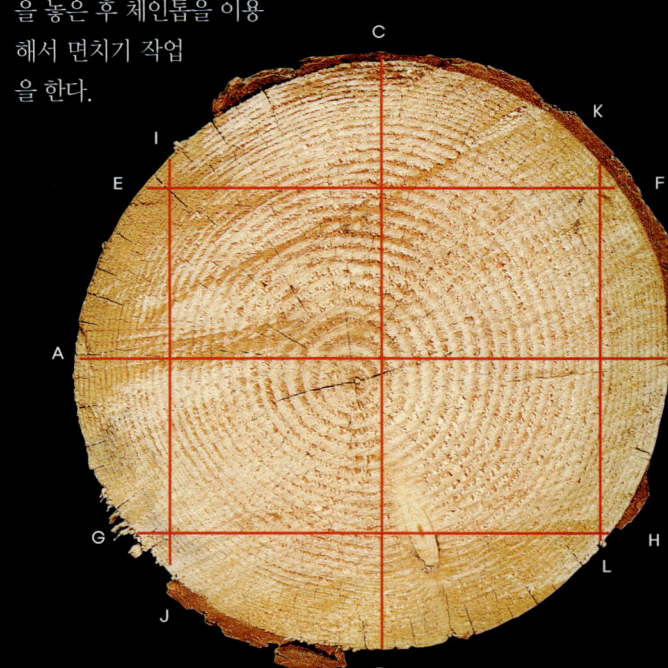

:: ㄱ자 기둥 치목하기(모서리에 서는 기둥)

일반적으로 기둥의 길이는 층고에 따라서 달라지지만 2,700mm~2,900mm가 주로 사용된다.

아직 표피를 제거하지 않은 목재이기 때문에 먼저 K와 반대편(원구 또는 말구)지점을 연결하는 가먹선을 놓는다. 정식 먹선을 놓기 위해 그라인더나 곡면대패 등의 공구를 이용해 먹선을 중심으로 100mm 정도의 폭으로 표피를 제거한다. 다음은 K지점과 반대편 지점에 먹줄이 미끄러지지 않도록 끌로 한번씩 찔러서 홈을 만든 후 먹줄의 끝에 달려 있는 핀을 K의 아래로 대략 100mm되는 지점에 꽂고 먹줄이 K지점의 홈을 지나서 반대편 지점의 홈을 통과하도록 먹줄을 팽팽하게 고정 시킨다. 그 다음 먹줄을 수직으로 당겼다 놓는다. 먹줄을 놓을 때 조금이라도 수직에서 벗어나게 되면 한쪽 방향으로 먹선이 휘게 된다.

다음은 L이 위로 오도록 통나무를 굴려서 L과 K가 수직이 되도록 맞춘다. 같은 방법으로 가먹선을 놓고 표피를 제거한 다음 L과 반대편 지점에 끌로 찔러서 홈을 만든 후 서로 연결하는 먹선을 놓고 L과 K가 대략 수평이 되도록 맞춘다. K와 L을 잇는 선 위로 5mm간격을 두고 체인톱을 이용해서 수평으로 정확히 잘라낸다.

이번에는 E와 F가 수직이 되도록 맞춘 후, 같은 방법으로 E와 F의 반대편 각 지점을 연결하는 먹선을 놓고 수평이 되도록 잘라낸다. 이렇게 해서 ㄱ자 기둥의 두면의 절단이 끝나면 체인톱으로 절단 시 남겨 놓은 5mm의 여분을 곡자를 이용해 수평과 직각을 확인해 가면서 대패로 정확하게 깎아낸다. 이때 다른 한 면은 체인톱으로 절단 시 먹선도 함께 잘려 나갔기 때문에 다시 먹줄을 놓고 대패질을 한다.

:: 스카프(Scarf)가공

이와 같이 두면의 평면가공은 끝났지만 아직 가공되지 않고 원목 형태로 남아있는 부분은 표피와 내피 모두를 제거하고 곡면대패로 매끄럽게 다듬는다. 이 부분의 말구에 스카프(Scarf)가공을 해야 하는데, 이는 부재와 부재가 서로 맞물리거나 조립되는 부분은 평면으로 가공해야 가공과 조립이 쉽고 부재의 규격을 통일할 수 있기 때문에 사용되는 가공 방법 중 하나다.

부재가 서로 맞닿는 부분의 크기에 20mm 정도 더한 크기(여기에서는 240 + 20 = 260)로 평면을 가공하고 나머지 100~150mm는 곡면으로 가공한다. 원구 쪽은 말구와 차이가 심하지 않아 보기 싫지 않다면 스카프가공을 하지 않아도 된다. 오히려 곡면대패를 이용해서 배흘림 형태로 가공하면 훨씬 보기에 좋다.

:: 사괘머리(사통가지)가공

이렇게 스카프가공이 끝나면 기둥뿌리와 머리의 마구리에 그려둔 작도에 따라 평면가공한 면에 +자를 연결하는 먹선을 놓는다. 기둥머리(말구)에 '사괘머리'라 하는 +자형의 긴 홈을 파낸다. 대들보가 끼워질 홈은 체인톱을 이용해 ─자 형태로 파내고, 이 홈에

직각으로 도리가 끼워질 홈은 주먹장으로 파낸다.

홈의 거친 부분은 끌을 이용해서 매끄럽게 다듬는다. 보가 끼워지는 기둥머리의 안쪽(보 방향)에는 기둥머리 끝에서부터 홈의 하단까지 체인톱을 이용해서 평면으로 20mm 두께를 파내고 그라인더로 매끄럽게 갈아낸다. 이는 기둥머리에 보가 조립되면 보의 목만 기둥에 걸치게 되어 구조적으로 약하다. 이 약점을 보완하는 방법으로 보의 몸통 일부분이 20mm를 파낸 기둥의 턱에 같이 걸치게 해 안정성을 높일 수 있다.

:: 장부구멍(홈) 파기

다음은 설계도면을 보고 인방이 설치될 자리를 확인하고 기둥에 인방의 몸통이 들어갈 240×240×20mm의 크기로 작도를 한 후 평면으로 파내고 매끄럽게 다듬는다. 가공된 평면의 중앙에 인방 촉이 끼워질 홈(장부구멍)을 80×160×60mm의 크기로 작도 후 체인톱 또는 끌을 이용해서 파낸다. 체인톱은 세워서 작업을 해야 하기 때문에 초보자에게는 무척 위험한 작업이다. 익숙해지기 전까지는 숙련자가 하는 작업 요령을 잘 관찰해 두고 우선 끌로 작업을 하는 것이 안정적이다.

황토벽돌 등의 흙벽을 설치할 계획이라면 홈대패를 이용해서 기둥의 벽면이 설치되는 면(평면가공한 면)의 중앙에 먹선을 중심으로 폭 50mm, 깊이 30mm의 홈을 파낸다. 이는 목재와 흙이 건조되는 과정에서 서로 접촉되는 부분의 틈이 벌어져 여름에는 실외의 더운 공기가, 겨울에는 찬 공기가 들어오는 것을 방지하기 위함이다. 또한 이 홈은 건조과정에서 기둥이 갈라지는 것을 어느 정도 예방하는 역할도 한다.

:: ㄷ자 기둥 치목하기

ㄱ자 기둥의 치목과 같은 방법으로 한 면을 추가 가공하면 ㄷ자 기둥이 되지만, 가공하지 않는 면은 외부 또는 내부로 노출되어 드러나는 부분이기 때문에 옹이나 상처가 있는 부분을 선택하여 면치기를 해야 한다. 아직 가공되지 않은 부분은 표피와 내피 모두를 제거한 다음 곡면대패로 매끄럽게 다듬는다.

스카프가공과 사괘머리, 장부구멍 파기 등은 ㄱ자 기둥과 같은 방법으로 작업하면 된다.

:: Ⅱ자 기둥 치목하기

위와 같은 방법으로 서로 마주보는 양쪽 면을 평면가공 후 나머지 두면은 표피와 내피 모두를 제거하고 곡면대패로 매끄럽게 다듬는다. 나머지 치목과정 즉 스카프가공, 사괘머리가공, 장부구멍가공 등은 ㄱ자 기둥과 동일한 방법으로 하면 된다.

:: 보(들보)의 치목

보는 칸과 칸 사이의 두 기둥을 건너질러 도리와는 직각으로 즉 ㅏ자, ㄴ자 모양으로 걸치는 부재이다. 마룻대와는 十자 모양을 이루며 지붕을 받치는 역할로 그만큼 튼튼해야 한다. 규모가 작은 집(3량집)이라면 앞뒤 기둥 사이에 하나의 보만 설치하면 되지만 집의 규모가 5량집, 7량집으로 커지면 중보와 종보 등을 설치해야 한다. 이 때 설치되는 위치에 따라서 그 명칭과 길이가 달라지는데 제일 아래에 설치되는 보가 가장 길고 크다. 이 보를 대들보라 하며 이 위에 중보가, 중보 위에 종보가 설치되는 식이다.

보통 보는 보머리, 보목(모가지), 보몸통으로 구성된다. 기둥 위에 조립되어 바깥으로 약 300mm 정도 나온 부분을 '보머리'라 부르고, 기둥 위에서 도리와 조립되는 부분(약 220~240mm)을 '보 목(모가지)', 집 안쪽으로 길게 놓이는 부분을 '보몸통'이라 한다. 보 역시 다른 부재의 치목과 같은 방법으로 먼저 원구와 말구에 十자 모양으로 십반을 그리고 중심먹줄을 친다. 나무의 휜 상태를 파악해 볼록하게 휜 부분이 위로 올라가도록(반듯한 나무라면 옹이가 있는 부분이 위로 향하게) 조립한다는 것을 염두에 두고, 그에 따라서 중심먹을 놓고 치목 작업에 들어가야 한다.

보의 길이는 앞 기둥의 중심에서 뒤 기둥의 중심까지의 거리에 기둥머리의 두께 240mm를 더하고, 여기 또 양쪽

다음은 스카프가공 시 잘려나간 선을 마구리에 그려진 十자 모양의 선과 연결하여 먹선을 친다. 보의 중앙에서부터 3,000mm가 되는 지점에 먹선을 표시해 두고 보 몸통 방향으로는 100mm, 보머리 방향으로는 120mm가 되는 각 지점에 직각으로 사각 멀티박스를 이용하여 사면에 선을 긋는다. 다시 十자 모양의 선과 연결하여 친 먹선을 중심으로 상하면에 직각자를 이용하여 좌우에 60mm되는 간격으로 평행선을 긋는다. 이렇게 해서 보의 목을 가공하기 위한 작도가 완성된다.

체인톱으로 절단할 때는 부푸러기가 일어나지 않도록 끌을 먹선에 대고 망치로 한 번씩 때려 스코어링 작업을 한다. 체인톱을 사용하여 작도한 선까지 절단한 다음, 중간 중간에 톱질을 하고 망치로 쳐서 따 낸다. 다시 체인톱으로 다듬은 후 끌로 마무리한다. 도리의 주먹장 촉이 기둥과 보에 같이 걸리도록 보에도 주먹장 홈을 가공하면 구조적으로 안정적이나 논산 현장에서는 적용하지 않았다. 반대편도 같은 방법으로 가공하고, 보머리는 위쪽 두 모서리를 사선으로 따내어 집 모양의 오각형으로 가공하면 투박하지 않고 보기도 좋다.

다음은 설계도면을 보고 보의 위쪽에 동자주가 꽂힐 위치에 장부홈을 작도한 후 홈파기를 한다. 이 작도법과 홈파기 방법도 앞서 소개한 장부구멍파기와 같은 방법으로 한다. 중보와 종보의 가공도 이와 같은 방법으로 작도 후 가공하면 된다. 이렇게 해서 보(들보)의 치목이 끝나게 된다.

:: 도리의 치목

도리란 서까래를 받치기 위하여 기둥 위에 건너지르는 부재로, 보와는 직각으로 설치된다. 도리도 보와 마찬가지로 설치되는 위치에 따라 주심도리(처마도리), 중도리, 종도리(마루도리) 등의 명칭으로 구분된다. 도리 역시 하중을 많이 받는 부재이기 때문에 나무가 자란 상태를 잘 파악해 사용한다. 구부러진 나무는 볼록하게 휜 부분이 위로 향하도록 하고, 곧은 나무는 옹이가 많은 부분이 위로 향하도록 해야 한다. 상하 구분 후 설치될 위치를 정한 다음 치목작업에 들어간다.

도리의 치목도 다른 부재와 같은 방법으로 원구와 말구의 단면에 十자 모양으로 중심선을 긋고 양쪽 단면의 중심선을 연결하는 먹줄을 친다. 도리는 사각으로 가공 후 윗면은 지붕 각에 맞추어 사선으로 가공하면 서까래를 고정할 때 편리하다.

기둥의 양면치기와 같은 방법으로 아래, 윗면을 평면(두께 240mm)으로 가공한 다음 먹줄을 다시 친다. 부재를 굴려서 양쪽 면을 평면으로 가공하면 정사각의 부재가 된다. 다시 사면에 원구와 말구의 단면에 十자 모양의 선을 연결하는 먹선을 친다. 도리는 집의 양 바깥쪽(모서리)에 설치되는 것과 가운데 칸에 설치되는 도리로 구분하여 치목한다.

먼저 집의 가운데 칸에 설치되는 도리는 양쪽 끝의 촉을 주먹장으로 가공한다. 도리의 길이는 기둥의 사통가지 가공 시 도리의 주먹장 촉이 꽂히는 길

보머리 길이 600mm를 더한다. 즉 집의 평면도상 세로 방향(앞기둥과 뒤기둥 사이) 길이가 6,000mm라면 보의 길이는 6,000mm + 240mm + 600mm = 6,840mm가 된다.

먼저 보의 양쪽 마구리에 이미 그려 놓은 十자 모양의 중심선을 기준으로 가로 세로 240mm×240mm 크기의 사각형을 그린다.

앞서 소개한 양면치기처럼, 잘려 나갈 면이 양쪽 옆을 향해 수직이 되도록 배열한 후 먹선을 친다. 양쪽 마구리에 그려 놓은 사각형을 기준으로 양면을 약 690mm 크기로 스카프가공(540mm 지점까지는 평면가공을 하고 나머지 150mm는 곡면가공)을 한다.

나무를 돌려놓고 다른 양면도 같은 방법으로 먹선을 치고 스카프가공을 한다. 가공작업은 체인톱으로 절단 후 곡면대패를 이용한다.

보(들보)의 치목과정

도리의 주먹장 가공

이를 60mm로 가공하였기 때문에 양옆 기둥과 기둥의 중심선까지 길이에서 120mm를 뺀 길이가 도리의 길이가 된다. 이때도 들보에 주먹장 홈을 가공하여 도리의 주먹장 촉이 기둥과 들보에 같이 조립되도록 했다면 도리의 주먹장 촉이 그 만큼 길게 가공되어야 한다.

도리 부재의 길이가 정확하게 재단되었는지 확인하고 조립되었을 때와 같이 상하로 배열한다. 원구와 말구의 절단면(마구리)에 그려진 중심선을 기준으로 가로 120mm, 세로 240mm가 되도록 먹선을 그린다. 양쪽 끝에 60mm를 남기고 부재의 둘레에 중심선에 직각이 되는 먹선을 그린다.

부재의 아래, 윗면 중심선(길이방향)에서 양쪽 둘레방향으로 각각 40mm가 되는 지점에 연필로 표시를 하고 원구와 말구의 단면에 그려진 사각형의 같은 방향 모서리(꼭지점)를 연결하는 선을 긋는다. 부재를 180° 굴려서 같은 방법으로 작도를 마친다. 그런 다음 체인톱으로 작도한 주먹장의 먹선을 남기고 따낸다.

집의 바깥쪽에 설치되는 도리의 가공에 대해서 알아본다. 전통한옥이 아니면 대부분 맞배지붕으로 집을 짓기 때문에 바깥쪽에 설치되는 도리는 기둥 밖으로 900mm 정도 돌출(출목)되게 한다. 그래야 우천 시 벽을 보호할 수 있다. 모서리 기둥에서 옆 기둥의 중심선까지의 거리가 6,000mm라면 도리의 길이는 6,840mm가 된다.

안쪽 기둥에 조립되는 부분은 앞에서와 같은 규격의 주먹장으로 가공하면 된다. 바깥쪽에 조립되는 부분은 우선 길이가 5,820mm 되는 지점과 이 지점에서 240mm 되는 지점(6,080mm 되는 지점)에 각각 표시를 하고 중심선에 직각이 되는 먹선을 둘레 방향으로 그려 4면을 연결한다.

아랫면과 윗면의 길이방향 중심선을 기준으로 좌우에 각각 60mm 되는 지점에 평행선을 그린다. 절단할 때는 부푸러기가 일어나지 않도록 먹선에다 끌을 대고 망치로 한 번씩 때려서 스코어링 작업을 한 다음, 보의 목을 가공할 때와 같은 방법으로 체인톱을 이용하여 중심부 120mm를 남기고 좌우를 따낸다. 모서리 기둥 위에서는 보와 도리가 직각으로 엎을장과 받을장으로 조립되기 때문에 조립되는 부분을 절반씩 따 내어 반턱맞춤으로 가공해야 한

다. 이 때 보의 윗부분을 따 내었다면 도리는 반대로 아랫부분을 따 내어야 한다는 것을 명심해야 한다. 중도리, 종도리의 치목도 같은 방법으로 하면 된다.

인방의 작도법

인방의 장부촉

:: 인방의 치목

인방이란 기둥과 기둥 사이, 또는 문이나 창의 아래나 위로 가로지르는 부재로 상인방과 중인방, 하인방으로 구분한다. 창 또는 문을 낼 것인지 아니면 벽을 설치할 것인지에 따라 인방의 수와 위치가 달라진다. 그 칸에 창이나 문을 설치하든 아니면 벽을 설치하든 상관없이 하인방을 설치하는 것이 일반적이나 논산현장에서는 도리가 상인방을 겸하였고 결국 중인방 하나만 설치하였다. 그만큼 부재를 줄이기 위해서였다.

하인방은 하인방끼리, 중인방은 중인방끼리, 상인방은 상인방끼리 같은 높이로 설치해야 외관상 가지런하고 통일감 있어 보기도 좋다. 인방은 기둥, 보, 도리 등 골격을 조립할 때 같이 하든가 아니면 조립 후 수장들일 때 조립하느냐에 따라서 기둥에 꽂히는 양쪽 끝의 장부촉의 길이와 형태가 달라진다. 물론 이런 사항들은 미리 설계에 반영되어 있어야 치목할 때 혼동을 줄일 수 있고, 기둥을 치목할 때 인방이 꽂힐 장부홈도 이에 따라서 가공할 수 있다. 보통은 수장들일 때 인방을 조립하

나 이렇게 하기 위해서는 쌍장부로 가공해야 한다.

장부촉의 길이도 한쪽은 길게 만들고 기둥에 홈을 팔 때도 하나는 깊게 파서 길게 만든 장부촉을 밀어 넣으면 반대쪽 홈에 여유가 생겨 쉽게 인방을 조립할 수 있다. 길게 만든 쌍장부의 반대 방향으로 인방을 밀면 긴 쪽의 쌍장부 촉과 촉 사이에 구멍이 생기게 되는데 여기에 쐐기를 밖아 넣으면 인방은 완전하게 고정이 된다. 이렇게 쌍장부로 가공하면 나무의 뒤틀림도 어느 정도는 예방할 수 있어 안정적이나 공정이 길어져 논산현장에서는 중앙에 하나의 장부촉을 만들고 20mm가 통으로 걸리게 가공하였다. 인방의 치목순서 역시 원구와 말구의 단면에 중심을 잡아 十자로 중심선을 그리고 서로 연결하는 먹줄을 친다.

ㄷ자(삼면치기) 기둥을 가공할 때처럼 삼면을 평면으로 가공하고 원목 형태로 남아있는 양쪽 끝을 240mm의 사각이 되도록 스카프가공을 한다. 기둥(중심선)과 기둥 사이가 5,000mm이고 기둥을 치목할 때 인방이 꽂힐 장부홈의 깊이를 60mm로 가공했다면 인방의 길이는 4,820mm가 된다.

인방부재의 길이를 정확하게 4,820mm가 되도록 재단을 한 다음 원구와 말구의 十자를 연결하는 먹줄을 다시 친다. 양쪽 끝 60mm되는 지점에 둘레 방향으로 길이 방향의 먹선에 직각이 되도록 직각자를 이용해 사면에 선을 긋는다. 부재의 양쪽 끝 사면에도 十자 형태로 선이 그려져 있을 것이다.

평면가공을 하지 않은 면이 옆으로 가도록 부재를 배열한다. 아래 윗면에 十자를 기준으로 둘레방향 양쪽 40mm 되는 지점에 연필로 표시를 한다. 다음은 원구와 말구의 단면에 그려진 十자의 상하 중심선을 기준으로 직각자를 이용해서 좌우 40mm가 되는 각 지점에 좌우 중심선에 직각이 되도록 선을 긋는다. 원구와 말구에 그려진 선과 아래 윗면에 표시해 두었던 지점을 연결하는 선을 긋는다. 체인톱으로 작도한 선을 따라서 자르고 따낸 다음 끌로 매끄럽게 마무리한다.

:: 서까래 치목하기

서까래란 마룻대에서 도리에 걸쳐지는 부재로 위에 산자를 얹거나 개판을 얹는다. 서까래의 치목은 먼저 껍질을 벗기는 일부터 시작한다. 껍질 부분에 벌레가 기생하여 나무에 상처를 내거나 곰팡이가 피면 보기 싫기 때문이다. 서까래의 굵기는 말구 기준으로 150mm 전후의 목재가 가장 많이 사용되며 집의 규모에 따라서 굵기는 조정하는 것이 바람직하다.

집의 규모가 커지면 굵은 서까래를, 규모가 작아지면 보다 가는 서까래를 사용하는 것이 보기에 좋다. 규모에 비해 굵으면 무겁고 투박해 보이고, 가늘면 약해 보인다.

서까래용 목재는 굵기가 서로 비슷한 나무로 구입해야 작업이 용이하다. 말구와 원구에 수직, 수평 중심먹을 친 다음 소요지름의 크기로 원형본판(목재를 일정한 굵기의 원형으로 가공할 때 사용하며 비닐장판이나 고무판으로 미리 크기 별로 만들어 두고 사용하면 편리하다)으로 원을 그리고 곡면대패나 홈대패로 깎아 낸다. 끝은 조금 가늘게 깎는다.

한옥에서는 처마의 곡선을 살리기 위해 굽은 서까래를 이용하며 네 모서리의 도리 위에 갈모산방을 설치하고 그 위에 선자서까래를 설치한다. 논산현장은 맞배지붕이나 건축주의 요구로 갈모산방을 설치하였다.

:: 동자기둥과 대공의 치목

동자기둥은 들보 위에 다시 들보를 설치하기 위해 세우는 500~1,000mm 안팎의 짧은 기둥을 말하며 치목 과정은 기둥과 거의 동일하다. 다만 짧은 부재의 상하에 스카프를 가공하게 되면 외형상 모양이 보기 싫을 수 있으므로 사각으로 가공하여 사용한다.

동자주와 대공의 길이는 지붕의 경사도(물매)에 따라 달라진다. 기둥의 치목과 같은 방법으로 원구와 말구의 마구리에 그려둔 작도에 따라 사면에 +자를 연결하는 먹선을 놓는다. 말구는 사괘머리를 가공하는데 중보가 조립되는 곳은 一자로, 중도리가 조립되는 곳은 주먹장으로 가공한다.

기둥을 들보 위에 꽂아야 하므로 안정되게 설치하기 위해서 원구에는 80×240×60mm 규격의 장부촉을 가공한다. 장부촉의 방향은 사괘머리의 중보가 조립되는 一자 홈과 같은 방향으로 가공해야 한다. 단, 출목도리가 조립되는 양쪽가의 동자기둥의 사괘머리는 주먹장이 아닌 十자로 가공한다.

대공은 중보 위에 설치하는 부재로 종도리를 받쳐주는 역할을 한다. 동자기둥과 동일하게 가공하여 사용하나 한옥에서는 판대공이라 하여 몇 개의 판재를 덧붙여 만들어 사용한다.

이상으로 가구부재의 치목이 끝나면 바로 조립에 들어간다. 치목이 끝난 부재를 장기간 방치하게 되면 목재가 뒤틀리거나 변형이 생겨 조립할 때 무척 고생하게 된다. 보통 치목작업이 끝나갈 무렵 기초공사를 병행하게 된다.

:: 집의 기초 공사

≫ 집의 위치 정하기와 규준틀 설치하기

집을 앉힐 정확한 지점을 정하기 전에 경계(도로)에서 얼마나 후퇴해야 하는지 관할 관청의 건축부서에 정확히 알아보아야 한다. 땅을 파기 전에 공사로 인해서 지하에 묻힌 시설물이 손상되지 않는지 그 지역의 전기, 수도, 가스, 전화 등 관련 공사나 회사에도 확인절차를 거친다. 자칫 부주의로 인해 매설된 시설물을 훼손하면 엄청난 대가를 치르게 되며 인명 피해가 생길 수도 있기 때문이다.

대지 모퉁이의 정확한 위치를 기준 삼아서 집의 경계를 표시한다. 집 위치의 모서리마다 정확하게 작은 말뚝을 박고 그 위에 못을 박아서 기초 벽체의 바깥선을 표시한다. 흙을 파내면 이 말뚝은 없어지게 되므로 확정된 모서리들에서 기초 벽체선을 연장한 선 위에 말뚝을 박고 그 위에 못을 박아서 표시를 한다.

앞서 미리 정해 놓은 기초 벽체의 위치를 이용하여

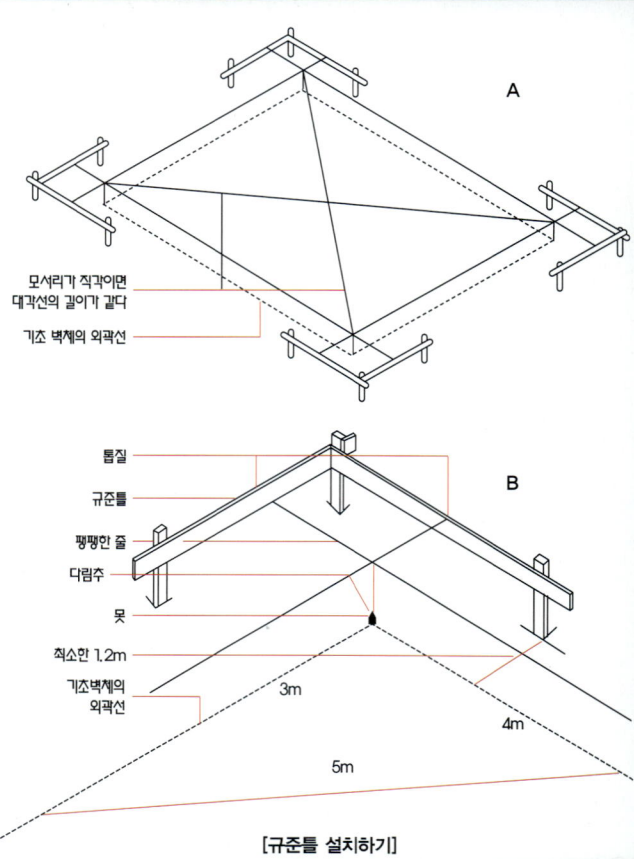

A

모서리가 직각이면 대각선의 길이가 같다

기초 벽체의 외곽선

톱질
규준틀
팽팽한 줄
다림추
못
최소한 1.2m
기초벽체의 외곽선

B

3m

4m

5m

[규준틀 설치하기]

터파기의 가장자리 선 밖으로 최소한 1,200mm의 간격을 두고, 각 모서리마다 적당한 길이의 말뚝을 세 개씩 박는다. 그런 다음 긴 판자에 못을 박아 같은 높이의 수평으로 고정시킨다. 이것이 바로 규준틀이다. 즉 건물이 들어설 위치와 높이를 정확하게 표시하기 위해 세우는 틀을 규준틀이라 한다.

질긴 실을 두 모퉁이에 있는 반대편 판자 위에 연결하고 기초벽체의 바깥 끝선에 맞도록 조정한다. 선이 맞닿은 판자 위에 6~8mm 깊이의 톱집을 넣거나 못을 박는다.

이와 같이 톱집을 넣어서 모든 규준틀에 실을 띄워 줄치기를 하면 집의 가장자리 벽체의 바깥선이 된다. 집의 모서리를 직각으로 만들려면 대각선 길이를 같게 조정하거나 피타고라스 정리에 의해 직각을 잡는다.

》 터파기, 거푸집 설치, 철근 배근, 레미콘 타설하기

규준틀을 설치한 후 실을 띄워 줄치기를 하고 터파기를 한다. 1,200~1,500mm 정도의 폭으로 지표면 위에서 800~1,000mm 깊이로 파낸다. 건물의 중앙부분이 내려앉지 않도록 칸막이벽 위치에도 옹벽을 세운다. 200mm 정도 잡석다짐을 한 후, 버림콘크리트를 치고 철근 배근을 위해서 철근토막을 꽂는다.

하루나 이틀 정도 콘크리트를 양생시키고 설계도면에 따라 정확하게 먹선을 친 후, 거푸집 설치 및 철근배근을 한다. 기초 옹벽은 지표면으로부터 600mm 이상 묻고, 지상으로는 300~600mm 정도 노출시킨다. 철근은 보통 13mm를 사용하고 16mm 철근으로 보강한다. 옹벽의 두께는 보통 200mm 내외로 하고 레미콘은 버림 콘크리트일 경우 180-12, 옹벽과 매트 콘크리트는 210-12 정도의 강도를 사용한다.

콘크리트 타설 후 그 다음날 거

푸집을 철거하고 약 4~5일 정도 양생을 시키고 되메우기 작업을 한다. 되메우기 한 흙을 다지고 잡석다짐을 한 후 비닐막을 치고 바닥면 철근배근과 콘크리트를 타설한다.

줄기초옹벽에서 빼놓은 철근과 바닥철근을 중간 중간 잡아 매주어야 한다. 바닥의 철근배근은 13mm 철근으로 200mm 간격이 되도록 이중으로 배근한다. 레미콘 타설 두께는 200mm 정도로 한다.

누수발생 시 건물 밖으로 잘 배출되도록 가운데를 약간 두껍게 타설하는 것이 좋다. 화장실 등 물을 쓰는 공간은 칸막이로 막아 콘크리트 타설을 하지 않고 오수 하수배관 후 별도로 방수 미장해야 누수와 습기를 차단할 수 있다. 아울러 구들방을 만들고자 할 때는 줄기초옹벽 시공 시 아궁이와 굴뚝의 위치를 정하여 구멍을 만들어 놓아야 하며 되메우기와 바닥 콘크리트 타설은 하지 않는다.

》 초석 놓기

기둥 & 보 방식 통나무집에서는 씰로그(Sill log)가 초석 역할을 하지만 한옥에서는 반드시 초석을 놓아야 한다.

초석의 윗면은 눈에 띄지 않을 정도로 약간 볼록하게 가공하는 것이 좋다. 혹시라도 초석 윗면에 물이 고이는 것을 막기 위해서다. 먼저 초석 윗면에 중심을 잡아 十자로 중심먹줄을 놓는다. 옆면에도 연장선을 그린다. 그런 다음 기초 바닥 외벽의 중심에 먹줄을 치고 내벽의 중심에도 모두 먹줄을 친다. 기둥이 들어설 위치를 기초 바닥에 표시한다. 초석을 놓기 위해서다. 초석을 들어 옮겨서 바닥에 그려진 선과 초석의 옆면에

그려진 선을 맞춘다. 초석의 무게가 무겁기 때문에 밀고 당겨서 선을 맞추기는 대단히 어렵다. 이때는 큰 나무망치로 때려서 선을 맞추면 쉽게 할 수 있다

TIP | 기초공사 시 병행 처리하여야 할 공정들

전기 인입 및 콘센트 바닥 배선 기초공사 시 전기계량기 설치함과 배전판 설치 위치에 따라 전기배선을 사전에 설치해야 한다. 심야전기보일러 설치 시 보일러실 바닥 콘크리트 타설 전에 배선을 해야 하고 지중 배선라인으로 인입선도 뽑아 둔다. 콘센트 및 통신, 유선 등 필요한 배선을 바닥 철근배근 시 미리 결속하여 벽체가 들어설 위치까지 빼 놓으면 번거로움을 줄일 수 있다.

수도 인입 및 배관공사 화장실이나 다용도실에 외부에서 수도관이 인입될 수 있는 배관을 해 둔다. 오수 배수관의 위치는 벽체를 쌓고 나면 차이가 발생할 수 있기 때문에 근접한 부분에 배관작업만 하도록 한다.
방바닥 보다 200mm 정도 낮추어 공간을 구분해 두면 자유롭게 배관을 변경할 수 있다. 이 때, 정화조 옹벽공사를 병행하면 두 번 작업을 피할 수 있다.

:: 집의 조립

기초 공사와 초석(주춧돌) 놓기, 치목 작업이 끝나면 집의 조립에 들어간다. 초석 위에 기둥을 올려 세우는 작업이 시작이다. 여기에서 진행되는 모든 작업은 지붕은 맞배지붕이며 좌우에 도리가 출목되는 관계로 들보는 받을장, 도리는 엎을장으로 조립한다는 가정 하에 진행된다.

》 기둥 세우기

기둥은 치목하면서 정해둔 위치에 나무의 방향을 보아 가며 세운다. 위치가 바뀌지 않도록 치목 시 정해둔 기둥 번호를 확인하면서 진행한다. 기둥은 초석 위에 수직으로 세워야 하는데 이때 사용되는 공구가 정추(다림추)다.

먼저 초석과 기둥에 十자로 그어 놓은 중심선을 정확하게 일치시켜 기둥을 세우고 긴 각재 2개를 기둥의 윗부분 벽체가 닿는 곳에 서로 직각이 되도록 못으로 고정시킨다. 두개의 정추세트를 기둥의 윗부분 서로 직각이 되는 면의 수직중심선에 각각 고정시킨 다음 추를 잡아 당겨 길게 늘어뜨린다. 기둥의 밑 부분은 움직이지 않도록 고정하고 윗부분만 전후,

좌우로 움직여 기둥의 수직 중심선과 추를 매단 실과 일치하게 한 후, 기둥 밑면에 나무쐐기를 박아 고정시킨다.

수직으로 기둥을 세운 다음 '그렝이'라는 도구를 이용하여 초석과 기둥이 맞붙게 되는 면을 일치시키는 작업을 한다. 즉 초석의 윗면 생김새대로 기둥의 하단 부분에 그리는 작업을 한옥에서는 '그렝이질'이라 한다. 통나무건축에서는 '스크라이버(Scriber)'라는 도구로 '스크라이빙(Scribing)'한다고 한다.

그렝이질이 끝나면 기둥을 눕혀서 하단 부분에 그려진 먹선을 따라 정확하게 잘라 낸다. 그리고 초석과 맞닿은 기둥의 밑면에 오목한 홈을 파내는 작업을 한다. 밑면의 네 변에 약 30~40mm 정도를 남기고 5~10mm 깊이로 홈을 파는데, 이는 기둥이 초석 위에서 미끄러지는 것을 방지하고 그 속에 소금과 숯가루를 넣어 기둥 하단의 부식과 해충 피해를 방지하기 위함이다. 이렇게 해서 굽 만들기까지 끝나면 다시 초석의 중심선과 기둥의 수직 중심선을 맞추어 기둥을 세우면 끝나게 된다.

기둥 세우기가 끝나면 한옥에서는 창방, 익공과 주두, 대들보, 장여와 도리 등의 순서로 조립하고 지붕을 다 올린 다음 수장 드릴 때 인방을 조립하지만 기둥 보 방식 통나무집에서는 인방(하인방, 중인방, 상인방)과 도리, 보 순서로 조립한다. 창방과 장여, 익공과 주두 등의 부재가 생략되기 때문이다.

》 인방, 도리, 들보(대들보)의 조립

인방은 기둥 사이, 문이나 창의 아래나 위에 가로(수평)로 짜여지는 부재다. 창이나 문의 개수에 따라 인방의 개수와 위치도 달라진다. 벽만 있는 면에는

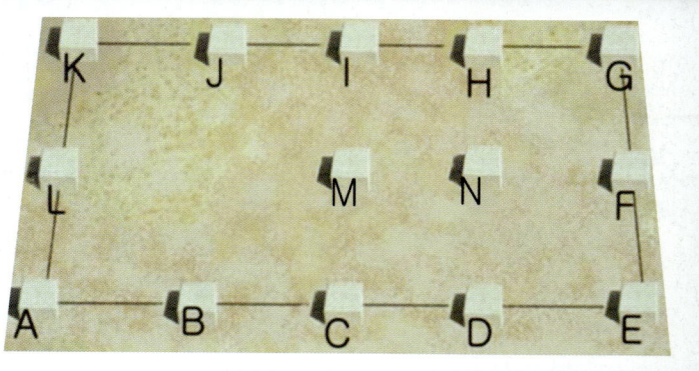

상, 중, 하 세 개의 인방을 설치하기도 하나 보통은 두 개의 인방을 설치한다. 도리가 상인방 역할을 하기 때문이다. 가장 기준이 되는 것은 하인방이며 벽면과 문이나 창에 반드시 설치하는 것이 좋다.

편의상 집의 좌측부터 조립해 나가는 것으로 가정하고 조립에 대해서 설명한다. 집의 좌측 앞 귀기둥A와 뒤 귀기둥K에 연결되는 인방과 도리, 들보를 조립하고 다음 칸의 조립에 들어간다. 중간에 샛기둥L이 있다면 앞의 귀기둥A과 샛기둥L을 연결하는 하인방, 중인방, 상인방의 순서로 조립한 후 샛기둥L과 뒤의 귀기둥K를 연결하는 인방을 조립한다. 인방을 조립할 때 문이나 창이 설치되는 곳에는 문선을 설치해야 한다. 그렇지 않으면 나중에 문선을 못으로만 고정할 수밖에 없는 결과를 초래한다.

다음은 기둥A와 기둥L, 그리고 기둥K를 연결하는 들보를 올려 조립한 후 기둥A와 바로 우측 기둥B를 연결하는 인방을 조립하고 좌측으로 출목한 도리를 올려 짜 맞춘다. 이 때 주의할 점은 도리가 출목되기 때문에 기둥A 위에서는 들보와 도리가 받을장 엎을장으로 조립되고 기둥B 위에서는 주먹장으로 조립된다는 점이다. 따라서 치목할 때 어떻게 가공하였는가에 따라 들보와 도리의 조립 순서가 바뀌어야 한다. 즉 받을장으로 가공된 부재를 먼저 조립해야 하는 것이다.

다음은 기둥K와 바로 우측 기둥J를 연결하는 인방을 조립하고 역시 좌측으로 출목한 도리를 올려 짜 맞춘다. 기둥J, 기둥B를 연결하는 인방은 생략(거실이기 때문)하고 들보를 올려 짜 맞춘다. 이어서 기둥B와 기둥C, 기둥J와 기둥I를 연결하는 인방과 도리를 각각 조립하고 기둥C와 기둥M, 기둥I를 연결하는 인방을 설치 후 이 세 기둥 위에 들보를 얹어 짜 맞춘다. 이와 같은 방법으로 나머지 인방과 도리, 들보를 조립하면 된다.

동자주와 중보, 중도리, 대공. 종도리(마룻대)의 조립
앞서 치목 시 동자주는 들보 위에 들보, 즉 중보를 올리기 위한 부재라고 설명했다. 들보 치목 시 스카프(Scarf) 가공 후, 파 놓은 장부구멍에 동자주를 꽂아 조립한다. 모든 부재에 부여된 번호에 따라 제 위치에 조립해야 함을 명심한다. 양쪽 끝의 동자주

에는 중보와 출목도리가 받을장 엎을장으로 조립된다. 이렇게 동자주를 전부 끼워 맞춘 후 들보와 도리의 조립과 같은 방법으로, 좌측부터 중보를 조립하고 중도리를 조립하는 순서로 진행하면 된다.

대공은 중보 위에 종도리(마루도리, 마룻대)를 올리기 위해 설치하는 부재로 중보에 파놓은 장부구멍에 대공을 꽂아 조립한 다음 종도리를 올려 조립한다. 이 때 치러지는 의식이 상량식이다. 종도리는 집의 가장 높은 부위에 조립되기 때문에 보통 서까래를 먼저 걸고 이를 발판으로 삼아 종도리를 올리면 안전하기도 하고 일의 진행이 빠르다.

:: 지붕 얹기

》》 서까래와 평고대 설치하기
한옥은 모임지붕(우진각지붕)과 합각지붕(팔작지붕)일 경우 추녀를 올리고 평고대를 설치한 후 갈모산방을 고정한 다음 서까래를 건다. 처마의 곡선을 살릴 수 있기 때문이다. 반면 박공지붕(맞배지붕)에는 추녀가 없으며 갈모산방은 설치하지 않는 것이 일반적이다.

통나무집의 지붕 형태는 대부분 박공지붕이다. 그리고 서까래도 경량목

조주택에서 사용하는 각재(2×8, 2×10)를 이용한다. 그러나 이 현장에서는 원형 서까래를 사용하여 지붕틀을 짜맞추었다.

박공지붕의 작업 순서는 먼저 양쪽 지붕 양끝 박공널이 설치될 자리와 처마부분 중간 중간에 튀어 나온 보머리 좌우에 약 300~400mm 간격으로 서까래를 건다. 양쪽 박공널이 들어갈 자리에 설치된 서까래 위를 연결하는 평고대를 설치한다. 한 부재의 평고대로는 긴 처마에 걸칠 수가 없다. 평고대는 가능한 긴 부재를 사용하는 것이 좋지만, 길이의 한계가 있으므로 몇 개의 부재를 이어서 사용한다. 평고대의 중간에 이은 부분이 꺾이지 않도록 세심한 주의가 필요하다.

이렇게 평고대의 설치가 끝나면 본격적인 서까래 걸기가 시작된다. 서까래를 걸 공간의 길이를 300~400mm로 나누면 서까래의 숫자가 나오는데 정수로 딱 떨어지지는 않을 것이다. 이 숫자를 반올림하여 공간의 길이를 나누면 서까래 간격이 되며, 이 간격대로 서까래를 걸면 된다. 평고대와 서까래는 못을 박아 고정하는데, 집짓기 과정 중 처음으로 못을 이용하여 결구하는 것이다. 삼량집에서는 종도리에서 처마까지 한 개의 서까래로 걸쳐지지만 오량집 이상에서는 두 개씩 건다.

》 박공널, 개판, 모끼연 설치하기

박공널은 박공지붕(맞배지붕)의 측면에 人자 형으로 맞붙인 두껍고 긴 널판을 말한다. 처마도리, 중도리, 마룻대 등에 못을 경사지게 박아 고정하고, 평고대는 장부구멍을 파서 끼우기도 한다. 도리(종도리, 중도리, 처마도리)의 양쪽 끝에 걸리는 서까래의 한 면을 평면으로 가공하고 그 면이 양쪽 끝을 향하도록 고정시킨다. 여기 박공널을 종도리, 중도리, 처마도리의 일부분과 서까래의 평면에 같이 고정하면 안정적이다.

서까래와 서까래 사이를 덮는 널판은 개판이라 한다. 서까래 간격에 폭을 맞춘 긴 널판을 서까래의 길이 방향으로 덮는다. 개판은 못을 박아 서까래에 고정하는데, 한쪽만 못을 박고 반대쪽은 졸대를 대고 개판과 개판 사이의 틈에 못을 박아 서까래에 고정하며, 졸대를 옆의 개판과 같이 살짝 눌러주는 정도로 못을 박는다. 개판의 양쪽에 못을 박지 않고 이러한 방법으로 못을 박는 것은 개판이 휘면서 쪼개질 염려가 있기 때문이며, 개판이 변형될 수 있는 여유 공간을 미리 확보해 주는 것이다.

모끼연은 박공널이 비에 젖는 것을 어느 정도 예방하고자 박공널의 직각 방향으로 덧대는 짧은 서까래라 할 수 있다. 박공널의 윗부분을 300~400mm 내의 적당한 간격으로 모끼연의 크기만큼 따 내고 모끼연을 끼운 뒤 박공널과 옆의 서까래에 못을 박아 고정한다. 모끼연 위에는 박공의 길이 방향(모끼연의 직각 방향)으로 긴 개판을 덮는다.

》 연함설치와 지붕재 올리기

지붕의 단열을 고려한다면 덧지붕을 권장한다. 개판을 덮은 지붕 위에 다시 100×100mm 크기의 각형 덧서까래를 올리고 서까래와 서까래 사이에 단열재를 채운다. 그런 다음, 합판이나 긴 판재로 다시 개판을 덮는다.

이렇게 해서 지붕틀 짜기가 끝나면 지붕재를 올릴 준비작업을 해야 한다. 지붕 전체에 방수시트를 깔고 연함을 설치한다. 바닥이 평평한 양식기와나 평기와에는 필요가 없지만 한식기와를 올리려면 평고대 위에 반드시 연함을 설치해야 한다.

바닥이 곡선인 기와를 평고대 위에 그대로 올리게 되면 틈새가 벌어져 보기도 싫고 새나 쥐가 드나들어 문제가 생길 수 있다. 연함은 기와의 곡선에 맞추어 깎아야 되기 때문에 곡면대패나 직소(Zig saw)를 이용해 가공하여 못으로 평고대에 고정한다.

다음 흙과 모래, 생석회를 골고루 섞어 120~150mm 두께로 올리고 지붕 전체에 고르게 펼친 후 기와를 올린다. 지붕재가 한식기와가 아니라면 덧서까래 위에 개판을 덮은 후 방수시트를 깔고 아스팔트쉬글이나 기타 지붕재를 올리면 되며 흙 올리는 일은 생략할 수 있다.

》 기와 잇기

생석회와 흙, 모래를 섞어 지붕 바닥에 고르게 깔고 기와를 올릴 때도 흙으로 기와 바닥을 충분히 채워 주어야 한다. 기와는 처마 끝 연함 위에서부터 용마루 쪽을 향해 이어 나간다. 먼저 연함에 암키와 한 장을 깐다. 기와 끝은 연함으로부터 70~100mm 정도 나오도록 하고 그 위에 암막새를 올려놓으면서 차례로 기와를 이어 나간다. 암키와를 전부 올린 후 수키와를 올린다. 수키와도 암키와와 같은 방법으로 처마 끝부터 이어 나간다. 먼저 수막새를 잇고 아래쪽에서 위로 올라가면서 수키와를 이어 나간다. 수키와를 이을 때도 그 아래를 흙으로 채워야 한다. 수키와 잇기가 끝나면 내림마루와 용마루를 잇는다. 기와 잇기는 일반인들이 하기에는 까다로운 작업이므로 전문 와공에게 의뢰하는 것이 좋다.

:: 벽체 만들기

지붕공사가 끝나면 벽체 만들기 작업에 들어간다. 위아래 인방에 400~500mm 간격으로 중깃을 세우고 대나무를 쪼개서 외를 엮은 후 흙을 개서 바르는 방법(흙벽치기), 경량 목조주택처럼 규격화된 목재(2×6)를 이용하여 벽체를 구성하고 단열재와 방습지를 부착하고 합판을 치는 방법, 황토벽돌을 쌓아서 벽체를 구성하는 방법 등 다양하다. 이 현장에서는 기초 바닥으로부터 300mm 정도 시멘트벽돌을 쌓고 황토벽돌을 조적했다. 외벽을 황토벽돌로 조적할 때는 방수에 특별히 신경을 써야 한다. 방수처리가 미흡하면 장마철 실내의 벽체 하단에 곰팡이가 필 수 있다. 그리고 외벽은 가능하다면 황토벽돌을 이중으로 조적하는 것이 좋다. 상대적으로 벽체가 얇으면 겨울에 춥기 때문이다.

사람의 취향은 다 다르지만 황토벽돌을 쌓은 후 내외벽 전체를 황토로 미장할 것을 권장한다. 이때 미장에 사용할 황토는 가는 모래와 배합하여 물에 개어 1~2일 숙성시킨 다음 사용한다. 흙의 배합은 필요한 양을 한번에 배합해서 사용해야 색이 일정하게 나온다.

:: 창문과 문 설치하기

창문과 문을 잘 선택하고 올바르게 설치하는 것은 주택 건축에서 중요한 부분이다. 창문과 문의 선택에 따라 채광, 조망, 자연환기, 탈출구 기능이 달라진다. 품질이 낮은 창문과 문은 에너지와 수리 비용이 많이 들며, 좋은 품질의 제품도 설치를 잘못하면 하자가 발생하기는 매한가지다.

주택의 열손실은 창문과 문에서 많이 발생하므로 에너지 효율이 높은 제품을 선택한다. 특히 외부문은 사람이 편하게 드나들 수 있고 집기비품을 쉽게 들여 놓거나 밖으로 내놓을 수 있어야 한다.

일반적으로 외부문은 목재, 철재, 플라스틱 혹은 유리섬유로 제작한다. 목재문은 일반적으로 통목을 사용하며, 그 밖의 문은 내부와 외부에 구조 패널을 붙이고 그 사이에 단열재를 채운다. 이와 같은 현대식 문은 대체적으로 에너지 효율이 높다. 현관문은 여닫기를 수도 없이 하게 된다. 그러므로 그 만큼 각 부품의 기능이나 내구성이 우수한 제품을 선택해야 하며 제작회사의 시공지침에 따라 올바르게 설치해야 한다.

창문은 수평과 수직이 되도록 쐐기를 박아서 개구부 안에 바르게 설치한다. 개구부와 창문틀 사이의 틈은 폴리우레탄폼(Polyurethane foam)을 채워서 단열과 밀폐를 동시에 해결한다.

:: 난방 바닥 만들기

먼저 바닥면의 높이를 결정해야 한다. 보통 하인방의 윗면보다 약 50mm 내린 높이를 바닥면의 높이로 정한다. 바닥 온돌 설치공사의 시공순서는 다음과 같이 한다.

①비닐 → ②단열재 → ③은박지 → ④콩자갈 → ⑤와이어 매쉬 → ⑥X-L 파이프 배관 → ⑦모래 또는 콩자갈 → ⑧황토미장

이 때 콩자갈은 바닥 난방의 축열을 위하여 필요한 공정인데 25mm 이하의 자갈을 사용하며 X-L 파이프 배관 아래와 위에 덮어 시공한다. 먼저 바닥에 비닐을 깐 다음 50~100mm 두께의 스티로폼을 깔고 은박매트를 그 위에 설치한다. 이때 콩자갈을 먼저 깔면 X-L파이프를 시공할 때 힘이 든다. 은박지 위에 와이어 매쉬를 깔고 X-L파이프를 설치한 후에, 자갈을 부으면서 전체적으로 와이어 매쉬를 살짝 살짝 들어 준다. 이렇게 해서 X-L파이프 밑으로 자갈이 50mm 정도 깔리게 하고, 마지막으로 X-L파이프 제일 윗면에서 약 5mm 정도 밑으로 깔리도록 자갈을 채운다.

그런 다음에 자갈과 X-L파이프 위에 30mm 가량 모래를 덮고 물을 많다 싶을 정도로 충분히 뿌린 다음 발로 꼭꼭 밟아 준다. 이번에는 미장용 황토모르타르를 40mm 이상 덮어 미장을 마무리한다. 바닥을 건조시킬 때는 자연적으로 건조시키는 것이 제일 좋은 방법이지만, 만약 공기에 쫓겨서 빨리 말리고 싶다면 선풍기를 틀어놓고 말리되, 수시로 물을 조금씩 뿌려 주면서 말리면 바닥 면이 갈라지는 것을 어느 정도 예방할 수 있다. 이 과정에서 부재의 두께는 바닥면의 높이를 꼼꼼하게 살펴보며 조정한다.

완공된 흙살림집 후일담

글 · 건축주 이정익

먼저 부모님의 고향인 이곳에 집을 지을 수 있도록 허락해 주신 이웃의 많은 분들에게 감사를 드리고 싶다. 5남 2녀 중 막내로 태어난 내가 부모님이 사시던 시골땅을 물려받을 수 있었던 건, 시골살이를 하고 싶어한 우리 부부의 마음을 알아준 형제들 덕분이었다.

이곳은 광산 김씨 문중과 전주 이씨 문중, 고성 이씨 문중이 같이 어울려 사는 집성촌이다. 시골치고는 기와집도 많고 인심도 후한 곳이다. 부모님의 사시던 구옥을 헐고 새로이 집을 지으면서 주변분들이 물심양면으로 많이 지원을 해 주셨다.

집을 지으면서 제일 먼저 한 고민은 집의 양식이었다. 한옥을 갖고 싶었지만 기술적인 면, 가격면에서 부담스럽고 생활하기 불편할 것 같았다. 양옥은 편리성에서는 좋지만 동네의 풍경과는 잘 어울리지 않고 나 또한 왠지 싫었다. 전국의 이곳저곳 발품을 팔고 인터넷을 찾다가 한옥과 흙집을 모방하는 형태의 건물을 짓기로 결심을 하고 건축을 시작했다.

먼저 집의 구조를 정했다. 주변에 건축사를 하시던 분의 조언을 얻고, 인터넷에 있는 많은 사진들을 참고하여 집의 구조와 형태를 결정한 우리는 설계도 대신에 집을 미리 지어보는 미니어처를 선택하고 만들어 보았다. 한옥구조의 오량집으로 결정하고 만들어 놓은 미니어처는 그런대로 훌륭했다.

실제 작업을 위해서 먼저 필요한 장비와 목재를 구입해야 했다. 아시는 분의 소개로 서울의 청계천에서 중고 장비를 구입했는데, 지금 생각하면 참으로 무모한 행동이었다. 장비의 성능도 기능도 제대로 모르는 상태였으니 말이다. 목재는 인천에 있는 수입업자로부터 저렴하게 구입했다. 이로써 5개월간의 나의 집 만드는 작업이 시작되었다.

작업과정들은 이미 소개되었고, 이제 건축 후 아쉬운 점을 말하면 좋을 듯하다. 부족한 점이 다음에 집을 짓는 분들에게 좋은 교본이 될 것이다.

먼저 목조주택을 건축하려면 시간적인 여유를 충분히 가지고 시작하는 것이 좋다. 나무는 건조되었을 때와 습기를 머금은 상태의 체적에서 많은 차이가 나기 때문이다. 마르지 않은 낙엽송으로 시공한 서까래가 시공 후 1년 동안 건조과정을 거치면서 황토와 서까래 사이에 공간이 생겼다. 그 틈을 황토로 메웠어야 했는데, 그렇게 하지 못해서 바람과 해충들이 들어와 고생을 많이 했다. 완전히 건조된 목재가 아닌 경우에는 시공 전 충분한 건조기간을 거쳐야 하고, 아니면 뼈대를 시공해 놓고 반년 이상 건조 시간을 가진 후에 황토나 벽체공사를 하면 좋을 것이다. 다음은 목재 가공이다. 우리는 모든 가공을 현장에서 진행했다. 모두 수작업으로 할 필요 없이 제재소에 의뢰해서 했다면 공기도 많이 단축되었을 것이다.

황토와 나무는 서로 팽창률이 다르고 재질 사이에 이질감이 있어서 어떤 고가옥을 가봐도 약간의 틈이 생긴다. 목수인 한창희 씨의 지적과 같이 기둥과 인방에 황토벽돌이 들어갈 수 있도록 1.5cm 정도 깊이의 홈을 파 주어서 그 홈 안으로 황토벽돌을 시공 했다면 약간의 목재 수축으로 인한 공간 발생을 방지할 수 있었을 것이다. 직영으로 공사를 하다 보니 이외에도 많은 부분들에서 시행착오를 하였다.

이제 우리 부부는 오랜 기간 소망했던 귀농을 위한 전원생활을 시작하고 있다. 도시에서 생각해오던 것과 실제 농촌의 현실은 참으로 다르다. 농사를 지으려니 마땅한 작목 선택도 어렵고, 필요한 농기계를 구입하는 비용도 만만치 않다.

귀농은 많은 투자가 필요한, 리스크가 큰 사업인 것이다. 농촌이 참으로 어렵다는 것을 몸소 느끼면서, 도시민들이 더더욱 농촌을 사랑해야 한다고 절실히 생각했다.

이런 안타까움들만 제외한다면 전원생활은 너무나 행복하다. 맑은 공기, 조용한 주변 환경, 인근에서 바로 구할 수 있는 무공해 농작물 등 그 자체가 보약이고 평온함이다.

III

[흙집에 산다]

1

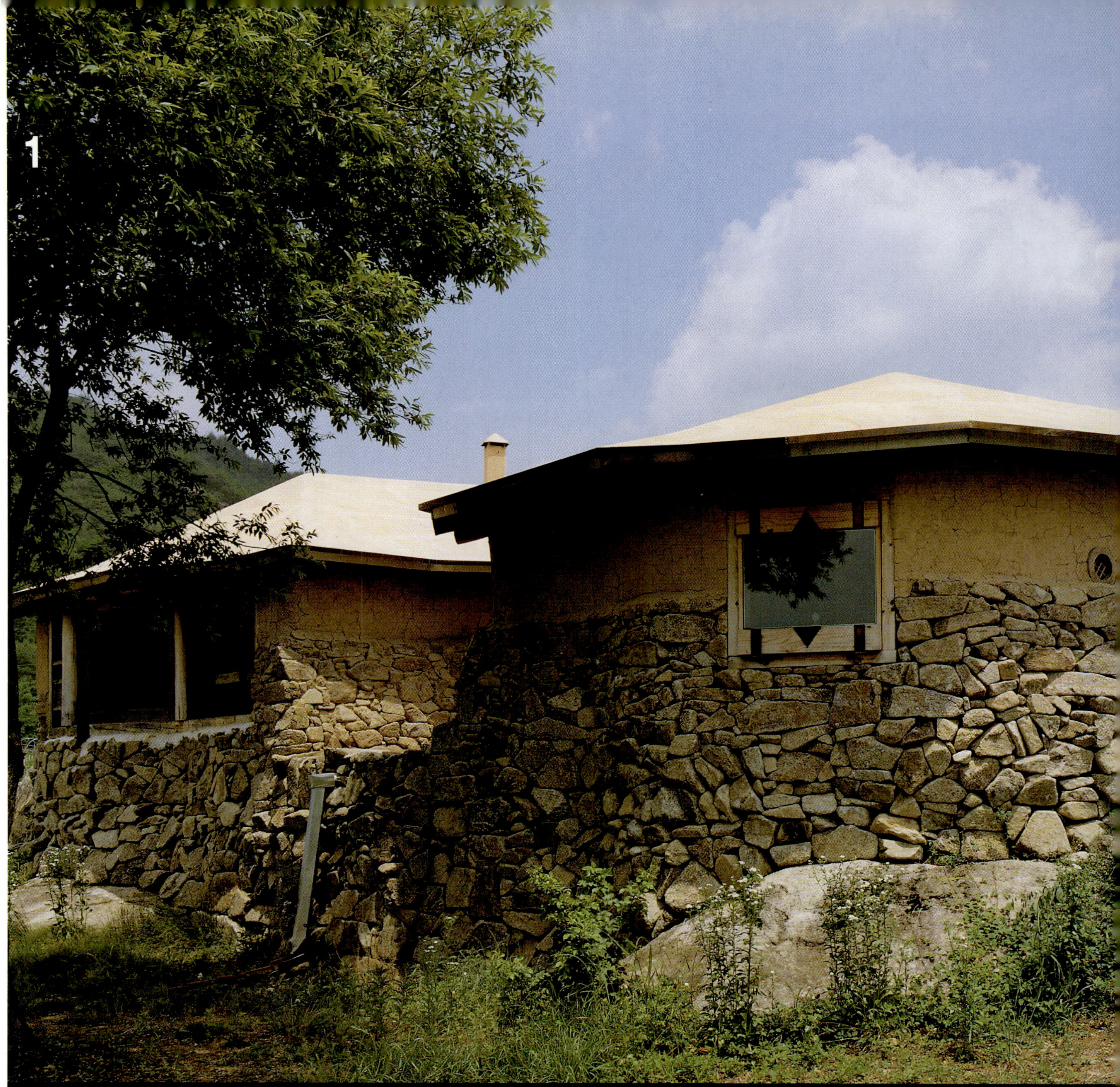

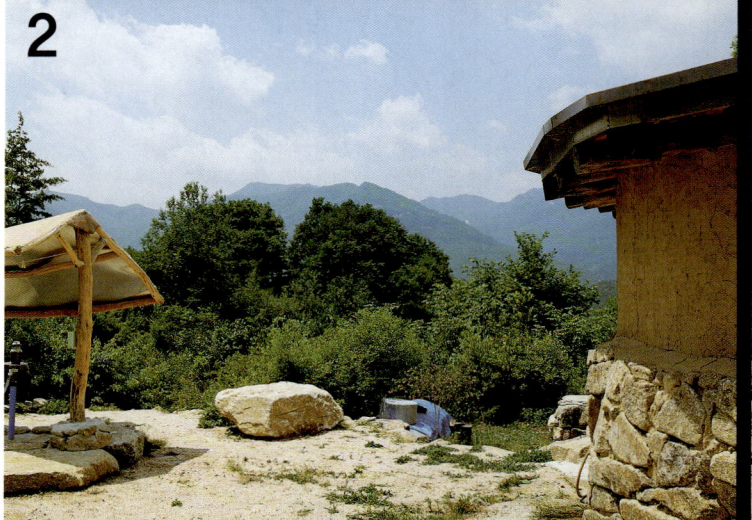

1 후면부와 달리 정면은 시야가 확 트여 있다. 일일이 돌을 쌓아 지은 이 집의 정교함이 잘 드러난다. **2** 지붕과 같은 소재로 외부 샘터에 해가림을 했다. **3** 입구 쪽에서 바라본 흙집. **4** 뒤에서는 드러나지 않는 집의 형태가 정면을 향하고서야 비로소 한눈에 들어온다.

2

3

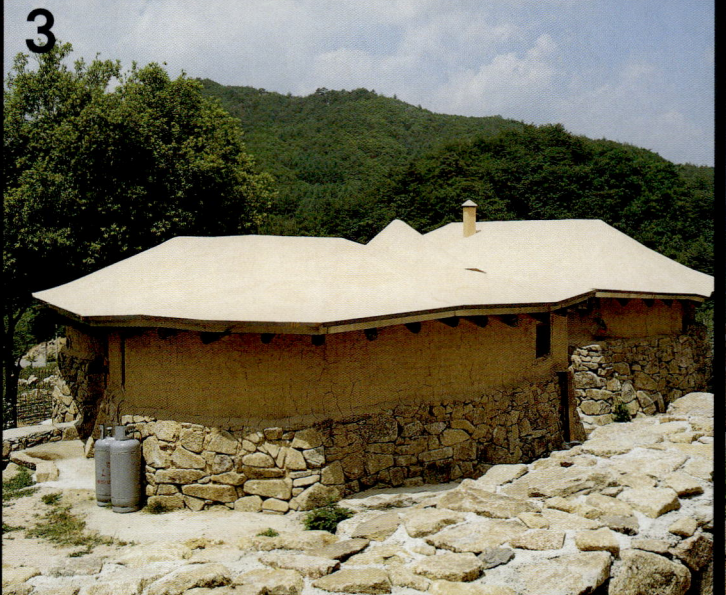

3년에 걸쳐 완성한 집
흙과 돌로 쌓은 어느 예술가의 **요새(要塞)**

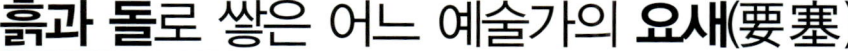

단양에 살고 있는 어떤 사람이 3년에 걸쳐 자신의 집을 지었다는 흥미진진한 사연을 들었다. 그리 멀 것이라고는 예상치 못한 채 출발해 3시간 여를 내달려서야 도착한 단양. 소백산 줄기 한 자락을 차지하고 있어서인지 2차선 도로를 달리는 내내 빼어난 계곡과 시원한 물줄기, 새소리가 눈과 귀를 즐겁게 해주어 왕복 6시간의 여정이 그리 지루하지 않게 느껴진 듯하다.

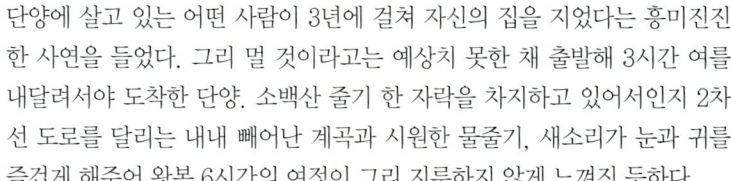

∷ 축대와 담쌓는 데만 꼬박 1년

덜컹대는 오솔길을 따라 1~2분쯤 들어가니 나지막한 집 한 채가 황토빛 지붕을 드러낸다. 지붕높이까지 쌓은 돌담에 가려 진입로 쪽에서는 어떤 집인지 감을 잡을 수 없었는데, 대문을 들어서자 이내 모습이 시야에 들어오면서 '얘깃거리가 되겠구나' 라는 생각이 머릿속을 스쳤다.

외관도 외관이지만 집이 완성되기까지의 과정은 더욱 흥미롭다. 2002년 당시만 하더라도 건축 경험이 일천했다는 이기성 씨. 집을 짓기 위해 근처 농가를 구입해 살면서 공사를 시작했는데 모든 일을 수작업으로, 그것도 혼자서 해 나가다 보니 축대와 담 쌓는 데만 꼬박 1년이 걸렸다. 어차피 시간에 쫓기는 것도 아니었기 때문에 느긋한 마음으로 나머지 작업을 진행하니 또 2년, 이렇게 지금의 모양을 갖추기까지 3년이 훌쩍 지나가 버렸다고.

외관은 제쳐두고라도 이 집은 집터와 집이 들어선 형태부터가 유별나다. 시골에 내려와 살겠다는 생각으로 여러 해 동안 터를 찾아 헤맨 끝에 겨우 찾은 곳이 바로 소백산 줄기가 끝나는 지점인 이곳이다. 왠지 모르게 처음 보는 순간부터 이씨의 마음이 끌렸다고 한다. 거실 한 쪽 벽에 커다란 대동여지도를 붙여 놓은 것이 인상적이어서 "왜 이걸 붙여놓았느냐"고 물었더니 "내가 지금 어디쯤 있는지 알고 싶어서"라는 다소 엉뚱한 대답이 돌아왔다. '왜 이곳을 선택했는가?' 에 대한 우회적인 대답이 아닐까 싶다.

4

1

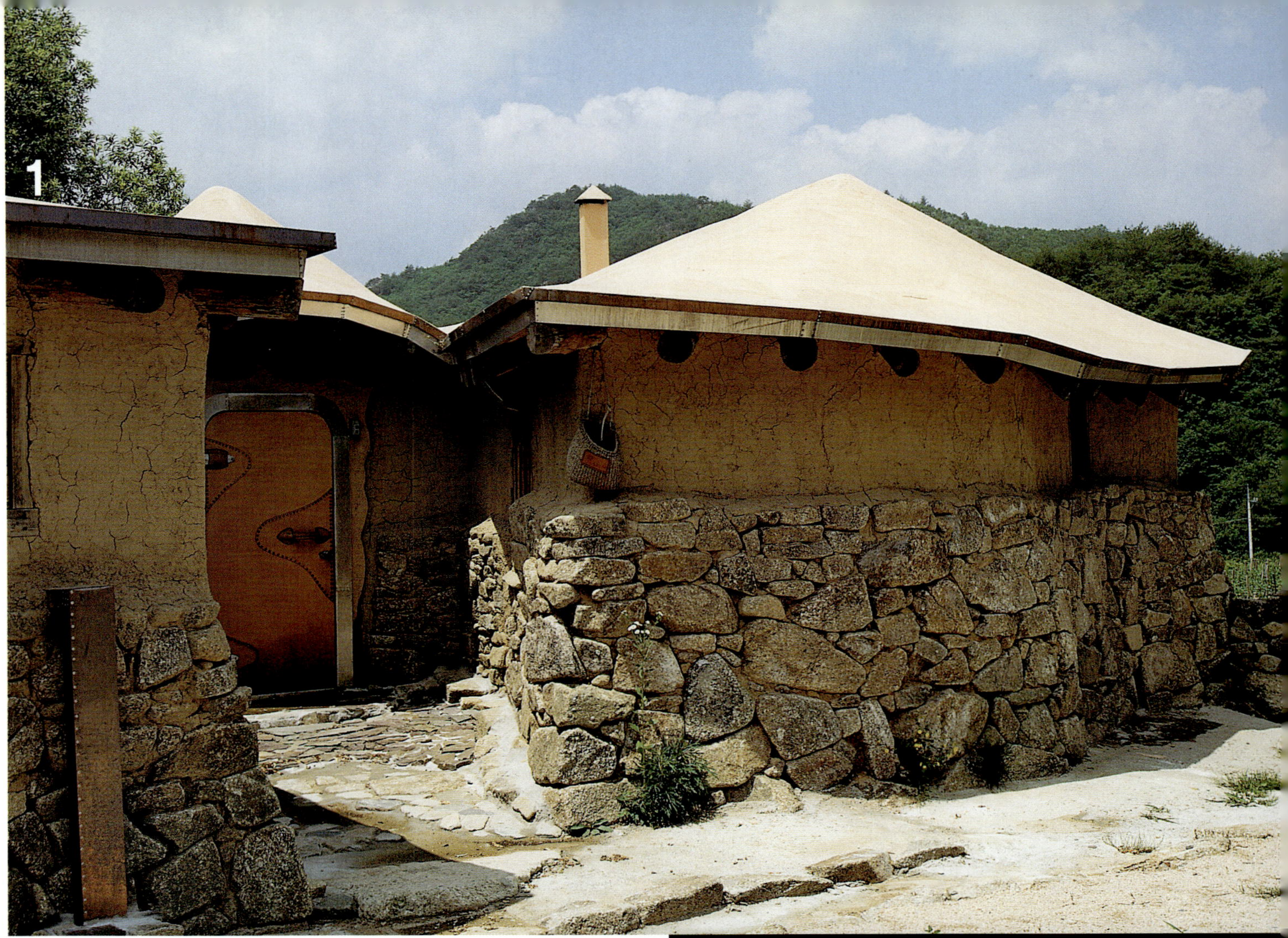

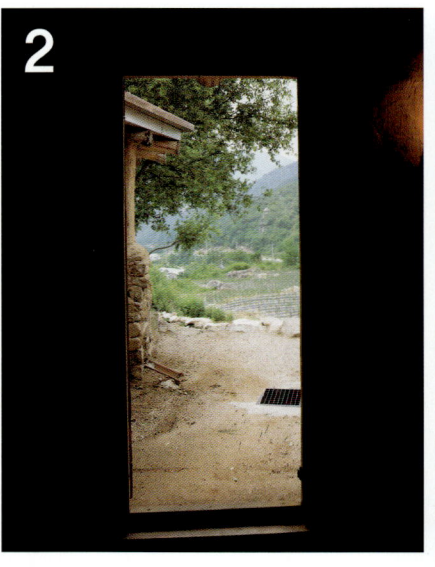

1 집의 후면에 위치한 현관쪽을 바라본 모습. 이 집의 개성이 가장 강하게 드러난 공간이다. 건축주가 직접 제작한 현관문도 볼거리. 2 좌측 날개와 우측 날개의 가교 역할을 하는 실내 한 공간. 문을 젖히니 전원의 정취 가득한 풍경이 시야에 들어온다. 3 보일러실. 4 현관에서 바라본 거실 풍경. 왼쪽에는 화장실이 위치하고 있다. 5 건축주가 직접 제작한 거실문. 가죽공예품이 장식으로 적절히 쓰였다.

2

3

4

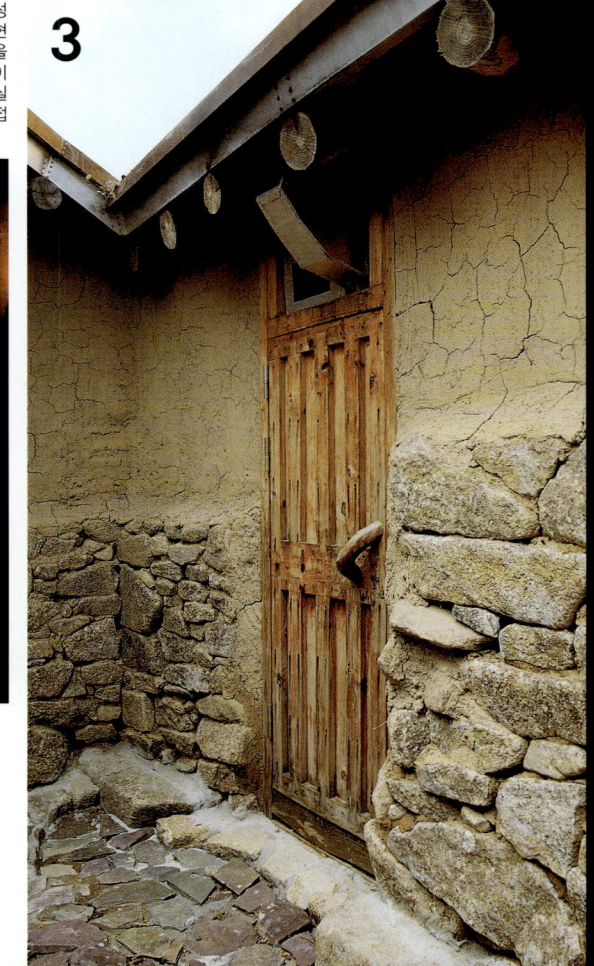

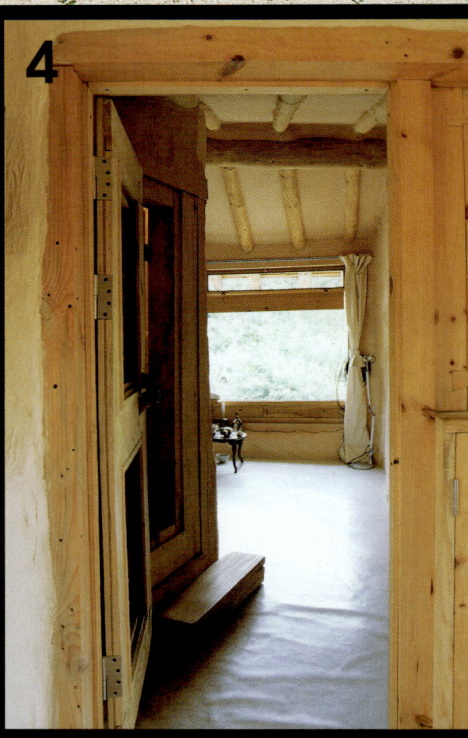

5

:: 미로(迷路)를 연상케 하는 실내

스냅사진을 통해 대충 짐작은 했지만 실제로 본 집은 상상 이상이었다. 벽체의 반은 돌을 한 개씩, 두 개씩 쌓아 올려 그대로 마감을 삼고 나머지 반은 심벽구조에 외부는 황토마감을, 내부는 회벽마감을 해 어디에서도 본 적이 없는 독특한 형태를 띠고 있다. 그도 그럴 것이 설계부터 시공, 마감까지 누구의 손도 빌리지 않고 3년 동안 혼자서 이 집을 지었으니 지금까지 시도되지 않았던 독창성을 지니는 것은 당연하다.

외관이 여느 흙집에서 크게 벗어나지 않는 소박한 이미지라면, 내부는 평범한 이들이 상상력의 한계를 깨닫고도 남을 만큼 개성 강한 공간이다. 116㎡(35평)남짓 되는 실내는 흡사 미로같다. 앞마당과 마을이 훤히 내려다 보이는 좌식거실, 벽을 따라 둥글게 반원 형태로 돌아 들어가면 만나게 되는 주방, 작은 사랑방 한 칸과 메인룸인 듯 보이는 방 하나, 그리고 상상력이 최고조에 이른 화장실 등이 현관을 중심으로 왼쪽 날개 부분(이기성 씨는 별도의 설계없이 '나비 모양'이라는 구상을 가지고 집을 지었다고 한다)의 구성이다. 오른쪽 날개 부분은 작업실이 거의 전체 공간을 차지하고 있으며, 일부 공간이 복도에 들어서자마자 맞닥뜨리는 간이 세면실과 보일러실, 그리고 가벽을 세운 오디오룸으로 구성되어 있다.

작업실은 건축에 몰두하기 이전까지는 가죽공예를 했었다는 건축주의 이력이 그대로 묻어나는 공간으로 곳곳에서 가죽을 소재로 한 소품들을 만날 수 있다. 작업실 전면에 가로로 시원스레 뚫린 창을 통해서는 마을이 훤히 내려다 보여 가슴이 확 트이는 듯하다. 유난히 층고가 낮은 이 집이 그리 답답해 보이지 않는 이유는 군데군데 이러한 요소들을 장치했기 때문이다.

:: 재미삼아 시작한 일이 업(業)이 되다

이 집은 구조부터 마감까지 공을 들인 3년이란 세월에 한 번 놀라고, 독창적인 감각에 또 한번 놀라게 된다. 덧붙여 창문이며 현관문, 우편함, 두꺼비집이나 조명 같은 소소한 것들을 건축주가 직접 제작했다는 사실도 흥미롭다. 알루미늄판을 잘라 두꺼비집과 우편함을 만들고 그 위에 가죽으로 모양을 낸 것이나 위치별, 크기별로 똑같은 게 하나도 없는 창문이나 현관문 등이 그 예다. 알루미늄조차 종이 다루듯 자유자재로 자르고 붙인 솜씨가 저절로 감탄사를 자아내게 한다.

이 집을 지으면서 그는 건축의 매력에 푹 빠져들게 되었다고 한다. 처음부터 건축을 할 생각은 아니었는데, 이 집을 보고 간 지인들의 요청에 강원도와 경기도 일대에 카페를 3채나 짓게 되었다. 그러나 이 집과 똑같은 모습을 연상한다면 오산이다. 위치적 특성이나 건축주의 요구사항이 각각 다르기 때문에 결과물도 같을 수 없다는 것이 그의 생각. 첫 작품인 이 집을 짓는 데는 3년이라는 시간이 걸렸지만, 큰 건물만 아니라면 몇 달 만에 건물 하나를 완성시킬 수 있는 요령도 생겼다고.

건축주가 손수 제작한 소품들

창호 이 집의 창과 문은 전부 건축주가 직접 디자인한 것이다. 주요 소재는 알루미늄판과 가죽, 그리고 뼈대를 형성하는 격자무늬 창호. 창과 문에 일일이 가죽을 덧대어 꿰메거나 손잡이를 만들어 달았으며, 라운딩 부분에 알루미늄을 감싼 아이디어가 돋보인다.

조명 건축주는 집을 지으면서 조명이 놓여질 공간을 미리 계획했다. 그리고 그 공간을 매입시켜 일반 등을 달고 전등갓 대신 가죽을 여러 가지 형태로 제작해 덧씌웠다. 그 결과 은은하면서도 분위기 있는 공간으로 실내분위기가 확 바뀌었다.

우편함 집으로 들어가기 위해 담장을 따라 돌아가면 처음으로 마주치는 것이 우체통. 역시 알루미늄과 가죽을 이용해 건축주가 직접 만든 것이다. 만약 시중에 판매되는 기성 제품 중에서 고르려고 했더라면 이처럼 이 집에 어울리는 제품을 찾기 힘들었을 것이다.

1 건축주의 작업실. 구조미가 돋보이는 천장, 화사한 마감재, 학창시절을 떠올리게 만드는 주물난로까지 독특한 풍경들의 조합이 이채롭다. 2 거실과 이어진 주방. 싱크대 아래의 주방가구며 장도 직접 짰다. TV를 올려놓는데, 사용되는 가죽케이스도 직접 제작한 것. 3 작업실 한 켠에는 의자를 배치해 쉴 수 있는 공간을 만들었다. 알루미늄 소재의 독특한 장식품은 사실 장식품이 아니라 바닷가로 가게 되면 지을 집의 모형도이다. 4 현관문을 들어와 작업실로 향하는 입구에 비치된 간이 세면실. 가죽을 덧댄 가오리 모양의 조명이 인상적이다.

3년 넘게 집을 지으며 산속에 살았더니 이젠 바닷가에서 살고 싶다는 그는 이미 지을 집의 설계와 모형제작까지 완료된 상태다. 그곳에 살면서 간혹 소문 듣고 찾아온 사람들이 있으면 집도 지어주면서 유유자적 살아가는 게 그의 작은 소망이다. 　　　　　　　　　　다우리 공방 011-9848-1956

진광진 씨의 53㎡(16평) 주말주택

한번 오면 떠나기 싫은 **통나무흙집**

15톤 덤프트럭으로 황토 4차와 돌 1차, 소나무 원목 20톤, 문틀용 목재 1천 재, 방수시트 15롤, 서까래 130개, 천장루버 99㎡(30평)과 온돌마루 40㎡ (12평).

이는 건축주 진광진 씨의 흙집에 들어간 자재 전부다. 661㎡(2백평) 남짓 되는 넓은 대지지만, 집은 53㎡(16평)으로 단출하고, 여기 6.6㎡(2평)짜리 원두막이 딸려 있다. 젊은 가족이 주말주택용으로 선택한 흙집, 이 흔하지 않은 경우는 진씨만의 독특한 철학 덕분이었다.

:: 흙에서 나면 진정 흙에서 살아야

"나이가 들어서 전원에 오게 되면 좋기도 하지만, 한편으로는 유배당한 듯 서글픈 생각이 든다고 하더군요. 활발하게 활동할 수 있을 때 주말주택이라 도 지어놓고 싶었어요. 충분한 휴식이 일상을 더 활력있게 만드니까요."

진광진 씨가 주말주택을 결심한 것은 대학시절 건축을 전공하고, 그림을 취 미로 하는 그의 성향 때문이기도 했다. 커가면서 점점 학업에 지치는 아이 들, 도시에서 부대끼며 살아가는 자신과 아내가 주말을 편히 쉴 수 있는 휴 식터가 필요했다.

그런데 왜 흙집일까? 중년이 넘어서 어릴 적 향수를 찾거나 건강을 걱정하 는 나이가 되서야 사람들은 흙집에 관심을 갖는데, 이들은 주말주택으로 흙 집을, 그것도 자연 본연의 소재를 100% 끌어다 통나무흙집을 지은 것이다.

"아내는 사이딩 붙인 새하얀 집을 원했지만, 제가 고집스럽게 밀어붙였어 요. 이 얼마나 운치 있습니까? 흙집이야말로 인간 본연으로 돌아가서 쉬고 즐길 수 있는 집이죠."

그는 통나무흙집을 직접 지을 수 있는 여건이 되지 않아 설계와 시공을 우 리흙집연구소의 최효영 소장에게 맡겼다. 2년 동안 잡지와 관련 서적들을 찾아보고, 여기저기 답사를 다닌 후 내린 결론이었다.

:: 사람의 힘이 집을 만드는 90%

일반인이 생각하는 것보다 3.3㎡(1평)당 건축비가 비싸다는 점을 지적하니, 건축주 진씨는 충분한 이유가 있다고 한다. 일단 지역 위치 상 주변에서 자재를 구하기가 어려웠다. 흙은 논산의 황산벌에서 가져오고, 나무는 강원도에서 왔기 때문에 운송비가 만만치 않게 들었다. 또한 흙집은 사람의 노동으로 짓는 집이기에 인건비가 비싼 점도 원인이다.

이 집의 경우는 우리흙집연구소를 통해 자신의 집을 직접 지어 본 이들이 품앗이하는 개념으로 일을 해주었다. 이 때문에 기본적인 시공능력을 가진 전문가들이 모여 지은 집이 되었다. 그동안의 시행착오를 통해 하자를 최대한 줄이고 기술력을 응집해 지어냈기에 진씨는 충분히 만족하는 눈치다.

2004년 4월 12일 시작되어 90일 동안 진행된 공사는 7월 11일에 끝났다. 골조공사를 할 때는 하루 4명이 투입되어 30일을 쌓고, 내부 마감공사에는 하루 2명 씩 약 40일 공정이 진행되었다.

:: 원형흙집에 욕실, 주방, 붙박이장까지

집은 주말 전원주택용으로 지어졌기 때문에 원룸 형태의 거실 겸 방 하나에, 주방과 화장실, 보일러실과 현관, 옷장으로 평면이 구성되었다. 원형 통나무 흙집에 가구를 놓기가 애매한 점을 고려, 원과 원이 이어지는 부분에 붙박이장을 만들어 공간을 활용했다. 욕실과 주방도 끝을 둥글게 마는 사각원형으로 설계해 생활잡기의 내부 배치에 효율적이다. 방 한 켠에는 벽난로형 보일러를 설치하고, 기름보일러와 함께 온돌난방 방식을 채택했다. 구들에 대한 미련은 남아 있었지만, 땔감을 모으고 관리할 자신이 없어 포기했다. 벽난로 바닥은 흙 그대로에 나무심을 박아 거실과 분리시켰고, 벽면에는 시공 단계부터 통나무를 길게 노출시켜 선반과 걸이 등으로 사용할 수 있게 했다.

창은 내부문과 별도로 외부에 덧문을 설치해 들고 내릴 수 있게 만들었다. 빛을 가려주는 차단막은 황토로 염색한 천을 가지고 직접 바느질한 진씨의 솜씨다. 주방가구는 내부평면에 맞추어 나무로 짜여져 있고, 싱크대 하단부위는 수납공간으로 활용했다.

욕실은 흙벽에 방수제를 바르고, 회벽칠을 하여 습기에 대비했다. 그러나 물이 직접 닿지 않는 상단은 그대로 흙벽을 노출시켜 실내와 분리되지 않도록 신경썼다. 바닥은 타일로 마감하고, 샤워커튼으로 덮은 샤워실을 두어 좁은 공간에 꼭 필요한 요소들로만 구성한 점이 돋보인다.

:: 흙이 사람을, 사람이 흙을 풍요롭게 한다

이곳에서 사계절 주말을 보낸 가족은 겨울나기는 좀 추웠다고 말한다. 그러나 흙집에서 살면서 그 정도는 충분히 감수할 수 있다고 했다. 그리고 그 이

1 두 딸과 함께한 진씨 부부. 바쁜 일상 때문에 주말에만 들리지만, 정원은 잘 가꾸어져 색색의 꽃을 피우고 있다. 2 거실에는 최소한의 가구와 장식, 벽난로만을 두었다. 가구 역시 모두 나무소재로 통일하고, 바닥은 온돌마루를 깔아주었다. 3 독특한 분위기의 욕실마감. 하단부에는 회벽칠을 해 방수기능을 높이고 상단부위는 흙벽을 그대로 노출시켰다. 4 주방 전경. 들창 형식의 창으로 빛을 끌어들이고, 세살문 문양 그대로 살려 인테리어 효과를 높였다. 주방 가구도 직접 짜맞추었는데, 흙집의 분위기를 거스르지 않으면서 편리하게 사용하도록 구성했다. 5 현관에서 내다본 바깥풍경. 6 현관의 계란조명. 7 거실 조명. 8 진씨가 만든 우편함.

유를 자기 탓으로 돌린다.

"사람의 온기가 집을 만드는 거잖아요. 흙집은 특히 그래요. 불도 때주고 사람 체온이 들락달락해야 집이 잘 마르고 흙색도 좋아지는데, 저희는 주말밖에 올 수 없으니 오히려 집에게 미안하죠."

원두막 안에서 직접 수확한 과일들을 먹고 있는데, 갑자기 구름이 세찬 비를 뿌려댔다. 부부는 물이 괴는 곳이 있을까 집 주변을 둘러보며 돌들을 정리하기 시작했다. 흙집에 살면 부지런해진다는 말은 괜한 말이 아닌가 보다.

시공 · 우리흙집연구소 031-585-6598 http://ecohouse.net

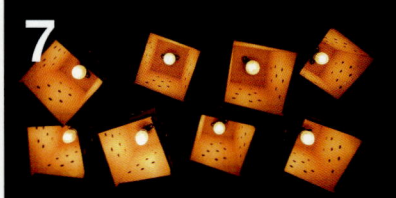

03

망사튜브에 흙 담아 지은 집
부부가 함께 지은 **어스백 하우스**

'나는 과연 어떤 생각으로 살아가고 있는 것일까?', '내가 생각했던 것처럼 살고 있기는 한 것일까?'

가끔은 누구나 이런 고민에 빠져 본 적이 있을 것이다. 타성에 젖어 그저 되는대로 삶을 흘려보내고 있는 것은 아닌지 하고 말이다. 어느 광고에서도 연일 '생각대로 하면 되고'라며 노래하지만, 돌이켜보면 그것은 말처럼 쉬운 일이 아니다.

강화도에 위치한 작은 마을에는 생각대로 혼자서 집을 짓고, 생각대로 살아가려는 한 사람이 있다. 보통 사람들에게는 이름도 생소한 망사튜브에 흙을 담아 집을 지은 유설현 씨. 그의 어스백 하우스(Earthbag house)는 짓기 전부터 많은 이들의 궁금증을 불러 일으켰다.

:: 스스로 배우고 익힌 흙부대 시공법

눈부시게 햇살 가득한 아침. 흙벽 사이로 반사되며 하얗게 부서지는 햇살을 따라 시야에 들어오는 그림 같은 풍경은 절로 감탄사를 쏟아놓게 한다. 얼마 전부터 유설현 씨와 그의 아내가 매일 눈 뜨면 맞이하는 창밖의 모습이다.

그에게 집을 짓는 방법을 알려준 이는 아무도 없었다. 그저 내 집은 손수 짓겠다는 일념 하나로 시작한 집짓기. 여름철 장마로 생각보다 조금 오래 걸렸지만 그만큼 공을 들여 지어냈으니 그에게 이 집은 여느 고급주택보다도 훌륭하고 특별하다.

처음 그가 어스백 하우스를 접한 것은 어떤 집을 지을지 고심하다 우연히 보게 된 책에서였다. 국내에는 처음으로 도입되었다는 흙부대로 만든 집. 흙집이라면 담틀집과 흙벽돌집 정도가 전부라고 생각했던 그에게 흙부대를 쌓아 집을 만든다는 건, 직접 눈으로 확인하기 전까진 믿기 힘든 노릇이었다.

"마냥 신기했죠. 그래서 흙부대 집이 있다는 전라남도 장흥까지 내려갔어요. 가서 안 사실이지만 거기는 이미 많은 분들이 다녀가셨을 정도로 유명한 집이었어요. 그 집을 지으셨다는 분을 만나 이야기도 듣고 집 안팎을 실제로 보고나니 '나도 할 수 있겠구나'라는 생각이 불현듯 들더라고요. 재료도 쉽게 구할 수 있는 데다 비용도 저렴하다니 더 고민할 것 없이 바로 결정했어요."

:: 누구든 지을 수 있는 Earthbag house

어스백 하우스(Earthbag house)란 Earth와 Bag의 합성어로, 흙을 담은 부대(마대 또는 포대)를 주재료로 한 흙집이다. 1984년 미 항공우주국(NASA)에서 시작된 이 건축공법은 달에 건축물을 짓기 위한 방법을 논의하던 중, 이란 태생의 건축가 '네이더 카흐릴리(Nader Khalili)'가 달에 있는 흙을 부대에 담아 쌓자고 한 제안에서부터 시작되었다. 이후 독일의 여러 건축가들이 흙부대와 흙튜브를 이용한 여러 공법의 어스백 하우스를 짓고 있으며, 그 외 세계 여러 곳에서 다양한 시도들이 이뤄지고 있다. 전남의 흙부대 집 역시 그러한 시도 중 하나라고 볼 수 있다.

처음에는 집을 짓기 위해 그 집을 보고 간 사람들이 모두 그러하듯, 그 역시 그 방법 그대로, 모르는 것은 물어가며 해볼 요량이었다. 하지만 구체화 될수록 최소한의 인력과 비용으로 집을 짓겠다는 그의 생각과는 조금 다르게 흘러갔다. 흙부대에 일일이 흙을 담아 벽을 쌓아 올리려면 더 많은 인력이 필요했고, 흙부대를 고정시키기 위해서는 철조망까지 깔아 주어야 하는 번거로움이 그의 발목을 붙잡은 것이다. 또한 흙미장의 균열을 막기 위해서는 철망 매시나 조경마대 등 다양한 망을 덮고 미장을 해야 하는데, 이러한 망의 가격도 그에게는 상당한 부담이었다.

▌유설현 씨가 선택한 망사튜브

브라질 환경단체인 에코오카(EcoOca)에서 개발한 망사튜브의 명칭은 하이퍼어도브(Hiperadobe). 이 긴 망사튜브는 농촌에서 곡물 건조용으로 많이 사용하는 망사다. PE 재질로 되어 있어 질기고 벼 낱알이 빠져나갈 수 없을 정도로 촘촘한 것이 특징이다. 긴 망사튜브에는 반죽하지 않은 찰진 흙을 약간 수분이 있는 상태에서 넣고 나무공이로 다지면 흙이 망사 사이로 빠져 나와 서로 접착되게 된다. 이 때문에 흙부대를 사용할 때처럼 고정하거나 잡아주기 위해 철조망을 깔아줄 필요가 없고, 수직으로 흙부대 벽체를 고정하기 위해 쐐기 박는 일 또한 생략이 가능하다. 미장할 때 역시 망사 튜브 자체가 매시나 마대 역할을 하기 때문에 흙이 잘 붙는다. 그러므로 세 가지 자재를 줄일 수 있을 뿐 아니라 그만큼 작업을 최소화할 수 있어, 기존 어스백 하우스에 비해 경제적이면서도 빠르고 쉽게 시공할 수 있는 공법이다.

1 거실 창밖으로 펼쳐진 그림 같은 풍경이 매일 아침 부부를 맞이한다. **2** 둥근 집의 형태에 맞춰 유씨가 손수 제작한 싱크대는 아내가 가장 마음에 들어 하는 부분이다. 싱크대 옆에 자리한 벽난로는 기름보일러와 연동되는 것으로, 겨울철 난방비 절약에 많은 도움이 될 것으로 기대한다고. **3** 외부에서 보면 2층 집으로 착각이 들 만큼 천장을 높게 시공하였다. 90㎡의 아담한 공간이지만, 같은 면적의 다른 집보다 더 웅장해 보이는 효과를 가져왔다.

3

"넉넉하지 못해 어스백 하우스를 선택한 것인데, 예상보다 돈이 더 들겠더군요. 더 좋은 방법이 없을까 하고 어스백 하우스와 관련된 자료를 찾아봤죠. 그러다 흙부대가 아닌 망사튜브로 짓는 방법을 알게 되었어요. 제가 고민했던 모든 문제가 단번에 해결되는 순간이었어요."

:: 좋은 집 vs 잘 지은 집

좋은 집과 잘 지은 집은 일맥상통하는 것처럼 보이지만 사실 완벽한 동의어는 아니다. '보기에 그럴싸한 집이 아니라 그곳에 사는 사람의 이야깃거리를 담을 수 있는 공간이 좋은 집이 아닐까' 라고 그는 말한다.

특별히 어디서 배운 것도 아니고 누가 가르쳐준 것도 아니니 그의 집은 기술적인 측면에서 본다면 분명 완벽한 집이 아닐지도 모른다. 그러나 혼자 힘으로 설계하고 하나부터 열까지 생각 또 생각하며 지은 이곳은 그에게 만큼은 세상에 둘도 없이 잘 지은 집이고 좋은 집일 것이라는 생각이 든다.

사람은 저마다 타고난 재주가 있다고 하는데, 그는 손재주가 참 뛰어난 사람이었다. 그의 집 안팎에서 볼 수 있는 여러 물건 가운데는 이 세상에 존재하는 단 하나의 것들이 많다. 둥근 집의 형태 때문에 싱크대도 벽에 맞게 제작해야 했는데, 업체에 알아보니 그동안 비용을 조금씩 아꼈던 것이 무색할 정도로 만만치 않은 가격이었다고. 그래서 '집도 지었는데 이거라고 못하겠냐' 는 생각에 팔을 걷어 붙인지 불과 며칠 만에 싱크대도 뚝딱 만들었다. 내친 김에 문도 모두 혼자 힘으로 수작업해 달았다. 숨 돌릴 틈도 없이 그는 지금 울타리 만들기에 여념이 없다. 그 옆에서 함께한 아내는 집짓는 당시를 회상하며 소감을 말한다.

"사실 처음에는 이건 아니다 싶을 때도 많았어요. 여름에 짓기 시작했으니 한창 장마 때잖아요. 그러니 자꾸 집 짓는 시일이 길어지고…. 그저 좋은 집을 지어주겠다고 하니 옆에서 열심히 도와주며 기다렸죠. 그런데 다 짓고 보니깐 고생한 보람이 있는 것 같아요. 전라도에서까지 저희 집을 보러 오시는 분들이 있다니까요."

옆에서 힘이 되어주며 남편이 최고라는 말을 해주는 아내가 있었기에 그의 5개월간의 집짓기는 아무쪼록 잘 마무리 될 수 있었던 것 같다. 집을 짓기 전부터 망사튜브를 만들고 흙을 바르고 닦는 일이 이제는 지칠 만도 한데 연거푸 웃으며 그동안의 일화를 이야기하는 부부의 모습에서 온돌방만큼이나 훈훈한 온기가 느껴진다.

"아무 것도 모르는 상태였으니깐 이렇게 지었죠. 아마 이정도로 힘들 줄 알았다면 시작도 안했을 걸요? 하지만 다 짓고 들어와 살아보니 너무 좋아요. 그러니깐 그간 고생은 다 잊어버리고 또 짓고 싶어지는 거겠죠. 하하."

이전에 했던 목장 일만큼 힘들었지만 마음만큼은 편하다는 유설현 씨의 미소가 추운 날씨임에도 불구하고 온몸 구석구석까지 따뜻하게 전해온다. 다가오는 봄에는 지금과는 또 다른 모습을 볼 수 있을 것이라며 꼭 한번 들리라는 그의 당부 때문일까. 벌써부터 봄이 기다려진다.

01

집을 짓기 전 터를 다지는 모습. 40만원을 주고 산 중고 굴삭기는 여러모로 유용하다.

05

지붕 서까래를 올리는 작업.

09

내벽 미장 작업 중.

02

시멘트모르타르로 고정시킨 막돌로 기초를 쌓은 모습.

06

지붕덮개 시공. 벽체만큼 단열이 중요하므로 방수포를 깔고 흙을 부어 벽체와 지붕을 연결시킨다.

0

흙을 잘 다진 바닥에 자갈을 5㎝ 정도 깔아주는 것이 바닥 시공의 첫 번째 과정.

03

튜브에 흙을 담는 모습. 두 사람이면 충분할 만큼 어렵지 않은 작업이다.

07

70% 정도 공정을 마친 외관 모습.

11

바닥은 흙을 조금 더 채운 다음 스티로폼, 은박시트, 엑셀 파이프 순서로 시공한다.

04

흙이 잘 붙을 수 있도록 다짐공이로 잘 눌러 준다.

08

외벽은 3차에 걸쳐 미장을 끝낸 상태이다. 아직 몇 번 더 칠해 깔끔하게 마무리 해주어야 한다.

12

황토로 마지막 미장 작업. 잘 마른 황토 위에는 아마인유를 칠해 마무리한다.

약 90㎡(27평)의 집을 짓는데 폭 1m, 길이 35m의 곡물 건조용 망사 원단 20개 정도를 구입했다. 원단은 강도에 따라 2만원~3만원으로 농자재상이나 천막상회 등에서 쉽게 구할 수 있다. 문제는 긴 튜브형태로 된 것이 없다는 것인데, 때문에 그는 원단을 사서 부인과 함께 직접 공업용 미싱으로 박음질해가며 하나씩 만들어 사용했다.
5m 단위의 튜브를 쌓은 후 내외부에 흙을 발라 미장하고 나니 벽 두께가 약 38~40㎝ 정도 되었다. 단열을 생각했을 때 45㎝가 적당한 두께였는데, 생각한 것보다 얇게 시공된 것이 조금 아쉽다고 한다.

》 시멘트모르타르로 고정시킨 막돌 기초 위에 습기 방지를 위한 방수포를 깔았다. 그 위에 수작업으로 만든 긴 망사 튜브에 현장에 있던 흙을 반죽 없이 그대로 넣어 공이로 다져가며 벽체를 쌓았다.
망사튜브에 효과적으로 흙을 담기 위해 프라이머를 담았던 플라스틱 통과 함석관을 연결하여 흙 담는 도구도 만들었다. 이 관에 망사튜브를 주름지게 끼워 넣은 후 슬슬 풀어가며 흙을 담았더니 쉽게 잘 들어갔다. 일반 흙부대 건

축의 경우 부대자루에 흙을 담아 쌓아 올리면 상당히 힘이 든다. 그러나 망사튜브는 벽체에 따라 튜브를 풀면서 흙을 부어 나가기만 하면 금방 벽체가 완성된다. 물론 흙부대도 비슷한 방식으로 가능은 하지만 시간이 훨씬 더 소요된다고 한다.

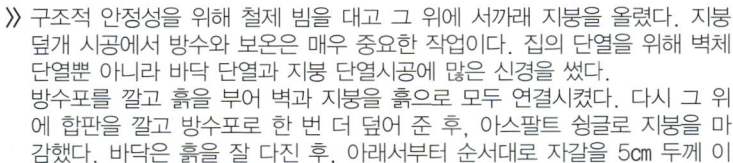

》 어스백 하우스는 흙부대나 흙튜브 안에 있는 흙이 굳을 때까지 기다릴 필요가 없어 하루에 쌓을 수 있는 높이제한이 없다.
따라서 벽체를 쌓는 일은 오래 걸리지 않는 편이었다. 조금 번거로운 점이 있다면 깔끔한 수직면을 만들기가 쉽지 않다는 것. 이는 중력에 의해 흙이 자꾸 옆으로 퍼지기 때문인데 미장을 할 때 잡아주면 큰 문제는 없다.

》 구조적 안정성을 위해 철제 빔을 대고 그 위에 서까래 지붕을 올렸다. 지붕 덮개 시공에서 방수와 보온은 매우 중요한 작업이다. 집의 단열을 위해 벽체 단열뿐 아니라 바닥 단열과 지붕 단열시공에 많은 신경을 썼다.
방수포를 깔고 흙을 부어 벽과 지붕을 흙으로 모두 연결시켰다. 다시 그 위에 합판을 깔고 방수포로 한 번 더 덮어 준 후, 아스팔트 슁글로 지붕을 마감했다. 바닥은 흙을 잘 다진 후, 아래서부터 순서대로 자갈을 5㎝ 두께 이상으로 깔고 흙을 조금 채운 다음 스티로폼, 은박시트, 스티로폼을 고정시키기 위한 시멘트 조금과 엑셀파이프, 황토로 마감하였다.
마지막으로 아마인유 칠과 왁싱을 해서 마무리할 예정이다. 아마인유를 끓여 7~8번 발라주면 흙바닥이 시멘트처럼 단단해질 뿐 아니라 물걸레질을 해도 끄떡없다. 단, 기름이 먹어 들어가면서 기존의 흙바닥 색보다 좀 더 진한색이 되는 점을 감안해야 한다.

》 미장을 위해 강화 흙을 사용했다. 먼저 흙과 볏짚을 섞은 후 물에 반죽해서 초벌칠을 했다. 1차 흙 미장이 어느 정도 마르고 난 뒤 우뭇가사리와 아교, 인진쑥을 끓인 물에 흙을 섞어 2차 미장을 하였다.
우뭇가사리 때문인지 논에 있던 참게가 집까지 올라와 웃었던 기억이 난다. 지금은 3차 미장을 끝낸 상태로 내년 봄쯤 몇 번 더 칠해 줄 계획이다.

자기주도적 집짓기
66㎡(20평) 스트로베일 하우스

흙집이 사람에게 좋다는 것을 부정할 사람은 없다. 그럼에도 불구하고 흙집을 선택하지 않는 이들은 싫은 게 아니라, 포기하는 것이다. 자연과 함께 사는 것이 불편하다고 생각한다면 자연이 주는 혜택도 받을 자격이 없지 않을까? 온전히 자연 속에서 부대끼며 살게 될 새로운 스트로베일 하우스로 초대한다.

:: 누구나 배울 수 있어 관심 높아져

볍씨가 땅과 하늘의 기운을 머금고 자라면, 열매를 맺어 사람들을 배부르게 한다. 남는 지푸라기는 가축의 여물로 넘겨진다. 그 배설물은 다시 땅을 살찌우고 결국 사람을 살찌우게 되는 생태적 순환 고리다.
스트로베일 하우스는 그 원형에서 볏짚을 빌려 지은 집이다. 미국의 네브라스카 주에서 유래된 건축으로 유럽과 호주, 중국 등지를 돌아 몇 년 전 국내에 상륙했다.
이웅희 씨의 주도로 만들어진 한국스트로베일연구회가 2005년 8월, 동강에 스트로베일 1호를 짓고 이후 꾸준한 교육으로 전국 각지에 씨앗을 퍼뜨리고 있다. 도입된 지 얼마 안된 터라 우리나라 환경에 맞는지 아직 구체적으로 검증은 안 되었지만, 이를 극복할 훨씬 많은 장점을 갖고 있어 인기를 끄는 것으로 보인다.

:: 작은 면적에도 밝은 흙집 분위기가 경쾌함 줘

영동고속도로 덕평IC 부근, 스트로베일 하우스 한 채가 이제 막 2차 미장을 끝냈다. 연구회의 워크샵에 참가했던 건축주가 동료들과 함께 지은 집이다. 경사진 대지를 그대로 살려, 33㎡(10평)의 건축면적에 2층으로 설계되었다. 겉으로 봐서는 규모가 제법 되는지라, 도저히 33㎡(10평) 면적이 믿겨지지 않는다. 현장 매니저인 한철수 씨는 "벽체 두께가 60㎝나 되다보니 규모가 커 보인다"고 말한다. 아울러 경사지인 만큼 기존 2층 높이보다 반층 더 높게 느껴지는 이유도 있다.

그동안 봐 온 스트로베일 하우스와는 사뭇 다른 분위기다. 우선 흙집이 가진 어두운 이미지가 없고 밝고 환하다. 흙색보다는 어쩌면 사람의 피부색에 가깝고, 모서리의 라운딩 처리가 두드러져 경쾌한 인상을 주고 있다. 하단부는 돌을 하나씩 이어 붙여 모자이크 처리했다. 아래는 무게감 있는 돌로 안정감을 주고, 위로는 흰색 프레임의 창호가 산뜻해 눈에 거슬리는 점이 없다.

현관 좌우로는 볏짚이 아닌 코브벽을 만들어 장식으로 변화를 주었다. 모양 낸 나무를 심고, 유리병을 끼워 밤이면 실내 불빛이 밖으로 퍼져 나온다. 코브는 반죽이 잘 된 흙을 다져서 쌓고, 그 안에 단열의 역할을 할 수 있도록 톱밥을 넣어 만든다.

이런 과정들 덕분에 똑같은 스트로베일 하우스는 존재할 수 없다. 소재의 유연성이 빛을 발하는 순간이다.

:: 압축볏짚을 벽체로 쌓아 3차까지 이어지는 흙미장이 관건

압축짚더미인 베일 그 자체는 무게가 20kg이 넘고, 쌓아올리면서 철근을 좌우상하로 계속 박아 넣기 때문에 서로 안전하게 얽히게 된다. 흙으로 양쪽 벽을 5cm씩 미장하면 볏짚 자체가 내력벽이 되는 무골조 방식으로 2층에 66㎡(20평) 넓이까지 지을 수 있다고 알려졌다.

그러나 덕평 스트로베일 하우스의 경우, 공사 전 대지에 미리 철골조를 제작해 놓고 있었기 때문에 기존 방식과 다른 시도가 이루어졌다. 우선 철골조를 다시 걷어 내고, 철저한 방수를 위해 콘크리트로 기초를 했다. 경사지 하단 부분은 사람 허리 높이까지 기초를 만들어 튼튼하게 하고, 그 위에 다시 2층 골조를 옮겨다 놓았다. 이어서 베일로 벽체를 쌓는 작업이 시작되고, 흙미장은 1, 2차로 이루어졌다. 3차 미장은 앞으로 시간을 두고 진행할 예정이다. 지붕은 샌드위치 패널을 올리고, 그 위에 슁글로 마감했다.

1 현관으로 들어서면 바로 우측, 거실로 오르는 계단이 있다. 경사를 실내에서도 그대로 느낄 수 있는 스킵플로어 방식이다. 벽면은 코브로 시공되어, 유리병과 나무로 장식했다. **2** 간소한 주방기구가 들어선 실내. 기성 제품이 들어갈 부분은 벽면을 특별히 고르게 마감하고, 화장실 역시 방수를 해결하기 위해 콘크리트 박스로 처리한다. **3** 가장 아래층에 있는 사무실 공간. 벽면이 기초와 맞닿아 시멘트 위에 황토를 마감한 식이 되어 버렸다. 한쪽 벽면을 전체 책장으로 짜넣었다. **4** 앙증맞은 침실 난간. 약간 휘어진 나무 그대로의 성질을 살려 제작했다. 공간을 가르는 중심벽은 거실에서는 TV장, 침실에서는 수납장으로 활용된다. **5** 거실 전경. 경사가 그대로 드러나는 지붕선이지만, 답답한 느낌이 들지 않는다. 바닥은 강화마루로 처리하고 필름 난방을 사용하고 있다.

3

4

5

:: 스킵플로어 방식의 실내공간, 색다른 인테리어로 개성 넘쳐

집에는 두 개의 출입문이 나 있다. 주현관을 들어서면, 싱크대가 있는 주방 공간과 그 뒤로 욕실이 배치되어 있다. 오른쪽으로 나 있는 좁은 반계단을 오르면 비로소 거실 공간이 드러난다. 여기서 또 반계단을 오르면 침실이 등장하는 식으로, 각 공간을 가르는 중심벽은 거실의 TV장, 침실의 수납장으로 짜여졌다.

경사지형을 실내에서도 직접 체험할 수 있는 스킵플로어(Skip-Floor : 계단의 각 층계참마다 반층차 높이로 설계하는 방식)를 적용해 공간을 최대한 활용한 점이 돋보인다.

인테리어 요소들도 눈에 띈다. 벽면이 두꺼운 스트로베일 하우스의 특징을 살려 창호 하단부는 선반으로 활용하거나, 성인남자도 앉을 수 있는 의자 공간으로 쓴다. 조명은 벽체를 음각으로 파내, 그 안에 매입하고 역시 선반으로 활용한다. 침실의 작은 난간이 유독 눈길을 끌었는데, 나무 본래의 곡선을 그대로 살려 제작되었다.

다른 출입문으로 들어갈 수 있는 아래쪽 공간은 원래는 창고 용도였다. 그러나, 지금은 사무실로 쓰임새를 바꿔 책장까지 직접 제작해 벽 한 쪽을 채웠다.

바닥면적이 33㎡(10평)이지만, 역시 벽두께 때문에 실제 공간은 그보다 작을 수밖에 없다. 하지만 가변성 있는 실내설계와 공간분할로 이를 극복하였다

스트로베일 공법 건축비 제시

스트로베일 하우스를 저렴하게 지으려면 스트로베일 건축의 기본 정신을 잘 살려야만 가능하다. '건강한 집짓기'로 주변에 피해를 주지 않고, 가족들의 땀과 힘으로 지어야 하는 것이다. 주위의 자연 소재를 이용하여, 자신의 취향과 처지에 맞게, 직접 짓는 집일 때 스트로베일 하우스는 저렴할 것이다.

건축 주체가 누구냐?	스스로 짓기	건축업자에게 맡기기
얼마나 소박하게 짓나?	단순한 형태	복잡한 형태
자재의 품질	하급	고급
집짓는 환경조건	접근성 용이	길도 없는 산속
품앗이 가능인력	많다	없다
3.3㎡(1평) 가격	1백만원 이하 ◀┈┈▶	3백만원 이상

※ 이 외에도 자재를 싸게 살 수 있는 발품, 일하는 사람과의 조화, 날씨와 환경 등 비용을 좌우하는 많은 조건들이 있을 것이다.

시공비 추정가

기초와 철골조	1천만원
설비와 전기	3백만원
벽체 작업	2천만원
문과 창호	1천만원
욕실 및 싱크대	350만원
데크와 내장	5백만원
바닥 및 난방	450만원
일반 경비	3백만원
기타 잡지출	1백만원
합계	**6천만원 [3.3㎡(1평)당 3백만원]**

※당시 작업이 아직 100% 완료되지 않았고, 장부가 완전히 정리되지 않은 상황이라 추정가로 제시.

스트로베일 워크샵에 참여한 건축주와 연구회의 시공팀이 설계안을 구상하고 있다.

기존에 있는 철골조를 다시 자리에 옮겨 놓고 샌드위치 패널로 지붕을 삼았다.

주변 건축현장에서 지원이 나와 골조를 보강하고 있다.

압축볏짚의 습도를 측정하고 있다. 반드시 15~20% 이하인 것을 사용해야 한다.

기초와 골조 연결하고 베일 사용 두께 등을 현장 실측하고 있다.

본격적인 베일쌓기 작업에 들어갔다. 베일은 철물로 좌우를 고정해주며 쌓게 된다.

흙의 점성 등을 알아보기 위해 성분 분석에 들어갔다.

주방과 욕실의 수도 배관을 위해 전문가가 투입되었다.

면을 고르게 만들기 위해 튀어나온 지푸라기 등을 모두 다듬어 준다.

허리 높이로 시멘트 옹벽을 쌓고 바닥을 마감했다.

베일을 쌓기 위한 기초 작업이 이루어졌다. 베일을 고정시켜 주는 장치다.

깔끔하게 다듬어진 베일 벽면 안에 전선 및 전기 인입작업을 한다.

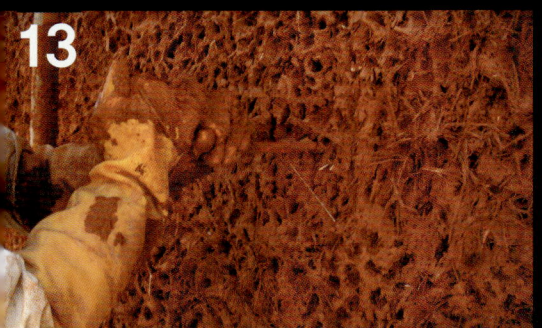

13

베일면에 손가락으로 구멍을 뚫어주며 1차 흙미장을 한다.

14

현관 좌우 코브벽은 볏짚이 아닌 반죽된 흙과 톱밥이 사용된다.

15

벽면에 유리병을 재활용해 은은한 조명을 삼았더니 밤이면 주택 외관이 더 멋스럽다.

16

외벽 하단은 돌을 붙여 비가 와도 물이 튀길 염려를 줄였다.

현장 코디네이터 김진호 씨가 말하는 스트로베일 하우스의 매력

핸드메이드 하우스다 대부분의 집짓기는 표준화를 통한, 산업 생산품을 바탕으로 기계로 제작된다. 덕평 스트로베일 하우스는 사람의 생각과 사람의 손으로 만들어진 집이라는 점이 가장 큰 특징이라 생각한다. 그런 점에서 다른 건축과의 근본적인 차이가 있다.

다양하고 유연하다 판에 박힌 형태의 현대 집들은 먼 거리에서 봐도 옆과 뒤, 안이 어떻게 구성되었는지 짐작할 수 있다. 특히나 한국의 집들은 도시와 농촌 할 것 없이 천편일률적인 형태를 띤다.
스트로베일 집짓기는 이런 몰개성과 획일성을 근본적으로 극복할 수 있다. 앞면을 봐서는 옆면과 뒷면을 상상할 수 없다. 물론 내부도 상상하기 어렵다. 무수한 변형과 끊임없는 상상력이 반영될 수 있는 유연성과 통합성을 지니고 있는 집짓기 형태다.

유쾌한 집짓기가 가능하다 집짓기는 본질적으로 고된 노동을 요구한다. 더욱이 흙을 이용할 때는 말할 것도 없다. 그러나 우리는 유쾌하고 즐거운 집짓기를 실현하고자 한다. 삶이 있고 문화가 있는 노동현장은 즐거움이 가득할 수 있다. 집짓는 사람이 즐거우면 그 유쾌한 기운이 집짓기 현장 곳곳에 배어나게 된다.

정성들여 집을 짓는다 정성스레 집을 짓는다는 느낌…. 내가 함께 하여 지은 결과물을 보는 느낌은 참 좋다. 어린 아이를 깨끗이 단장하고 새 옷을 입혀 세상으로 내보내는 것과 같은 기분이다. 스트로베일 집짓기는 참여한 사람들의 정성이 그대로 배어 나오는 방식이라고 할 수 있다. 보는 사람은 누구나 그 정성을 느낄 수 있다. 집을 이루는 근본 소재가 건강하고, 집짓기 방식이 건강하기 때문이다.

자기가 주도해 집을 짓는다 집은 결국 살아갈 사람들의 공간이다. 이천 현장의 건축주는 시공팀과 함께 스트로베일 집짓기를 배운 분이다. 집의 구상도 직접 하고, 건축과정에도 함께 참여하고 고민을 나누었다. 이런 연유로 이천 스트로베일 집짓기에는 건축주의 주도력이 상대적으로 많이 반영되었다.

05

시멘트 0%로 집 짓는 김기헌 씨
물안골 흙집 생태마을

완연한 가을이지만, 아직은 따가운 볕이 내리쬐는 한낮. 물안골 계곡 깊숙이에 그 볕을 온몸으로 받으며 한 남자가 지붕 위에 서 있다. 집을 짓는 모양인데, 벽체는 모두 올려졌고 이제 지붕을 덮기 시작하나 보다. 허리 한 번 펴지 않고 묵묵히 나무와 싸우는 그를 올려다보니, 이 외딴 산 속에서 그는 어떤 생각과 사명을 품고 있을까 이야기를 나누고 싶어진다.

:: 4년 동안 우여곡절 겪으며 마련한 물안골 터

김기헌 씨가 이곳에 '내 맘대로 짓는 집'을 구상한 때는 어언 10년 전으로 거슬러 올라간다. 도회지에서 평범한 일상을 누리던 그는 나무 만지는 것을 좋아해 목수연장들을 사 모았고, 인테리어 사무실을 직접 운영하기도 했다. 한 때 한옥을 배우러 강원도 삼척에 머물기도 하고, 그러다 목조건축기능사 자격증까지 얻게 되면서 본격적인 건축일에 들어서게 되었다.

그 좋던 목수일을 업으로까지 삼게 되었지만 그의 머리 속에는 떠나지 않는 그리움이 있었다. 젊은 시절 참선 공부와 기 수련 등에 관심이 있어 산 속에서 토굴생활을 했던 기억. 가끔 보는 산이 아니라 산과 하나가 되어 살고 싶었다. 산에서 자유롭게 살고 싶다는 그리움, 결국 그는 나이 오십이 되서야 가족들의 동의를 얻어 가평 용추계곡 울창한 숲으로 몸을 옮길 수 있었다.

터를 찾는 데는 무려 4년이란 시간이 걸렸다. 도시와 그리 멀지는 않지만 오염되지 않은 곳, 양지바르고 약간의 물이 흐르며 마을과도 좀 떨어진 땅을 찾았다. 무엇보다 집을 위해 땅을 훼손하지 않겠다는 의지를 실현할 수 있어야 했다.

우여곡절 끝에 얻은 가평군 용추계곡의 물안골 입구의 터. 삼태기 모양의 지형으로 겨울은 산이 바람을 막아주고, 여름엔 열린 계곡의 바람을 받을 수 있다. 해는 하루종일 내리쬐는데, 서쪽으로 작은 능선이 있어 오후 햇빛은 잠시 막아주는 명당이다.

이 때문에 주변지역보다 온도가 다소 높아, 눈이 빨리 녹고 땅이 얼지 않는 좋은 풍수적 조건을 갖추고 있었다. 예전 화전민들이 작은 부락을 이루고 살던 곳이라 사람의 온기도 조금은 남아 있었다.

:: 유럽식 흙집공법에 우리식 흙다루는 기법 접목

그가 오랜 발품과 고민 끝에 얻게 된 약 8만6천㎡(2천6백평)의 땅. 그가 만들고자 하는 유토피아는 바로 생태건축마을이다. 자신이 직접 설계하고 시공하는 건축물들로 마을을 꾸미고, 생태적 삶을 꾸려나가기 위한 공간으로 삼을 계획이다.

생태건축이 어렵고 난해하다는 생각을 가진 이들이 많겠지만, 그의 의견은 아주 명료했다.

"옛 건축물이 모두 생태건축입니다. 우리 조상은 수백년간 돌과 나무, 흙을 이용해 자신의 주거를 가장 안온하게 만들어왔습니다. 이는 재료부터 과다한 에너지 소비가 필요 없는, 자연의 고리와 함께 순환할 수 있는 건축이라 할 수 있겠죠."

19세기 이후, 전 세계의 건축물들은 시멘트 건물 일색이 되어 버렸다. 이후 공업화, 규격화된 건축자재들이 환경호르몬까지 방출하는 현실을 직시하고 나서야, 생태건축의 개념이 서서히 대두되었다. 이 역시 산업화가 먼저 진행된 유럽에서 출발했다. 이후, 유럽의 여러나라에서는 흙과 돌 등 자연재료를 이용한 건축물들이 주목을 끌었다. 현재 건축재료의 원초성은 계속 유지하면서 생활의 편의를 접목시킨 건축형태들이 꾸준히 연구되고 있는 상태다.

김기헌 씨는 우리식 생태건축을 찾기 위해 전국을 다닌 것도 모자라, 직접 영국 등으로 건너가 그곳의 다양한 사례들을 살펴보고 책을 읽고 연구했다. 그가 원한 것은 작고 소박한 건축물이지만, 그 안에서 효율성을 집약시켜 극대화한 집이었다. 꼭 우리식 흙집을 고집하기 보다는 다양한 공법의 외국식 흙집의 장점을 도입해 재탄생시키는 식으로 건축의 방향키를 잡았다.

:: 흙과 짚을 반죽한 열정이 만드는 Cob house

1천6백㎡(5백여평)의 암반과 나무로 구성된 숲에는 지대의 높이와 구성을 그대로 살린 채, 집들이 하나 둘 지어지고 있다. 마치 미로 속을 걷듯이 큰 바위와 나무들에 가려진 집들은 웬만해선 한눈에 찾기 힘들다. 33㎡(10평)을 넘지 않는 작은 흙집들이 숨바꼭질 놀이하듯 숨겨

Cob house를 짓기 위해서는 짚과 흙반죽이 가장 중요하다. 숙성과 반죽의 과정을 반복해 거쳐야 1백년 이상 견디는 흙집을 만들 수 있다.

져 있기 때문이다. 건축에 쓰인 재료는 흙과 돌, 짚, 생석회가 전부다. 워낙 돌이 크고 웅장한 지형이라 바닥에 있는 돌 그대로가 집의 기초석이 되기도 하고, 돌을 피해 집이 찌그러진 형상을 갖기도 한다.

벽체는 흡사 도자기를 굽듯이 흙으로만 이루어진다. 우리의 전통 흙사용법과 흡사한 영국식 코브(Cob)방식인데, 이는 영국의 기후가 우리보다 춥고

1 지형을 그대로 살린 채, 건축이 이루어졌기 때문에 집은 어디든 숨겨져 있는 듯하다. 이 흙집의 지붕엔 잔디가 무성하게 자라 있어 잠깐 땅이 솟은 것이 아닌가 싶을 정도다. 2 흙집의 외벽은 자칫 단조로울 수 있다. 김씨는 이를 보완하기 위해 자연석과 기와, 나무들을 사용해 디자인적인 포인트를 주고 있다. 3 건축 중인 흙집 내부. 김씨가 짓는 장작집은 흙 사이 톱밥을 넣는 식의 삼중벽으로 되어 있는 국내 최초 건축물이다.

습도가 높은 점에서 착안한 것이다. 이 공법은 벽 전체가 하나의 벽돌처럼 구성되어 견고하고, 어느 부분에서도 선의 형태에 구애받지 않는 장점을 가지고 있다. 다만, 흙과 짚이 많이 필요하고 벽체를 형성하는데 많은 시간과 그에 따르는 끈기가 필요할 뿐이다.

가장 중요한 작업인 흙을 반죽하는 데도 몇 가지 단계가 필요하다. 먼저 흙만을 반죽해 숙성을 시키는데, 이는 흙의 유연성을 높이기 위한 과정이다. 다음은 단으로 묶인 긴 길이의 짚을 그대로 섞어 반죽을 한다. 도자기의 흙처럼 찰기를 만들기 위해선 발로 밟아주며 오랜 시간 반죽해야 한다. 역시 하루 정도 숙성을 시키고 반죽된 것을 다시 손으로 다지며 벽체를 올려 준다. 손으로 적당한 크기를 만들어 주는 과정에서도 계속 찰기가 생겨 강한 흙집이 탄생하는 것이다. 이러한 영국식 코브 하우스는 5백년 이상을 견딘다고 알려져 있다.

:: 톱밥과 흙이 만드는 삼중벽 Cord house

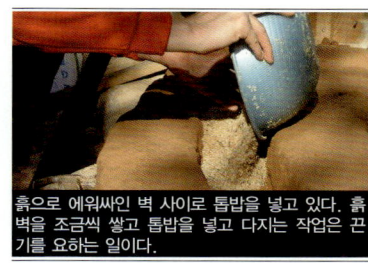

흙으로 에워싸인 벽 사이로 톱밥을 넣고 있다. 흙벽을 조금씩 쌓고 톱밥을 넣고 다지는 작업은 끈기를 요하는 일이다.

또 하나 사용한 공법은 사이에 장작나무를 심고 흙을 올린 토막집(Cut-wood house)으로 유럽에서는 Cord house(장작나무를 쌓은 집)라 불리기도 하는 집이다. 김씨가 토막집이라 이름 붙인 통나무흙집은 손수 지을 수 있다는 점에서 요즘 우리나라에서도 인기를 많이 끄는 건축 형태다. 그는 "해충을 예방하고 썩는 것을 방지하기 위해서는 반드시 껍질을 벗기고 충분히 건조된 나무를 써야 한다"며 "흙 사이에 분쇄된 톱밥을 쌓아 넣는 방식으로 단열을 보강한다"고 건축 방식을 소개했다.

벽은 흙, 톱밥, 흙의 3중 구성으로 만들어지는데, 시간이 경과할수록 나무와 흙이 수축하며 생기는 공극을 막기 위한 방법이다. 미세한 공극이 톱밥에 의해서 차단되면, 벽을 불필요하게 두껍게 만들지 않아도 되는 장점도 있다.

그는 "두 겹의 흙벽 사이에 톱밥을 채워 넣는 작업은 분명 힘이 들고 시간도 많이 걸리지만, 우리는 그곳에서 다른 흙집과 비교할 수 없는 시간을 보낼 것"이라고 덧붙였다.

현재 지어지고 있는 흙집은 총 4채다. 서양 흙집의 기본기법을 토대로 우리 전통의 흙다루기 방법을 가미해 집은 점점 모양새를 갖춰가고 있다. 제법 외관이 완성된 한 채에는 지붕 위에서 잔디가 자라고 있다. 구들이 완성된 집에는 속이 빈 통나무가 굴뚝을 감싸고 서 있다.

집들끼리 이어주는 길조차 만들지 않은 이 마을은 전기 없이 오로지 태양의 빛만을 사용할 예정이라고 한다. 자연이 주는 에너지를 가공없이 그대로 사용하는 것, 물안골 흙집이 가진 꿈이자 현실이다.

:: 한 발치 앞에 온 생태마을의 꿈

흙집 아래로는 99㎡(30평) 정도의 한옥이 지어지고 있다. 우리의 전통한옥
이 가진 특성을 그대로 살리면서 지어지고 있는 육각형 한옥이다. 아직 골
조와 지붕만 작업이 된 상태로 천창이 뚫린 지붕과 기둥 없는 실내가 독특
하다. 이곳은 강의실 겸 단체수련의 공간으로 활용할 계획이다. 기와까지
얹혀진 또다른 한옥 한 채도 현재진행형이다. 역시 내부공간은 아직 작업
전이라 건조 중인 목재가 한 무더기 쌓여 있다.

"한 채 씩 끝내지 않고, 동시에 진행하는 것은 재료비를 크게 줄일 수 있기
때문이죠. 흙과 나무 등을 한 번에 다량 구입할 수 있고, 지루하지도 않죠."
김씨는 계곡 옆으로 육모정을 지을 계획까지 이미 세우고 있었다. 그 곳은
풍욕과 대화를 즐기는 공간으로 활용할 예정이다. 이 마을은 조만간에 어느
정도 윤곽이 잡히고 서서히 생태마을로 자리를 잡아갈 것이다. 혼자 힘으로
이 큰 일을 기획, 진행하는 김기헌 씨는 말한다.

"집은 사람과 공존하는 것이지, 사람이 이용하는 공간이 아닙니다. 집 자체
가 숨을 쉬고 구조물 스스로 자신을 보호할 수 있어야 하죠. 또, 산 속에 들
어와 이렇게 흙집 짓고 산다고 생태적인 삶을 누린다고 할 수 없습니다. 생
활 방식에서, 가치관에서 끊임없이 '추구하는 삶'이 되어야 합니다. 중이
머리 깎았다고 해탈을 얻는 게 아니듯 말입니다."

5

6

1 진행 중인 한옥 현장에서 포즈를 취한 김기헌 씨. 육각 형태로 한옥을 짓는 것도 독특한 시도다.   2 한옥 천장을 올려다본 모습. 육각의 지붕은 세 개의 천장을 가지고 기하학적인 구조로 시공되었다.   3 김씨는 나무를 만질 때가 가장 행복하다고 한다.   4 흐르는 계곡을 따라 김씨가 생태연못을 만들어두었다. 인공적이지 않은 자연스러움에 원래 있던 연못인 양, 구별이 쉽지 않다.   5 한창 지붕작업 중인 김씨와 그의 동료. 여기 지어지는 흙집의 지붕은 잔디와 야생화가 자라는 땅이 될 것이다.   6 기와로 만들어 준 물결무늬.

HOUSE PLAN

대지위치 : 인천광역시 강화군 길상면 동검리
지역지구 : 자연녹지지역, 군사시설보호구역
대지면적 : 345㎡
건축면적 : 153.69㎡
연면적 : 195.43㎡
건폐율 : 31.05%
용적률 : 39.48%
규모 : 지상 2층
구조 : 목구조 / 흙다짐벽
내부마감 : 담틀벽, 스프러스 서까래 노출, 천연페인트
외부마감 : 담틀벽, 레드파인사이딩, VP도장
설계담당 : 이일우, 김영옥
설계기간 : 2004. 4 ~ 2004. 8
공사기간 : 2004. 8 ~ 2005. 1
건축설계/감리 : 건축사사무소 건축공방 무(無)
　　　　　　　　 02-3672-9777 http://blog.naver.com/slyu
목구조/흙다짐벽구조 : 건축사사무소 건축공방 무(無)
RC구조 : 남정
전기/설비 : 선화기술단사무소
시공 : 미담건축
담틀벽시공 : 흙건축연구소 살림

독립된 공간 활용이 돋보이는 주택

담틀벽과 목구조의 현대적인 해석

도심이 싫다는 건축주는 전원생활을 오래전부터 결심하고 주택 마련을 위해 10년을 준비했다. 또한 건축가와 6개월에 걸친 오랜 의견 조정 끝에 자신의 머릿속 생각을 구체화시켰다. 그런 여과과정을 거친 후 부부는 지금의 주택에 매우 만족스러워 한다.

"건축가를 찾는 일도 여기저기 많이 알아보고 이왕이면 젊은 사람에게 의뢰했어요. 우리 집을 지어줄 사람인데 막혀 있는 사람보다는 열려 있는 사람이 낫지 않겠어요?"

건축주 부부는 50대의 나이가 믿기지 않을 정도로 젊게 살고 있었다. 이번 주말에 지인들을 초대할 예정이라며 마당에 그네와 파라솔을 설치하면서 토닥거리는 모습에서 여유로움과 행복이 느껴진다.

데크로 확장되는 공간 1층과 2층의 독립적인 설계가 독특하다. 정원으로 들어서면 1층으로 내려가는 돌계단과 2층으로 향하는 데크가 있다. 방문하는 지인들은 1층은 집인 것 같은데 2층은 누가 사냐고 묻기도 한다. 같은 목재로 만들어지고 엄연히 내부계단으로 연결된 한 주택인데 설계의도에 따라 다른 공간이 되는 것이다. 주택에는 7개의 데크가 들어가 공간을 제한하지 않고 확장시킨다. 옥상조경으로 구성된 1층 지붕은 바다를 끌어오며 지붕을 뚫고 서있는 회화나무는 1층과 2층을 연결해 준다.

一자형 구조 안에 켜켜이 들어선 공간 옛집의 구조를 본 따 一자로 설계한 주택은 사랑채와 중정, 거실, 응접실과 침실, 화장실이 길게 늘어선 형태이다. 동선이 비효율적이라 생각할 수 있지만 모든 공간들이 오밀조밀하게 연결되어 있다. 거실을 비롯한 다른 공간들은 과하지 않은 공간면적으로 동선을 줄여주고 아늑한 느낌을 준다. 거실의 통창 한 쪽으로 서해바다와 갯벌이 한눈에 보이고, 다른 쪽으로는 정원이 펼쳐진다. 여타 다른 전원주택의 거실에 비해 층고도 낮고 좁은 느낌은 들지만, 건축주의 소박함과 자연스러움이 묻어난다.

주방과 분리되는 응접실 + 다용도실을 겸비한 주방 직장 때문에 집에서 많은 시간을 보내지 못하는 안주인은 으리으리한 주방이 필요하지 않았다. 그래도 필요한 용품들은 다 갖춰져 있는 단출한 주방은 쓰기에 부족함이 없다. 주방은 세탁기까지 구비된 다용도실이다. 대신 식탁을 응접실로 빼서 기능을 분리했다. "대게 손님들이 오면 정원에 나가서 식사를 하니까, 주방과 응접실이 클 필요가 없죠. 크면 나중에 치우기도 힘들고 지금 크기가 딱 쓰기 편하답니다." 거실 끝을 응접실로 활용한 것은 공간활용이 돋보이는 부분이다. 실용적인 면을 고려해 조리기구도 준비돼 있어, 간단한 손님맞이 때 활용한다.

황토방으로 꾸며진 사랑방 사랑방 뿐 아니라 모든 내부마감이 담틀벽으로 시공되었는데, 구들장을 놓은 사랑방은 그 역할을 톡톡히 한다. 아궁이에 불을 피면 구들장의 뜨끈한 열기가 고스란히 전해져 찾아온 손님들이 무척 좋아한다고 한다. 흙 건축에 많은 관심을 가지고 있던 건축가는 사랑방을 흙과 구들로 지을 것을 제안했고 건축주는 흔쾌히 승낙했다.

원룸이 연상되는 안방과 욕실 살림살이가 많은 게 싫다는 안주인은 안방의 한 쪽 벽면은 붙박이 장으로 짜맞추고 곳곳의 수납공간을 빌트인으로 활용했다. 선반 하나도 모두 수납이 가능하게 한 것. 미적인 면보다는 실용성을 중시하는 라이프스타일이 고스란히 반영되었다. 크고 화려한 안방보다는 살기에 불편함만 없으면 된다는 게 안주인의 생각이다. 안방과 연결된 건식 욕실의 바닥은 타일과 어우러져 산뜻한 느낌을 더한다. 창을 통하여 바깥풍경을 감상할 수 있으며 한 쪽에는 샤워박스를 설치해 두었다.

노후를 위한 2층 작업실과 다락방　1층에서 계단을 올라가면 전경이 한 눈에 펼쳐지는 2층 작업실이 나온다. 곳곳에 미용기구들이 보이는데 미용일을 하는 안주인은 후에 은퇴를 하게 되면 이곳을 작업실과 미용샵으로 사용할 생각이다. 1층에서 올라온 기둥 상부에 경량 부재를 합성한 Post & Beam 방식으로 구성하여, 목조의 선을 그대로 표현했다. 선은 지붕과 서까래로 이어져 목조주택의 정취를 더한다. 작업실의 3면으로 모두 데크가 나있는데, 바깥으로 연결되어 있는 데크는 1층을 거치지 않아도 외부로 나갈 수 있다. 또다른 데크는 1층 지붕과 연결되어 있다. 작업실에서 사다리로 연결된 다락방은 효율성보다는 미적인 면을 고려해 만들어졌다.

07

동갑내기 부부의 풋풋한 전원생활
180만원 들여 지은 통나무흙집

집구경을 많이 다니다 보면 땅과 집, 집주인과의 균형관계가 눈에 잡힌다. 세 꼭지점을 잇는 삼각형은 어느 한쪽으로 치우치는 게 대부분이다. 땅의 목소리가 더 큰 집이 있고, 집 자체가 주변을 제압하기도 한다. 집보다는 사람의 기(氣)가 더 세기도 해, 집주인과 한참 대화를 나누고 돌아와도 집 모양새가 잘 생각이 안 날 때도 더러 있다.

손홍배, 이태자 부부의 집은 어느 하나 더한 것도 없이 알맞은 균형감을 갖고 있다. 시골길을 옆에 둔 넓지 않은 집터에 16㎡(5평) 남짓의 흙집, 토닥토닥 정겨운 부부의 모습이 서로를 낮추며 잘 어울리고 있었다.

경기도 하남에 살았던 부부는 지난 2002년, 손씨가 직장에 경북 영주로 발령을 신청하면서 이사를 왔다. 이 때 아니면 언제 전원생활을 해볼 수 있을까 하는 마음에 덜컥 내린 결정이었다.

손씨의 고향은 전라도지만, 경상도가 고향인 아내 덕분에 그리 이물이 없을 거란 생각도 들었다. 이제 간혹 사투리를 섞어가며 쓰는 손씨. 그는 부부의 시골행을 이렇게 설명했다.

"우리 부부가 반골 습성이 있어요. 사람들이 첨단이다 뭐다 하며 우르르 따라가면, 저흰 왠지 싫더라구요. 결국 이렇게 시골로 내려온 거 보세요. 집도 너무 그럴싸하게 지으면 사람이 되려 치일 것 같아서, 원래 있는 빈집이나 구해 내려오기로 했었죠."

:: 부부가 직접 지은 흙집

경북 영주 근처에 아내의 처가식구들이 몇몇 살고 있어서, 빈 농가를 쉽게 구할 수 있었다. 슬래브로 지은 본채와 허물어져 가는 우사(牛舍) 한 채가 자리한 곳이었다. 부부는 이왕 시골로 내려온 터, 직접 우사를 부수고 흙집을 지어보자 무모한 도전을 시작했다.

건축일을 해 본 경험도 없고, 주변에 조언을 구할 전문가도 없었다. 인터넷과 책에서 정보를 얻고 일단 50만원짜리 중고트럭을 한 대 샀다. 나무와 흙을 옮기려면 꼭 필요한 수단이었다. 벽체에 들어가는 육송은 집 주변에 간

16㎡(5평) 흙집에 들인 시공비 내역

비용 내역	
기초작업 포크레인	하루 30만원
구들에 쓴 적벽돌	10만원
지붕 송판 자재	40만원
지붕 슁글지	12만원
	(롤당 2만5천원, 5롤 구입)
지붕 피죽	10만원(제재소에서 2차 구입)
기타 잡비	나머지

벌하는 현장을 찾아 옮겨 놓기로 했다. 아내 이씨는 그 때를 회상하며 고개를 설레설레 젓는다.

"얼마나 추웠는데요. 눈까지 내리는 한 겨울에 나무를 굴리고, 줄에 매서 끌고 내려왔어요. 특히 문틀에 쓸 나무는 직경이 30㎝쯤 되어야 하는데, 한두 개도 아니고 나중엔 어깨에 굳은살이 박힐 지경이었지요."

흙은 집 뒷산에 좋은 황토가 있어 쉽게 구할 수 있었다. 창문틀은 조카네 산에 버려진 나무기둥을 가져다 쓰고 창문은 버려진 새시 중에 쓸 만한 것들을 주워 놓고 본격적인 작업에 들어갔다.

부부는 모든 자재는 주변에서 구하는 것을 원칙으로 삼았다. 자기 땅에서 난 것이 사람 몸에 좋듯이, 집도 마찬가지란 생각에서다. 신토불이(身土不二)에서 더 나아간 가토불이(家土不二) 정신이다.

:: 최저 비용으로 최고 효과 얻어

일단 터를 닦고 줄기초를 시작했다. 적벽돌을 이용해 구들을 놓고 황토를 반죽, 숙성시키면서 지루한 벽체 작업에 들어갔다. 마구 치댄 흙에 마대를 덮어 열흘 정도를 두면, 흙의 불순물과 공기가 빠져서 손으로 다지기 쉬워진다. 그리고 나면 열심히 통나무를 쌓고 흙담을 치대면 된다. 남편이 통나무를 쌓고 출근을 하면 아내는 낮 동안 흙과 씨름을 했다. 흙벽에 기대고 앉아 나무망치로 토닥토닥 두드리면서 하루하루를 보냈다.

이렇게 여러 날이 흐르자 집은 차차 형태를 갖춰가고 서까래와 지붕이 올라갔다. 내벽 마감 직전에는 목초액을 세 번씩 뿌려 해충을 예방하고, 방바닥은 비료포대를 뒤집어 깔고 콩기름을 먹였다. 아직 바람이 시원한 때라 문은 방충망으로 대신했지만, 겨울이 오기 전 문도 달고 툇마루 작업도 마쳐야 했다.

지붕을 덮은 피죽은 몇 년이 지나면, 오염되지 않은 갈대로 엮어 볼 생각이다. 오래된 슬래브집인 본채도 귀틀집으로 바꿀 계획을 가지고 있다. 귀틀집은 단단하고, 생긴 그대로의 나무를 쓸 수 있으니 어렵지 않다고 한다.

"별다른 치목 과정도 없고, 일단 나무로 뼈대를 만들어 놓고 나면 지붕을 바로 얹을 수 있어요. 그런 다음 흙다짐을 하면 비 올 때마다 달려와 비닐을 덮어줘야 하는 번거로움도 없죠. 귀틀집은 어쩌면 통나무흙집보다 더 쉬울 수 있어요. 집 짓는 게 무조건 어려운 일은 아니에요. 처음 해보는 일이라고 지레 겁을 먹을 필요도 없죠. 새들도 자기 집을 짓는데, 하물며 사람이 못하겠어요."

짓는 건 둘째치고, 흙집은 유지 관리도 어려운 집이다. 그러나 그는 집에 생기는 금조차 환영한다고 말했다. '환절기 때 초상이 더 잘난다'는 말이 있듯이, 외부 온도와 어느 정도 맞춰 살아야 사람이 건강할 수 있다는 것이다. 시차 적응하듯, 사람이 자연에 맞춰 살아야 한다는 것이 그의 철학이다.

:: 처음으로 고추농사를 짓다

부부는 지난 해 텃밭을 가꾸는 수준에서 올해는 본격적으로 고추농사를 지었다. 마당 가득 펼쳐 놓은 태양초들을 보니, 제법 농사가 잘 되었나 보다. 대개 고추는 수확 시기가 되면 이틀에 한 번 꼴로 농약을 친다. 게다가 화근이라고 해서 단기간에 불로 건조시키기 때문에 농약성분이 고추에 더욱 달라붙는다. 이러한 고춧가루로 담근 김치가 우리 식탁을 점령하는 것이다.

그러나 부부는 이러한 농사방법 역시 반기를 들었다. 둘이 일군 첫 농산물에 최소한의 농약만을 사용했다. 장마 전에 딱 두 번 약을 치고, 손수 딴 고추는 마당에 널어 말리고 있었다. 100% 태양초를 만드는 것이다.

해충과 싸워 이긴 작물은 그만큼 제대로 된 맛을 낸다. 이는 하얗고 여린 도시 아이와 산과 들을 내집 삼아 자란 아이가 무인도에 가면, 누가 살아남느냐와 같은 이치다. 부부는 강하게 키우는 아이처럼 고추농사를 지었다.

"아랫마을은 고추 농사가 절반 이상 손해를 입었답니다. 저희는 첫 수확물인데, 이 정도면 제법이지요. 인터넷 장터에 올리니 찾는 분들도 많아 보람도 커요. 이젠 자신감이 붙어서 내년에는 밭 가운데 농막도 짓고, 본격적으로 농사일을 해봐야죠."

:: 나무배를 만드는 남편

나무를 만지기 시작하면서 손씨는 독특한 취미에 빠졌다. 흙집의 데크를 만들려다 어느 새 목공기술을 익히게 되고, 나무로 배를 만들어볼까 하는 생각을 하게 된 것. 아마 전라남도 완도가 고향인 탓에 배가 친숙했던 모양이다. 그가 만드는 배는 예전의 나룻배와는 다른 서양식 목조정이다. 일종의 카누라고 볼 수 있는데, 두세 명이 타고 노를 저어 나가는 곡선미가 빼어난 배다.

그의 첫 작품은 '라우톤텐더' 라는 바다용 3인승 보트였다. 우리나라에서는 도면을 구할 수 없어, 9만원씩이나 들여 외국설계도면을 구입했다고 한다. 두께 7mm, 폭 18mm로 제재. 가공한 나무를 켜켜히 이어붙이다보면 곡면이 나오고 이 위에 에폭시와 유리섬유를 적층해 완성하는 식이다. 그는 목조정을 만들면서 나무의 매력에 푹 빠진 모양이다. 나무마다 종류와 특징을 줄줄 외는 수준이다.

"나무 다루는 사람들은 느티나무를 최고로 치죠. 매우 단단한데다 독특한 매운내를 가지고 있는 개성 있는 나무랍니다. 저는 특히 산벚나무인 체리나무를 좋아하는데, 샌딩작업을 하다보면 이름 그대로 달콤한 체리향이 기분을 좋게 하죠. 이 외에도 스프러스와 적삼목 등 다양한 나무들을 두루 만지다 보면, 저마다 손맛이 달라 정말 재미있어요."

이 보트는 내장공사가 마무리되면, 완도의 아버님께 선물할 예정이다. 시험 삼아 충주호에서 출항식까지 완료했다고 한다.

요즘은 강이나 호수에서 타는 '프로스펙터' 라는 카누를 만들고 있다. 6m나

되는 길이로 앞마당에서 작업하느라 그는 가을볕에 더욱 그을렸다. 더울 때 빨리 작업을 마무리해야 유리섬유 적층이 잘 되고 경화도 빨리 이루어진다고. 아웃레일 작업까지 마친 카누는 이제 내부 데크를 달고 의자도 끈으로 짜야 한다.

이러한 목공정은 쉽게 배울 곳이 없어, 그도 처음 고생을 많이 했다. 그러다보니 그는 일반 DIY공방이 아닌 '배 만드는 공방'을 꿈꾸고 있었다.

"배를 만들고자 하는 이들이 모여 고민하고 토론하는 공방을 만들고 싶어요. 집 주변에 강이나 바다를 둔 분들은 함께 와서 만들어 보면 좋을 겁니다. 은퇴하면 고향 완도에 가서 배나 타야지 하는 생각으로 시작했는데, 이제는 배 뿐 아니라 요트, 윈드서핑 보드까지 만들어 볼 야심찬 계획을 가지고 있답니다."

:: 책과 꽃을 사랑하는 아내

목공정에 빠진 남편과 달리 아내는 집 안팎을 가꾸느라 분주하다. 울타리를 따라 붉게 핀 가을장미를 보며 그녀는 첫 해의 실수담을 털어놓는다.

"남편과 함께 무려 20만원 어치 야생화를 인터넷으로 주문했어요. 마당에 아기자기하게 심고 가꿀 포부가 대단했죠. 그런데 다음 해에 보니 마당과 집 주변 전체에 저희가 산 꽃들이 원래 피고 있었던 거예요. 주변 자체가 야생화 지천이었는데, 이를 사다 심을 생각을 했으니 저희가 서로 얼마나 웃었다고요."

마당엔 크고 작은 야생화 뿐 아니라 오이와 방울토마토, 호박덩굴이 자라고, 집 뒤편 둔덕에는 산더덕까지 뿌려내렸다. 마당을 거닐다보니, 흙 사이로 간혹 묻혀 있는 항아리가 나타났다. 이를 궁금해하자, 손씨는 바로 안채로 들어가 아내의 도예작품들을 들고 나온다. 키 작은 수목 아래 전시해두니, 전문가 작품 저리 가라다.

실상 아내는 정원손질도 도예도 다 좋지만, 흙집에서 독서하는 시간을 제일로 친다. 벽면을 빙 둘러 채워진 손때 묻은 책들이, 그녀의 보물 1호다. 도시에 있을 때도 시간만 나면 고서점을 다니며 책을 모았던 그녀는 이곳 생활의 아쉬운 점을 말한다.

"경북 영주면 착은 도시도 아닌데, 시립도서관에 있는 책들을 보면 한숨이 나와요. 시골은 이러한 문화생활을 누릴 수 있는 여건이 너무 부족하죠. 제가 책들을 더 모으게 되면 저희 집을 북카페로 만들어 볼 생각이에요. 누구나 지나는 길에 들러 가볍게 책을 보다 갈 수 있는 곳, 없다고 불평만 할 것이 아니라, 직접 만들면 되는 것 아니겠어요?"

그녀의 포부에 남편 손씨도 고개를 끄덕인다. 부부는 시골에 내려와 개인적인 행복을 얻은 만큼, 이제 그 즐거움을 남에게 돌려주려 하고 있었다.

'배가 산으로 간 까닭은?' 둘이 미리 지어본 공방과 카페의 이름이란다. 부부 사공은 오늘도 열심히 노를 저어 그들의 마당에 돛을 내리고 있었다.

HOUSE PLAN

대지위치 : 인천시 강화군 강화읍 길상면
건축형태 : 복층 목구조 흙벽돌집
대지면적 : 430㎡(130평)
건축면적 : 100㎡(30.5평)
연면적 : 127㎡(38.5평)
 　　　　1층 - 100.83㎡(30.5평) / 2층 - 26.40㎡(8평)
외벽마감 : 황토벽돌(황토＋볏짚), 황토모르타르, 로그사이딩
내벽마감 : 황토모르타르, 한지
지붕재 : 아스팔트 슁글
바닥재 : 참숯, 황토
천장재 : 미송루버
난방 : 심양전기보일러, 구들
설계&시공 : 초원황토주택 031-987-7322
　　　　　　http://www.cwhouse.co.kr

08

전통양식에 접목한 현대화
주거성을 높인 목구조흙벽돌집

너무도 익숙해서일까 주거공간하면 박스형의 아파트를 가장 먼저 떠올리곤 한다. 현대 건축이 밀물처럼 들어오기 전, 우리네 대표 주거문화는 흙집이 었다는 사실도 세월 속에 잊혀져 가고 있다. 그런데 구차하고 불편한 것으로만 치부하던 그 옛 살림집으로 세간의 관심이 유턴하고 있다. 더구나 그저 예전 것을 흉내 내기에 급급하거나 건강만을 내세운 상업성도 이젠 어느 정도 옥석이 가려진 상태다. 이러한 가운데 흙집의 전통을 고수하면서도 생활에 편리하도록 현대화를 접목한 흙집의 시도가 활발하게 전개되고 있다. 그 대표격이라 할 수 있는 것이 목구조 흙벽돌집이다.

:: 벽체 보호 위해 D로그 사이딩으로 마감

강화도 길상면 한적한 초지리 마을. D로그 사이딩으로 외부를 마감해 영락없이 통나무주택으로 보이는 집 한 채가 유독 시선을 끈다. 하지만 이 주택의 구조를 정확히 짚는다면 목구조흙벽돌집에 해당한다.

전형적인 흙집은 뼈대는 나무로 벽과 바닥, 지붕 안쪽 등은 흙을 사용하고 지붕 바깥은 짚, 기와, 너와, 돌(점판암) 등으로 마감, 곳곳을 둘러 흙이 빠지지 않는다.

그렇다면 왜 그럴까? 흙은 열 차단효과가 높아 온도를 일정하게 하고, 쾌적한 상온을 유지할 뿐만 아니라 습기를 머금었다 품었다 하므로 적당한 습도를 스스로 통제한다. 또 미립자 틈틈이 바람을 서서히 통과시켜 실내 공기를 외부와 자동적으로 순환시켜 주는 재료이기도 하다.

현재 우리나라에 지어지고 있는 흙집은 짓는 방식이나 구조 부자재의 사용에 따라 몇 가지로 분류할 수 있다. 이를 한번에 가늠할 수 있는 벽체에 기준을 두고 보면 크게 심벽집, 토담집, 목구조 흙벽돌집으로 구분된다. 간혹 흙 사이사이에 통나무를 드문드문 얹어가면서 다시 흙으로 메우며 벽체를 형성하는 귀틀집도 넓은 의미에서는 흙집의 범주에 포함되기도 한다. 이러한 방식들은 최근에도 맥을 이어가고 있는데, 그 가운데 구조적으로나 건축의 효율성 면에서 목구조흙벽돌집이 가장 선호도가 높다.

1 시공사인 초원황토주택에서는 자체적으로 흙벽돌도 생산하고 있다. 생황토에 볏짚만을 넣을 뿐 일체의 이물질은 넣지 않는다. 그러다보니 다른 제품에 비해 말리고 숙성하는데, 많은 공을 들이고 있다. 2 지붕은 아스팔트 슁글로 마감하였다. 하중 및 효율, 비용의 문제 등을 두루 고려한 선택이었다. 3 단순한 지붕선이 주택을 견고하게 보이게 한다. 4 거실에 들어서면 나무와 흙의 향 때문인지 왠지 깊은 숨을 들이키게 된다.

초지리 주택의 시공과정

흙집은 우리 정서에 맞고 여러 장점을 지닌 주택임을 잘 알면서도 막상 짓고자 하면 머뭇거리게 하는 면이 있다. 구조적인 안전성의 문제, 단조로운 평면 또는 복층을 형성하기 어려운데 따른 생활의 불편함 등이 그것이다. 초지리 주택은 이러한 점들을 개선해 한옥의 가구(架構)식과 목구조의 트러스 공법을 적절하게 응용한 퓨전식이라 할 수 있다.

건축설계 비교적 건축면적이 협소한 점을 감안해 효율적인 공간 활용을 구상했다. 단순한 평면설계로 실질적인 생활에 편리한 아파트형 배치로 설계하였다. 또한 목구조 골조방식에 지붕은 아스팔트 슁글로 마감해 현대적인 요소를 가미시켰다.

기초공사 집터의 위치는 향을 우선적으로 고려해 자칫 어두워 보일 수 있는 주택 내부에 일조권을 최대한 확보하였다. 무슨 구조의 주택이든 마찬가지 겠지만 흙집의 기초는 중요하다. 배수가 용이하도록 바닥을 파고 지면에서부터 30~50㎝ 정도 집터를 올려 다졌다. 바닥면과 기초 골조공사 후 화장실과 주방 부분의 상하수 배관 및 온수 배관, 정화조 등도 가설하였다.

골조공사 기둥, 보를 결합하는 전통적인 한옥의 목구조방식을 바탕으로 골조를 세웠다. 러시아산 미송을 사용해 기둥과 보로 골조를 세운 데다, 2층 부분에는 중보를 촘촘히 배치하고 그 위에 원목 송판과 열차단막을 깔았다. 후에 참숯과 황토미장을 통해 2층 바닥을 이루게 된다.

지붕공사 기와나 초가는 하중 및 효율, 비용의 문제에 있어 다소 떨어지는 면이 있다. 대신에 아스팔트 슁글로 지붕재를 마감하면 시공비 절감은 물론이고 내구성도 확보할 수 있다. 지붕을 얹을 때는 수평을 맞추는 것에 신경을 써야 하는 것이 시공의 포인트다. 또한 주의할 점은 목재의 건조 상태를 사전에 면밀히 살펴야 한다는 점이다.

벽체공사 비용과 내구성 등을 감안, 시공사에서 자체 생산하는 흙벽돌(300×180×160㎜)을 사용하였다. 흙과 볏짚만을 섞어 생산한 것으로 상온에서 충분히 말리고 숙성시켜 강도를 확보한 제품이다. 벽체 내부에는 흙벽돌 조적 후에 황토모르타르와 한지 등으로 마감하였고, 외부에는 황토모르타르에다 로그사이딩으로 마감해 외기로부터 벽체를 보호하였다.

전기 & 설비공사 벽체 공사가 완료되면 전선을 흙벽에 매립하여 배선을 하고, 화장실 및 다용도실은 방수를 위하여 흙벽돌 위에 방수미장 후 타일로 마감하였다. 난방은 심야전기보일러를 선택하였고, 방 하나는 찜질방을 만들어 구들과 보일러를 겸용으로 사용할 수 있도록 하였다.

1 흙집에서는 좀처럼 보기 어려운 복층 구조로 설계되었다. 2층을 받치는 부분에 중보를 촘촘히 배치하고, 그 위에 원목 송판과 열차단막을 설치 한 뒤 황토미장을 하였다. **2** 2층으로 올라가는 계단. 흔히 흙집을 짓다보면 주택의 모양새나 기능적인 면에서 소홀히 하기 쉬운데, 전통 한옥의 구조에다 서구의 목조주택 외형을 절충하고 기능면에서도 현실적인 설계가 이루어졌다. **3** 지붕을 받치고 있는 노출된 서까래. **4** 1층 욕실. 방수를 위해 흙벽돌 위에 방수미장 후 타일 마감하였다. **5** 석회, 시멘트 등 이물질이 첨가된 흙벽돌은 튼튼해 보이지만 막상 생활토로만 찍은 벽돌보다 부식이 빠르다. 이물질이 포함되지 않은 흙벽돌을 감별하는 방법은 물에 흙벽돌을 조금 깨어 넣어 보면 수초 내에 풀어지는 것을 확인할 수 있다. **6** 실내에 마련한 구들방. 며칠을 두고 불을 때는 것이 귀찮을 때를 대비해 심야전기보일러를 겸용할 수 있도록 하였다.

:: 300×180×160㎜ 흙벽돌 3천5백장 소요

주택에는 시공사인 초원황토주택에서 흙과 볏짚만을 배합, 직접 생산하는 흙벽돌(300×180×160㎜) 3천5백장 정도가 소요되었다. 전국을 8개월에 걸쳐 돌아보며 찾아낸 김포 하성의 적토를 원자재로 하였다. 하성군에는 '마누라 없이는 살아도 장화 없이는 못산다' 라는 우스개 소리가 있을 정도로 찰지고 좋은 토양이 풍부하다.

통상 '황토' 라고 통용되고 있는 말은 '붉고 차진 흙', 즉 '진흙'을 지칭하는 것이다. 경상도나 전라도 등지에서는 말 그대로 황토를 우선으로 치지만 경기도나 중부지역에서는 적토를 손꼽는다.

흔히 흙집을 짓다보면 주택의 모양새나 기능적인 면에서 소홀하기 쉬운데, 전통 한옥의 구조에 서구의 목조주택 외형을 절충하고 기능성에서도 현실적인 설계로 기능성을 높였다. 예를 들면 동선의 흐름을 차단할 수 있는 문턱을 낮추고 최대한 트인 창을 두어 내부에서도 자연의 변화를 느낄 수 있도록 문과 처마의 높이를 정했다.

든든하게 지붕을 받치는 노출된 서까래가 훤히 보이는 실내는 미장용 황토 모르타르와 함께 부분적으로 한지를 대어 마감하였다. 거실에 들어서면 전체적으로 나무와 황토를 함께 사용한 만큼 벽면의 질감이 편안하며, 나무와 흙의 향 때문인지 왠지 깊은 숨을 들이키게 한다. 한편 거실 벽면에는 큰 폭의 황토벽화를 설치해 습기 조절 역시 원활하도록 배려하였다.

흙집의 최대 장점은 무엇보다 냉난방 효과에 있다. 한마디로 여름엔 시원하고 겨울엔 따뜻하다. 각 방향으로 출입문과 창을 확보하여 통풍이 좋고, 특히 건강에 이로운 원적외선을 다량으로 발산하는 황토의 고유한 특성에 비롯된 것이다.

난방수단은 심야전기보일러를 설치하였다. 실내에 별도의 찜질방을 두어 시공사에서 개발한 황토구들장(300×400㎜)을 사용해 바닥 미장을 하였다. 구들과 보일러 겸용으로 한번 불을 때면 이튿날까지 방바닥에 온기가 가시질 않을 정도다.

09

건축주가 손수 지은 139㎡(42평) 흙집

이음새 없는 벽체의 **토담집**

윤경중 씨는 7년 전, 뜻밖의 전화 한통을 받았다.

"따르릉~. 저 책 한 권 썼습니다. 집 짓는 일 하시는 분이니 참고가 됐으면 해서요, 한 권 보내드릴테니 읽어보세요."

전화를 건 주인공은 '토담집(소명출판사)'의 저자 이화종 씨였다. 윤씨와 이씨는 한 동네에서 오래 살아온 마실친구였는데, 이씨가 자녀의 건강 때문에 강원도로 떠난 지 한참만의 연락이었다.

윤씨는 '토담집'이란 책을 읽으면서 건축자재로서 흙의 우수성을 깨닫는 동시에 어릴 적 흙집에 살았던 향수가 밀려오는 것을 느꼈다. 바로 다음날 영월에 있는 이화종 씨의 토담집을 찾았다. 흙집에 살면서 자연식을 해 온 이 씨의 가족은 몰라볼 만큼 건강해져 있었다. 그들의 모습에 영감을 얻은 윤씨는 '내 집도 흙집으로 지어야겠다'는 소망을 갖기 시작했다.

윤씨는 그 후로 2년 동안 영월을 다섯 번이나 방문하고, 다른 사람이 지었다는 흙집도 여러 곳 둘러보았다. 많은 답사는 흙집의 문제점을 발견하고, 개선할 부분을 체크하고자 한 의도였다. 그가 짓고자 한 흙집은 나름대로 세운 네 가지 조건을 만족해야 했다.

기초공사

구들놓기

벽체 올리기

"첫째, 현대인들이 선호하는 아파트보다 불편해서는 안 된다. 둘째, 살면서 하자가 발생하여 수리할 부분이 생기면 안 된다. 셋째, 흙은 습기에 약하니 철저하게 습기에 대한 대책을 세운다. 넷째, 아무리 건강에 좋아도 너무 비싸면 안 된다."

흙이 사람에게 좋다는 점은 인정하면서, 막상 흙집에 사는 것에는 망설이는 이들이 많다. 윤씨가 말한 위의 조건들을 충족시키지 못하기 때문이다. 그는 직접 이 문제를 연

[흙집에 산다] 경기 양주 흙다짐집 **187**

2

1 거실은 천장보와 루버가 그대로 노출되어 원목향이 그윽하다. 실내 거실창 사이에는 담벽 두께인 50㎝ 공간이 그대로 드러나 있는데, 창틀과 흙담 사이에는 두께 약 15㎝인 철제판이 삽입되어 갈라지는 현상을 막아 준다.   2 거실과 안방 중간에 위치한 구들 겸 벽난로. 두 계단을 내려가면 바로 아궁이가 위치하고, 여기서 땐 불로 안방의 바닥난방을 해결한다.

구, 계획하고 자신의 집을 지어 확인해 보기로 마음먹었다.

답사를 다니며 들른 한 시골마을에서 50년이 넘은 토담울타리를 발견했을 때, 40여 년 전 흙으로 지어진 2층의 담배 건조장이 관리 없이도 원형 그대로 남아있는 걸 보면서 그는 점점 흙집에 확신을 갖게 되었다. 그리고 지난 2004년 5월, 드디어 공사를 시작하였다.

1 기초 공사에 쓰인 돌이 노출된 하단부가 웅장하다. 139㎡(42평)이나 되는 담을 한번에 덮어줄 지붕이 필요했기 때문에, 지붕선이 단조롭다. **2** 현관을 깊숙이 들여놓은 것은 눈비에 젖을 것을 우려한 설계다. 지붕 위로 뻐꾸기 창을 내어 채광과 통풍에 신경을 썼다. 거실창 바깥으로 화분을 정리할 테라스를 만들었는데, 원활한 배수와 관리를 위해 바닥을 타일로 마감했다. **3** 윤경중 씨 가족의 즐거운 한 때. 윤씨의 손자는 3kg도 못 되어 태어났지만 지금은 몰라보게 건강하게 자라고 있었다. 이 때문에 가족은 흙집에 대한 애착이 더욱 커졌다고 한다. **4** 안방 곁에 붙은 윤씨의 서재. **5** 주방은 싱크대 윗 부분만 타일로 마감하고 나머지 벽면은 황토페인트를 사용했다.

:: 큰 돌로 쌓아 올려진 기초

집이 지어진 위치는 경기도 양주, 한강의 북쪽 지역이다. 윤씨는 겨울에 땅이 얼어도 지장을 받지 않도록 지표면에서 120cm 이상 파고 기초공사를 시작했다. 또한 습기를 피하기 위해서 폭 1m, 높이 80cm, 무게가 대략 1톤이 넘는 돌들로 기초를 쌓고, 지표면에서 1.2m 이상 높이를 올렸다. 기초와 함께 처마의 길이도 1.2m로 시공해서 어떠한 호우에도 벽면이 습기에 노출되는 일이 없도록 만전을 기했다.

마침 주변에 석산이 있어서 가공 전의 큰 돌을 어렵지 않게 구할 수 있었고, 흙도 기초공사를 통해 파낸 것을 그대로 사용해 비용을 줄였다.

:: 온전한 흙집을 위한 벽체와 지붕공사

무늬만 흙집이 아닌 완전한 100% 흙집을 위해, 순수한 흙 토담집을 구상했다. 나무로 기둥을 세우면 나무와 흙 사이가 접착이 되지 않아 틈이 벌어지는 현상이 생기고, 또 흙벽돌은 첨가물이 섞일 수 있어 배제했다. 토담을 치되 이음새가 없이 한 번에 155㎡(47평)을 치는 것, 말하자면 흙벽돌 한 장으로 집 전체가 지어지는 식이다.

쉽게 설명하면, 시멘트 건물을 지을 때 레미콘을 타설하기 위해서 거푸집을 세우듯, 폭 50cm, 높이 260cm의 틀을 세우고 포크레인으로 흙을 조금씩 부어 가며 돌아가면서 다지는 방식이다. 흙은 물로 반죽한 것이 아니라, 땅 속 깊이 습기를 머금은 흙 그대로를 부었다. 다져진 부위는 거푸집을 바로 분리해 습기를 피하고 흙이 잘 마를 수 있도록 했다.

벽체를 세운 후 바로 지붕작업에 들어갔는데, 토담 위에 게다목을 깔고 수평을 맞춘 후, 각 방마다 보를 걸고 서까래를 얹는 작업을 했다. 보와 서까래는 되도록 굵은 것을 사용했는데, 지붕 위의 단열을 위해 흙으로 20cm 이상 덮어야 해서 하중을 고려한 선택이었다. 서까래 위에는 목재 루버를 씌웠는데, 이 역시도 목재소에서 따로 두껍게 제작해 사용했다. 지붕 위에 흙을 덮기 위해서 비닐이나 방수시트 대신 두꺼운 알루미늄 호일을 깔았다. 또 옆을 막기 위해서는 높이 30cm의 두꺼운 송판을 사용했는데, 이는 보 굵기 30cm를 커버하고 또한 추녀로 이어질 서까래까지 받쳐주는 역할을 했다. 이 때 미리 전기배관을 뽑아 놓고, 나중에 지붕으로 올라갈 수 있는 작업구를 만들어 두었다.

:: 실용과 멋, 두 가지를 충족시킨 구들

흙집에 가장 잘 어울리는 난방은 구들일 것이다. 윤씨는 생활 편의를 고려해 기본적으로 기름보일러를 설치했는데, 안방 하나만은 반드시 구들 놓기를 원했다. 특이한 점은 불을 때는 아궁이가 거실에 들어선 것이다. 거실과 안방의 중간 부분에 50㎝ 정도 바닥을 낮추고, 아궁이를 설치했다. 안방 바닥 불을 때고, 제법 탄 후에 숯을 아궁이 앞 부분으로 끄집어내면 바로 거실 벽난로 역할을 하게 된다.

대부분의 사람들이 거실에서 불을 때면 그 연기를 어떻게 처리할까 염려하겠지만 전혀 문제가 없었다. 아궁이 안에 함실을 두고 부넘기 구멍을 여러 개 두면 작은 구멍으로 불길이 힘차게 나가게 된다. 여느 시골집이나 불 때는 부엌이 낮은 것처럼, 다른 곳보다 구들을 낮게 설치해 불이 위로 가는 성질을 이용하고, 구들과 바닥 사이의 공간을 확보하여 축열의 기능까지 노렸다. 결론적으로 아궁이는 거실보다 50㎝ 낮고 안방은 거실보다 50㎝ 높은 구조가 되었다. 안방의 바닥도 아궁이쪽은 낮고 굴뚝쪽은 약간 높게 시공했다. 구들정개를 쌓을 때도 이 방법대로 시공하면 불도 잘 들어가고, 방바닥을 바를 때 아랫목은 윗목보다 흙이 15㎝ 두껍게 시공되므로 방이 골고루 따뜻해진다.

아궁이 안의 함실은 반원형의 모습으로 옆쪽으로 주먹만한 구멍을 각각 3개씩 뚫어 놓는데, 정면쪽으로 뚫지 않는 것은 열이 바로 굴뚝으로 나가는 것을 막기 위함이다.

아궁이 앞쪽은 강원도 지방의 코쿨을 본 따 멋지게 벽난로처럼 만들고 상단부에 200㎜ 정도의 굴뚝을 세워 혹시나 생길 연기를 예방했다.

"두텁게 썬 삼겹살을 석쇠에 올려 아궁이에 넣었다 빼면 말그대로 기름기 쫙 빠진 '3초 삼겹살'이 탄생합니다. 그야말로 거실에서 바로 즐기는 최고의 맛이지요."

:: 더 나은 흙집 세상을 꿈꾸며

거실바닥은 대나무원목을 사용했고, 벽은 갈라짐 현상을 막기 위해 황토물에 운모석 고운가루를 섞어 칠했다. 욕실과 싱크대 상단 타일마감을 해야 할 부분만 최소한의 시멘트를 사용하고, 주방 내벽은 방수 기능이 있는 황토페인트를 칠했다.

아파트보다도 편한 흙집. 그가 꿈꾸던 토담집은 2004년 10월 이렇게 완성되었다. 윤씨 자신은 외관 디자인면에서 아쉬움이 많이 남는다고 하지만, 가족들은 이구동성으로 살수록 애착이 가는 집에 만족해했다. 그는 흙집을 구상하며 보낸 많은 시간들이 자신의 가족들을 넘어서 흙집을 구상하는 모든 건축주들에게 다소 보탬이 되었으면 한다고 덧붙였다.

HOUSE PLAN

대지위치 : 충북 태안군 남면
대지면적 : 992㎡(300평)
건물규모 : 단층
건축면적 : 149㎡(45평)
공법 : 기초 – 철근콘크리트
　　　 지상 – 목구조흙벽돌
구조재 : 육송
창호재 : 고나무
외벽재 : 흙벽돌
지붕재 : 아스팔트, 알루미늄, 동
마루재 : 종이장판
설계 및 시공 : 다우리 공방
　　　　　　　 011-9848-1956

[평면도]

10

풍요와 잉태를 컨셉으로 삼은
세상에 하나뿐인 **바닷가 흙집**

흙집을 짓는 이기성 씨 작업실에는 오래 전에 만들어 놓은 특이한 주택모형이 있다. 나중에 바다가 내다보이는 곳에 터를 잡으면 꼭 만들고 보리라 생각했던 집이다. 독수리 한 마리가 날개를 펴고 비상하는 듯한 형태. 머리 속으로만 생각했던 그 꿈은 바닷가 옆 안면도에서 드디어 실현되었다.

흰 깃털 대신 돌과 흙으로 날개를 삼고 동그란 둔덕으로 새의 목덜미를 흉내냈다. 그런데 머리를 앉히려니 도통 고민이었다. 땅의 기운이 강해서 집이 높으면 너무 기가 센 집이 될 것 같아 어쩔 수 없이 방향을 틀게 되었다. 그래서 집은 보는 방향에 따라 전혀 다른 모습을 하고 있다.

"앞에서 보면 여전히 새 한 마리가 웅크린 것 같지만, 멀찌감치 옆에서 보면 완전히 다른 얼굴이죠. 집 뒤 쪽에 아예 둔덕을 더 만들어 여자의 가슴을 본 떴어요."

가슴은 풍요와 잉태의 상징. 어머니의 품처럼 따뜻한 집으로 만들어지자 건축주 역시 흡족해 했다.

:: 질기면서 부드러운 집을 원하다

설계는 변경되었지만, 애초 집에 대한 생각은 여지없이 이어졌다. 내세울만한 설계도, 화려한 자재도 없이 그저 흙과 돌로 살 사람의 기운과 땅의 기운에 맞춰 맘 가는대로 짓는 것이다.

단, 기본전제는 있다. 질기면서 부드러운 집. 이는 가죽공예가였던 이기성 씨만의 철학이었다. 가죽 특유의 투박함과 동물의 근원적인 냄새가 배인 그윽한 외관은 낮고 안정적인 형세에 두껍고 단단해보이지만, 곳곳에 부드러운 곡선을 품고 있다.

독수리 부리 모양의 포치가 달린 가죽문을 열어젖히고 묵직한 느낌의 현관 공간으로 들어서면 부드러운 노란 빛이 쏟아져 내린다. 한지 냄새가 그윽한 바닥과 황토 벽면에서 풍기는 분위기가 진정 어머니의 품 속으로 들어선 것 같은 느낌이다.

석회질이 흘러들어 만들어진 동굴처럼, 모난 곳 하나 없이 이어지는 벽면을 따라 거실이 등장한다. 마치 미로 속에서 방향 감각을 잃은 듯한 느낌이다. 거실에서는 바다가 훤히 내다보이고, 주방쪽에서는 소나무 밭이 보인다. 둥

1

1 주택 전경. 안면도 내에서도 풍수적으로 가장 위치가 좋다는 언덕배기에 자리하고 있다. 2 모난 곳 없이 전체적으로 둥근 외관과 독특한 지붕형태가 눈길을 사로잡는다. 3 길에서 바라 본 모습. 4 우뚝 솟은 중앙의 원통형 매스는 각각 욕실과 현관 부분이다.

근 창들은 밖을 향해 입을 벌린 듯 아기자기한데, 때마침 내리는 새하얀 눈발을 맛보고 있는 듯하다.

:: 펼쳐지는 상상력, 기발한 독창성

집 안에는 공예가만의 손맛과 기발한 아이디어를 속속 찾아볼 수 있다. 주물난로에 황토를 덧발라 만들어 낸 벽난로와 곡선벽면을 따라 특수제작한 장식선반들. 창틀과 문은 한옥 고자재를 활용해 짠 뒤 가죽을 덧대어 문양을 새겨 넣었다. 특히 부엌에는 벽면을 뚫어 긴 항아리를 박아 저장고를 만들고, 황토벽돌을 쌓아 싱크대도 만들었다. 그 뒤에는 뭐든 만들 수 있는 다용도실까지 덤으로 있다.

욕실도 참 오묘하다. 계란의 노른자처럼 샛노란 벽칠에 커다란 흰 욕조. 그 옆으로는 온통 통창이다. 반투명유리도 아닌 것이 참으로 민망하겠다는 질문에 그는 워낙 오지라 훔쳐볼 사람도 없다고 심드렁하다.

작은 소품에서부터 전체를 이루는 집의 형태까지 모든 것이 세상에 단하나뿐인 작품. 독특하고 새로운 모습의 집은 소재와 꾸밈 모두가 원래 자연인지라 삶의 생기와 편안함이 그대로 느껴지고 마는 것이다.

1 외부창과 환기구. 돌로 치장한 높은 담이 집 전체를 에워싸고 있다. 깜찍한 창은 한옥 고자재를 활용한 것이다. 2 거실의 외벽은 일정한 크기의 통유리를 연달아 세워 둥근 평면을 따라 둘렀다. 3 원형의 월풀욕조를 넣은 욕실. 자유로운 곡선형태의 타일 마감에 물고기 모양의 독특한 조명까지 더했다. 4 바닥 가까이에 계획한 통창 덕분에 앉아서도 주위 경관을 한눈에 내다볼 수 있는 침실. 5 거실 한쪽에는 벽난로를 마련했다. 난로 외부에 황토를 마감해 코쿨 분위기를 내주고 있다.

HOUSE PLAN

대지위치 : 충남 홍성군 홍성읍 월산리
대지면적 : 670㎡(202평)
건물규모 : 지상 2층
건축면적 : 107.04㎡(32.38평)
연면적 : 167.64㎡(50.71평)
건폐율 : 15.98%
용적률 : 25.02%
구조 : Post & Beam
구조재 : 더글라스 퍼 / 황토조적(1층)
       2×6 목구조(2층)
창호재 : KCC 창호
외부마감 : 황토벽돌(1층), 황토드라이비트(2층)
내부마감 : 황토미장, 루버
지붕재 : 2중 그림자 쉥글
바닥재 : 인조 대리석, 온돌마루
설계 및 시공 : (주)나무나라 041-632-1991
              011-434-2240

11

투박하고 정겨운 멋이 느껴지는

흙의 장점을 활용한 통나무흙벽돌집

기회란 자신의 자리에서 성실히 삶을 가꿔 내는 사람에게 찾아 간다. 그것이 사람이 주는 것이든 하늘이 주는 것이든 말이다. 전원생활을 꿈꾸고, 집을 지으려면 당장에 부지 선정부터 골머리를 앓게 되고 복잡한 건축 과정까지 난관이 한 둘이 아니다. 그러나 건축주 김성환 씨는 우연히 시내에서도 얼마 떨어지지 않은 곳에 손쉽게 부지를 마련하고 일터와 집을 나란히 둔 전원생활을 즐기고 있다.

홍성읍 내에서 농기계수리점을 운영하던 그는 2003년경 공장 이전을 추진하고 있었다. 그때까지만 해도 어린 자녀들이 있고 바쁜 일상 때문에 전원생활을 시도할 생각을 하지 못하고 있었다. 그런데 공장을 다 지었을 무렵 공장에서 불과 2백여m 떨어진 야트막한 언덕에 661㎡(200평) 정도의 땅이 저렴한 가격에 매물로 나왔다. 부지는 규모도 적당할 뿐 아니라 소나무가 우거져 있어 짓기만 하면 그야말로 숲속의 전원생활이 가능한 곳이었다. 게다가 공장이 정면으로 내려다 보여 아내와 함께 일을 하면서도 아이들 걱정을 덜 수도 있겠다 싶어 한걸음에 달려가 부지를 구입했다.

:: 희망했던 한옥을 포기하고 선택한 통나무와 황토

손쉽게 부지를 얻게 된 축복, 그러나 그 행운이 집 짓는 일까지 이어지지는 않았다. 꿈꿔오던 통나무주택을 짓기 위해 다른 집들을 견학하기 시작한 그는 막상 통나무주택은 아늑한 느낌과 편리한 공간 구성이 어렵다는 결론을 내리게 되었다.

차라리 자신의 맘에 맞는 집을 손수 지어야겠다고 생각하고 아담한 한옥을 짓기 위해 책을 구입해 정보를 모았다. 그는 얼마 지나지 않아 충남 청양에 있는 한 제재소에서 뼈대를 위한 목재를 구입했다. 그러나 건축일이라고는 난생 처음인 그에게 설계와 각 작업과정에 따라 인부를 불러 집을 짓는다는 것은 노력만으로 될 일이 아니었다.

집짓기를 포기해야 할 무렵, 통나무주택 전문업체인 '나무나라'에서 통나무흙집을 짓는다는 정보를 접하게 되었고, 업체에서 그가 구입한 목재까지 인수해 주겠다고 하여 건축을 맡기기로 했다.

통나무흙집은 통나무로 뼈대를 세우고 벽체는 황토벽돌을 쌓기 때문에 나

1

1 독특한 지붕선으로 다양한 입면을 갖고 있는 주택의 전면 모습. 2 1층 외부는 데크를 둘러 외부공간을 자유롭게 이용할 수 있게 했다. 3 경사면을 필로티 구조로 올려 아래를 차고로 활용했다. 정원에 정자를 놓았으며, 그 뒤로 김성환 씨의 농기계수리 공장이 보인다.

무와 흙의 장점을 최대한 활용한 공법이다. 건축주 김씨는 "꿈꾸던 통나무집을 보다 세련된 스타일로 연출해 지을 수 있다는 점이 매력이었다"라고 말한다.

1층은 Post & Beam 공법과 흙조적방식으로 시공하고, 2층은 전통 수공식 통나무 노치공법과 2×6 목구조로 벽체를 구성했다. 목재는 모두 2년 이상 건조된 것으로 하고, 황토벽돌은 특허를 받은 서산황토를 사용했다.

:: 아내와 함께 직접 설계한 공간

내부는 김성환 씨 부부가 일일이 고안해 업체에 제시했다. 집안 구석구석을 살펴보면 초보자 임에도 이들의 안목이 예사롭지 않은 것을 발견할 수 있다. 1층에는 거실과 주방, 세탁실을 전면으로 내고 데크와 연결하여 실용성을 높였다. 안쪽으로 아들방과 부부침실을 두었다. 바닥은 전체적으로 타일을 깔아 겨울에는 난방효과를 높이고, 여름에는 시원한 질감을 느낄 수 있다. 나선형의 계단은 북미산 홍송으로 만들어 오르내리는 동안 짙은 나무향이 느껴지고 자투리 공간을 활용해 키 큰 관엽식물을 두었다.

2층은 어린 딸들이 형제애를 느끼도록 방을 통합하여 넓게 내고 차후에 방을 나눌 수 있도록 했다. 직사각형의 긴 방에는 개별욕실을 두고, 가구는 목재로 짜맞추어 황토로 핸디코트를 해 마치 집과 한 몸을 이루는 듯하다.

컴퓨터와 피아노가 놓여져 있는 아담한 거실은 데크와 연결했다. 경사진 벽면이 독특한데, 이는 지붕이 분리되는 곳이 없도록 해 통나무 주택의 하자를 막기 위한 방법이다.

이렇게 완성되기까지 부부는 수많은 아이디어를 생각해 내고 시행착오를 거쳐야 했다. 초기에는 실내에 패치카를 놓고 외부 현관 앞에 연못을 계획하는 등 훨씬 방대한 규모로 추진됐다. 그러나 설계가 구체적으로 진행될수록 실용성과 경제적인 것이 우선시 되어 규모를 줄이게 되었다.

건축주 김씨는 "통나무주택은 처음부터 완벽히 설계를 하는 것이 중요하다. 목재가 맞물려 기초를 이루므로 추후에는 변경이 절대로 안 된다"라며 나름의 조언도 덧붙여가며 설명을 아끼지 않는다.

1층 데크 구석에 노루 새끼 한마리가 보인다. 사람이 다가가자 겁을 잔뜩 먹고 도망쳐 보려하지만 아직 뜀박질도 잘 못하는 것이 태어난 지 며칠 안 된 모양이다. 김씨는 "어디에서 왔는지 모르지만 내집을 찾아온 손님이라 생각하고 배가 고플까봐 우유를 먹였더니 놔줘도 가지 않는다"며 걱정스레 미소를 짓는다.

데크 아래에는 얼마 전 태어난 새끼 강아지들까지 어미젖을 찾느라 분주하다. 투박하지만 정겨운 멋이 가득 느껴지는 이 집이 늘어난 새 식구들과 건축주 부부 모두에게 언제나 평온한 안식처가 되기를 기대해 본다.

1

1 황토벽돌과 황토 뿜칠로 마감한 거실. 바닥은 화이트 컬러의 타일을 깔아 기능성을 높였다. 2 2층은 두 딸이 함께 사용할 수 있도록 직사각형 형태의 큼지막한 방을 내었다. 3 부부침실은 아늑한 규모로 설계하고 개별 욕실을 두었다. 4 2층 거실은 지붕의 입면이 그대로 살아나 독특한 벽면을 갖고 있으며 루버로 마감해 자연적인 인테리어가 돋보인다. 5 보가 그대로 드러나는 욕실에는 이동식 욕조를 설치했다.

유근중 + 이인숙 씨 부부의 주말쉼터

125㎡(38평) ㄱ자 구조 흙집

부부의 주말주택은 경기도 여주 인적이 드문 아주 작은 마을, 그것도 가장 깊숙이 자리하고 있다. 도대체 집은 언제쯤 나올까? 무엇하러 이렇게 깊은 곳까지 들어왔을까? 집을 찾아 가는 내내 의문이 꼬리에 꼬리를 문다. 그러나 막상 대문을 열고 보니 구태여 대답을 듣지 않아도 알 것만 같다.

:: 우연한 기회에 발견한 마을

집을 기점으로 양쪽에 해발 600m가 넘는 높다란 산이 둘러싸여 있고, 전면은 새파란 하늘과 맞닿아 있다. 정원 아무 곳에나 걸터앉아 가만히 눈을 감아 보면 세상 그 어떤 소리도 느낄 수가 없다. 이렇게 고요할 수가. 간간히 바람만이 인사를 하고 스칠 뿐이다.

유근중 씨는 전원생활을 위해 근 10여년을 땅을 보러 다녔다. 그러나 어느 곳 하나 맘에 드는 곳을 찾을 수 없었다. 그러던 중 우연히 아내와 함께 이 근처에 왔다가 마을의 돌담을 따라 걷다 보니 이곳까지 들어오게 되었다. 당시 아내는 경치에 반해 남편에게 뜬금없이 "여기가 강원도에요, 경기도에요?"라고 진지하게 물었단다. 유씨는 망설일 것도 없이 그 자리에서 이 마을에 집을 짓고 살기로 결심했다.

:: 삼고초려로 땅을 얻다

그러나 땅이라는 게 맘에 든다고 언제든 살 수 있는 것이 아니지 않는가. 동네에 마땅한 부동산도 없어 그는 주변을 한참 둘러보다 막막해졌다. 이럴 때 가장 좋은 방법은 마을 사람들을 직접 만나보는 것이다. 그는 지나가는 아주머니 한분을 무작정 붙들고 "이 동네에서 살고 싶은데 어디 매물 없냐?"고 물었고, 운 좋게 땅을 하나 소개 받았다. 그러나 그 땅보다 바로 위에 있는 작은 축사부지가 모양새도 좋고 막다른 곳이라 마음에 들었다. 그러나 그 땅은 마을 토박이인 주인이 9대(代)째 물려받아 오던 것으로 내놓을 물건이 아니었다.

유씨는 허탈한 마음에 터덜터덜 집으로 돌아왔지만 그 땅이 눈앞에 아른거려 아무 일도 할 수 없었다. 그는 주인을 찾아가 "땅은 후대에 언젠가 팔리기 마련입니다. 그렇다면 제게 땅을 주십시오. 이 땅이 그 어떤 사람에게 있는 것 보다 더 가치 있게 사용하겠습니다"라고 다짐하며 통사정을 했다. 하지만 쇠귀에 경 읽기였다. 그는 며칠을 쉼 없이 찾아가 농사일을 도와가며 전원생활에 대한 자신의 의지를 전했다. 결국 끈질긴 삼고초려 끝에 간신히 땅주인의 허락을 받을 수 있었다.

:: 옛 정취가 가득한 흙집

집은 125㎡(38평) 규모의 흙집으로 지어졌다. 얼마 되지 않은 새집이지만 마을의 여느 집과 비교해도 잘 어울린다. 외지에서 들어온 객이지만 빨리 마을의 한식구가 되고 싶었던 유씨는 최대한 아담하고 소박한 형태의 흙집을 지었다. ㄱ자 구조의 집은 실용성을 따져 간결한 형태로 마련되었다. 아내와 남편이 사용할 2개의 방을 놓고 그 사이 거실이 전부다.

"일부러 방을 나눴어요. 부부지만 이곳에서는 뭐든 자기 맘대로 할 수 있는 공간을 갖고 싶었어요"

아내 이인숙 씨 방에는 단지 모포 한 장만이 깔려 있었다. 도시에서 살다보면 살림살이가 많아지기 마련이지만 그 모든 짐 속에서 지친 그녀는 방안에 그 어떤 것도 들여 놓고 싶지 않았단다.

한옥은 一자 구조 보다 ㄱ자 형태가 공간을 활용하기 좋다. 꺾어진 부분에 데크를 놓으면 다각도로 외부 공간을 활용할 수 있기 때문이다. 부부는 이곳에 테이블을 두어 간이식탁 겸 휴식공간으로 사용하고 있다. 그 옆으로는 아궁이가 놓여 있는데 이곳을 통해 직접 난방을 한다.

갑자기 가랑비가 내리기 시작했다. 유씨는 잘 마른 장작을 아궁이에 집어넣고는 불을 지폈다. 빗줄기 사이로 희뿌연 연기가 피어오르고, 나무가 타들어가는 경쾌한 소리가 산중의 적막을 깨트린다.

:: 조화로운 삶을 위하여

"헬렌 니어링 부부이야기 아세요?"

유씨가 잿가루를 툭툭 털며 묻는다. 1930년대 뉴욕에 살던 부부가 버몬트라는 작은 시골 마을에 들어가 자연적인 생활을 통해 원숙한 삶을 완성시킨다는 이야기다. 그는 이들이 쓴 책 '조화로운 삶'을 지침서로 여기고 주말주택의 생활을 시작했단다. 그래서인지 집안 곳곳에는 생태적인 삶을 살아가기 위한 노력들을 살펴볼 수 있다. 마당 한 켠에 폐목을 활용해 만든 퇴비장을 두고, 풀이나 음식물 쓰레기를 모아 거름을 만들고 있다.

"이제 마을 주변에 버려진 모든 것이 예사롭게 보이지 않아요. 재활용할 수 있는 것이나 전정해 놓은 나뭇가지, 풀더미들만 눈에 들어와요. 그런 것을 발견하면 주저 없이 차 속에 담아오죠."

덕분에 그의 차는 언제나 흙투성이지만 그래도 참 즐겁단다. 텃밭에는 그 정성스런 양분을 먹고 고추, 상추, 고구마, 쑥갓, 콩, 깨 등 무공해 작물들이 쑥쑥 자라고 있다.

요즘 부부는 마당의 빈자리를 어떻게 꾸밀까 고심하고 있다. 아내도 어느덧 남편의 자연사랑에 동화되어 이곳에 내려온 지 1년 만에 온갖 식물을 심고 가꾸는 데 도사가 됐다.

"무의미하게 잔디를 깔기에는 마당이 너무나 아깝다는 생각이 들어요. 그래서 야생화 정원을 만들어 볼까 계획하고 있죠."

이미 뒷마당에는 붉은 나리꽃이 활짝 만개하고 있어 집안에서 창을 바라보면 마치 한 폭의 그림이 걸려 있는 듯하다.

시공 · 토담집을 짓는 사람들 031-826-7918

TIP | 주말주택 가이드

소형주택도 허가를 받아야 하나? 건축법에 따르면 아무리 작은 소형주택이라도 수도, 정화조 등의 기반시설을 설치해야 하고 주거를 목적으로 사용되는 건축물은 대지가 아닌 곳에 설치할 수 없다. 그러나 농업생산에 직접 필요한 시설로서 농업인이 자기의 농업경영에 이용하는 토지에 설치하는 연면적 합계가 20㎡(약 6평) 이하의 '농막'은 농지전용 절차 없이 신고만으로 설치가 가능하다. 이때 시설물에는 전기 · 가스 · 수도 등 새로운 간선공급시설을 설치해서는 안 된다. 한편 최근 정부에서는 도시민의 농어촌 유입 확산을 위해 농업진흥지역 밖에 조성하는 소규모 농장(주말농장) 안에 짓는 33㎡(약 9.98평) 규모의 소형 주택에 대해서는 대체농지 조성비를 면제해주고 있다.

HOUSE PLAN

대지위치 : 강원도 강릉시 성산면
대지면적 : 940㎡(284.35평)
건물규모 : 지하 1층 / 지상 1층
건축면적 : 163.76㎡(49.54평)
연면적 : 189.15㎡(57.22평)
건폐율 : 17.42%
용적률 : 16.84%
주차대수 : 2대
공법 : 조적조 + 목구조
구조재 : 흙벽돌 + 4″ X 4″목재 기둥 + 2″X 6″~ 8″SPF
창호재 : 원목시스템창호 + T23 복층유리
단열재 : SKY VIVA R-19
외벽 마감재 : 흙벽돌 위 발수재 + 적삼목
내벽 마감재 : 흙벽돌 위 흙벽돌용 페인트 + 한지바르기
지붕재 : T-0.4 컬러아연도강판 가락이음 + 이끼매트
설계 : 생태건축연구소 노둣돌 이윤하
　　　02-776-3051 http://www.ecoarch.org

13

옛마당의 정서가 가득한
생태적 흙집 짓기, 하늘뜨락 주택

대관령 줄기가 흘러 바다로 가는 길목 끝자락에 나즈막한 논밭 사이로 남대천이 끼고 돌아간다. 그 풍경을 남쪽에 둔 배산임수형의 마을 한쪽에 '하늘뜨락' 이 세워졌다. 남쪽 전면에 펼쳐진 하늘풍경 모두를 내 집 마당으로 모은다는 당호 '하늘뜨락' 을 지어낸 것에서, 건축주의 자연을 읽는 깊이를 짐작할 수 있다.

:: 전통 민가의 마당이 오붓이 녹아있는 집

전통적인 우리네 마당은 의식주 생활에 직접 관계되고 다목적 기능을 하는 공간이다. 잔디나 조경을 통해 잘 가꾸어놓고 관조하는 정원과는 다르다. 안마당은 동선이 짧고 바닥이 평평하게 잘 다져진 곳으로, 주로 관혼상제 때 차일을 치고 멍석을 깔아 사람을 접대하거나 추수 때 곡식을 타작 · 건조 · 가공하는 다기능 공간이다. 앞마당을 양이라 하면 음에 해당하는 뒷마당은 그리 넓지 않고 한적한 곳으로, 된장 · 간장 등을 저장하는 장독대나 화단, 또는 우물을 설치하는 장소로 이용된다.
이와 같이 우리네 전통 민가의 마당이 오붓이 녹아있는 집이 '하늘뜨락' 이다. "앞마당에는 잔디를 심지 말고 맨땅으로 잘 다져야겠어요"라는 건축주. 진입로, 안방, 거실, 주방 등 어느 쪽에서든 앞마당으로 통한다. 앞마당은 '하늘뜨락' 의 핵심이다. 그럼 뒷마당은 어떨까? 당연히 장독대가, 화단이, 텃밭이 있을 것이다. 집안에서의 주인은 안주인이다. 그 역할에 맞게 주방, 식당을 중심공간으로 배치하였다. 동 · 서 · 남 어느 쪽으로도 통쾌하게 열린 시각으로 집안 전체를 통제할 수 있다.

:: 자연에 그대로 몸을 맡기는 생태주택

도시화 되어 가는 한국사회는 의식주에 있어서 화학물질이 듬뿍 담긴 인위적인 재료를 먹으며 또 집도 그렇게 짓고 있다. 이처럼 인간과 환경 모두가 비생태적으로 바뀌고 있으니 유기체인 인간의 삶이 비생태적 결말을 낳고 있는 것이다. 자연에서 온 것을 자연스럽게 쓰고 자연으로 돌려보내는 것,

그것이 바로 자연스러운 생활이고 건강한 삶이다. 지구가 망가지는 데는 인구 수가 중요한 것이 아니라 그 사용에너지가 더 중요하다. 화석연료를 태우고 나온 이산화탄소가 지구의 자정능력 이상이 되는 것이 문제인 바 생태적 집짓기에 대한 해답의 실마리를 바로 여기에서 찾을 수 있다. 이산화탄소의 발생을 억제시킨 건축재료로 집을 짓고 나아가 생태 기후의 흐름에 우리 몸을 맡기는 것이 생태건축의 기본 원칙인 것이다.

:: 자연통풍과 우수저장고, 옥상녹화 적용

생태적 집짓기의 대표적인 사례는 '흙집' 이다. 흙집은 단열재 없이도 시원한 여름을 보낼 수 있고 겨울에는 따뜻하게 보낼 수 있다. 흙벽은 그 자체로 습기와 열을 조절할 수 있기 때문에 눈, 비가 올 때는 수분을 흡수하고 반대로 건조할 때는 습기를 내뿜어 집안의 습도를 조절한다. 태양으로부터 쏟아지는 에너지를 환경 여건에 따라 보관하고 방출하는 온도조절 기능도 지니고 있다. 이런 의미에서 '하늘뜨락' 은 목구조를 기본으로 하는 흙벽돌집이다. 자연에너지를 최대로 이용하려는 노력으로 자연통풍과 우수저장고를 갖췄다. 모든 지붕 빗물받이는 지하 우수저장시설과 연결, 모아진 빗물은 허드렛물로 사용된다. 사랑채의 옥상녹화는 빗물의 흐름을 지연시킴과 동시에 거실에서 남쪽하늘 풍경을 관망하는데 햇빛의 반사를 막아 준다.

이윤하 시인이며 건축가. 생태건축연구소 노둣돌 대표, 우송대학교 겸임교수. 제1, 2회 한국목조건축대전에서 본상을 수상했으며 2003년, 2005년 대한민국건축대전에 초대작가로 참여했다. 또한 2005년 한국생태환경건축학회에서 작품상을 수상하였다. 한국도로공사와 참여불교재가연대 자문위원으로도 활동하고 있다.
저서로 「아홉 건축가 아홉 무늬」, 「설계사무소 만들기 10」(편역), 「파울로 솔레리와 미래도시」 등이 있으며, 대표 건축 작품으로는 〈푸른꿈고등학교 특별동〉, 〈신내 교회〉, 〈세움 교회〉, 〈조태일시문학관〉, 〈물아당〉, 〈안양비웅암〉 등이 있다.

이문 안의 각 방과 주방을 잇는 복도. 전통적 창살 무늬가 멋스럽다. **2** 전통적인 실내 분위기를 현대식으로 꾸며진 주방 내부. **3** 천장 서까래가 그래로 드러난 침실 내부. **4** 실내벽면은 황토 위에 한지를 덧붙여 마감했다.

14

창의적인 흙집 짓는 봉하용 씨
옛 정취 가득한 **동막골 흙집**

동막골 주인장은 굉음을 내는 1,200cc 오토바이에 짙은 썬글라스를 낀 채, 마중을 나와 있었다. 사진으로 이미 익힌 흙집 풍경과 집주인이 전혀 매치가 안 되다보니, 오토바이 뒤꽁무니를 따르는 내내 머리 속이 혼란스럽다. 오로지 혼자 힘으로 10년간 흙집을 지었다는 사내, 전국을 다니며 민예품들을 모으는 취미를 가졌다는 그가 이런 모습으로 등장할 줄은 정녕 예상하지 못한 바다.

어쨌든 그를 따라 송탄 IC에서 10분 거리에 있는 그의 집으로 들어섰다. '동막골'이라 새겨진 큰 돌과 중고 포크레인 하나가 대문을 대신하고 있고, 짙은 모과나무 향이 전혀 다른 공기 속으로 방문객을 이끈다. 고개를 돌리는 곳마다 오랫동안 수집해 온 항아리와 맷돌, 농기구, 수석들이 자리를 차지하고 있다.

"옛 물건을 찾아다닌 지 20년도 더 되었어요. 전 값비싼 골동품보다 사람의 체취가 묻어있는 민예품들을 좋아합니다. 지금은 어렵지만 옛날엔 시골 가면 이 큰 항아리들을 만원씩 주고 사올 수 있었죠. 흙집을 짓기로 한 건 옛날 분위기를 좋아하는 데다, 이런 옛물건들이 어울릴 공간이 필요했기 때문입니다."

:: **옛것을 찾는 취미가 흙집을 짓게 만들다**

10년 전 이 곳에 들어와 제일 먼저 지었다는 흙집에 들어서니, 실내 역시 수집한 민예품들과 전통가구 천지다. 그 속에서 먼저 눈에 띄는 건 재봉틀 옆에 세워진 스노우보드와 여물통 위의 서핑하는 그의 사진. 집으로 들어와 잠깐 잊고 있던 혼란스러움이 다시 고개를 든다.

"사람은 동물과 같이, 치고 올라가는 본능이 있는 거 같아요. 지금은 주변개발이 다 되었지만 10년 전만해도 여기 위쪽으로는 아무 것도 없었어요. 지금 제가 50대 후반의 나이니까 스노우보드와 서핑도 우리나라에서는 거의 처음 탄 인물일껄요? 뭐든 치고 내닫는 활동적인 것을 좋아하다보니 직접 집을 짓기로 한 것도 당연한 결과죠."

뭐든 몸으로 체험하는 것을 즐기는 그는 레포츠의 한 형태로 집을 지었을 것이다. 흙집 짓고 있는 현장에 가서 어깨너머로 구경하고 혼자 터닦기부터

동막골

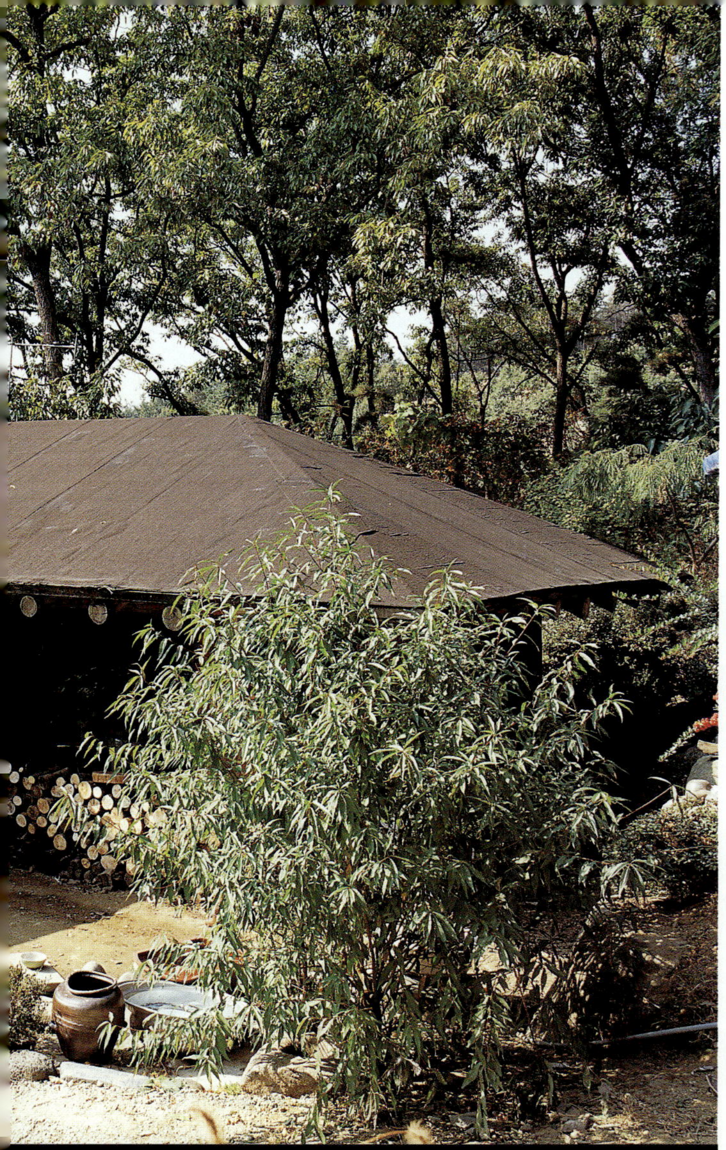

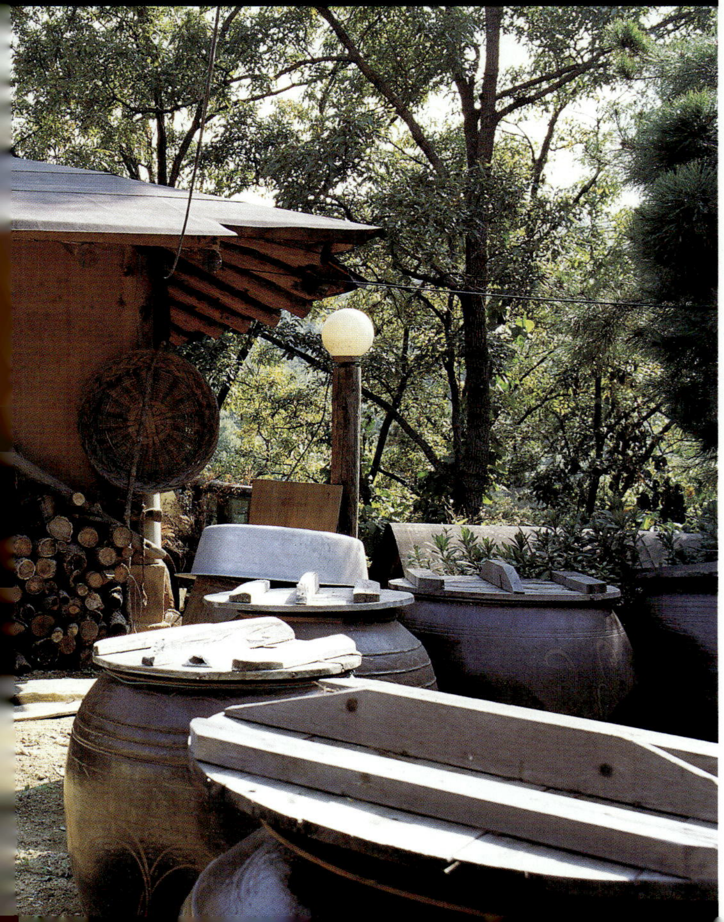

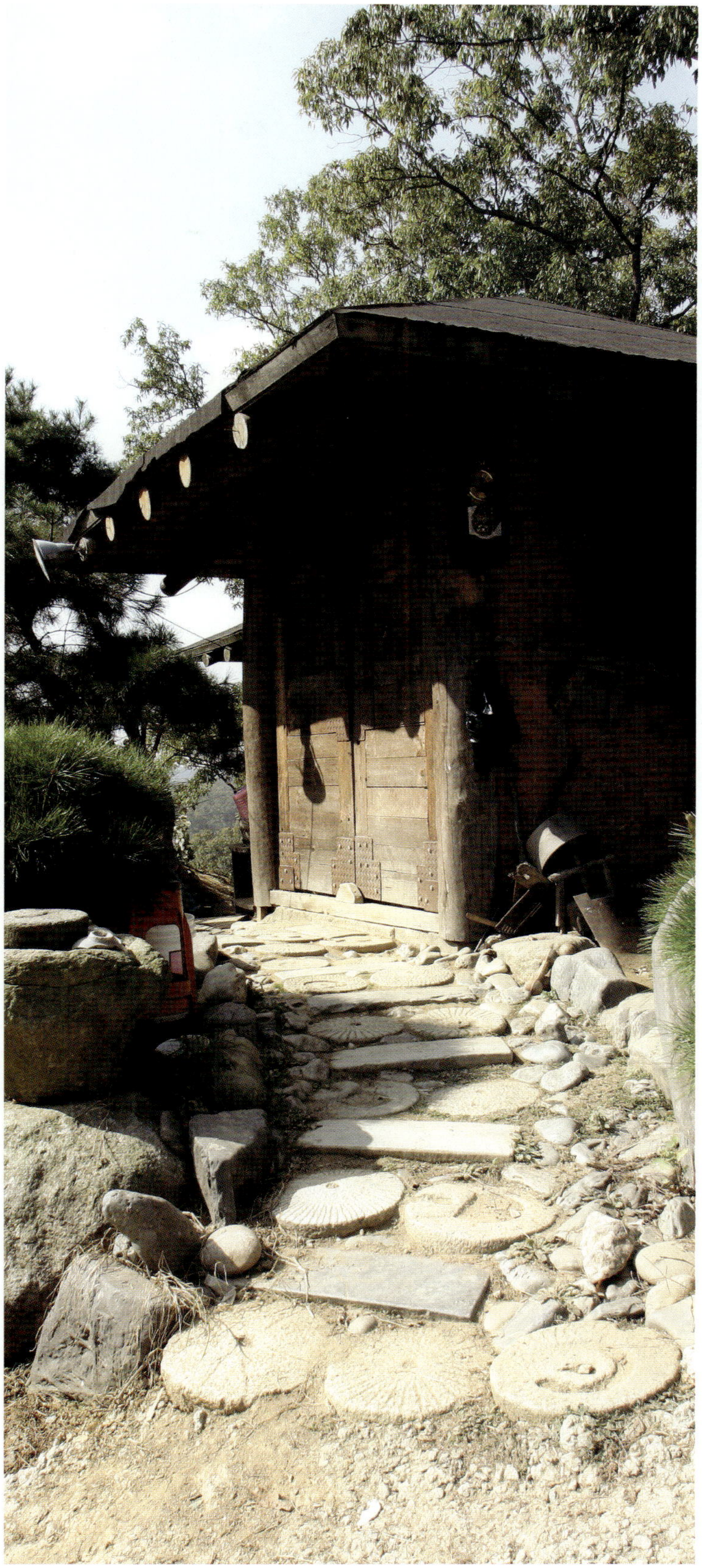

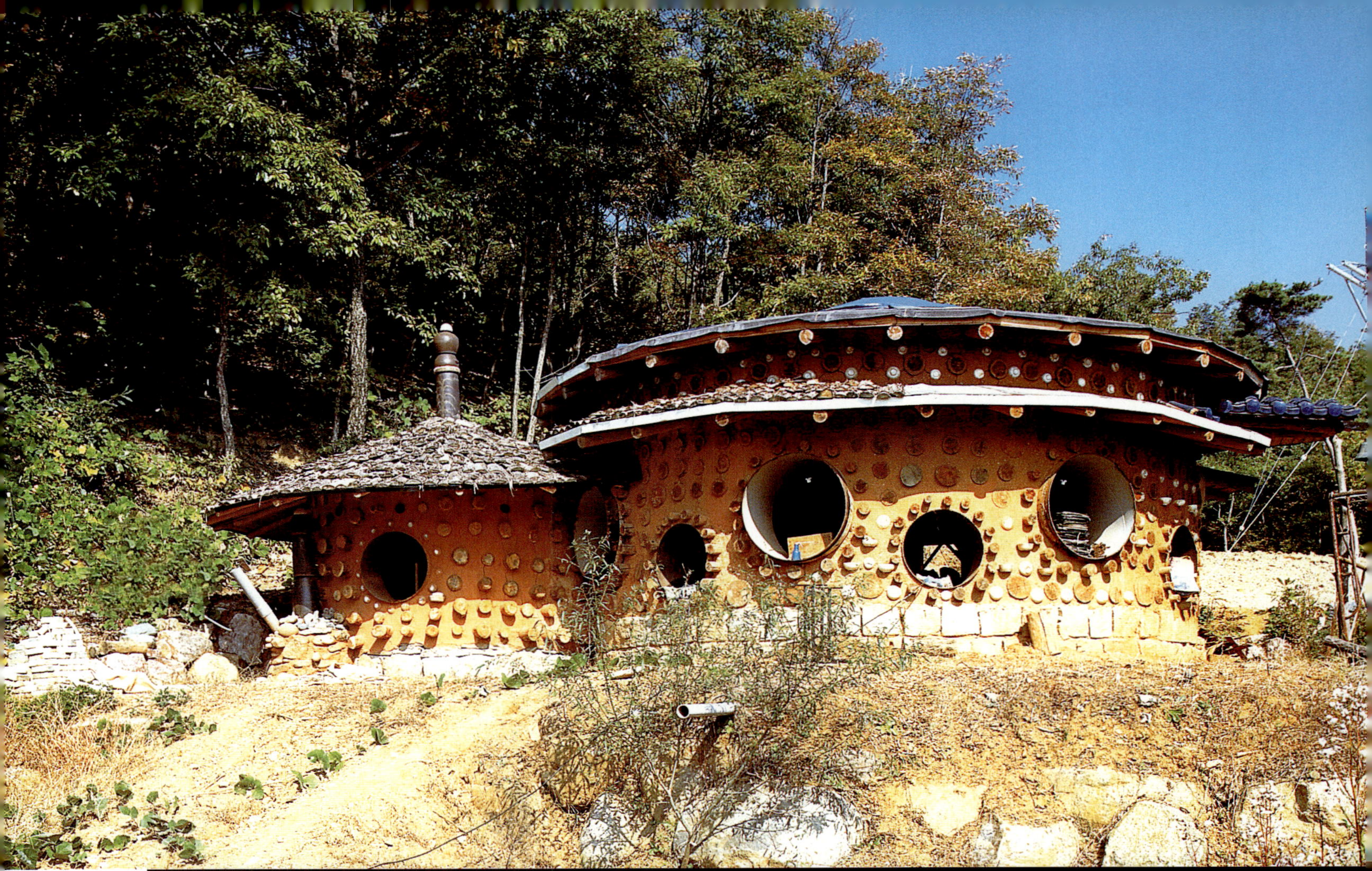

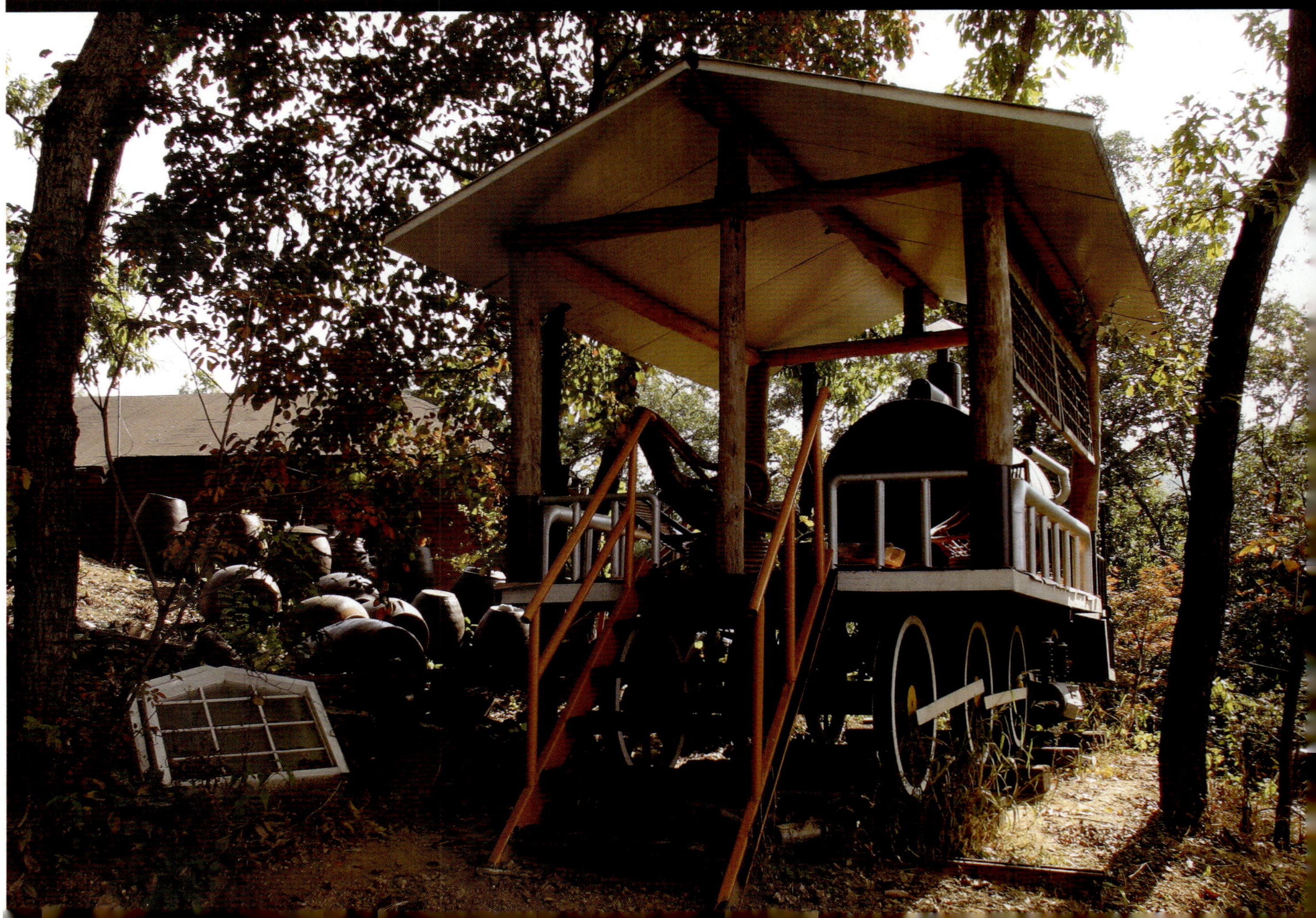

시작했을 그 모습이 이제야 슬슬 상상이 간다. 지금이야 흙집 짓는 이들이 많아져서 책이나 인터넷을 통해 쉽게 정보를 구할 수 있게 되었지만, 당시만 해도 머리와 몸이 많이도 고달팠을 게다.

:: 집은 최소한의 크기로, 화려하지 않게

그 모든 것을 추억으로 삼게끔, 지금은 49㎡(15평) 크기의 본채와 9.9㎡(3평) 쉼터, 39㎡(12평) 정도의 통나무흙집이 마당을 에워싸고 있다. 현재 기러기아빠인 그가 혼자 지내기엔 남는 방이 많다. 하지만 한 채를 짓고 나면 아쉬운 점들이 생기고, 계속 새로운 공법을 시도해보고 싶은 마음에 하나 둘 짓고 보니 옹기종기 흙집들이 모이게 되었다.

"뚜렷한 목적이 있는 게 아니에요. 그러다보니 세 채 모두 완성작이 아니라, 현재진행형이죠. 일하고 싶을 때 하루 3~4시간씩 꼬박 몰두하는 스타일로 집을 짓기 때문에 저 위에 원형흙집도 언제 완성될 지는 미지수죠."

제일 먼저 지었다는 본채는 나무로 뼈대를 세우고 흙을 다져 벽을 친 심벽집 구조로 내부는 원룸 형태로 되어 있다.

그 다음 목표물이었던 9.9㎡(3평)짜리 초가집. 구들과 굴뚝, 작은 나무문으로 집약된 이 흙집은 요즘 강원도 산골에서조차 찾아보기 힘든 분위기다. 작은 문을 열고 안을 살피면 나무 선반에 호롱불, 한지 바닥에 흙이 그대로 노출된 벽과 바닥이 드러난다.

"집은 절대 클 필요가 없습니다. 몸 누울 공간만 있으면 되지, 큰 집 지어 남들에게 잘 보이려고 하는 것은 잘못된 거죠. 작은 문으로 허리 숙이고 들어가면 어떻습니까? 문이 커봤자 바람만 많이 들어오고 안에 들어가 앉아 있으면 문이 창문이 되잖아요."

천장과 처마 아래 언뜻 보이는 철망에 대해 물으니, 흙을 칠 때 철망을 대면 훨씬 튼튼하고 값싸게 지을 수 있단다. 이 집은 따져보니 3.3㎡(1평)당 70만 원도 안 들여서 지어졌다고 한다.

:: 그만의 창의력이 살아 숨쉬는 흙집 짓기

요즘은 잠시 쉬고 있지만, 올초부터 시작한 통나무흙집은 지금까지 지은 집들과 사뭇 다르다. 일단 원형인데다, 외부에서보면 큰 원형 창이 여러 개 나 있어 마치 바다 밑을 향유하는 잠수정을 닮았다. 석유나 가스 등을 나르는 철제 원형관을 흙 속에 심어 창을 대신하고 여기에 유리를 끼울 예정이다. 나무는 껍질을 모두 깎고 끝 부분을 부드럽게 마감해 외부로 돌출시켰다. 황토와 마사토를 반씩 섞어 벽을 세웠는데, 간혹 벽 사이엔 오래된 그릇들이 박혀 있다. 사기그릇도 있고 유기방자도 찾아볼 수 있다.

"그릇들을 많이 모아 두었는데, 가지고 있다보면 깨지는 것이 많아요. 그래서 여기 심어두면 그럴 염려는 없겠다 싶었죠. 흙보고 가지라고 줬어요."

외관의 독특함은 내부에도 계속 이어진다. 아마추어라서 더 가능한 시도, 원형흙집이라면 반드시 갖춰야 할 전병통을 철재로 제작했다. 흙집에 철재로 제작된 전병이라, 천장은 은빛 파이프 끝으로 나무와 흙의 아련함이 펼쳐진다.

반지름 3m, 전체 둘레 22m인 본채에는 6.6㎡(2평) 남짓한 황토방과 화장실이 딸리게 된다. 비교적 큰 규모의 흙집인데다 내부는 복층설계로 천장이 높아 견고성에 무엇보다 신경써야 했다. 철재 전병으로 하중이 커졌기 때문에 문과 종도리 부분은 타이(용접철망보강)로 고정시켜 안전하게 만들었다. 지름이 넓으니 서까래 길이가 짧아 지붕 아래는 이중 처마로 시공했다.

"짧은 서까래를 잇는 방법이 있다고 하는데, 찾아가 물어도 가르쳐주지 않더군요. 서로 개발한 부분을 같이 공유하면 더 나은 흙집을 만들 수 있을텐데, 이런 점은 정말 아쉽습니다. 그래서 전 저희 집에 찾아오는 이들에게 비록 아마추어지만, 제가 아는 한 많은 정보를 전해주려 하죠."

:: 젊게 사는 비결은 바로 흙집과 부지런함

사실 동막골 뜨락에는 집 말고도 볼거리가 무궁무진하다. 옛날 마차와 달구지, 연자방아가 놓인 마당은 흙집과 어울려 정겨운 풍경을 자아낸다.

항아리들로 둘러싸인 가마솥걸이와 목욕통, 마당 한가운데 있는 그의 욕실을 훔쳐보는 재미도 있다. 겨울이면 솥의 뜨거운 물을 항아리에 붓고 그 속에 몸을 담근 채 설경을 바라본다니, 이 얼마나 운치 있고 낭만적인가. 젊은 시절, 절에 사는 스님들을 이해 못했다는 청년이 항아리 속에서 자유를 만끽하는 중년이 된 모습은 상상만 해도 흐뭇한 풍경이다.

"젊게 사는 비결은 자연과 친해지는 것입니다. 지금 당장 작은 땅만 있다면 9.9㎡(3평)짜리고 13㎡(4평)짜리고 흙집 짓고 구들에 잠을 청해 보십시오. 기력 없으신 노인분들도 열흘이면 뛰어다닐 테니까요. 돈도 많이 안 들고 작은 크기는 힘들지도 않아요. 일단 시작해 보세요"

그의 권유에는 두 손을 불끈 쥐게 만드는 힘이 있었다. 하루하루 가는 게 너무 아쉽다는 그에겐 30세 이후 세월이 멈춘 듯한 젊음이 있었기 때문이다.

봉하용 씨가 조언하는 전원에 터잡기

❶ 지금이라도 강원도 오지 땅 사두면 좋다.
→ 땅값 올랐다고 투덜대지 말고, 더 깊이 들어가라, 여기도 처음엔 오지였다.

❷ 집은 사람이 사는 최소한의 크기면 충분하다.
→ 과시용으로 집 지을 생각이라면 자연에 해만 된다.

❸ 쓸 목재를 미리미리 사두어라!
→ 천막 쳐 둘 공간만 있으면 벌목할 때 싸게 사두어 몇 년이고 건조시켜라.

❹ 처음 짓는 집이니, 남들보다 두 배로 튼튼하게 지어라.
→ 무너졌다고 손해배상 할 곳 없으니 애초에 튼튼하게 짓는 게 최고다.

15

생태적인 삶을 찾아 먼 길을 돌아오다
이재우 씨의 강화도 거섶흙집

흙집은 만드는 방식, 지어진 형태에 따라 다양한 이름으로 불린다. 토막 낸 소나무를 흙과 함께 쌓은 목심집, 흙으로 벽돌을 만들어 조적한 흙벽돌집, 짚을 쌓고 흙으로 마감하는 스트로베일 하우스는 전통방식 또는 외국의 흙집에서 아이디어를 얻은 요즘 흙집들이다. 생태건축의 대표적인 공법이라 할 수 있는 흙집이 인기를 끄는 것은 환영할만한 사실이다. 그러나 여기 한 가지 궁금증을 제기하는 이가 있다.

"우리나라의 흙집들은 왜 모양이 다 똑같을까요? 국도변에서 만나는 동동주집 디자인을 그대로 주택에 적용하고 있으니 전국 어디를 가더라도 동동주집 일색이에요."

정형화된 우리네 흙집에 아쉬움을 토로하는 이재우 씨다. 강화도 전등사 인근에서 2년째 흙집을 짓고 있는 남자. 그는 대기업에서 가전디자인을 주로 하다 디자인회사를 17년 동안 운영해 온 남다른 경력을 갖고 있다. 그에게 흙집은 그냥 지어지는 집을 넘어서 아름답게 지어진 집이어야 했다. 온전히 생태적인데다 디자인적으로 완성도가 높은 집이 이재우 씨가 꿈꾸는 흙집이었다.

:: 스케치를 하던 손으로 흙을 만지게 된 특별한 사연

"제가 디자인한 제품들이 4~5년 후면 쓰레기가 되어서 거리로 나오더군요. 사람에게 편리한 제품을 만들고 아름다운 디자인을 한다는 자부심 뒤에 대량의 쓰레기를 만들어내는 아이러니가 숨어 있었던 거죠. 지금 이렇게 생태적인 삶을 택하고 흙집을 짓는 과정은 일종의 참회의 길을 걷고 있는 거라고 할 수 있겠죠."

담담하게 말을 꺼내는 그였지만, 환경오염을 고발하는 리포터 뒤로 자신이 디자인한 제품들을 발견하고 느꼈을 충격과 아픔이 전해왔다. 이씨는 그 뒤로 분리 재활용이 가능한 친환경적인 디자인들을 연구했지만, 클라이언트들과 소통하기는 역부족이었다고 한다.

결국 그는 '하늘의 뜻을 안다'는 지천명의 나이에 과감히 자연으로 뛰어들었다. 2년 넘게 터를 구하러 다닌 끝에 강화 전등사 인근에 자리를 잡고, 생태적인 삶을 살기로 작정한 것이다.

1 이씨가 손수 그린 벽화가 돋보이는 흙집. 목란이 흐드러지게 핀 벽으로 호박덩굴이 흘러내린다. 거 섶흙집은 하단의 벽이 상단벽보다 더 두꺼워 안정감 있게 보인다.   2 별채 내부의 모습. 유선형의 통창 과 벽면이 따뜻한 품새처럼 느껴진다. 벽면에 유리병을 심어 내외부 특별한 인테리어 효과를 내고 있 다.   3 별채 현관을 들어서면 고무신이 올려진 신발장과 나무 그대로 들여놓은 걸이대, 주인이 직접 만 든 싱크대를 볼 수 있다. 일일이 손으로 켜 만든 가구들이 절로 감탄을 불러 일으킨다.   4 방수처리를 최소한으로 한 흙집의 화장실. 이씨는 흙집은 늘 부지런히 보수하고자 하는 마음을 바탕으로 살아야 한 다고 강조한다.   5 작업 중인 이씨와 동료들. 흙집을 짓는 일은 고되고 지루할 법 하지만, 공정마다 전 혀 다른 움직임이 있기 때문에 즐기면서 일할 수 있다고 한다.

흙집으로 돌아가다

4

5

"몇 번 시행착오를 겪으며 살 곳을 마련하게 되었어요. 인허가 등 여러 서류 문제들을 마무리하고 나서 이 곳에 자리를 깔고 누워 하루를 보냈죠. 과연 내가 이 곳에서 무엇을 하며 어떻게 살 것인가, 땅의 기운이 나와 자연스럽게 동화되고 있는지 생각할 시간이 필요했거든요."

그렇게 그의 발길을 허락한 땅 안에서 살 집을 지어야 했다. 그것은 당연히 흙집이었다. 국내 지어지는 다양한 흙집들을 답사하고, 몇몇 곳에서 어깨 너머로 손기술을 배웠지만 그는 여전히 목마름을 느꼈다. 가장 일반화된 흙집인 목심집은 싸고 쉽고 빠르게 지을 수 있지만 그 외 단점이 많은 방식이고, 스트로베일 하우스는 단열은 좋지만 축열성은 아쉽다는 생각에 주저했다. 결국 그는 영국의 코브하우스 원서들을 탐독하며 자신만의 흙집을 계획했다. 이른바 직접 이름붙인 '거섶흙집' 이다. 이는 흙에 갈대를 섞어 짓는 코브하우스 대신 짚이 많이 나는 우리나라 특성에 맞춰 짚과 흙을 섞어 짓는 흙집을 말한다. 오로지 두 가지 재료를 반죽해 여물어지면, 이를 쌓아 완성하는 공법이다. 지을 때는 손이 많이 가지만, 축열 기능이 워낙 뛰어나 흙이 가진 장점을 최대한 발휘할 수 있다.

"낮에 데워진 벽 덕분에 밤을 따뜻하게 보낼 수 있어 좋아요. 게다가 손으로 일일이 치대며 짓는 거섶흙집은 디자인이 다양해 집주인의 개성을 마음대로 뽐낼 수 있어 매력적이죠."

겨울 전 거처할 공간이 필요해 30㎡(9평)가 채 안 되는 작은 별채부터 지어 생활하고 있다. 100㎡(31평)에 가까운 본채 작업은 이제 벽체 쌓기가 끝나고 지붕도 얹혀졌다.

:: 그가 짓는 흙집에는 어려운 기술은 필요 없다

"굼벵이도 자기 집을 짓고 사는 마당에, 사람이라면 누구나 자기 집을 짓고 살 수 있지요. 과거에도 그래왔고 지금도 그런데, 사람들이 행동으로 옮기지 않을 뿐이지요. 노하우가 필요하다면 클릭 한번으로 언제든 얻을 수도 있는 시대니 더 좋지 않겠어요?"

그가 운영하는 온라인 커뮤니티(http://cafe.naver.com/cobhouse)에 스스로 찍은 사진과 쓴 글로 건축일기를 꾸준히 올리고 있다. 갖은 시행착오 끝에 얻은 노하우를 공개해 혼자만이 아닌, 함께 생태적인 삶으로 가는 길을 걷는 것이 그를 더 행복하게 한다.

흙집을 지으면서 그는 자연의 힘을 뼈저리게 느꼈다고 고백했다. 비가 하루 내리면 다음날은 보수에만 하루를 보내야 할 정도로 그를 지치게 만든 것이 자연이었다. 하지만, 흙집을 말리고 아름답게 만드는 태양은 기다리면 언젠가 그를 찾아 준다. 그것이 자연의 섭리였다.

"사과가 먹고 싶으면 시장 가서 당장 사 먹으면 되겠죠. 하지만 이제 사과의 씨를 뿌리고 열매 맺기를 기다리는 즐거움을 알게 되었어요. 흙집이 제 마음을 깨워준 것이죠."

외부에 있는 생태화장실. 집 주변 텃밭에 거름을 대기 위해 실내 화장실보다 더 자주 사용하는 공간이다.

거섶흙집은 이렇게 지어졌어요!

잡석 도랑으로 기초 쌓기　아무리 흙집이라도 기초에는 콘크리트를 섞어 쓰는 경우가 많다. 그러나 거섶흙집은 잡석도랑 기초방식을 선택했다. 건물 전체 벽체의 하단에 폭 50cm, 깊이 70cm 정도로 도랑을 만들고 물을 배수시킬 수 있도록 물매와 유공관 작업을 먼저 한다. 그 후 25~75mm 크기의 잡석을 도랑에 부으면 기초가 완성된다. 콘크리트에 필요한 양생 기간도 필요 없고 되메우기 등의 부가적인 일이 없는 간편하고 생태적인 공법이다.

돌로 벽체 기단 쌓기　흙벽이 올라설 하단 돌쌓기 작업이 이어진다. 육중한 돌을 나르면서 혹자는 수행을 한다고도 하는데, 거섶흙집 역시 30㎡(9평)의 흙집 기초에 돌 나르는 데만 보름이 걸렸다. 가능한 크고 넓적한 돌을 아래 놓고 굄돌과 잔돌, 흙반죽으로 공간을 메운다. 돌의 아귀를 맞추고, 작업 틈틈이 수평까지 맞춰가야 하는 돌 작업은 노동의 신성함과 기다림의 미학을 배우는 흙집의 첫 번째 단계이다.

흙 테스트와 반죽하기　흙은 점토, 모래, 자갈로 나뉜다. 거섶흙집에는 점토 1 : 모래 3~4 정도로 배합된 흙이 적당하다. 이씨는 테스트를 거친 강화도 흙에 마사토를 약간 섞어 사용했다. 이물질이 많다면 점토를 더 넣어 알맞은 비율을 맞춰주도록 한다. 흙은 오래 반죽하면 할수록 양이 줄어드는 게 눈으로 보일 정도다.

친환경 볏단 구하기　흙만으로 짓는 집은 돌과 마찬가지다. 겨울에는 단열이 안 되어 난방비가 많이 들 수 밖에 없다. 그래서 볏단을 넣는데, 여타 흙집과 다르게 썰지 않은 긴 볏단을 그대로 흙과 섞는다. 짧은 볏단은 흙이 마르면서 끝이 빠져나와 갈라지는 현상이 심해질 수 있기 때문이다. 이 때 볏단은 농약을 치지 않고 일일이 손으로 묶은 것으로 골라야 한다.

벽체 올리기　거섶흙집의 벽은 하루에 약 40cm 정도 올릴 수 있다. 벽의 시작 두께는 37cm. 알매(코브)라고 불리는 거섶흙덩어리를 얹어가며 치대기 시작한다. 틈틈이 나무막대기로 잔구멍을 많이 만들어줘야 건조가 빠르고 크랙이 줄어든다. 벽체가 완성되는 데 두 사람이 작업해 총 20일이 걸렸다.

창호 제작과 고정　흙벽이 1/3 정도 높이에 오르면 그 사이에 문 작업이 이어진다. 창은 미송 원목으로 주문제작하고, 문은 기성문을 사용했다. 미송에 천연기름을 여러 번 발라 매끄럽게 마감하고 은은한 나뭇결을 살렸다. 창문과 흙이 연결되는 부위는 'T'자 목재나 못들을 박아 결합력을 높이는 노하우가 필요하다.

내부 인테리어 공사　현관문으로 들어가면서 삼각형으로 벽이 만나는 곳이 나오는데, 이 곳에 선반 4개를 끼워 신발장을 만든다. 흙벽에 못을 박기가 쉽지 않기 때문에 미리 가구 배치를 할 곳에 각목을 박아 놓아야 한다. 벽면이 원형이다 보니, 싱크대나 붙박이장도 직접 나무를 짜 제작했다.

맥주병으로 만든 빛 효과　흙집은 실내가 다소 어두울 수 있다. 맥주병에 유리컵을 씌워 벽에 심으면 어느 정도 밝기 조절의 장치가 될 수 있다. 낮에는 밖의 빛이 실내로, 밤에는 안의 불빛이 밖으로 새어나가기 때문에 멋진 시각적 효과도 가질 수 있다.

피죽으로 지붕 얹기　편백나무로 만든 서까래들을 절병통에 잘 맞춰 끼우고 방과 부엌을 잇는 겹서까래도 설치했다. 여기 톱밥과 석회, 흙을 섞어 올리고 방수포 작업이 이어진다. 지붕 가장자리에 동판을 대고 마감재는 피죽으로 선택했다. 처마 끝부터 피죽을 겹치면서 쌓아가면 된다.

구들 놓기　먼저 맨바닥에 생석회를 뿌려 구들 바닥에서 올라오는 습기를 어느 정도 예방한다. 고래둑은 저렴하고 강한 적벽돌을 주로 사용하고, 불이 직접 닿는 아궁이 앞쪽만 내화벽돌을 사용한다. 구들판은 규격화해 판매되는 중국산 현무암으로 깔았다. 총 사용된 벽돌만 3천3백여장. 고래둑을 쌓는 데만 무려 열흘이 넘는 시간이 흘렀다.

내외부 마감하기　매일 불을 때며 바닥을 건조시키고 틈새를 메우며 재벌 작업을 한다. 내외부 벽체는 손바닥으로 흙물을 3~4mm 정도 얇게 발라주면 그만이다. 처마가 길어 웬만한 비는 다 가려주기 때문에 외벽 마무리를 서두를 필요는 없다. 흙벽을 완전히 말린 후 작업하기 위해 석회 마감 대신 아쉬운 대로 벽화 하나만 남겼다.

16

조각품이 집이 되기까지
세 청년이 지어낸 코브하우스

대학에서 미술을 전공한 친구들이 의기투합해 집을 짓기로 했다. 요즘 조소과에서는 집 짓는 것도 가르치나? 의아해하는 사람들에게 집을 큰 조각품이라고 생각하고 지었다는 대답이 돌아온다. 생각해보니 고개가 끄덕여 지기도 하는데, 그렇다면 이번 작품의 재료는 볏짚과 황토, 미송이 된 셈이다.

:: 땀과 열정이 밴 코브하우스

우리나라에서 스트로베일 하우스가 간간이 지어지고 있을 때, 그보다 한 단계 확장된 코브하우스를 짓겠다고 나선 노지훈, 김형일, 신재우 씨. 아직 우리에게 낯선 코브하우스는 짚으로 짓는 스트로베일 공법에 흙을 첨가하여 완성한 집이다. 곤지암에 지은 이 건축물은 짚과 황토를 섞어 찍어낸 손벽돌로 벽체를 쌓고 그 사이를 역시 짚과 모래, 황토를 섞은 코브로 메꾸었다. 내외부를 황토로 마감한 것은 물론이다.

조경공사를 할 때쯤 합류한 신재우 씨 외에 나머지 두 친구는 터를 닦을 때부터 함께 했는데 고생이 말이 아니었다. 한창 공사가 진행될 무렵 장마철을 맞았기에 흙과 상극인 물을 피하기 위해 그 큰 집을 방수천으로 씌우고 벗기기를 수도 없이 반복하였다.

육체노동이 따로 없는 집짓는 공정 가운데 장마로 인해 공기는 지연되고 예상치 못한 변수들도 하나씩 생겼다. 얼마나 힘들었던지 그들은 집을 팽겨쳐 두고 숨고 싶을 정도였다고 웃으며 당시를 회상한다.

2

1 지붕은 너와를 얹어 흙과 어울리게 배치하였고 외관은 방수를 위해 노리를 발라주었다. 2 직선을 최대로 배제하고 곡선의 이미지를 실현시키려고 노력하였다. 3 단층이지만 복층으로 2층의 다락방 공간을 넓게 활용할 수 있다. 코브하우스는 옛날 우리의 흙집과 비슷한 공법으로 주재료는 짚과 흙이다.

3

1

그래도 10개월의 공사기간 동안 맘껏 원하는 형태로 지을 수 있었다고 뿌듯해 한다.

"그 때는 정말 열정 하나로 건축을 온 몸으로 부딪쳐 하나씩 알게 된 것 같습니다. 현장에서 몸으로 체득한 것이니 이젠 죽어도 까먹지 않겠죠. 다음에 지을 때는 배운 것 톡톡히 써먹어 볼 생각입니다."

:: 작품 활동을 미루고 집짓기에 매진

미술전공자가 어떻게 건축 일에 뛰어들게 되었을까.

"졸업 후 인테리어 쪽 일을 아르바이트 삼아 발을 내딛긴 했지만 애초부터 건축일을 하게 될 거라고 예상하지는 못했습니다. 지금은 동업자가 된 친구들과 같이 일하면서 앞으로 무엇을 하게 될까 막연히 걱정하던 시절도 있었죠. 그러다 지인이 학교를 흙집으로 짓는 일을 계획하면서 한창 이쪽 분야의 자료를 수집하고 공부하게 되었죠. 비록 그 일은 무산됐지만 그때를 시작으로 흙집에 대한 저의 관심은 계속되었습니다."

간절히 원하면 이루어진다고 했던가. 그 뒤에 뜻을 같이한 든든한 동지를 얻게 되고 흙집에 관심이 많은 건축주와도 인연이 닿았다.

"지금 생각해보면 전부 우연 같은데 우연이라고 하기에는 모두가 너무 잘 맞아 떨어졌어요. 외국 생활을 오래해 코브하우스를 많이 접한 건축주를 만난 일이며, 공통의 관심사를 가지고 같은 길을 가게 된 친구들을 만난 것 모두 절묘한 운명인 것 같습니다."

이들은 이곳 코브하우스 1호점을 아지트로 삼고 일주일에 3~4일을 함께 지내고 있다. 젊은 세 남자가 함께 지내는 것이 좀이 쑤시기도 할 텐데 의외의 반응이 돌아온다.

"셋 다 취향이 비슷해서 그리 따분하게 느껴지진 않아요. 오히려 시간이 금방 갑니다. 다음 작업 구상도 하고 조경공사도 마무리하다 보면 지루할 틈이 없죠. 시간 나면 근처 시내에 나가 당구도 치고 영화도 보고 하는 걸요."

활기찬 노씨의 대답이다.

"작품 활동을 계속하는 미술가들은 이렇게 전원에 작업실을 꼭 한 채씩 두는 게 일반적인데, 저희는 좀 빨리 집을 짓는다고 생각해요. 작품 활동이야 맘만 변하지 않으면 언제든 다시 시작할 수 있으니 지금은 좋아하는 일을 맘껏 즐길 생각입니다."

흙 만지는 일이 좋아 시작한 길이 어느덧 업이 되고, 그 뒤의 문제들은 하나씩 스스로 해결되고 있다. 이제 보니 노씨와 친구들의 확신에 찬 눈빛과 목소리는 '내가 스스로 선택한 일' 이라는 자신감과 여유 때문이었다.

1 삼페인병을 이용한 인테리어 기법이다. 코브하우스에서 흔히 시공하는 방식으로 채광효과를 증대시켜 준다. 천장의 서까래가 그대로 드러나 아름답다. 2 안방과 드레스룸, 욕실이 통하는 구조. 곡선의 미가 아름답다. 3 화장실 내벽에 노리를 발라 흙을 코팅하는 효과를 주었다. 흙 위에서 샤워를 해도 문제없다.

:: 미술에서 확장된 흙집 인테리어

건축물은 복층구조로, 2층은 82.5㎡(25평)나 되는 넓은 공간에 2개의 방을 두었다. 내부마감은 방마다 황토에 백회를 섞어 조금씩 색상의 변화를 주었다. 백회를 얼마나 섞는가에 따라 흙색에 미묘한 차이가 난다.

거실에 들어서면 가장 눈에 띄는 계단실은 아카시아 나무의 수형을 그대로 느낄 수 있다. 설계 시부터 1, 2층을 관통하는 나무를 구상했었는데 제대로 구현되어 만족스럽다.

"뒷산에 쓰러져있던 나무를 발견하곤 크기나 재질이 적당해 건축물의 기둥으로 점 찍었죠. 가져와서 세워보니 계단 발판을 끼우기도 딱이고 원래 이곳에 있던 양 잘 어울립니다."

집안 곳곳에서 인테리어 요소로 눈길을 끄는 아이템들이 보인다. 샴페인 병으로 모양을 낸 벽장식은 햇빛의 양에 따라 다채로운 빛의 색깔을 뿜내기도 하고 몰딩으로 쓰인 밧줄은 거친 흙의 느낌을 잘 보완해 준다. 흙은 자연적이고 투박한 게 제 맛이기에 너무 깔끔한 몰딩은 피한 것이다. 밧줄 몰딩은 창문의 틀과 2층 난간으로 흐르고 있었다.

미술학도들이 지어서인지 코브하우스는 기존의 직각과 직선의 건축물에서 탈피해, 자연스러운 동선을 만들어냈다. 건축주가 원하는 스타일에 맞춰 하나의 미술작품을 완성한 것이다. 이렇게 지은 집은 전원주택단지 안의 여타 황토집들과 뚜렷한 차별화를 이룬다.

"저희도 처음 시도하는 흙집인데 모양도 조금 특이하니까 단지 안의 분들이 기이하게 생각들을 하시더라고요. 그래도 우리 스스로 격려하면서 하나씩 단계를 밟아나갔던 거죠"

김씨는 지금은 마을 분들도 특이하고 예쁘다고 지나가는 길에 꼭 들러서 한마디씩 하신다며 뿌듯해 한다.

자기가 직접 지은 집에 대해 인정 받을 땐 어떤 기분이 들까? 경험해보지 못한 사람은 모르는 짜릿한 무엇이 있을 것이다. 그들의 웃음에는 그런 자부심이 담겨 있었다.

세 청년이 말하는 **코브하우스**의 장점

- 코브하우스는 집이 따뜻해지는데 시간이 오래 걸리지만 한번 데워지면 오래가는 축열 방식이다. 반면 스트로베일 하우스는 단열이 우수하지만 축열에서는 코브하우스보다는 떨어진다.

- 흙이란 소재는 어느 누구나 쉽게 다룰 수 있으므로 전문적인 기술을 요하지도 않고, 남녀노소 즐기며 집을 지을 수 있다.

- 집을 짓기 시작하는 단계에서부터 세밀한 디자인을 한다면 코브를 쌓으면서 책장, 옷장, 선반, 소파 등 인테리어를 동시에 해결할 수 있다.

- 친환경 건축 소재로 인간과 자연이 공존하며 살아갈 수 있는 생태적인 건축방법을 제시함으로써 건축 폐기물로 인한 환경파괴를 최소화 할 수 있으며, 폐기물 등을 재활용하여 생태건축의 새로운 방법을 보여 준다.

- 다양한 기후조건에서 수세기 동안 비, 바람이 많은 해안지역에서도 잘 견딘다. 물에 대한 저항력이 훌륭하며 내화, 내구성이 강하다.

:: 외국 사례를 바탕으로 실험과 시행착오 끝에 얻은 노하우

노씨는 "아직 우리나라에는 시공사례를 찾기가 드물어서 외국의 사례를 많이 참조했다"며 "이미 보편화된 외국의 코브하우스가 교과서 역할을 한 셈이다"라고 전한다. 외국과 우리나라의 볏짚이 근본적으로 다르니 그에 따른 적용 방법도 조금씩 달랐을 것이다.

또한 외국과는 다른 라이프스타일로 보강해야 할 문제들이 남아 있었다. 습식 화장실의 방수 문제를 해결해야 했던 것. 여러 번의 실험 끝에 '노리'라는 해초풀을 사용해 천연 발수를 이루었다. 노리와 방수액을 화장실 벽에 바르면 코팅되는 효과를 얻어 흙 위에서 샤워를 해도 흙이 흘러내리지 않게 된다. 이를 위해 비율을 맞춰가며 더 좋은 효과가 날 수 있도록 수없는 실험을 거쳤다.

구조상의 취약성을 극복하는 노력도 기울였다. 기존의 스트로베일 하우스나 코브하우스가 구조상 견고성이 부족하다고 느낀 그들은 목조주택을 짓는 현장을 찾았다. 공사판을 누비며 기둥&보 공법의 짜맞춤 기술을 몸으로 체득해 이 집을 짓는데 고스란히 적용했다. 현장에서 직접 치목하며 기둥과 보를 세우고 서까래를 세운 과정은 사진으로 남아 그 때의 생생한 모습을 전해 준다.

처음 부딪치는 일이 비록 생소하고 어려웠지만 그보다 도전하고자 하는 의지가 커졌고 우리나라에서 코브하우스 분야의 선두주자로 나서고 싶은 욕심도 생겼다.

요즘에는 집에 대한 작은 의견들도 귀담아 듣게 되었다. 제2의 코브하우스를 짓기 위해 귀를 열어두는 것이다. 아직 많은 이들에게 낯설지만 여러 가지 장점을 가진 코브하우스. 앞으로 이 집을 짓고 소개하는 일에 젊음을 바치겠다는 포부가 대단한 세 청년. 흙을 주무르며 친환경적인 삶을 창조하는 일에 앞장설 이들은 현재를 즐기며, 자부하고 있었다.

시공 · J-cob 019-440-7696 http://j-cob.com

코브하우스(Cob house)

서양 흙집에서 유래된 말로, 전통적으로 흙과 짚을 섞어 지었던 우리네 흙집과 거의 비슷하다. 점토의 특성상 갈라지고 터지는 단점을 보완하기 위해 짚과 모래를 섞은 코브를 가지고 벽체를 꽉 채운 집을 '코브하우스'라고 칭한다.
황토만 가지고 집을 짓던 우리의 황토집에서 크랙으로 인한 보수, 유지의 취약성을 한층 보완한 집이라고 볼 수 있다.
그리고 요즘 많이 알려진 스트로베일 하우스(Strawbale house)와는 밀도의 차이점을 갖고 있다. 코브하우스는 코브로 벽체가 꽉 채워져 있어 무겁고 밀도가 있는 반면, 스트로베일 하우스의 벽체는 스트로베일(볏짚)이며 겉만 코브로 마감해서 겉으로는 같아 보일 수 있으나 집의 수명, 내구성, 밀도, 단열방식 등에서 차이를 보인다.

주요 공정 포인트

치목 인천항에서 사온 목재(북미 소나무)를 한 달 동안 현장에서 직접 다듬었다. 기둥, 보 등에 해당하는 골조에서부터 창틀, 문틀, 서까래 등 내부에 들어가는 것까지 제재소를 거치지 않고 직접 작업했다.

장부파기 치목하는 과정 중 한옥의 목재골조와 비슷한 공정으로 못을 쓰지 않고 나무와 나무끼리 결합하는 방법을 장부라 한다. 현장에서 사용된 장부방법은 주먹장, 반턱장, 평장 등이다.

석축 쌓기 4월 중순에서 5월 초까지 콘크리트 기초가 끝나고 기초 위에 석축공사가 시작되었다. 코브하우스의 특징인 석축은 처마에서 떨어지는 빗방울에 벽체를 보호하기 위해 바닥에서 대략 1m 정도 높여 쌓는다. 기능적인 요소와 미적인 요소를 조화시키는 것도 중요하다.

조적 석축공사가 끝나고 5월 중순부터 황토벽돌 조적이 시작되었다. 순수하게 황토와 짚, 숯이 섞인 벽돌로 손톱으로도 충분히 긁을 수 있는 강도다. 이 벽돌의 모르타르로는 걸쭉한 황토물이 사용되었고 중간 틈새는 코브를 활용했다.

나무 창 굵은 나왕류를 엔진 톱으로 내부를 파내고 굵은 철근으로 묶은 후 틈새는 코브로 메우고 황토벽돌로 조적하였다.

채광 병 코브하우스의 특징인 재활용 병으로 자연채광을 시도했다. 빛이 더 많이 들어오게 하기 위해 병을 중간에 자르고, 시공할 때 각도를 줌으로써 병을 통해 집안으로 더 많은 빛이 들어오도록 유도하였다.

내부 서까래 조적이 끝나고 6월 초부터 각 방들의 천장 작업이 시작되었다. 황토벽돌 위에 개판을 놓고 그 위에 손수 치목한 서까래들을 대못으로 고정하였다.

장부 결합 6월 중순 각방 천장 작업이 완료된 후 그동안 치목했던 골조를 결합하였다. 기둥은 조적하기 전에 그랭이질한 주춧돌 위에 세웠고 그 위에 1층 보와 2층 기둥, 2층 보가 설치되었다.

1차 미장 7월 중순 지붕도 하기 전에 벌써 장마가 오고 말았다. 지붕은 천막으로 덮어 놓고 1차 코브 미장이 선행되었다. 벽돌과 벽돌 사이 틈새를 메우면서 전선매입 및 당골막이 작업도 동시에 진행되었다.

코브 만들기 코브를 만드는 작업은 높은 수준의 노동력과 시간을 요구한다. 처음엔 천막 위에 밟아서 코브를 만들었다가 양이 감당이 안 되어 콘크리트 믹서기를 구입하였다. 코브를 만드는 일이 보통이 아니기 때문에 대량의 코브는 장비로 만드는 것이 효율적이다.

2차 미장 장마와 지붕 등 힘든 작업이 끝나고, 9월 중순부터 내외부 2차 미장이 시작되었다. 2차 미장에는 석회를 넣어 밝은 흙색을 만들어 보았다. 나비 조형물에는 벽과 다른 색으로 마감하였다.

나무계단 거실에 들여놓은 아카시아 나무를 이용하여 2층으로 올라가는 계단을 만들었다. 아카시아 나무 중간 중간 홈을 파고 발판이 될 나무들을 끼워 넣었다. 난간재 또한 아카시아 나뭇가지들을 이용하여 제작하였다.

HOUSE PLAN

- **대지위치** : 충청북도 옥천군 안내면
- **대지면적** : 594㎡(180평)
- **건축면적** : 155.1㎡(47평)
- **건폐율** : 26%
- **용적률** : 26%
- **공법** : 기초 - 철근콘크리트
  지상 - 웰메이트 와이어패널
- **구조재** : 웰메이트 와이어패널
- **창호재** : 소나무 고재 문틀
- **단열재** : 웰메이트 와이어패널
- **외벽마감재** : 백시멘트, 흙모르타르 뿜칠
- **내벽마감재** : 석고보드 후 도배
- **마감지붕재** : 파기와 마감
- **설계 및 시공** : (주)웰메이트 02-553-9228
  http://www.welarch.com

흙뿜칠공법 적용도 가능하다

흙집을 빼닮은 와이어패널 주택

"처음 이 곳을 보고 밤잠을 설쳤어요."

건축주인 손씨 부부는 10년 전 대청호 자락에 선 기분을 잊지 못한다. 부모님을 모시고 살 집터를 찾기 위해 수년 동안 발품을 팔던 중이었다. 겹겹의 산들과 청아한 호수, 안개에 감싸 있는 신비로운 땅. 낙원과도 같은 이곳을 본 날, 부부는 여기에 꼭 집을 짓기로 서로의 마음에 약속을 했다.

사실 서울에 살던 이들이 충북 옥천까지 내려온 데는 이유가 있었다. 이북이 고향인 손씨의 아버지는 피난 때 고통을 두 번 다시 겪고 싶지 않다며, 대전 이남에 살기를 원하셨다. 그는 그런 아버지의 뜻을 거스를 수 없어 양평, 용인 등 가까운 지역은 제쳐두고, 두 시간 거리로 답사를 다닌 것이다. 대청호를 마당으로 삼는 이 빼어난 집터는 그렇게 손씨 부부와 인연을 맺게 되었다.

:: 10년을 기다려 원하던 집 지어

마음을 뺏긴 땅이 생기고, 그 때부터 부부의 고군분투가 시작되었다. 대청댐을 인근에 둔 호수 옆이라 각종 규제가 많아, 바로 집을 지을 수 있는 여건이 안 되었다. 임야를 사들여 직접 농사를 짓고, 허름한 컨테이너박스로 농막을 대신했다. 그렇게 몇 년이 흐르고, 주변 마을 사람들의 인정을 받으면서 농가주택을 지을 수 있었다. 그 뒤로 또 5년. 이제야 손씨는 4대(代)가 함께 지낼 본격적인 집짓기에 착수했다.

부모님을 모시고 2살 손녀까지 함께 살 집을 짓는다는 것은 흔히 경험하지 못하는 일이다. 손씨는 가족간의 유대를 더하며, 서로의 시간을 존중해 줄 수 있는 집을 원했다. 가족 누구에게나 휴식을 줄 수 있어야 집이 그 기능을 다한다는 생각이었다.

손씨는 좋아하는 소나무와 잘 어울리는 한옥을 원했지만, 건축비용에 비해 겨울철 단열이 고민이었다. 결국 선택한 것은 와이어패널 공법. 여기에 옛 한옥에서 수거된 고자재로 마감해 분위기를 더하기로 했다. 그렇게 4개월의 공사기간을 거쳐 155㎡(47평) 주택이 완성되었다.

5

4

1 소나무 고재와 전통 스타일의 현관문이 집에 고풍스런 분위기를 더한다. 물확과 돌, 화초가 어우러져 한껏 푸르름을 발산하고 있다. **2** 지붕 마감과 벽면의 경계석은 기와 조각으로 이루어져 있다. 돌담을 쌓은 듯 단단해 보이는 하단과 산뜻한 외벽, 여기 주홍빛의 기와가 집의 가장 중요한 컨셉이 되고 있다. **3** 본체 아래쪽으로 이어진 별채에는 건축주 아들내외가 머물고 있다. 프라이버시 보호를 위해 출입문도 따로 내고, 내부 계단도 생략했다. **4** 정원 한켠에 자리한 연못. **5** 완만하게 떨어지는 지붕선이 뒷산과 어우러지기에 부족함이 없다. 와이어패널 공법은 골조역할을 하는 와이어 덕분에 자유로운 곡면시공이 가능하다.

1

2

3

1 거실은 지붕에 서까래처럼 원형목을 덧대 한옥같은 인상을 풍긴다. 2 아들 내외가 머무는 별채 거실. 조망을 위한 원형 공간에 창호를 많이 내어 밝고 환 하다. 3 지붕 너머로 보이는 대청호 전경.

1 현관 입구에서 주방으로 향하는 복도. 전통 한옥에서 얻어 낸 소나무 고재들은 곳곳에 못자국과 장부 홈이 남아 있다. 2 가족들이 모이는 식당 공간은 집에서 경치가 가장 좋은 곳에 배치했다. 3 천장의 원형목과 팬던트 조명이 잘 어우러진다. 4 부부의 침실은 낮은 침대와 창살문으로 전통 인테리어를 구현했다. 5 부부 침실 바로 앞에 있는 전용 취미실. 손님맞이 방의 역할도 하며, 음악을 좋아하는 건축주가 휴식을 취하는 곳이다. 벽면에 장식된 기와와 특별한 조명으로 분위기를 한껏 살리고 있다.

:: 곡선이 여유로운 와이어패널 주택

교외를 지나면 가끔 볼 수 있는 돔형 카페들. 이들이 와이어패널 공법을 적용한 예다. 지름이 약 2㎜되는 강철선을 엮어 골조를 세우고, 그물망처럼 엮인 와이어 사이에 60~80㎜ 두께의 발포 폴리스틸렌 단열층을 둔다. 그 양면에 흙모르타르 또는 시멘트모르타르 등을 뿌려 마감하는 방식이다. 골조역할을 하는 와이어가 구부러지기 때문에 자유롭게 곡면 시공을 할 수 있는 장점이 있다.

손씨의 집은 지붕에서 그 특징이 두드러진다. 둥글게 떨어지는 처마는 앞산과 비교해 모나지 않고, 집 전체가 호숫가의 완만한 선과도 조화를 이루고 있다.

여기 광활한 잔디마당과 다양한 수형의 소나무도 집의 큰 축이 되어 준다. 손씨는 주택만큼 조경에도 심혈을 기울이고 있었다. 이름난 소나무를 찾아 전국을 헤매다 보니, 마당은 팔도를 고향으로 둔 소나무 집합소가 되었다. 그는 "마당에 과실수나 화초를 많이들 가져다 심는데, 이는 손도 많이 가고 조화를 이루기도 어렵다"며 "빼어난 소나무 하나가 정원을 지배하게 된다"는 철학을 갖고 있었다.

다만, 근처에 계곡이 없다는 아쉬움으로 현관 앞에 짧은 계류를 만들어 두었다. 여기에는 연산홍과 철쭉, 이름모를 야생화까지 심겨져 운치를 더한다.

:: 돌과 기와, 소나무를 활용한 자연 소재 인테리어

외관을 통틀어 가장 자주 등장하는 소재는 기와다. 붉은 빛 지붕은 조각낸 기와로 마감되었고, 벽체 하단부를 가르는 경계도 기와를 심어 만들었다. 실내의 아트월 역시 켜를 낸 기와를 심어 전통미를 드러낸다.

수십년 세월을 견딘 소나무 고재도 집안 곳곳 인테리어 요소로 활용되었다. 창호 프레임과 문, 실내 기둥을 자세히 관찰하면 장부홈 자국이 그대로 남은 것을 발견할 수 있다. 고재 색상에 맞춰 채도가 낮은 바닥재와 가구를 선택해, 쉽게 질리지 않는 예스러움을 갖추고 있다.

실내 구성은 단순하다. 긴 직사각형 구조에 중앙은 거실과 부모님 침실, 양 끝으로 각각 식당공간과 부부공간을 두었다. 손씨는 아내가 일몰을 보며 저녁을 준비할 수 있도록 주방을 가장 경관이 좋은 곳에 배치했다. 아들 내외를 위해서는 아래채에 따로 공간을 마련해주고, 실내계단을 생략해 프라이버시를 도모했다.

손씨 부부는 마지막으로 "집은 생활에 불편함이 없는 정도로 만족하고, 나머지 열정은 정원에 쏟으라"고 조언을 아끼지 않았다.

유치원에서 천사들과 살아요

"상추야, 미안해."

5살 경준이가 실수로 뽑은 상추를 쓰다듬으며 속삭인다. 올해 처음 문을 연 '숲생태유치원'의 원생인 경준이는 오늘도 생명의 소중함을 한 번 더 깨달았다. 아무도 직접 가르쳐 주지 않지만, 자연 속 놀이를 통해 스스로 터득하고 있는 중이다.

충남 공주에 위치한 숲생태유치원은 생태주의와 독일의 발도르프 교육을 모티브로 만든 정식 유아교육기관이다. 아이들은 옷에 흙이 묻는 것을 두려워하지 않고, 서로 장난감을 갖겠다고 싸우지도 않는다. 그만큼 자연과 친해져 자연의 모든 것을 장난감 삼아 노는데 익숙해져 버렸다.

:: 안정된 직장 버리고, 새 꿈으로 뛰어든 부부

"아이들을 토종닭처럼 키우고 싶었어요. 진정 몸으로 노는 것에 익숙하지 않은 요즘 아이들에게 머리, 몸, 가슴이 같이 클 수 있도록 이끌어 주는 것이지요."

숲생태유치원의 이경미 원장은 지난 10년 동안 중학교 선생님으로 재직했다. 그러다 2007년 당시 7살, 5살인 두 딸을 위해 유치원을 짓고, 충남 공주로 내려왔다. 아이들이 커가는 모습을 보면서 유아 교육에 대한 진지한 고민이 시작되었고, 결국 대안을 몸소 실천하기로 마음 먹은 것이다.

부부 중 한 명은 안정된 수입원이 있어야 했을 텐데, 남편 강상규 씨 역시 건축직 공무원이란 직업을 버리고 과감히 아내의 손을 잡았다. 함께 하지 않는다면 전원행의 의미가 없다는 그녀의 결심 때문이었다.

"가까운 친지 중에도 우리 부부를 이해하지 못하시는 분들이 계셨죠. 저희도 그 때 얼마나 큰 용기가 필요했는데요. 하지만 욕심을 내려놓는 용기 덕분에 지금은 더 큰 것을 얻게 되었어요."

그렇게 3년이란 준비 기간을 거쳐 건물을 짓고, 부부는 유치원 문을 열었다. 처음에는 아내에게 용기만 북돋아 주고, 다른 일을 찾으려 했던 남편 강 씨는 지금은 유치원을 진두지휘하는 일꾼이 되어 있다. 직접 1만6천㎡(4천 8백평)에 달하는 부지를 꾸미고, 아이들과 매일매일 산책길에 오르는 보디가드 역할까지 하고 있다.

:: 아이들을 건강하게 만드는 흙집 유치원

유치원은 흙과 나무만을 사용한 친환경 건축물로, 국산 소나무를 다진 흙 사이에 쌓아 지은 원형 건물이다. 특별한 골조 없이 지은 흙집으로는 국내에서 찾아보기 힘든 규모로 1, 2층을 합쳐 330㎡(1백평)가 넘는다.

강씨는 흙집을 짓기 위해 사전답사에만 1년의 시간을 보냈다. 그가 꿈꾸는 흙집은 밝고 따뜻하며, 무엇보다 건강해야 했다.

"요즘 아이들은 셋에 한 명 꼴로 아토피를 겪는다죠. 흙집은 건축과 관리에 품이 많이 들어가지만 아이들을 위한 최선의 선택이었어요. 아이들의 몸에 닿는 유치원 내부도 화학자재는 일체 쓰지 않았죠."

건축물 자체도 원형인데다, 창과 계단 등 모든 디자인은 곡선으로 설계되었다. 아이들의 원만한 정서를 위해서다. 이름난 소목장들을 데려다 수작업으로 인테리어하고, 교구장과 놀이 선반 등도 교육 목적에 맞춰 직접 제작했다. 마감도 한지와 수수풀만을 사용했다.

유치원 건물 주변에는 나무와 모래, 돌만을 사용한 독일식 자연주의 놀이터를 만들고 잔디운동장, 황토체험장, 과수원과 꽃밭까지 조성해 놓았다. 2만 ㎡(6천1백평)의 텃밭에서 유기농으로 재배하는 채소들은 아이들의 건강한 먹을거리가 되고 있다.

문을 연 지 두 달째, 효과는 생각보다 빨리 나타났다. 호흡기 질환이나 가려움증에 시달리던 아이들의 몸이 몰라보게 좋아진 것. 부부는 "태양과 대지에 감사하는 마음을 아이들이 스스로 깨우치고 있다"고 말한다.

:: 머리, 몸, 가슴이 같이 크는 아이들

부부의 변화만큼 이 곳의 아이들도 여러모로 변하고 있다. 하루 1시간 넘게 하는 산책길 덕분에 다리는 튼튼해지고, 쉽게 피곤해 하지도 않는다.

처음에는 힘들어 밥을 먹다가도 졸고, 옷이 더러워진다고 물가도 가지 않던 아이들이 이젠 산다람쥐처럼 생생하다. 아이들은 자기 이름이 적힌 명찰을 단 과일나무를 키우고, 반별로 텃밭도 가꾼다. 일주일에 한번씩 재래시장이나 미술관 구경에 나서고, 한 달에 한 번씩 유치원에서 친구들과 하룻밤을 보내는 체험을 하고 있다.

처음엔 반신반의했던 학부모들도 이제는 주말이면 각 가정마다 분양된 텃밭에서 노작을 하고, 끝나면 함께 모여 대화와 식사의 시간을 갖는다.

실제 현장에서 만났던 한 부모는 "늘 새로운 장난감을 찾던 아이라 유치원을 보내놓고도 내심 걱정했다. 하지만 불과 한 달 만에 집 안의 플라스틱 장난감들은 거들떠보지 않게 되었고, 베란다에서 모래놀이에 열중한다"며 놀라워했다.

:: 자연으로 내려와 더욱 좋아진 부부애

남편 강씨는 처음 이곳에 내려 올 때 적지 않은 걱정을 했다고 고백한다. 맞벌이 생활을 해 오면서 떨어져 있던 시간이 많았던 부부였기에 24시간을 함께 있다보면 갈등의 시간도 늘어날 수 있는 문제였다. 그러나 기우였다. 지금은 예전보다 얼굴 보는 시간이 더 줄었다며 웃는다.

"아침 6시에 일어나 하루 일과를 시작해요. 저는 유치원 안에서 아이들과 놀고, 남편은 밖에서 매일 땅과 씨름하죠. 하루 종일 몸을 쓰다보니 9시면 온 가족이 곯아 떨어져요."

부부는 전원생활을 하며 "먼저 몸을 움직이는 것이 중요하다"고 입을 모았다. 풀 한포기 뽑는 일도 시키지 않고 내가 먼저 하는 것은 서로에게 감동과 믿음을 주게 된다고.

어쩌면 무모할 수 있었던 유치원이 현실적으로 좋은 성과를 얻게 된 것은 부부의 이러한 믿음 덕분이 아닐까. 이들은 조만간 초등과정을 마련할 새로운 포부를 품고 있다. 가르치기 보다는 아이들의 눈높이로 웃음, 꿈, 자아를 이끌어 낼 수 있는 학교를 만들고 싶다고.

부부가 꿈꾸듯 지은 유치원. 이 곳은 누구나 다섯 살 그 때로 돌아가고 싶게 만드는 곳이었다.

숲생태유치원 041-852-0460 http://www.waldkinder.co.kr

HOUSE PLAN

대지위치 : 인천광역시 강화군 화도면 흥왕리
대지면적 : 1237㎡
건물규모 : 지하주차장, 지상 1, 2층
건축면적 : 152㎡(46평)
연면적 : 218㎡(66평)
건폐율 : 15%
용적률 : 18%
주차장 : 66㎡(20평)
공법 : 기초 – 철근콘크리트 줄기초
　　　　　지상 – 목구조
구조재 : 북미산 더글라스
창호재 : 공간 시스템창호
외벽마감재 : 황토
내벽마감재 : 황토미장 후 한지도배
지붕재 : 적삼목 쉐이크 레드 등급
설계 및 시공 : 동방황토산업(주) 02-575-3600
　　　　　　　 http://www.dbwhangto.co.kr

노스탤지어 호원산방(瑚瑗山房)
심벽집을 현대화 한 **목구조흙집**

사람에겐 누구나 돌아가고 싶은 어딘가가 있다. 이는 꼭 장소가 아니라 때가 될 수도 있을 것이다. 천진난만했던 어린 시절도, 아련한 로맨스가 있던 공원벤치도, 눈을 감고 한참을 생각해야 떠오르는 이 무던해진 현실에서 노스탤지어를 꿈꾸는 것은 어쩌면 당연한 일이다.

호원산방(瑚瑗山方). 산호 호(瑚)에 도리옥 원(瑗). 산호와 옥처럼 귀한 손님이 머무는 곳이란 뜻으로, 이 산방은 한국 사람들이 그리워하는 정서를 모아둔 곳이다. 낮은 대문을 열고 들어서면 저 멀리 보이는 집 한 채. 그 문을 향해 걸어가다 보면 야생화가 흐드러진 마당을 만나고, 품위 있게 앉혀진 정자도 지나친다. 한없이 넓은 마당은 뜰이라기보다는 하나의 동산이라 부르는 것이 어울릴 듯하다. 시내와 연못, 능선과 풀들을 모두 품고 있는 이상향의 동산, 호원산방은 바로 이 곳에 자리잡고 있다.

:: 바닷가 근처 자리한 자연정원 속 주택

오래 전부터 정원을 조성해온 건축주는 결국 본채와 별관동, 정자 등 머무를 곳을 하나둘 만들기 시작했다. 그가 원했던 휴식처는 자연 그대로를 최대한 흡수한 형태였다. 이 때문에 대지 안으로 들어오는 물길과 산책로, 야생화와 바위들에게 자리를 모두 내주고 나서야 건물이 들어설 자리를 잡게 된 것이다.

건물 역시 자연을 소재로 한 목구조흙집으로 설계, 시공했다. 지형의 경사는 손대지 않고 필로티 구조로 활용해 주차장을 만들었다. 그 위로 2층으로 올라선 건물은 규모가 상당해 보인다. 이 집의 설계 컨셉은 고급펜션을 겸한 전원주택이었다. 아직 외부손님은 받고 있지 않지만, 추후 펜션으로 활용한 계획을 위해 만전을 기한 구조로 채워졌다.

우선, 주인 가족의 프라이버시를 최대한 확보하면서 별관동과 주변시설물과의 연계성을 고려해 각 건물들은 제각기 거리를 갖고 있다. 또한 본채 뒤의 별관은 구들을 놓은 전통스타일로 난방, 전기 등을 따로 사용할 수 있고, 어느 건물이나 출입구를 다양화해 원활한 동선을 만들어 주었다. 집안 어디에서도 지루한 공간을 찾아볼 수 없게끔 한 것이다.

1 적삼목 기와는 나무의 자연미를 최대한 드러낼 수 있는 소재다. **2** 본채 뒤에 별채는 구들을 그대로 이용해 찜질방으로 사용할 수 있다. 외벽 하단부에 기와를 쌓아 비가 튀는 것을 방지하고, 창문 앞으로 마루를 내어 데크를 대신하고 있다. **3** 현관 입구에는 경사진 비탈을 내어 바퀴달린 물건이나 짐을 쉽게 옮길 수 있도록 한 센스가 돋보인다. **4, 5** 흔히 볼 수 없는 독특한 정자. 창과 난방을 설치해 사계절 활용할 수 있게 했다.

1

:: 심벽집을 재해석, 보완한 목구조흙집

목구조흙집은 전통 흙집의 단점들을 보완한 현대주택으로 이 집은 특히 한옥의 결구방식을 재해석하여 적용했다. 또한 목구조의 단점인 횡력에 대한 보완으로 흙벽 속의 심재를 각재로 하면서 격자구조로 시공해 내진구조를 구현했다. 이는 현대적 디자인의 공간설계를 가능하게 했고, 2층 흙집의 안전성을 충족시켜 주었다.

이렇게 나무로 기둥을 세우고 흙을 가지고 벽을 치는 공법을 옛날에는 '심벽집'이라 불렀다. 현대식으로 발전해 오면서 구덩이를 파고 돌과 흙으로 메우던 기초공사 대신, 시멘트로 줄기초를 삼아 기초를 단단히 하고 수수깡이나 싸리, 대나무 등을 사용한 힘살(외) 대신, 각재를 쓴 것이다. 기둥과 기둥 사이의 스터드 역할을 하는 이 힘살에 세 번에 걸쳐 흙을 바르는 심벽치기를 하는 것은 예나 지금이나 같은 방식이다.

사용한 황토는 해당 지역의 흙의 특성을 분석, 마사토와 모래, 백토와 짚 등 혼합물의 비율을 조정해 그 강도를 높여 사용했다. 게다가 바닷가라는 대지 위치는 황토의 성질을 더욱 강하게 하는데, 칼슘 성분이 함유된 소금기는 흙 조직 간의 결속력을 더욱 높이기 때문이다.

:: 흙집에 맞는 내부 설계와 가구 배치

내부는 흙의 통기성을 고려해 전체적인 공기의 흐름에 맞춰 동선을 짰다. 흙집은 가구 배치 하나에도 신중해야 한다. 바람이 잘 통하는 길을 내주어 흙의 습기를 방출시켜야 쾌적한 내부환경을 유지시킬 수 있는 것이다.

벽면은 황토물로 미장한 후 한지벽지를 덧발랐고, 바닥 역시 한지에 콩기름을 발라 마감했다. 최소한의 가구배치지만, 이도 좌식스타일의 고가구 위주로 꾸며 집의 안팎이 한결같은 분위기를 가진다.

단, 욕실과 주방은 최신식으로 설비했다. 욕실은 슬라이딩 도어로 공간을 구획해 세면기쪽은 건식으로, 욕조 부위는 습식으로 설계했다. 내부 전체를 타일로 마감하고 욕조의 머리맡 부분에는 유리블록을 대어 변화감 있는 인테리어를 보여 준다. 주방 역시 아일랜드형 싱크대를 설치하고 홈바를 접목해 실용성 있는 볼륨감을 가지고 있다. 천장의 서까래와 기둥조각이 근사하게 어울리는 퓨전스타일이다.

:: 별채와 정자에서 맛보는 향수(鄕愁)

부대시설인 별채와 정자도 이 집에서는 스쳐지날 수 없는 보석같은 곳이다. 별채는 동일한 두 개의 구조를 붙인 형태로 펜션으로 바로 사용해도 무리가 없을 정도인데, 장작을 땔 수 있는 구들을 놓아 특별한 공간으로 탈바꿈했다. 본채와 동일한 목구조황토집으로 지어졌는데, 기와와 돌, 적삼목 쉐이

크를 다양하게 마감해 외관이 한층 돋보인다.

정자는 창을 달고 필름난방을 깔아 겨울에도 사용할 수 있도록 했다. 본채와 야생화 정원을 잇는 한 가운데 위치해 아래로는 연못을 감상하고, 멀리는 바다까지 눈에 담을 수 있는 그윽한 쉼터가 되었다.

자연 그대로를 거스리지 않는 이러한 건물들은 찾는 이에게 어릴 적 향수를 떠올리게 만든다. 그래서 이 곳에 오면 마음이 평온해지고, 마치 누군가의 품에 안겨 있는 것처럼 따스함을 느끼게 될 것이다. 호원산방은 이름처럼 찾는 이를 귀한 사람으로 만드는 곳이다.

1 한옥의 서까래와 보가 드러난 입식주방. 가구는 아일랜드형으로 설치해 사용자의 편의를 높였다. **2** 현관 우측에 위치한 거실은 마루를 깔고 한지로 벽지를 심았다. **3** 욕실은 최신식 설비로 꾸며졌다. 월풀 사우나 욕조와 유리블록, 건식재의 혼합바닥과 난방시스템까지 갖추고 있다. **4** 계단은 최소한의 공간을 차지하도록 나선형으로 특별히 주문제작했다.

20

고운 울림으로 자연 속에 살다
전통 방식으로 **옻칠한** 황토펜션

천해진미를 앞에 두고도 구수한 된장맛이 그리워질 때가 있다. 네모반듯한 아파트 생활에 익숙해져도, 한번쯤 군불 때는 흙집에서 자고 싶은 것이 우리네 정서이다. 그래서 도심에서 찜질방 문화가 그토록 유행처럼 번지는 것이 아닐까.

여행을 떠나 군불 때는 황토펜션에 머문다면, 여정의 특별함은 더할 것이다. 강원도 홍천 내촌면에 가면 이러한 여행에 제격인 펜션을 만날 수 있다. 손수 흙집을 지은 김철우 씨가 오가는 나그네를 위해 빈 방에 불을 지피고 있기 때문이다.

:: 땅이 그에게 다시 생명을 주다

서울에서 무역업을 하던 김씨는 7년 전, 부도 후 이 곳 홍천으로 귀농을 했다. 우선 1년 정도만 지내보자는 심정으로 지인의 땅을 빌려 농사를 짓기 시작했다. 처음 해 보는 일이라 그만큼 더 힘들었지만, 농사에 몰두하면서 그는 도시에서의 망상과 잡념을 떨쳐내기 시작했다.

2천주에 달하는 고추와 단호박, 토종꿀 수확까지 하고 나니 애초 1년 간 자신에게 준 유예기간이 훌쩍 지나갔다. 땅이 주는 생명력이 그에게도 전해져 자신감이라는 싹을 틔웠다. 이것은 그가 새로운 꿈을 갖는 원동력이 되었다. 농사만 지어서는 시골살이가 험난할 것이란 경험을 얻은 차, 그는 작은 흙집을 지어 아내와 함께 펜션을 해보기로 작정했다.

전문가를 수소문해 경기도에서 한옥을 짓는 명장 이기두 씨를 찾았다. 후학을 자처하고 기초부터 세밀히 면학에 들어갔다. 그렇게 현장에서 부딪히길 또 1년. 드디어 김씨는 자신과 가족들을 위해 펜션을 직접 짓고자 팔을 걷어 부쳤다.

:: 구들을 갖춘 소나무흙집을 짓다

그의 흙집에는 구들과 현대식 난방이 고루 갖춰져 있다. 구들은 경기도식으로 흙과 돌, 내화벽돌로 만들어져 찜질을 하기에 제격이다. 철저히 전통방식으로 지어진 데다 가마솥걸이까지 마련되어 있어, 옛 시골의 운치를 느끼기에 부족함이 없다. 구들방을 보고 간 마을 사람들은 각자의 집 앞마당에도 작은 찜질방을 짓고자 했다. 그렇게 그가 지은 마을 내 황토방도 무려 6채나 된다.

"지금은 전남 곡성에서 흙집을 짓고 있어요. 한옥과 황토집을 결합한 건축으로, 달팽이 모양의 새로운 디자인을 완성 중에 있습니다. 1,487㎡(4천5백) 대지에 지어지는 친환경 건축물 단지로 장차 아토피 등으로 요양이 필요한 사람들의 쉼터로 쓰일 겁니다."

김씨는 남들보다 집을 빨리 짓는다. 이유는 그의 사람 다루는 능력에 있다.

"집이 지어지는 과정에서 한 단계를 마무리하지 못하면, 다음날 그것만 붙잡고 하루를 넘기게 되어 있어요. 같이 일하는 사람들을 독려해 30분 일찍 나와 30분 늦게 가면 공정이 하루 단위로 끝마치게 되죠. 제가 인복이 있어서 그런지 솔선해서 도와주시는 분들이 많아 고마울 따름이죠."

객실이 7개나 되는 펜션도 40일 만에 외부 공사까지 마무리했으니, 추진력이 대단할 따름이다. 그의 흙집은 손님들이 끊이지 않는다. 기존의 낮고 어두운 흙집의 이미지를 벗어났기에 사람들은 더욱 좋아한다. 지붕에 난 천창으로 밤하늘의 별을 볼 수 있는 곳, 여기에 주인 내외의 마음 편한 서비스도 성공 비결의 하나다.

:: 흙집에 옻을 입혀 만년을 가다

그의 흙집은 여느 집과 다르게 검은 빛이 은근히 감돌고 있다. 옻칠을 한 때문이다. 옻은 독성이 강해 보는 것만으로도 탈이 난다고 생각하는 사람도 있지만, 찬찬히 살펴보면 우리 생활에 꽤 많이 쓰여 왔다. 특히 물에 강한 성질이 있어 그릇이나 목관, 가구류에 칠을 해 사용했다. 팔만대장경이 7백년 동안 잘 보존될 수 있었던 것도 옻칠의 내구성이 중요한 역할을 한 덕분으로 알려져 있다.

김씨는 이를 흙집에 적용해 볼 묘안을 짰다. 근처에 사는 무형문화재 옻장인을 찾아 철저하게 정제된 옻을 얻었다. 옻나무에서 생으로 짜낸 기름은 검은 빛을 띠지만, 정제 방법에 따라 붉거나 푸른 빛, 옅은 포도주 빛을 내기도 한다. 정제 방법에 따라 광택도 조절할 수 있다.

그러나 실제 옻 가격은 만만치 않은 게 현실이다. 4kg에 달하는 옻나무를 정제하면 약 2.8kg 정도 나오는데, 9.9㎡(3평) 정도 공간을 칠할 수 있는 양이다. 국내산은 비싸서 엄두를 못 내고, 질이 좋은 베트남과 캄보니아, 중국에서도 9월에 채취한 옻을 사두어 정제하면 80만원 정도의 비용이 든다.

"통상 우드스테인은 2~3년마다 다시 발라줘야 하지만, 옻은 한 번 바르면 평생 가는 도료입니다. 계산을 해보면 가격경쟁력에서 밀리지 않는 셈이지요. 그러나 습도 80%, 온도 20℃가 넘는 환경에서만 칠이 가능한 단점이 있어 이를 보완하는 방법을 개발 중입니다."

'구운 기와는 천년가고, 옻칠한 너와는 만년간다'는 옛말도 있듯이, 옻칠은

1 뒷산에서 바라본 가래올 황토펜션의 전경. 옆으로 홍천강줄기가 흐르는 고즈넉한 위치에 자리잡았다. 2 지붕은 너와에 옻칠을 해서 얹었다. 유선형의 고목 줄기가 멋스러운 외관을 만들어 내고 있다. 3 흙집 벽면에는 소나무 벽면과 함께 깨진 도자기들이 숨어 있다. 김씨가 이천 도예 공방들을 다니며 수집한 것들이다. 4 벽난로가 있는 가족실의 거실. 벽난로는 강원도의 코쿨을 모티브로 흙으로 만들어졌다.

지붕에도 제격이다. 김씨는 방수 역할 뿐 아니라 해충에도 강해 충분히 만족하고 있다고 한다. 그는 내벽의 나무 단면과 흙에도 옻칠을 해 나무가 쉽게 갈라지지 않게 하고, 벽면 역시 매끄럽게 만들어 주었다.

:: 나무줄기와 도자기를 활용한 센스

가래올 흙집은 층고가 무려 260㎝에 달한다. 구들방은 높은 천장을 그대로 오픈했고, 우측동은 1, 2층을 나누어 객실을 두었다. 특별한 기둥 없이 나무 토막과 흙만으로 쌓아올려 안전성이 다소 의심스러웠지만, 김씨는 같은 재료라도 마감방법에 따라 내구성에 차이가 크다고 답했다.

지붕에 솟은 나무 기둥 역시 그가 손수 깎은 것이다. 주변 경관에 자연스럽게 어울리는 개성이 돋보인다. 흙벽 속에서 옛 토기나 도자기를 발견하는 재미도 각별하다. 그 속에는 버려지고 깨진 자기들을 가져다 인테리어 요소로 삼은 그의 재치가 숨어 있다. 그는 이러한 아이디어를 어디서 얻고 있는 것일까?

"건축박람회를 찾거나 잡지를 뒤적이거나 하지 않아요. 전 집이 지어지는 그 땅에 앉아서만 디자인을 합니다. 주변 경치를 자꾸 눈에 익히고, 반경 100m 안에 있는 재료로 인테리어를 삼아야 눈에 거슬리지 않는 겸손한 건축물이 나오거든요."

:: 사람 만나는 재미에 골병들기 일쑤

최근 펜션 건축은 시들해지고 있다. 한 계절 장사를 하는 유명관광지도 펜션은 이제 포화에 이른 상태다. 김씨는 펜션을 일찍 시작했기 때문에 단골 손님이 많고, 그가 활동하는 동호회 회원들이 자주 들른다고 한다.

"처음 펜션을 시작할 때는 아주 즐거웠죠. 사람들과 웃고 떠들고 돈까지 버니 얼마나 좋았겠어요. 그러나 얼마 안가서 몸은 서서히 골병이 들기 시작했어요. 아내와 함께 7개의 객실을 두 시간 만에 청소해야 한다고 생각해보세요. 밤이면 손님들 뒤치다꺼리에 잠도 제대로 못 자죠. 나이 드신 분들이 펜션 하신다고 하면, 도시락 싸들고 말리고 싶다니까요."

지난 한해 매출은 약 3천만원 정도. 그리 나쁜 성적은 아니지만, 초기 투자 비용과 부부의 노동력에 비해선 아쉬운 편이다. 물론 지금은 김씨가 건축일을 하러 다니기 때문에, 펜션 운영은 전적으로 아내 몫이 되고 있다.

그는 펜션에 욕심을 내면, 자신도 자연을 즐길 수

1 2층으로 올라가는 계단은 나무로 손수 제작했다. 벽체를 쌓아올릴 때 흙과 나무의 재료 선정을 잘 하고, 마감을 튼튼히 하면 비바람에도 견딜 수 있다.　2 구들방 불을 때는 함실 위로 가마솥이 걸려 있다. 손님들은 이 곳에서 옛기억들을 찾아가며 시간여행을 할 수 있다.　3 유럽의 옛성을 보는 것처럼 매혹적인 디자인의 지붕선들. 뒤로는 구들의 굴뚝이 얼굴을 내밀고 있다.　4 벽면에 자연스럽게 어울리는 도자기 조명.　5 아이들이 좋아하는 다락방이 있는 객실 내부.　6 펜션 내부는 옻칠을 해서 검은 빛으로 코팅되어 있다.

없을 뿐 아니라 병만 얻고 돌아갈 수 있다고 지적했다. 애초부터 비즈니스로 몰두할 게 아니라면, 있는 그대로 두고 간혹 지나가는 손님들의 머물 자리가 되는 것이 마음 편할 것이다.

그는 지금 자연에서 받은 생명력을 다시 땅에 뿌리내리고 있다. 장차 맺게 될 열매가 얼마나 단단하게 여문 값진 것일지 두고 볼 일이다.

가래올 황토이야기 펜션 033-433-8895 http://www.gareol.com

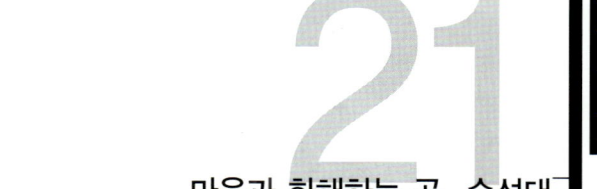
선(仙)이라는 글자를 가만히 들여다보면 사람인(人) 변에 뫼산(山) 자가 붙은 형상이다. 선의 경지에 올랐다느니 신선이 되었다느니 하는 뜻은 결국 사람이 산, 즉 자연 곁으로 돌아가 깨달음을 얻었다는 의미다.

전원생활을 꿈꾸며 짐을 싸는 이들도 어쩌면 전생에 선계와 인연이 있었는지 모를 일이다. 겉으로는 각기 다른 이유들을 갖고 있겠지만, 마음 한켠 자연을 스승 삼아 자신을 치유하고자 하는 소망들을 품고 있을테니까.

보다 더 깊이 자연 가까이에서 명상을 즐기려는 이들이 충북 진천의 한 마을에 둥지를 틀었다. 명상단체인 수선재가 시골의 한 폐교를 개조해 명상문화마을로 탈바꿈한 것이다. 심신이 지친 이들이 찾아오면 맨발로 달려와 맞아주는 곳. 마치 선계로 들어서는 듯 서너 번의 심호흡 끝에 명상학교 수선대의 문을 열었다.

:: 생거진천의 마을에 둥지를 틀다

서울에 본부를 두고 있는 수선대는 일반인들이 생활 속에서 명상을 할 수 있도록 도움을 주고자 만들어진 명상학교다. 생활 문화, 일과 수련, 놀이와 예술 등 모든 분야에서 명상하는 삶을 지향하고 있다.

수선대가 처음 조성될 당시부터 운영을 맡아 온 이랑 관장은 "이곳은 다른 명상단체들과 다르게 친환경적인 의식주 문화를 중요하게 여기는데, 그러한 삶의 모델을 제시하고자 명상캠프를 운영할 수 있는 수선대를 마련한 것"이라고 한다. 하필이면 왜 충북 진천이었을까?

"명상의 고수들에겐 주변의 기(氣)를 감지하고 사람에게 좋은 땅을 알아채는 특별한 능력이 있습니다. 게다가 예부터 생거진천(生居鎭川)이라 하여 토지가 비옥해 농사가 잘 되고, 자연재해가 별로 없어 사람들의 인심이 좋은 땅이라 여겨져 왔죠."

이 관장의 말처럼 아이들이 모두 떠나가 버린 폐교라지만, 볕이 잘 드는 따뜻한 대지의 기운이 느껴진다.

그동안 임대해 사용하던 폐교를 몇해 전부터는 직접 매입해 운영하고 있다. 기존에 있던 학교 건물 외에 숙박동, 관리동, 식당건물에 고급수련을 위한 무심원(無心園) 관사까지 들어선 제법 큰 규모이다. 원래 건물은 약간의 리

모델링을 거쳐 명상을 위한 교실로 만들고, 다른 건축물들은 회원들이 뜻을 모아 직접 지어낸 것들이다.

:: 명상에 들어가기 앞서 몸을 방해하는 것들을 없애다

최근 환경에 대한 우려가 높아지면서, 정신적인 수양문화 역시 관심을 끌고 있다. 주변의 정화도 중요한 만큼, 본인의 정신적인 깨끗함을 찾고자 하는 이들이 늘고 있는 것이다. 명상을 체험한 이들은 정신이 맑고 편안해지면, 마음의 중심이 잡힌다고 털어놓는다. 명상으로써 각기 추구하는 바는 다르겠지만, 제대로 된 명상을 위해서는 우선 몸에 해가 되는 것들을 버리려는 노력이 필요하다.

이랑 관장은 "사람들이 선(仙)을 깨닫는데 앞서 의식주, 즉 선문화에 대한 관심을 보이고 있다"며 "명상을 하기 전 방해가 되는 것들을 없애는 데 특히 독이 있는 집에서 사는 것은 수양에 좋지 않아 수선대 안의 건물은 흙과 나무가 주소재를 이룬다"고 말한다.

구체적으로 수선대에 쓰인 재료는 전부 다섯 가지 종류이다. 나무, 구들, 흙, 쇠, 물이 그것으로 이 안에서는 흙집, 구들집, 쇠집 등으로 분류해 부르고 있다.

회원들이 손수 지은 숙박동은 나무로 틀을 만들고 흙벽돌로 담을 올렸다. 마을 한 쪽에는 주변에서 나는 흙으로 직접 벽돌을 만들고 있는 모습이 눈에 띈다. 완벽하지는 않지만 초보자들의 땀이 서린 집이 새삼 다시 보인다. 잔잔한 물결무늬로 금이 간 실내의 흙벽은 마치 토굴을 연상시킬 정도였다. 쇠로 만든 집들은 육각형이나 팔각형의 형태를 띠고 있다. 흔히 접하는 원형흙집을 보면 천장 가운데 목심이 기를 모아 사람에게 전달해 준다는데, 이 곳 역시 그러한 의도로 설계되었다. 이들 외에도 이동식 통나무집이나 몽골의 게르까지 다양한 건축물들을 둘러 볼 수 있다.

건축물 중 백미(白眉)라 할 수 있는 것은 운동장 오른편 높은 지대에 지어진 무심원이다. 4년 전 지어진 이 건물은 담틀공법의 흙집인데, 켜켜이 층이 보이는 벽체와 처마선이 아름다운 지붕, 여기에 현대식 창호가 제법 잘 어우러져 색다른 분위기를 풍기고 있다.

"대지 자체가 워낙 기가 센 곳이라 초보자들이 수양하기엔 버거운 곳입니다. 명상을 어느 정도 한 수련자라야 집과 어우러져 잘 지낼 수 있죠."

정면에는 현관 깊숙한 곳에서부터 연못을 만들어 작은 계류를 내었는데, 무성한 낙엽들이 쌓여 마당과 분간이 잘 안 갈 정도다. 처마를 받치고 서 있는 기둥은 가공하지 않은 나무 그대로를 사용해 마치 뿌리를 내리고 자란 나무가 집을 받치고 있는 느낌마저 든다.

높은 대지로 밖에서 잘 보이지 않지만, 그 안에 서면 고즈넉한 것이 범인(凡人)이 들어서기엔 이질감을 느낄 정도로 예사롭지 않은 분위기를 풍긴다.

1 식당을 겸하고 있는 모임건물. 육각의 형태로 지붕 위에 채광과 환기를 위한 겹지붕을 두었다. 기단 부분만 황토벽돌을 사용하고, 나머진 모두 나무를 이용해 지어졌다. **2** 쇠집이라 불리는 명상건물로 원형지붕이 독특하다. 이러한 디자인의 건축물은 사람에게 기를 잘 전달해주므로 수양을 하기에 적합하다. **3** 교사 뒤편에는 명상캠프를 위한 흙집이 마련되어 있다. 회원들이 손수 만든 흙벽돌과 나무를 소재로 지어졌는데, 각기 욕실이 딸린 4개의 방과 세미나실로 구성되어 있다.

수선대에서는 자연 속에서 명상을 체험할 수 있는 다양한 캠프를 열고 있다. 최근에는 친환경건축을 위한 본격적인 흙집학교까지 열어 큰 호응을 얻고 있다. 토담집의 대가인 이화종 씨의 지도로 이론과 실습의 과정을 거치며 벽난로 온돌방 만들기를 배우는 과정이다.

이렇듯 다양한 체험 교실 외에 수선대는 마을 주민들과 함께 하는 공간을 만들고자 따뜻한 의료봉사에도 나서고 있다. 매주 토요일 오후, 수선대 앞에 마련된 작은 관사에서는 농사일에 지친 마을분들이 찾아와 치료를 받고 간다. 이 역시 회원들의 자발적인 참여로 이루어져 지역주민들이 명상마을에 자연스럽게 어울리는 계기가 되었다.

수선대 인근 2만3천㎡(7천평)의 논밭에는 회원들이 직접 농사도 짓는다. 주거 뿐 아니라 먹을거리도 신중해야 된다는 생각에서 유기농으로 고추, 오가피, 산삼 등을 재배해 회원들에게 제공한다. 이 많은 것들이 이루어지고 있는 수선대는 소박하고 정겨운 작은 나라 같다. 인사를 나누는 모든 사람에게서 맑은 기운이 느껴지고, 바쁘게 걷는 사람들도 없다.

이곳에서는 고장난 라디오 같은 마음의 잡음을 끄고 잠시 눈을 감고 걸어봐도 좋다. 처음에 일어나는 수많은 내면의 움직임이 차차 잦아들기 시작하면, 등줄기 흥건히 고여 있는 땀을 발견할 수 있다. 이는 명상의 한 가지 방법인 걷기명상을 체험한 것이다. 이 외에도 그림명상, 돌명상, 별명상 등 아름다운 이름의 다양한 명상을 배우고 싶다면, 수선대의 열린 문을 가볍게 두드려보자.

수선대 032-493-4877 http://www.soosenjae.org

1 대지 내에서 가장 좋은 자리에 위치한 무심원 관사. 마당엔 수련을 키우는 항아리들을 빙 둘러 연못을 조성했고, 현관 바로 앞으로도 계류를 끌어 놓았다. **2** 무심원의 처마를 받치고 있는 기둥은 자란 모양 그대로의 나무를 사용했다. **3** 수선대에서는 지역 주민들을 위해 의료봉사도 펼치고 있다. 이 역시 회원들의 자발적인 참여로 이루어진다. **4** 6.6㎡(2평)짜리 작은 통나무집은 구입을 해서 옮겨다 놓았다고 한다. 테이블에 앉으면 마을 전경이 훤히 눈에 들어온다.

수선대에서 열린 전원생활을 위한 온돌방 학교

수선대 산하 선문화연구소는 명상과 함께 하는 의식주 문화를 이끄는 곳이다. 같은 취지로 얼마 전 회원인 이화종 씨를 강사로 두고 수선대에서 흙집학교를 열었다.

이씨는 '벽난로 온돌방'과 '토담집'의 저자로 영월에 직접 토담집을 지어 10년째 살고 있는 흙집과 구들 전문가다. 그는 얼마 전 자신의 경험을 토대로, 아궁이를 거실로 옮겨 난방을 하는 새로운 기술을 개발, 특허까지 얻었다.

이는 우선, 부엌에 있던 아궁이를 과감하게 방안으로 옮기는 것이다. 서양식 벽난로와 다르게 장작을 깊숙히 안쪽으로 밀어넣는 '입' 구실을 하는 벽난로이다. 입에 음식을 넣으면 식도를 거쳐 위장에 들어가 소화가 되듯이, 벽난로(입)에 장작을 넣으면 안쪽 깊숙한 곳에 있는 돔형 연소실(위장)에 들어가 타게 된다.

연소실에서 발생한 열은 길고 굽이치게 쌓은 겹구들장으로 최대한 흡수된다. 길고 구불구불한 창자가 영양분을 최대한 흡수하는 것과 같은 이치이다. 한번 때면 100일 동안 따뜻하다는 지리산 칠불암의 아(亞)자형 온돌방의 신비를 화두로 삼았고, 인체의 오장육부 구조에서 힌트를 얻었다고 한다.

수선대에서 걸어서 20분 거리에 직접 샘플하우스를 지어가며 배우는 현장감 있는 자리였다. 아울러 이화종 씨는 참가자들에게 자연을 즐기면서 시골에서 살아가는 지혜도 들려주었다.

01 얼음이 얼지 않을 동결 깊이로(90cm) 벽의 기초 부분을 판 후 물기가 없는 돌이나 자갈을 채운다.

02 축열용(열을 축적하여 온기를 오랫동안 가두는 용도) 적벽돌을 쌓아 연소실을 만든다.

03 구들장 놓기. 철판 스프링으로 연소실을 덮은 후 돌을 덮는다.
04 구들장을 높인 상태.

05 구들장 위 흙 쌓기.

06 돌 위로 황토흙을 발라 틈이 없도록 덮는다.

07 고래(열전도실)를 만들어 불넘김 구멍으로 나온 열기가 오랫동안 열전도실에 머물게 하여 열손실을 최소화 한다.

08 고래의 연기가 나가도록 굴뚝을 설치한다. 벽난로를 설치한 후에는 벽난로 부근 아궁이의 연기가 나가도록 굴뚝 바깥에 외부 굴뚝을 하나 더 설치한다.

김성환 & 손서현 부부의 짚풀집
커피향 가득 배인 스트로베일 카페

"강원도에서 흙집 짓고 살면 좋겠다."
"그래? 그럼 내가 지어줄께!"
독립영화 감독이자 다큐멘터리 PD를 하고 있는 김성환 씨. 그가 선뜻 이렇게 답한 것은 정말 집짓기에 문외한이었기 때문이다. 일반인이 집 한 채를 짓는 일이 얼마나 험한 가시밭길인지 그는 정녕 몰랐었다.
"누구는 집 한 채 짓다 십년 늙는다고 하고 누구는 어른이 된다고도 하는데, 집 한 채 짓다가 이혼도 하겠더라구요(하하)."
아내를 위해 강원도 원주에 내려와 흙집까지 지어 낸 그가 건축 1년 후 내뱉은 소감이다. 집을 짓는 과정은 끊임없는 선택의 순간들이다. 설계부터 시공까지 직접 참여한 부부였기에 어찌 크고 작은 실랑이가 없었겠는가.
커피물이 끓기를 기다리면서, 젊은 부부는 결혼과 함께 시작했던 강원도 입성기를 풀어놓았다.

:: 자연과 사람에 대한 애정으로 들어온 강원도 원주

남편 김성환 씨는 자연과 생태, 인권 문제 등을 주제로 영상 작업을 한다. 대표작 '동강은 흐른다'는 영월댐 건설로 인해 한 가족이 겪는 변화를 1년에 걸쳐 담은 작품이다. 이 땅의 모순에 항거 분신한 김종태 씨의 궤적을 찾은 독립영화로 인권영화상을 받기도 했다. 그 당시 아내를 만났다. 자연과 사람에게 따스한 시선을 품고 있던 그녀와의 만남은 예상보다 훨씬 젊은 나이에 부부를 전원생활로 이끌었다.
학창 시절, 수학여행길에 들렀던 강원도가 마냥 좋아서 감자 캐먹고 살겠다고 노래했던 그녀. 부부는 결혼과 함께 강원도 원주에 둥지를 틀었다.
김씨도 원주가 완전히 낯설지 않았다. '동강은 흐른다'를 찍으면서 1년을 넘게 숱하게 오가던 길목이었으니까. 둘은 일단 시내에 있는 아파트를 거점으로 삼고 시골생활 적응기에 들어갔다.

1 카페 '나무' 앞에는 키가 큰 모과나무가 자리한다. 장차 2층에 짓게 될 살림집 창문에서도 가지와 잎을 감상할 수 있을 것이다. **2** 아내를 위해 차를 준비하는 김성환 씨. 이 젊은 부부는 30대 중반의 나이에 강원도 원주행을 결심하고, 직접 흙집을 지어냈다.

:: 누구에게나 좋은 땅보다는 내가 가꾸기 좋은 땅

시간이 날 때마다 부부는 원주 주변을 답사했다. 확실하게 정해놓은 원칙이 있었기에 땅을 보는 일은 수월했다. 너무 외지지 않고, 풍광이 좋은 작은 땅. 작은 면적으로 나누어 파는 땅이 없어 수개월을 기다린 후, 한 생활정보지에 나온 300㎡(91평) 대지 물건를 보았다. 바로 찾아간 날, 김씨는 '옳거니' 마음 속으로 외쳤다.

"옆 식당의 주차장으로 쓰고 있는 땅이었어요. 그런데 동네 강아지들이 다 여기 모여서 낮잠을 즐기는 거예요. 옛 분들이 고양이가 좋아하는 땅은 피하고, 강아지가 좋아하는 땅을 택하라고 했잖아요."

크기도 적당하고 꺾어진 길에 접한 땅이라 카페를 하기에도 안성맞춤이었다. 주변은 국유림으로 되어 있어 더 이상 무분별한 발전이 불가능한 것도 좋았다. 정사각형이 아닌 땅이라 그동안 매매가 이루어지지 않았던 모양이다. 김씨는 '땅은 주인이 가꾸기 나름' 이라는 누군가의 말을 떠올리며 구입한 그날부터, 매일 밤 머릿속에 집을 지으며 잠이 들었다.

:: 스트로베일과 바리스타 부부의 꿈을 위한 준비 작업

부부는 아파트 벽면에 황토 퍼티를 칠할 정도로 흙집에 애정이 컸다. 부지를 마련하고 나서, 흙집의 다양한 공법에 대해 본격적으로 자료를 모으기 시작했다. 그 때 김씨는 국내 막 시공된 스트로베일 하우스를 접하게 된다. 직선의 흙벽돌보다 부드러운 짚풀에 왠지 마음이 끌렸다. 그러나 당시만 해도 대부분의 사람들은 스트로베일 하우스에 편견과 오해들을 갖고 있었다.

"경북 경주에 지어진 집을 눈으로 확인하며, 의구심들을 버리고 바로 결정을 내렸습니다. 짚풀로 지어진 집은 따뜻하고 자유로운 집이었어요. 누구라도 먼저 시도해야, 짚풀집이 더욱 발전할 수 있을 거라는 생각이었죠."

국내 스트로베일 하우스 전도사 1호인 이응희 씨와 함께 초창기 워크샵에 참여해 몸으로 흙을 익히고 건축에 눈을 떴다.

남편은 주말마다 경주로 달려가 현장 감각을 익히고, 아내는 원주에 있는 한 대학교에서 바리스타 교육을 받았다. 커피를 너무 좋아한 그녀였기에, 흙집은 카페로 단장하기로 했다. 같은 꿈을 위해 각자 보냈던 시간이 그렇게 1년이 흘렀다.

:: 집짓는 가혹한 현실 속에 싹트는 애정과 깨달음

"너무 힘들었어요."

그는 집 짓는 과정이 즐거움이 아니라 고통이었다고 고백한다. 몸도 몸이지만, 정신적 스트레스가 무척이나 컸다. 매 순간 예산에 맞춘 선택과 결정의 과정. 피로가 쌓여 퉁퉁 부은 몸을 이끌고, 그는 늘 현장에 있었다.

3 김씨가 직접 제작한 카페문이 곡선과 부드러움이 상징인 짚풀집을 더욱 빛나게 한다. 길목에 드러나 있는 나무 기둥 뒤로 짚풀집만이 가진 장점을 극명하게 볼 수 있다. 벽은 자연스럽게 리듬을 타고 있었다. **4** 창밖으로 보이는 기둥을 떠나온 벽이 손님들을 위한 창가가 되어 준다.

집은 워크샵 3기를 위한 교육 장소이기도 했다. 대목을 하시는 목수 한 분과 전기, 흙 등 각 분야의 전문가, 처음 스트로베일 하우스를 접하는 이들까지 모여 여러 사람이 짚을 쌓아갔다. 벽체를 올리는 내내 비가 단 한번 오지 않은 건 부부에겐 또다른 행운이었다.

"우리가 흙을 만져본 시간은 많지 않았어요. 저는 경비를 계산하고, 자재 등 필요한 것이 생기면 계속 사러 다녔고, 아내 역시 많은 사람들의 세끼 식사를 챙기고 나면 하루해가 다 갔지요."

추석을 맞아 사람들이 잠시 고향으로 떠났을 때, 부부는 그 며칠 집과 온전히 대화할 시간을 가졌다. 흙을 치대 벽면에 고양이를 만들고, 구들방을 준비하며 집과 친해졌다. 정신없이 보냈던 집짓기 과정이 그제서야 즐거움이었음을 깨달았다.

집이 얼추 마무리되고, 쓰고 남은 자재들은 가구로 만들어졌다. 3개월 남짓 소목일을 배운 김씨가 테이블과 의자, 대문까지 손수 제작했다. 김씨의 애칭을 따다가 '봉팔표 창문'이란 브랜드도 탄생했다. 스트로베일 크기에 딱 맞춘, 흙벽의 자유로운 선을 닮은 창문이었다.

:: 아궁이가 있는 짚풀카페 '나무', 곳곳에서 찾는 독특한 조형미

1년간의 공사가 끝나고 2007년 초 문을 연 카페 '나무'. 우리나라에 지어진 최초의 스트로베일 카페로 더욱 진일보된 짚풀집 방식을 보여주고 있다. 특히 이 집의 포인트는 완벽하게 노출된 기둥이다. 대개의 스트로베일 하우스는 기둥이 벽 안으로 감춰지면서 흙벽만 외부로 보이게 된다. 그러나 길목을 향한 기둥을 과감히 노출시키고, 벽면을 안쪽으로 과감히 굴렸다. 이는 오가는 사람들의 시선을 트이게 하고, 카페이름인 '나무' 간판 아래서 상징적인 둥치의 역할을 하고 있다.

실내에 들어서면 스트로베일을 쌓아 벽면과 하나되는 의자도 만들었다. 외국에서 흔히 적용하는 기법인데, 국내에서는 처음 시도된 것이다.

카페 공간 내 구들방을 만들고자, 아궁이도 실내에 배치했다. 손님들은 따끈한 구들장을 체험하고, 테이블에 앉아 타들어가는 장작의 운치도 즐길 수 있다. 철저하게 설계 시공되지 않으면 자칫 실내에 연기와 냄새를 뿜을 수도 있는 과감한 도전이었다.

"구들 작업은 친구 녀석과 둘이 했어요. 현장을 다니며 실내 아궁이에 대해 공부했죠. 구들장을 높게 하고 굴뚝 방향으로 바닥을 높여서 불길이 잘 빠져나가게 하니 간단하더군요. 오전에 한 번 장작을 때주면, 다음날 아침까지 온기가 남아있어서 저희도 깜짝 놀라요."

남녀 구분된 화장실에도 다양한 시도가 이루어졌다. 벽돌과 코브, 짚풀을 혼용해 습기에 철저히 대비하고 공간을 효율적으로 사용하기 위해 폴딩도어를 만들었다. 천장은 철제 골판을 활용해 경제적으로 마감했다.

1 카페 내부에 언뜻 보이는 대들보의 상량문. 부모님과 집짓기에 참여한 동료들이 한 자씩 써내려가 글자체가 각기 다르다. 2 구들방은 오전 중 한 번 장작을 때우면 24시간 이상 온기를 머금는다. 방바닥은 한지 위에 옻칠을 해서 마치 가죽 같은 질감을 내고 있다. 아줌마들에게 가장 인기 있는 공간이다. 3 화장실은 모래가 섞인 메지로 벽돌을 쌓고, 거칠고 자연스럽게 인테리어했다. 배관을 위해 하부는 벽돌, 가운데는 흙을 이용한 코브, 위는 짚풀로 벽체를 쌓는 독특한 시도가 이루어졌다.

:: 지역민이 함께하는 문화공간 꿈꿔

자연에서 나온 색은 한 마디 단어로 칭하기 참으로 어렵다. 3차로 미장한 카페의 내외부 벽은 가을녘 들판의 색이며 나무색과도 닮았다. 건축 당시 만족스러운 색을 찾기 위해 여러 차례 연습한 흔적이 여전히 외벽에 남아 있었다.

부부는 함께 한 사람들의 기억을 액자 속 사진들과 함께 이렇게 간직하고 있었다. 카페 입구에는 집 짓는 전과정이 담긴 사진첩과 스트로베일 관련서, 독립영화와 다큐멘터리에 관한 소책자들이 가지런히 놓여 있다. 집 짓는 1년의 시간을 찾는 이들과 나누고 싶은 부부의 마음이다.

아내 손씨는 원주에 오면서 가장 안타까웠던 것이 문화공간이었다며 이곳이 음악과 영화, 사람이 교류하는 이야기가 있는 카페가 되길 바라고 있다. 지난 달에는 오픈 후 처음으로 작은 공연도 주최했다. 모던록밴드의 기타와 지석용 씨의 오카리나 연주가 어우러진 그 날, 카페 '나무'는 무르익은 열매 하나를 떨어뜨렸다. 함께 한 손님들은 그 열매가 주는 달콤함을 맛보고, 다음을 기약했다.

부부는 카페 '나무'에 매일매일 물을 주고 정성으로 쓰다듬는다. 앞으로 맺힐 무수한 열매맛을 보는 것은 '나무'를 찾는 사람들의 몫일 것이다.

카페 나무 0707-011-0440 http://cafe.naver.com/sbcafenamu.cafe

김성환 씨의 **집짓기 제안**

싸게 짓지 말고 작게 지어라 건축비를 줄이려 값싼 자재를 쓰고 기술력이 떨어지는 일손을 쓰면 반드시 하자가 발생하고 만족도도 떨어진다. 시골집은 마당뿐 아니라 주변 산과 들이 다 생활의 터전이라고 생각해라. 포크레인을 하루 불러서 해결할 수 있는 경제적인 면적으로 지어라.

땅은 주인이 가꾸기 나름이다 남들이 욕심내지 않는다고 나쁜 땅이 아니다. 대지 모양이 불규칙하면, 옆땅의 주인과 주고 받기를 해서 해결할 수도 있다.

집짓기는 하나의 문화다 우리나라 사람 누구나 손수 집을 짓고 서로 품앗이를 해주는 문화. 여러 사람들과 부딪혀 직접 흙집을 지으니 이런 문화를 갖는 게 꿈이 아닌 현실이 될 수 있다는 것을 깨달았다.

자연 그대로를 그릇에 담아내다
도예가 김진규의 **흙내음** 나는 **작업실**

충북 진천군 문백면 옥성리. 다양한 장르의 33인 공예인들이 모여 조성한 진천공예마을은 현재 공사가 한창이다. 2007년부터 공예인들이 본격적으로 입주해 건물을 짓기 시작했지만 이미 공간조성을 완료해 어엿하게 전시장을 갖춘 공방이 있는가하면 아직 시작도 하지 못한 공간도 있다.

공사로 인해 조용할 날 없는 공예마을의 끝자락을 향해 걸어가다 보면 나란히 서 있는 아담한 토담집 두 채가 방문객을 맞이한다. 마을의 전경이 한눈에 내려다보이는 산자락에 고즈넉한 모습으로 자리한 흙집. 커다란 굴뚝을 가진 가마가 이곳이 도예가 김진규 씨의 작업실임을 조용히 알려 준다. 귀가 들리지 않지만 늘 밝은 눈웃음으로 사람들과 인사하고, 도예로 세상과 소통해 온 그는 예술에 대한 남다른 감각과 순수한 마음을 지닌 도예가다.

몇 해 전이었던가. 홍익대학교 재학 시절부터 도예를 가르쳐 준 신상호 교수 아래에서 일을 배울 때, 그 옆집에 사는 '토담집을 짓는 사람들'의 홍명도 대표와 우연히 친분을 쌓게 되었다. 홍대표는 늘 "너의 첫 작업실은 꼭 내가 지어주겠다"고 호언장담 했었다. 언제가 될지 몰라 그 당시에는 그냥 웃고 넘겼던 말들이 작년, 드디어 현실이 되었다.

뜻을 함께 하는 사람들이 모여 만든 공예마을, 그리고 나만을 위해 지인이 만들어 준 작업실과 보금자리. 생애 첫 작업실을 이렇게 멋지게 시작하게 될 것이라고는 생각도 못했다는 그는 '멋진 작업실' 이라는 말에 세상에서 가장 행복한 웃음으로 답해 주었다.

2003년 인도 뉴델리에서 열린 '세계기능올림픽' 에서의 그가 수상한 금메달은 상당히 까다로운 입주절차가 있었던 공예마을에 들어올 수 있던 큰 계기였다. 어렵게 경쟁을 뚫고 들어 온 곳이라 그가 작업실에 가진 애착은 남다를 수밖에 없다.

:: **흙내음을 만끽하는 나만의 작업실**

들꽃이 천지로 깔린 소박한 정원, 건강하게 뛰노는 개들과 이름 모를 새들, 늘 곁에서 그의 귀와 입이 되어 주신 부모님. 언제부터 매일 이들과 마주치게 된 작업실은 그에게 단순한 공방이나 도자기 체험장이 아닌, 땀과 열정이 고루 스며든 생활의 터전이다.

작업실로 들어가는 입구. 그 앞에 놓인 가스 가마가 시선을 끈다. 이사 온 지 얼마 되지 않아 아직 장작 가마를 두지 못했는데 같은 마을에 사는 다른 도예가의 가마가 완성되면 이곳에도 만들기로 했다며 그는 벌써부터 설레는 눈치다. 작업실 내부로 들어가면 아직 가마에 들어가지 못한 작품들과 한창 작업 중인 흙덩어리가 모양새를 갖춰주길 기다리고 있다.

작업만 하기에는 조금 넓은 공간이 아닌가 싶었는데 앞으로 공예마을 조성이 완료되면 도예교실도 열고 직접 만든 찻잔에 담은 따뜻한 차도 파는 공방 겸 카페를 열 계획이라고 한다.

작업실 안쪽에 마련된 공간에는 수레질한 찻그릇이 좋아 가끔 이곳을 방문하는 사람들에게 차를 대접하는 아늑한 차실과 오랜 기간 만들어온 그의 온기 가득한 작품들이 가지런히 전시되어 있다.

:: 말 없는 사기 조각은 나의 스승

흙을 빚는다는 것은 참 단순한 작업을 통해 완성된다. 흙을 반죽하고 형태를 만들어 건조시키는 과정을 반복하는 것인데, 이 단순한 과정을 통해 그는 세상에 하나뿐인 작품을 탄생시킨다.

작업을 시작할 때면 그는 천천히 시야를 닫고 물레를 밟는다. 그때부터는 눈이 아니라 손끝으로 세상을 본다. 쪽창으로 말갛게 쏟아지는 달빛, 쌉싸름한 산 냄새. 몸을 감싸고 있는 맑은 기운을 흙 안에 곱게 차곡차곡 발라 넣는다. 이 모든 것은 배고프면 밥을 찾듯 그에게는 지극히 당연하고도 자연스럽게 이루어진다. 어느새 손이 흙인지 흙이 손인지 자신도 헤아리지 못하고 그렇게 흙과 손이 서로 엉켜 한 덩어리로 뭉개지면 마음이 비워지는 것처럼 가벼운 그릇이 완성된다.

언제나 고요하기만 한 세상에서 물레를 돌려 작품을 만들어 내는 일은 그에게 없어서는 안 될 하늘이 주신 값진 선물이다. 그렇기에 그는 매일 순수한 웃음을 지으며 쉼 없이 수레를 돌린다.

시공·토담집을 짓는 사람들 011-327-7918

진천공예마을

정부와 진천군의 지원 아래 조성된 30여 공예인들의 작업실이 갖춰진 마을로, 누구나 방문해 체험하고 작품을 관람하며 공예인들과 소통을 통해 공예를 이해하고자 마련된 장이다. 2008년 11월에 완공된 약 660㎡(200평) 규모의 종합 전시장은 전시장과 체험학습장 등을 갖추고 외부 관람객들을 수용할 수 있다.
김진규 도예작업실 011-9895-8145

하늘 땅 사람이 함께하는 생명의 귀틀집
충북 청원 고드미 녹색마을

고드미마을이 있는 청원의 귀래리는 그 유래가 깊다. 조선 광해군 때 신요라는 신하가 곧은 말로 상소하여 귀양살이를 하다가 이 곳으로 들어와 숨어 살았다. 그 뒤 인조가 반정하여 여러번 불러도 나아가지 않자, 이 마을은 곧은미, 고디미, 고드미, 또는 귀래동이라 불리게 된 것이다. 게다가 이 곳은 역사가이자 독립운동가인 단재 신채호 선생이 자란 곳으로, 지금은 마을 입구에 사당과 기념관 등이 있어 마을 전체에서 고고한 기운을 느낄 수 있다. 이곳 사람들은 오래 전부터 나무를 팔아 생계를 유지하며 소박한 삶을 살아 왔다. 나무 파는 '고드미장꾼' 이라고 하면 인근에서는 모르는 이가 없을 정도였다. 그러다 1996년 마을 한켠에 한옥집 다섯 가구가 들어섰다. 젊은이 몇이 귀농을 결심하고 이곳에 안착한 것이다. 그 뒤 이들은 농약을 배제한 유기농 농업을 전파하기 시작했고, 지금은 마을 30여가구가 '고드미 친환경 농업 공동체' 를 결성하기에 이르렀다.

생명농업이 확산되면서, 마을 사람들은 '후손을 위해 무엇을 먹고, 입고, 쓰며 살아야 하는가?' 에 대한 본질적인 질문으로 귀결하게 되었다. 의식주 중에 환경에 가장 해가 되는 것들이 무엇인지 고민하면서 먹는 문제를 유기농으로 해결하고 나니, 주(住)에 주목하게 된 것이다. 그래서 집을 짓기 시작했고, 환경을 외면하는 사람들에게 좋은 본보기가 되고 있다.

:: 생태 체험과 친환경 농업의 터전

그 옛날, 집을 짓는 법은 아주 간단했다. 주변에서 얻을 수 있는 재료로 마을 사람들이 협동해서 짓는 집이었으니까 말이다. 마을 사람들은 특별한 기술이 없어도 아버지 어깨 너머로 익힌 손놀림들을 떠올리며 집 한 채를 지어냈다. 마을 한켠 마련된 '전통문화체험장' 은 이름은 거창하지만, 바로 이렇게 지어진 황토귀틀집이다.

전체 두 동의 귀틀집은 규모가 꽤 큰 편이다. 대청 하나에 가마솥과 구들이 있는 부엌, 여기 참숯방, 청솔방, 약돌방으로 이루어진 곳이 '꿈하늘' 이라 불리는 가족방이며, 교육장 겸 식당, 인터넷방으로 꾸민 곳은 단체방인 터살림이다. 각 채는 전통방식의 구들을 놓고, 한지로 방안을 바르고, 나무로 선반을 짜넣었다. 두 채의 귀틀집 사이에는 봄부터 겨울까지 야생화들을 심어놓은 꽃

밭과 토굴저장고, '혜윰터'라 불리는 친환경화장실, 샤워장과 쉼터까지 붙어있는 한증막이 갖추어져 있다.

흙을 바로 마주한 채 잠이 들고, 직접 캔 감자와 고구마로 간식을 삼는, 게다가 화장실에 들러서는 직접 톱밥을 뿌리고 나오는 체험. 이곳은 진정한 자연주의를 느끼는 데 필요한 모든 것들을 갖췄다. 이는 바로 생태의 터전, 자연에서 나와 자연으로 돌아가는 순환의 고리 한가운데를 체험하는 것이다.

:: 귀틀집에서 체험하는 자연순환고리

체험장에서 나와 마을로 향하는 내리막을 걷다보면 오리의 '꽥꽥' 소리가 귀를 울린다. 길은 최대한 흙 그대로를 밟을 수 있게 되어 있고, 벼농사 뿐 아니라 인삼과 버섯, 갖은 무농약 야채 등을 고루 재배하므로 농촌의 풍광이 그대로 눈에 담긴다.

마을에는 어느 사람 하나 허리를 피고 있는 이가 없다. 모두 숙인 채 열심히 밭을 다듬고, 짚풀들을 손보고 있다. 열심히 바쁜 농사를 짓는 와중에도 마을의 일꾼들은 각각 목공예, 천연염색, 짚풀공예 등 직접 체험교실을 진행하고 있다. 아이들에게 흙의 소중함을 일깨우는 중요성을 마을 전체가 공감하고 있는 것이다.

아이들을 위한 농촌체험 뿐 아니라, 어른들을 위해 전통 흙집을 짓는 연수 프로그램도 주민들 몫이다. 일주일 코스로는 집짓는 과정을, 한달 코스는 구들 넣는 지혜까지 전수한다. 실제 작은 집을 직접 지어보는 실기과정이다.

'하늘과 땅, 생명이 함께 하는 마을'이라는 슬로건에는 이처럼 마을주민들의 땀이 깊게 배어 있다. 고드미마을의 큰일꾼 성우현 씨는 말한다.

"도시생활에 익숙한 사람들은 잠자리와 화장실이 불편할 수 있습니다. 그러나 그것은 이미 마음이 불편한 사람들입니다. 이 곳에 와서 제철 시골밥상에 토굴저장고에서 숙성된 막걸리를 마시다보면 긴장이 풀려져 다시 편안해지실 겁니다. 돌아갈 곳으로 돌아가는 거죠."

1 체험교실이 이루어지는 단체방 풍경. 안에는 식당까지 마련되어 있어 30명 정도의 식사가 가능하다. 2 가족들이 모여 묵어 갈 수 있는 꿈하늘이다. 이 명칭은 신채호 선생의 〈꿈하늘〉이란 시에서 따왔다. 온돌과 가마솥, 옆으로는 한증막까지 체험할 수 있는 곳이다. 3 꿈하늘 내부는 소박한 예전 대청을 재현해 두었다. 종도리에 올린 상량문이 뚜렷하다. 4 마을에서 풍광이 가장 좋은 자리에 위치한 황토귀틀집. 가지런히 놓인 고무신 한쌍이 정겹다.

4

1 단체방의 내부. 2 마당 한가운데 만들어놓은 토굴저장소이다. 순환과 통풍의 과학적 원리만 잘 이용하면 비싼 전기료를 내지 않아도 사계절 내내 시원한 김치맛을 볼 수 있다. 3 황토벽 사이로 일렬로 줄 선 나무둥치가 앙증맞다. 4 토굴 내부는 따뜻한 봄인데도 입김이 날 정도로 서늘하다.

인분을 다시 자신의 먹거리로 순환시키는 것은 사실 우리나라 사람에겐 놀랄만한 일이 아니다. 60년대만 해도 똥통을 짊어지고 수거하러 다니는 이들이 있었고, 손님이 자기집 화장실에 와서 일을 보도록 화장실을 깨끗이 꾸며가며 옆집과 경쟁하던 시절도 있었으니 말이다. 여기서 소개하는 이른바 '톱밥변기'는 물이 필요 없으므로 어느 곳에서나 적용해 볼 수 있으며, 인분으로 만들어진 퇴비는 텃밭을 더욱 살찌울 것이다.

지금은 인분을 수거하여 퇴비로 만드는 화장실은 거의 찾아보기 힘들고, 그 역할은 정화조가 대신하고 있다. 그러나, 정화조는 폐수처리 시스템으로 병원성 생물을 사멸시키거나 제거하도록 만들어진 것이 아니다. 바이러스와 기생충, 박테리아 등을 그대로 토양으로 방출하는 것이다. 그럼에도 불구하고 화장실을 위해 정화조를 설치하고, 물을 끌어대야 하는 번거로운 장치를 하는 이유는 인분을 처리하지 않으면 냄새가 나고 벌레가 들끓을 거라는 선입견 때문이다.

고드미마을의 친환경화장실은 이러한 선입견을 바로 없애주는 본보기다. 화장실 아래가 바로 퇴비더미가 되는 형식으로 두칸으로 나눠, 한쪽 화장실을 쓰다 퇴비칸이 다 차고 고온 화되기 시작하면 그 옆 화장실을 이용한다. 안에는 일을 보고 각자 뿌려줘야 하는 톱밥이나 왕겨가 마련되어 있다. 물을 내리는 것과 톱밥을 뿌려주는 것에는 큰 차이가 없었고, 무엇보다 아무런 냄새도 나지 않았다.

그러나 우리나라에 설치된 친환경화장실은 고드미마을처럼 모두 외부에 지어져 있다. 자주 이용하는 화장실을 집 밖에 두는 것은 분명 불편한 일이다. 미국에서 20년 동안 자가인분퇴비시스템을 시험한 조셉 젠킨스는 '똥살리기 땅살리기'라는 책을 통해 간편한 톱밥변기 만드는 법을 소개하였다. 이는 전기도 필요 없고, 물도 필요 없으며 정화조를 설치하지 않아도 되니, 산속의 농막이나 주말주택 등에 적용해 볼 수 있겠다.

"톱밥변기는 전기도 물도 정화조도 필요없다. 산 속의 농막이나 방갈로에서 충분히 제 몫을 해낼 것이다."

단순한 방법으로 인분을 수거하여 퇴비로 만드는 방법을 '손

수레시스템' 혹은 '들통시스템'으로 부를 수 있다. 인분을 들통이나 물이 새지 않는 용기에 담아 퇴비실까지 운반하기 때문이다. 이 방법은 생각보다 간단한데, 용량이 20리터 정도 되는 플라스틱 통이나 항아리에 용변을 보는 것으로 시작한다.

배설 뒤에 톱밥, 나뭇잎, 왕겨, 잔디 깎은 것, 토탄이끼 등 깨끗한 유기물재료로 덮어주면, 냄새도 없애고 소변을 흡수하며 파리가 들끓는 것도 막을 수 있다. 소변도 같은 용기에 모으는데, 수면이 위로 올라오면 깨끗한 유기물 재료를 첨가하여 변기의 내용물이 '항상' 유기물로 덮여 있도록 해야 한다.

배설물을 덮는 유기물재료의 선택이 가장 중요한데, 다소 분해된 톱밥(오랫동안 빗물 등에 노출시켜 송진이 씻겨나가고, 부분적으로 분해가 된 상태)처럼 수분이 함유된 것이 좋다. 사용하지 않을 때는 변기의 뚜껑을 덮어둔다. 변기뚜껑은 밀폐식이 아니라도 좋고 경첩이 달려 있는 보통의 변기면 충분하다. 변기뚜껑이 냄새를 막아주거나 파리가 들어가는 것을 차단하기 위해 필요한 것은 아니다. 변기뚜껑은 편의상 그리고 미관상 필요할 뿐이다.

조명이 잘 되고 프라이버시가 보장되며 창문이 있는 공간에 보통 사용하는 변기와 배설물을 덮기 위한 톱밥 등이 담긴 통, 용변을 보는 동안 읽을거리를 갖추면 화장실은 그것으로 완성이다. 들통을 씻을 때는 빗물이나 개숫물로 씻고 헹군다. 아예 처음부터 신문지를 들통 안에 깔아두면 신문지까지 한번에 퇴비더미에 버릴 수 있으니 간편하다. 사용한 휴지도 들통에 그대로 버리면 된다.

톱밥변기 만드는 방법　배설물을 받는 들통을 바닥에 두고, 일반변기의 좌석을 합판에 부착시킨다. 이 합판의 한쪽은 경첩으로 고정시켜 들통을 비우기 쉽도록 들어올릴 수 있다. 합판 양쪽 가장자리에서 약 4cm 정도 들어가서 들통이 자리 잡게 하고, 합판 윗면은 들통보다 1.3cm 정도 낮게 만든다. 즉, 들통이 합판 위로 약간 올라와서 변기좌석과 밀착되게 한다. 들통은 사용하기 전에 먼저 톱밥을 1~2인치 정도 두께로 깔아야 좋다. 한 3년 사용하면 들통에 냄새가 날 수 있으니 새것으로 바꿔 준다. 헌것은 비눗물에 몇 주 정도 담가두었다가 말리면 냄새가 없어지니 다른 용도로 사용해도 무방하다. 들통 높이에 맞추어 변기를 제작하는 것이 좋으니, 애초에 같은 모양과 크기의 들통을 2~3개 더 준비해 둔다. 또 손님이 많이 올 경우를 대비해 여분의 들통을 준비하는 센스도 필요하다.

사용하지 않을 때 │ 보통 사용할 때 │ 경첩으로 고정시킨 합판 │ 톱밥변기를 비울 때

남자가 소변볼 때

고드미 녹색마을　043-298-2574

TIP │ 톱밥은 어떤 것을 사용하나?

톱밥은 목공소에서 나오는 말린 톱밥보다 원목을 절단하는 제재소에서 나오는 톱밥이 좋다. 그런 톱밥은 수분을 함유하고 있으며 훌륭한 생물여과기의 기능을 한다. 더욱이 목공소가 가압처리된 목재를 사용할 경우, 톱밥에 유독성 화학물질이 함유되어 있을 수 있다.
제재소에서 1년 또는 2년에 한번씩 실어와 뒷마당에 쌓아놓으면 오랜 시간 빗물에 젖으며 자연상태에서 서서히 분해를 거치게 된다. 톱밥은 대개 무료이며, 운반비용만 지불하면 된다. 겨울철에는 톱밥 위에 건초 등을 얹고 방수포를 덮어주면 얼지 않게 사용할 수 있다.

25

강원도 횡성 흙집이야기 펜션
부부가 들려주는 흙집 스토리

늘 비행장 소음에 시달리면서 군 생활을 한 탓에 한적한 시골마을을 꿈꿨다는 전완영 씨. 소령의 지위까지 올라갔던지라 권위의식으로 똘똘 뭉쳐있을 줄 알았건만 웬걸, 어느 누구보다 마을 일을 내 일처럼 발 벗고 나서니 아무도 그들을 외지인이라 생각하지 못할 정도이다.

이곳에 처음 발을 들여놨을 때, 부인은 입시생인 자녀 때문에 전씨와 함께 있지 못했고, 그는 홀로 흙집을 짓는 데만 전념했다. 1년이란 시간 동안 그는 오가는 사람도 없는 산골에 파묻혀 극심한 외로움을 경험했다고. 그나마 산에 오르는 행인들이 그의 유일한 말벗이 되었다. 그러던 차에 면사무소의 정보화 교육 강사로 일하게 되면서 알게 된 마을 주민들은 소중할 수 밖에 없었다. 아무리 많은 것을 가지고 있더라도 그에게 필요한 것은 사람들과의 관계와 친밀감이었다. 더 많이 배우고, 더 높은 지위까지 올라갔다는, 혹시라도 잠재된 우월의식이 있을까봐 자신을 뒤돌아보며 주민들과 동화되어 갔다.

"학교에서 배웠던 '인간은 사회적 동물' 이라는 말이 절실하게 와 닿더라고요. 여지껏 사회에서 인정해주던 학식이며 지위가, 이곳에서는 아무짝도 쓸모가 없었죠. 그런 생각은 이곳 생활에선 걸림돌이 될 뿐이라는 걸 알았습니다."

:: 피나는 과정 끝에 얻어진 흙집이야기 펜션

지금 펜션 자리는 전씨의 마지막 근무처였던 곳과 인접해 있다. 펜션을 계획하며 땅을 보러 다니던 중 그에게 기회가 찾아왔다.

"원래 이 땅에서 펜션을 운영할 계획이었던 노부부와 우연찮게 얘기할 기회가 있었어요. 제 얘기를 하니까 할머니께서 자기들 땅을 내놨으니 사라는 거에요. 정말 호박이 넝쿨째 들어온 거죠."

실직한 자식들과 펜션 운영을 계획하며 땅을 사고 흙집을 짓던 노부부는 자식들이 한꺼번에 재취업이 되자 계획을 무산시켰던 것. 싼 값에 땅을 사고 정말 행운을 얻은 것 아니냐고 되묻자 '흙집이야기 펜션' 을 짓던 이야기를 해준다.

"군대에서 근무 중 휴가를 내서 흙집 짓는 법과 구들 놓는 법을 배웠습니다.

1 펜션 옆 계곡에서 흐르는 물. 봄이 되도 마르지 않는 탓에 사계절 청량감을 느낀다.   **2** 살림집으로 쓰고 있는 주택. 흙벽돌 공장에서 직접 수급해 온 흙벽돌을 쌓고 황토모르타르로 마감하였다.   **3** 지붕재로 쓴 너와는 흙집과 가장 잘 어울리는 소재이다. 뒤로 나 있는 텃밭에서 고추를 심어 펜션에 오는 손님들에게도 나눠 준다. 아직 초보농사꾼이라 미흡하지만 언젠가는 상품화할 계획까지 갖고 있다.

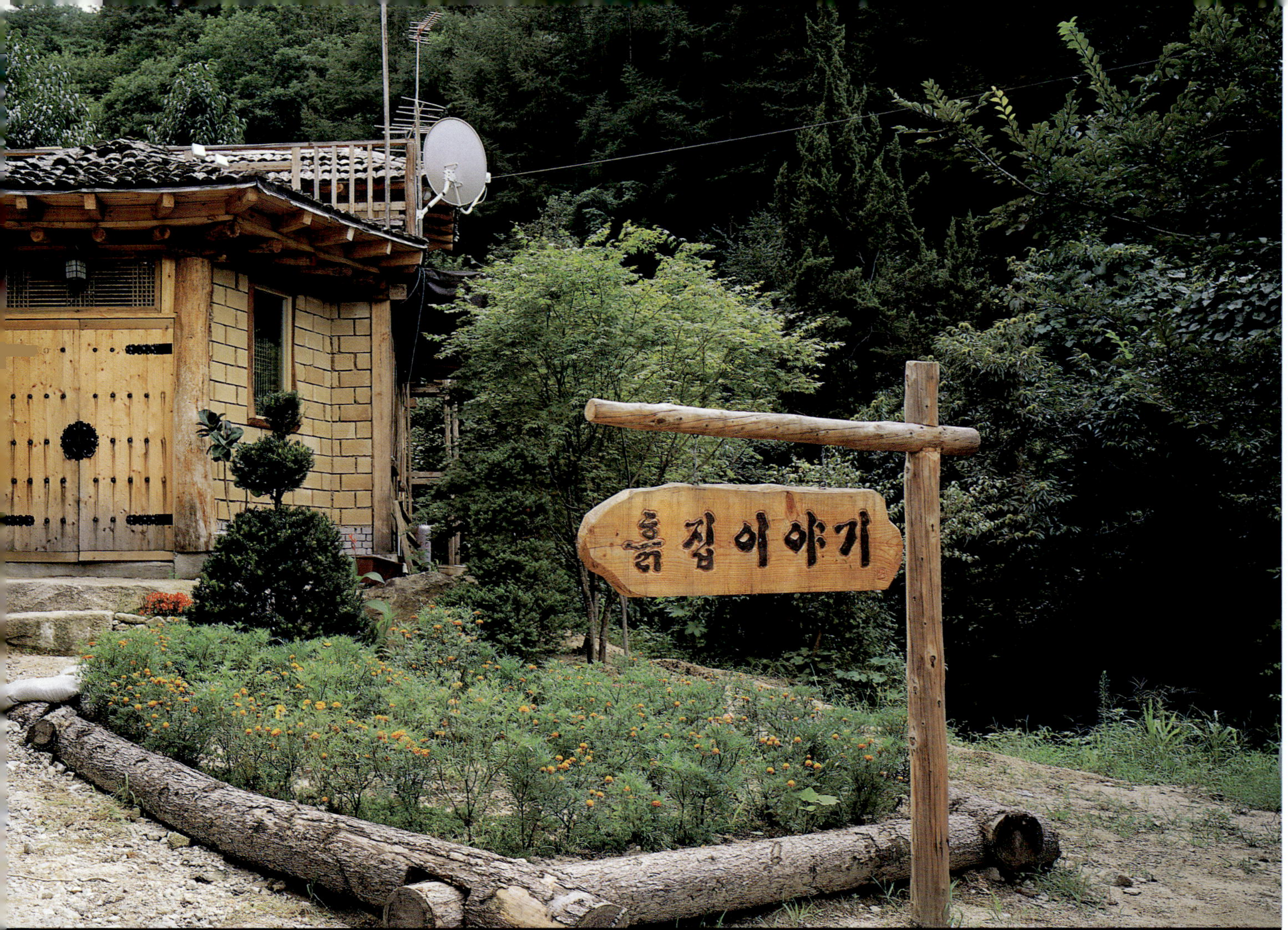
흙집이야기

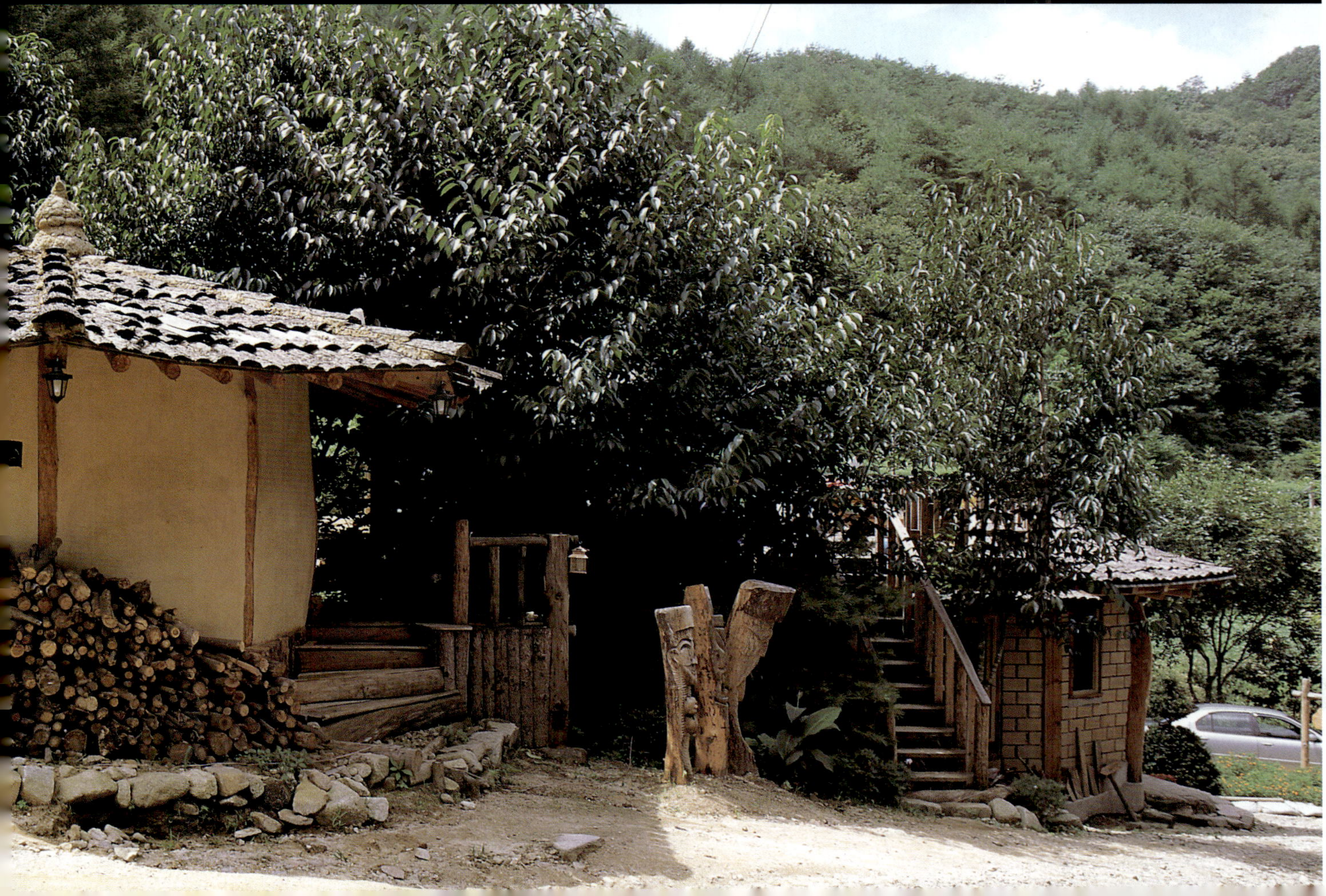

그 해 근무하던 곳에서 그나마 가까운 흙집학교를 알아봤는데 모두 마감이 됐다는 거에요. 그래도 포기할 수 없었죠. 흙집학교 강사 분계 통사정을 했습니다. 하도 제가 매달리니까 저를 부르시더니 집짓기가 한창인 곳에 데려 가시더라고요. 아무것도 모르는 상태에서 그냥 시키는 대로 묵묵히 일했습니다. 정말 허리가 끊어질 것 같고, 괜히 한다고 했나라는 생각도 들었죠. 그렇게 며칠을 열심히 하다보니 제 노력이 가상했던지 정원 외로 저를 받아 주셨죠."

그렇게 흙집학교를 이수하고 1년 동안 밥 먹고 집 지으며 쳇바퀴 굴러가듯 살아왔다. 처음에는 행운이었을지 몰라도 그에게 펜션은 인내의 마땅한 결과물인 셈이다.

:: 흙집학교에서 배운 내용을 토대로 충실하게 반영

낙엽송을 주재료로 서까래를 세우고 흙벽돌을 쌓아 천장은 루버로 시공했다. 벽은 황토모르타르로 내부마감을 하고 지붕엔 너와를 올렸다. 스티로폼과 합판을 덧대 단열에 신경썼으며 심야전기와 화목, 기름을 혼용해 난방을 설치했다. 132㎡(40평)의 가장 큰 흙집의 경우 한달 동안 30만원 정도면 영하 15도까지 내려가는 한겨울에도 너끈히 지낼 수 있다. 집을 짓다가 궁금증이 생기면 흙집학교에서 배웠던 자료를 들쳐보고 착실하게 지어갔다. 자재수급은 직접 발로 뛰며 구했다. 부딪치다 보니 어느새 싸게 가격을 맞추는 법에 능통하게 되었고, 펜션에 찾아와 조언을 구하는 이들에겐 아낌없이 전수도 해 줄 정도다. 언젠가 산에 작은 불이 나서 소나무를 쓸고 지나갔을 때, 겉만 그을린 제 값 못 받는 소나무를 싸게 사서 자재로 썼다.

계단을 시공할 때 온종일 걸려 나무 하나를 덧대고 다음날 또 하루 걸려 나무 하나를 덧대며 한 계단씩 완성해갔다고 한다. 누구에게 의지하기 싫어하는 성격 탓에 거의 혼자 일하다 지쳐 잠들고, 언제 그랬냐는 식으로 다음날, 또 그 다음날을 보내곤 했다. 그렇게 짓다보니 전씨 부부가 지내는 살림집과 노부모가 계시는 곳을 포함해 총 6채의 흙집이 되었다.

"하루하루 시간이 갈 때마다 완성 되어가는 흙집을 보며 뿌듯했죠. 서울에 태어나서 어릴 때부터 쭉 대도시 생활을 했어요. 언젠가는 시골 가서 살아야지 했었는데 어느 순간 제가 이곳에 있더라구요."

:: 두 번째 전원살이, 몸은 고되도 보람된 나날들

아내는 손님 뒤치다꺼리를 하느라 고되지만 몸은 더 튼튼해졌다고 얘기한다. 옆에서 듣던 남편도 맞장구를 치며 부인이 여름에도 감기를 달고 살았는데 여기 와서 싹 없어졌다고 자랑한다.

전씨 부부는 이 곳에 오기 전 이름 꽤나 알려진 시공사에서 시공했던 전원 주택에 전원살이를 한 차례 한 적이 있었다. 그 때 시공의 기초인 수평마저

1

도 제대로 안 맞는 통에 재시공을 요청했고, 이를 거부하는 시공사를 붙잡고 늘어져 결국 바닥을 뜯어냈다는 일화도 들려 주었다. 우여곡절 끝에 시작한 전원생활은 집의 보수 문제로 오래가지 않아 접어야 했고 그 후 전씨는 직접 집을 지어야겠다는 생각이 굳어졌다.

전원생활은 후회와 적응의 과정을 거쳐 만족에 이른다고 말하는 전씨는 펜션 운영과 제대 후 제2의 직장을 병행하며, 마을 사업에도 발벗고 나서는 통에 기상시간은 늘 새벽 4시다. 새벽에 일을 마치고 들어와 몇 시간 밖에 눈을 붙이지 못한 날도 텃밭에 심어 놓은 채소 재배에 여념이 없다.

지난 겨울에는 면사무소에서 어르신들에게 이메일 쓰는 법 같은 기초적인 인터넷 사용법을 가르치는 정보화교육 강사로 나섰다. 도시에서 생활할 때보다 더 바쁘지만 즐기며 하는 일이기에 고된 줄 모른다. 어쩌다 들르는 서울에는 하루도 머물고 싶지 않다는 부부의 모습 속에서 진정 전원을 즐기는 넉넉함이 느껴진다.

흙집이야기 펜션 033-344-2361 http://www.hwangtopension.co.kr

1 거실에서는 사다리를 통해 다락방으로 연결된다. 천장의 서까래가 그대로 드러나 있다. 2 손님들에게 인기가 좋은 벽난로. 겨울이 되면 감자와 고구마를 넣어서 구워먹는다. 잠시 흙집에 머무는 손님들에게 잊지 못할 추억을 만들어 준다. 3 내부벽체는 찹쌀 풀과 황토 앙금으로 도배해 흙벽이 옷에 닿을 시 청결함을 유지시켜 준다. 4 거실 전면 창으로 외부전경을 볼 수 있다.

옛책에서 발견한 그리운 시절들
와이어패널로 지은 옛책고을박물관

10년 전 박옥순 씨는 '자연녹원'이라는 사슴농장을 사들여 그녀만의 아지트를 만들었다. 나무를 심고 동물을 키우면서 한땀한땀 꾸민 이곳은 이제 어느 정도 모양새를 갖췄다. 그동안 모은 옛책을 전시할 사제박물관과 전망 좋은 터에 한옥 한 채, 흙집과 정원이 어우러진 복합 공간이다.

든든한 지원자는 막내아들 윤동욱 씨. 서울에서 그래픽 관련 일을 하던 그는 잠시 어머니 일을 도우러 이곳에 들어왔다 눌러 앉은 지 벌써 5년째다. 자연에 너무 익숙해져 도리어 서울로 다시 돌아가는 일이 번거로워졌다는 그는 시골에선 마주치기 힘든 젊은 청년이다.

"서점 운영으로 바쁘신 어머니를 대신해 현장감독 겸 내려왔지요. 틈틈이 소목일을 배우면서 건축을 하다보니까 일도 재밌고 무엇보다 풀벌레 소리, 바람 소리가 계속 제 발목을 잡고 있어요."

애초에 박물관을 열 의도는 없었다. 농장 근처에 사는 화가 한 분이 지역예술축제를 열었을 때, 옛책들이 들어찬 창고문을 잠시 열어 둔 적이 있었다. 반응은 의외였다. 책을 넘겨보는 관람객들의 얼굴에는 자신들도 모르는 미소가 피어났다.

"사람들이 책을 통해 추억을 찾아가는 모습을 보며, 서고에 쌓아두고 혼자 보는 것이 의미가 없다고 생각했어요. 어머님이 긴 시간 서점을 운영하며 한권두권 모으신 책에 가치를 찾아주고 싶었지요. 박물관 이름도 그 때 무심코 지은 거에요"

:: 갖가지 테마가 있는 자연녹원 내 3년에 걸쳐 지은 옛책고을박물관

이곳에서는 하루가 빠르게 지나간다. 농장 운영도 챙기면서 어깨 너머로 배운 건축일도 직접 하고, 밤에는 혼자만의 아이디어 구상에 들어간다. 틈이 날 때면 기타와 색소폰 연주로 적적함을 달래기도 한다. 그는 이 곳에서 몸이 힘든 것보다 '무엇으로 어떻게 만들 것인가' 고민하는 일이 가장 큰 고충이었다고 한다.

1 와이어패널로 골조를 삼고 황토를 치대 외벽을 마감했다. 도자기 파편으로 만든 지붕이 박물관 주제와도 잘 어울린다. 직접 만든 너른 데크는 나중에 공연장으로도 활용될 계획이다. 2 누군가의 손때가 묻은 타자기와 인두. 3 50년대 교실 풍경을 재현한 토우작품. 4 박물관을 들어서면 조선시대 서당 풍경을 만날 수 있다. 5 소설과 시집을 볼 수 있는 제2전시실은 물레방아와 짚풀조명이 감각적이다. 6 윤동욱 씨가 직접 제작한 계단과 등, 책들은 뒤주나 반닫이 위에 놓여 있다.

3년의 공사 끝에 간판을 내건 박물관은 험난했던 시간의 결정체가 되었다. 와이어패널로 버섯 모양의 골조를 만들고 직접 치댄 흙을 외벽에 붙였다. 시공자 측과 이견이 있을 때마다 직접 실험해보고 조율을 나눈 덕분에 건축에 대한 지식도 많이 늘었다.

인테리어 부분은 온전히 그의 몫이었다. 각 공간에 맞는 원목을 구하기 위해 며칠을 뒷산에서 헤매기도 하고, 아이디어가 생각나지 않아 헛헛하게 보낸 날들도 있었다. 박물관의 사랑방 역할을 하는 차실에 앉아 둘러보니, 애쓴 흔적이 곳곳에서 드러난다.

벽난로를 감싼 검은 벽돌, 벽체 한가운데를 지르는 유선형 나무, 테이블과 의자도 DIY 작품이다. 인접한 너른 데크는 동료 한 명과 합심해 열흘에 걸쳐 만들었다.

"비용을 절감해 보려고 직접 목재를 사다가 만들었는데, 전문가라면 3~4일이면 끝냈을 일이겠죠. 시공 기술은 좀 부족했지만, 데크를 보고 있자면 마음이 짠하고 좋습니다."

:: 시대를 달리한 전시물 골동품과 농기구 등으로 전통미 더해

전시실로 들어서면 맨 처음 조선시대 서당 풍경과 만난다. 실내에 한옥 별채 하나를 들여놓은 셈인데, 마루와 한지문까지 잘 살려놓았다. 흘깃 안을 바라보니 수업 시간 풍경이 재현되어 있다. 훈장님이 잠시 외출한 틈을 타, 아이들은 줄행랑을 친 듯 현장이 생생하다.

반면, 50년대 교실풍경은 미니어처로 만들어져 눈길을 끈다. 더벅머리에 목도리를 두른 아이들은 장난기 가득한 얼굴이다. 미니 교실과 책걸상 등은 윤씨가 직접 만들고 토우는 전문 작가에게 의뢰했다고 한다.

누구나 기억하고 있는 학창시절의 모습을 박물관 초입에 전시해 두자, 책과 친하지 않은 이들도 가벼운 마음으로 관람을 시작한다. 책만이 아닌 시간 여행으로 초대받는 것이다.

박물관은 총 4개의 전시실로 구성되었다. 1600년대 쓰여진 '간양록'이 비치된 삼국시대부터 일제 강점기까지의 고서실이 먼저다. 사실 전시실로 들어서면 책보다는 거대한 목구조물이 한눈에 들어온다. 2층 서고로 이어지는 원목계단인데 마치 바닥부터 태어나 벽을 뚫고 나가는 듯 역동적인 선이 인상적이다.

윤씨는 "여느 박물관들은 공간마다 평면적인 기획 전시물을 선보이지만, 이곳은 뭔가 다른 의미를 주고 싶었다"며 "책 뿐 아니라 인테리어 자체에서 옛 것들에 대한 이미지를 보여주는 것"이라고 디자인의 의도를 밝혔다.

또한 책들이 올려져 있는 것은 다름 아닌 반닫이나 뒤주였다. 어머니가 옛책을 모으는 여정에서 틈틈이 찾은 골동품들이 함께한 것이다. 또 볏짚으로 엮은 앙증맞은 지붕과 사선으로 끼운 유리는 관람객의 눈을 편하게 한다.

제2전시실은 한국문학을 대표하는 작가의 소설과 시집이 있다. 학창 시절 줄줄이 외우던 '상록수'와 '청록집' 등의 초판도 발견할 수 있다. 이어지는 제3전시실에는 각종 잡지류가 전시되어 있는데, 최초의 한국잡지인 '소년'의 창간호가 눈길을 끈다. 시설물 역시 물레방아나 손수레, 농기구들을 재현해 옛추억을 떠올리게 한다.

제4전시실은 개화기부터 요즘의 교과서가 시대 순으로 일목요연하게 정리되어 있다. 어른 무릎높이의 책상과 의자, 그 시절 문구용품과 교복까지 전시되어 관람객들은 이곳에서 회상에 젖는다.

"막상 아이들보다 나이 지긋한 어르신들이 더 좋아하세요. 동심으로 돌아가 이것저것 자녀들에게 설명해주는 걸 보고 있자면 마음이 뿌듯하죠. 세대 간의 대화로 서로를 이해하는 장이 되면 좋겠어요."

전시된 책들을 돋보이게 하는 것은 조명이다. 짚풀공예품과 한지로 만든 조명들은 풀섶 사이로 노란 빛을 품으며 시선을 사로잡는다. 재료비는 개당 2만~3만원에 불과하지만, 그의 감각이 더해진 세상에 하나뿐인 조형물이다.

:: 자연과 추억이 함께하는 여행길로

박물관을 나서면 농장의 전신인 엘크 초원과 반달곰 사육장, 토끼와 염소들도 볼 수 있다. 시간 가는 줄 모르고 동물들과 눈인사를 건네고 나면, 저 멀리 위풍당당한 한옥 한 채를 만난다. 정식으로 오픈하지는 않았지만, 간혹 들리는 손님들에게 내주는 펜션 용도로 쓰고 있다.

윤씨는 "한옥 지을 때 고생한 거 생각하면 치가 떨릴 지경"이라면서도 막상 공간 하나하나가 너무나 소중한 모양이다. 전통 한옥을 최대한 재현한 건물은 전경이 좋은 남향으로 누마루도 마련되어 있다. 낮은 대금 소리가 어울리는 이곳은 옛것을 좋아하는 주인장의 취향이 한가득 풍긴다. 실내는 수제 원목 싱크대와 소품들이 잘 조화되어 전통미를 놓지 않는다.

윤씨는 농장과 박물관이 함께 한 테마가 있는 마을을 꿈꾸고 있다. 우연히 지은 '옛책고을박물관'이란 이름이 그대로 실현되는 것이다. 농장의 오래된 건물들도 더 손봐야 하고, 가마터도 만들어 도자기 체험공간도 꾸밀 예정이다.

"우리 전통의 교육, 민속, 생활사를 비롯해 예술문화까지 체험할 수 있는 곳이면 좋겠어요. 그냥 보고 가는 박물관이 아니라 마당에서 함께 뛰어노는 곳이지요. 그러니 이곳은 완성이란 없는 곳이에요."

오래된 책내음을 맡고 싶은 이들은, 서둘러 들러보길 권한다.

시공 · (주)웰메이트 02-553-9228 http://www.welarch.com

옛책고을박물관 강원도 원주시 문막IC에서 15분 거리에 위치한다. 자연녹원이라는 이정표를 찾아가면 40마리의 엘크와 반달곰, 타조와 염소까지 볼거리가 무궁무진하다. 윤동욱 씨는 원하는 이들에게 주저없이 박물관 문을 열어 준다.

033-732-6669

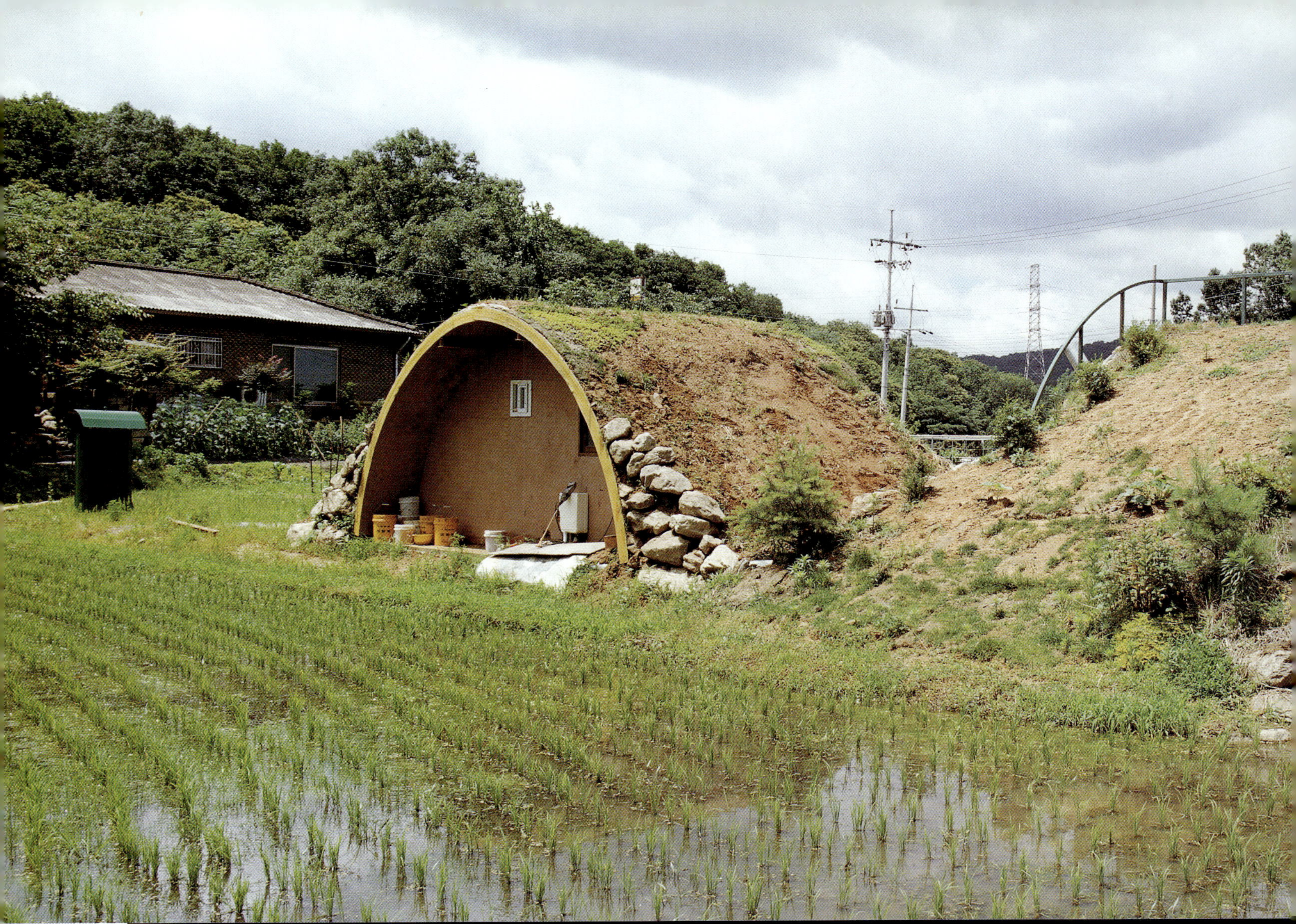
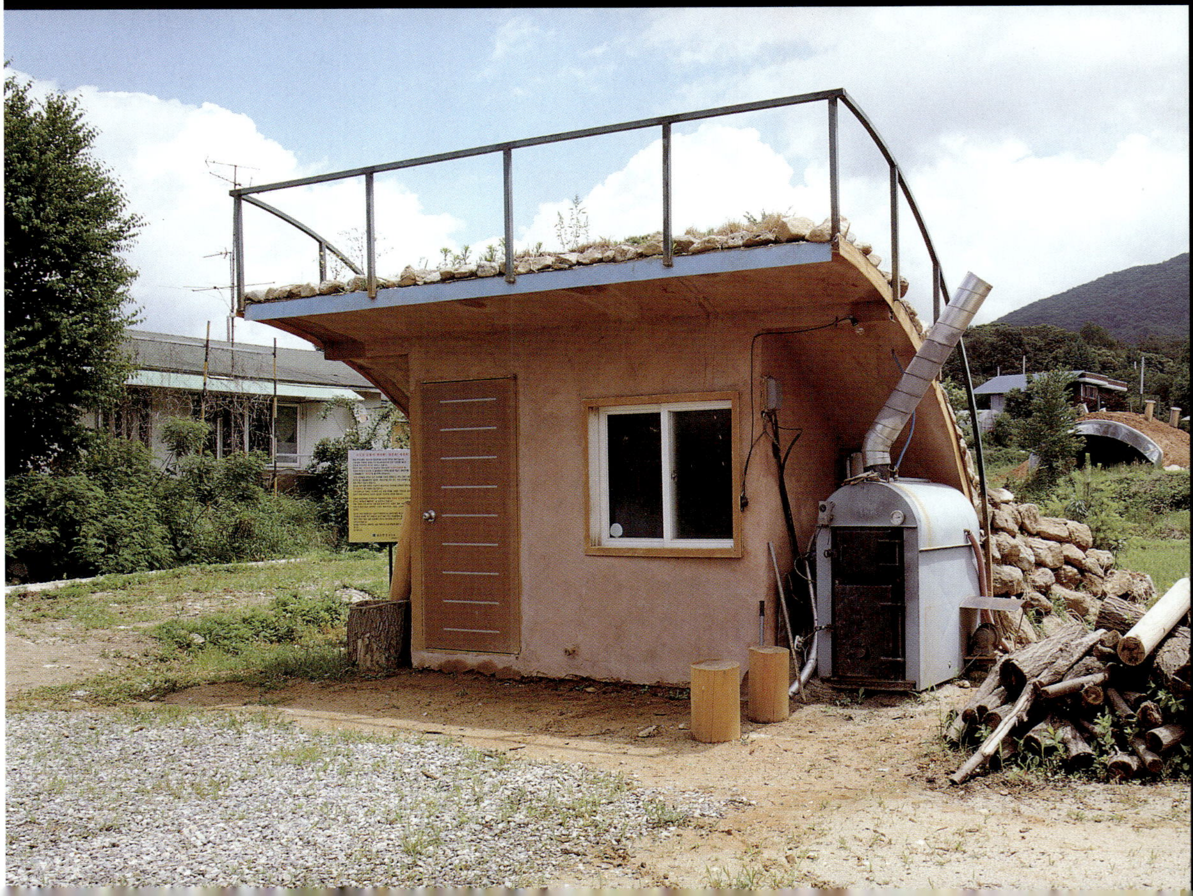
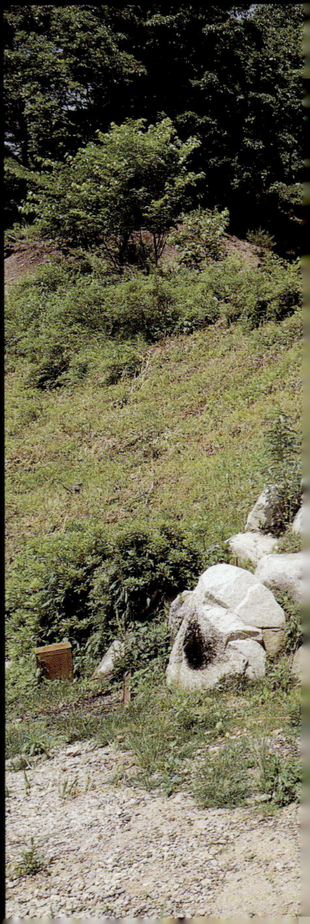

27

최적의 온도와 습도를 제공
저장고로도 쓰이는 **토굴집**

지금도 전세계 인구의 30%, 약 15억의 인구가 흙집에 살고 있다. 인류의 문명 속에 흙집의 생명력은 꾸준히 이어지고 있으며, 시멘트 일색의 주택 문화 속에도 흙은 다시 살아나고 있다. 이는 웰빙열풍 덕분이기도 하지만, 흙이란 물질이 주는 태고적 따스함을 누구나 인정하기 때문일 것이다.

세련되고 다양한 흙건축 방식이 다양하게 선보이는 요즘, 아득한 옛 기억으로 돌아가 흙으로 만들어진 굴에서 살자고 주장하는 이가 있다. 바로 토굴집을 개발해 토굴문화를 현대화, 세계화시키겠다고 공헌하는 권오혁 씨다.

"땅 속은 여름엔 시원하고 겨울엔 따뜻합니다. 이러한 지열을 이용해 우리 조상들은 각종 농산물을 저장하였고 여름을 시원하게 나는 방법을 고안했었죠. 저도 여기서 힌트를 얻어 황토굴을 만들게 되었습니다."

권씨는 10년 전, 고향인 경기도 포천으로 귀향하면서 '농산물 저장토굴'에 관심을 기울이기 시작했다. 6.25전쟁 때 조부가 피난처로 굴을 만드는 것을 지켜보았고, 자신이 직접 탄광에서 잠시 일한 경험도 있었다.

그는 먼저 삽을 들고 1년 동안 땅을 파서 토굴을 만들어 보았다. 하지만 고생한 보람도 없이 흙만으로 지어진 굴은 비가 심하게 내리면 주저앉기 십상이었고, 토굴집 뼈대에 나무를 이용해보아도 습기에 썩어 버려 흙의 하중을 견디지 못했다.

수십번 토굴 본체를 만들어 묻었다 파내기도 하고, 여러 가지 농산물과 발효식품들을 저장해보며 온도와 습도를 체크했다.

"토굴에 사람이 살 수 있으려면 가장 유의해야 할 점이 습기입니다. 습기를 철저히 차단하기 위해 수많은 시행착오를 겪었습니다. 제가 일부러 습도가 높은 굴에서 며칠을 자보기도 했으니까요."

:: 흙 90%에 타공판 10%로 만들어지는 굴

권씨는 결국 철제와 타공판을 사용하기로 했다. 지붕 위에 흙을 20cm 두께로 덮을 경우, 대략 10톤 이상의 하중이 걸리기 때문에 뼈대는 무조건 튼튼해야 했다. 그래서 구조물의 원자재는 철강으로, 토압을 계산해 H빔에 두꺼운 철판을 대었다. 철판에는 촘촘히 구멍이 뚫려 있는데, 마치 매쉬망처럼 흙의 접착력을 높이고 흙이 숨을 쉴 수 있도록 고려한 것이다.

구조물이 만들어지면 아치형으로 휘는 밴딩작업을 한다. 원자재의 무게가 많이 나가고 길기 때문에 다루기 힘든 매우 까다로운 작업이다.

또 하나 넘어야 할 산이 있었다. 바로 '철의 부식'이었다. 칠 자체가 떨어지지 않고 페인트가 구조물에 골고루 묻어야 하기 때문에 일반칠이 아닌 분체 도장을 택했다. 그는 이 문제를 연구, 해결하는 과정에서 수년이 흘렀다고 한다. 이렇게 만들어진 구조물은 주거용, 저장용 토굴에 모두 사용되면서 그 진가를 발휘하기 시작했다. 특히 평지나 산비탈, 어느 장소에나 설치가 가능하고 구조물을 연결하면 넉넉한 면적의 토굴도 만들 수 있었다.

≫ 주거용 토굴 만드는 과정

1. 평지보다 흙을 높게 돋우거나 콘크리트로 기초를 다진다. 토굴을 농산물 저장용으로 사용할 경우에는 중앙에 집수조를 설치하여 배수로용 PVC 파이프를 밖으로 길게 연결한다.

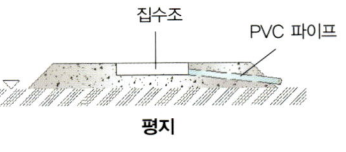

2. 바닥을 구들방으로 이용할 경우에는 원 안의 그림과 같이 규격이 큰 H빔(400x300)이나 돌을 사용한다.

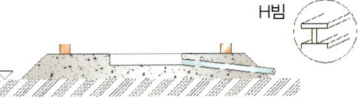

3. 기초에 토굴본체인 철구조물을 앉힌 후, 볏짚이나 쑥, 솔잎, 숯 등을 섞은 황토를 바닥부터 쌓아 올린다. 이 때, 절대 급하게 쌓지 말고 나누어서 천천히 쌓아 올린다. 구조물 이외의 벽은 벽돌을 쌓는다.

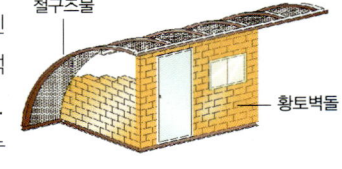

4. 외벽공사와 벽돌 쌓는 공사가 끝나면 외부 황토를 깨끗이 마감한다. 지붕 이외의 벽은 황토 모르타르로 뿜칠을 하면 깔끔한 분위기를 만들 수 있다.

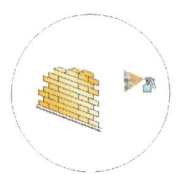

5. 타공판에 황토를 바르고 내부공사가 끝나면 벽으로 밀려나온 황토를 마르기 전에 깨끗이 마감한다. 운모가루나 맥반석 가루 등을 섞은 황토로 미장해 실내를 마감한다.

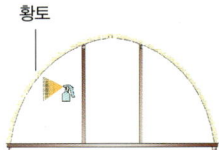

6. 황토가 마른 후 두꺼운 비닐을 씌우고, 비닐이 찢어지지 않도록 보온덮개나 부직포를 덮는다. 그림과 같이 유공관이나 돌을 토굴 주위에 채워 놓은 후, 포크레인을 이용하여 황토나 일반 흙을 충분히 덮는다.

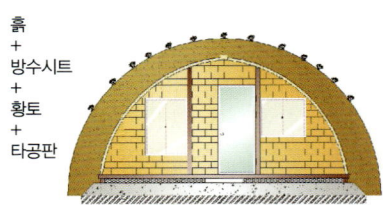

100% 친환경주택이라면 무엇을 꼽을 것인가? 아마도 인간이 지구상 첫 출현해 주거지로 삼았던 자연동굴일 것이다.

비바람과 추위를 막고 맹수의 습격을 피하고자 한 자연동굴은 신석기에 들어서면서 필요에 의해 인공 동굴 형태로 바뀌었다.

21세기 들어 이 땅에 다시 인공토굴을 짓고 사는 이가 나타났다. 비록 100% 흙과 돌을 이용한 것은 아니지만, 여름엔 시원하고 겨울엔 따뜻한 굴의 장점을 그대로 살렸다고 한다. 게다가 농산물이나 발효음식을 두는 저장고마저 토굴로 마련해 일석이조의 효과를 거두고 있다.

:: 그가 꿈꾸는 친환경 건강마을

권씨는 자신의 땅에 황토굴 건강마을을 만들고 있다. 모내기나 두부 만들기 체험을 하러 온 도시인들은 토굴집을 보고 신기해한다.

"지붕이 그대로 풀밭이며 꽃밭이니 어디로든 올라 다녀도 아무 무리가 없습니다. 겨울이면 아이들이 지붕에서부터 아래 논까지 눈썰매를 타며 즐거워하지요."

토굴집은 방의 면적이 3.3㎡(1평)이면 흙으로 다져진 지붕면적은 2배가 넘기 때문에 이를 100% 녹지로 활용할 수 있다. 화목보일러를 이용해 배관난방까지 갖출 수 있으며, 실내에도 충분한 환기와 채광이 가능하도록 창문도 설치할 수 있다.

그는 이와 원리를 같이 한 토굴저장고와 황토방들도 만들어냈다. 타공판을 통해 흙이 숨을 쉬기 때문에 각종 농산물을 저장해 보니 재래식토굴과 비슷한 효과를 얻을 수 있었다. 그는 "포도주, 복분자주, 사과 발효주 등의 숙성실로도 이용하며, 특히 고구마의 경우 최적의 저장고"라고 덧붙였다.

IV

[흙집을 꾸미다]

01

어둡고 칙칙한 흙집은 가라
흙집 인테리어의 색다른 시도

:: 흙이 한 가지 색이라는 고정관념은 버려라

흙집은 황토색이 아니다? 황토(黃土)는 밝은 갈색, 즉 황색을 지닌 흙의 이름. 흙은 이외에도 흑토, 백토, 적토 등 그 자체의 색에 따라 이름을 붙일 만큼 다양한 색을 지니고 있다. 우리나라의 산과 길에서만도 20여 가지가 넘는 색상의 흙이 발견된다. 공통된 성분과 기질을 지닌 흙이 이처럼 각기 다양한 색이 나는 것은 낙엽 등과 같은 다른 유기물이 함께 퇴적된 것이고 주로 철분이 많이 함유되어 있을 때 붉은 색이 난다. 호수와 같은 환경, 즉 공기가 거의 통하지 않는 환경에서는 흙은 적토 가 된다. 화강암 지역에서는 흰색에 가 까운 백토를 발견할 수 있다. 결국 흙집 은 황토로 만들어진 집이다. 20가지가 넘는 흙의 색깔, 그만큼 다양한 흙집을 만 들 수 있다는 결론이다. 이렇게 흙의 색깔 이 다양함에도 아직까지 '흙 = 황토', '흙 집 = 소박한 황토방'이라는 고정관념은 너무도 강하다.

흙은 의외로 만만하다 흙으로 만든 집이 건강에 좋다는 건 잘 알고 있지만 왠지 촌스러운 분위기의 집을 떠올리는 것도 위의 내용과 일맥상통한다. 차 라리 가까운 황토 찜질방에 가는 게 나을지도 모른다고 생각하는 사람들이 나, 흙집이 좋다는 것은 알지만 그래도 스타일만은 포기할 수 없다는 사람 들에게 '흙'은 의외로 만만하다고 말하고 싶다. 흙집이라고 단순히 소박한 황토방만 떠올린다면 아직 그 사람은 흙집에 대해 아무 것도 모르는 사람이 다. 이제 지금까지 알고 있던 황토방의 이미지는 잊어도 좋다. 흙의 본분을 잊지 않는 선에서 흙집은 충분히 세련되게 바뀔 수 있다. 흙집에 살면서 건 강을 되찾고, 감각적인 분위기의 공간으로 남들의 부러움까지 산다면 그야 말로 일석이조가 아니겠는가. 요즘의 흙, 지금의 흙집 인테리어. 모두 내가 원하는 스타일로 만들면 된다.

:: 잘 꾸며놓은 공간에서 인테리어 힌트를 얻자

충남 안면도는 펜션이 많기로 유명한 곳이다. 안면도 연육교를 지나 황도 방향으로 5km 들어가면 바다와 맞닿은 곳에 세워진 '나문재'를 만날 수 있다. 6개의 테마로 나눠진 객실에는 특별히 제작한 소품과 가구들이 정갈하게 놓여 있다. 이국적이면서 고급스러운 외부 전경도 좋지만 객실마다 꾸며 놓은 감각이 탁월하다. 2층으로 지어진 3동의 펜션과 이번에 새로 고개 위에 지어진 단층집은 바다 위 언덕에 나란히 어깨동무를 하고 있는 듯하다. 모든 객실이 바다를 향해 있어 전망은 최고이지만 방의 크기와 위치에 따라 인테리어가 각각 다르기 때문에 먼저 사진을 통해 확인하고 취향에 맞는 객실을 선택하면 된다.

나문재 펜션 041-672-7634 http://www.namoonjae.co.kr

바다이미지 수공예 가구 흙집과는 어울릴 것 같지 않았던 바다의 이미지를 실내로 불러들이면 의외로 잘 매치가 된다. 나무는 흙과 잘 조화를 이루기 때문이다. 바다생물과 배, 노 등의 요소들을 공예가의 손을 거쳐 나무로 옮겼다. 멀리까지 내다 볼 수 있는 창가에 나무를 조각해 만든 낮은 소파가 분위기를 한층 더 살려 준다. 흙집엔 침대가 어울리지 않을 것 같지만 오래된 조각배 형상의 높은 침대를 놓아 주면 고전적이면서 세련된 침실이 꾸며진다. 물고기와 노를 형상화한 옷걸이로 벽에 포인트를 주고, 장식장 또한 나무를 깎아 만들어 책과 아기자기한 소품들로 채워 주면 허전한 흙벽에도 생기가 솟는다.

하늘과 통하는 천창   흙집이라고 모두 다 볏짚으로 지붕을 만들지는 않는다. 흙으로 만든 집에 천창이 있다면 자연의 운치를 느낄 수 있는 아름다운 방이 완성된다. 창만으로 허전하다면 고급스러운 크리스탈 샹들리에를 매치하면 훨씬 멋진 분위기를 연출할 수 있다. 내부에 벽돌을 치장하면 흙과 잘 어울려진다. 벽돌로 벽난로를 만들어 주는 것도 좋은 방법이다. 아일랜드식 주방이 흙집과 너무 동떨어진다고 생각하겠지만 현대식 흙집에는 이미 선호되고 있는 주방 스타일이니 참고하는 것도 좋겠다.

황토빛에 포인트 벽   앞에서도 언급했지만 흙이 다 황토색은 아니다. 황토색 벽면에 푸른빛의 포인트 벽을 만들어 주니 식탁에 꾸며진 색색의 타일과도 잘 어울린다. 푸른빛과 매치되도록 화려한 장식의 청동 옷걸이를 걸어주고 세련된 분위기를 연출하였다. 곳곳에 간접 조명을 달아주면 집 안이 더욱 아늑해진다.

벽면에 활짝 핀 꽃 흙벽이 장식품만으로 너무 심심하다면 벽면에 커다란 그림을 그려주자. 황토벽면과 프로방스 느낌의 화려한 꽃은 밋밋했던 공간의 분위기를 180° 바꿔 준다. 꽃 그림 위로 작은 조명을 놓아주면 흙벽의 질감을 더욱 살릴 수 있다. 청동색의 벽난로 또한 단순할 수 있었던 거실을 산뜻하게 꾸며주는데, 이처럼 흙벽에는 약간의 포인트가 되는 색상의 가구 또는 장식을 배치하는 것도 효과적이다.

입체감있는 나무 벽장식 나무는 흙과 잘 어울리는 소재이다. 깎아 만든 나무로 입체감을 준 벽면은 현대식 주택 같은 느낌마저 들게 한다. 철제 샹들리에 조명과 디자인적인 침구, 벽면 곳곳에 그려진 꽃 등으로 세련된 분위기를 연출하였다. 오래된 느낌의 의자는 흙과 잘 매치된다. 벽면에 작은 디자인 소품을 달아주는 것도 개성있는 흙집 공간을 완성하는 밑거름이 된다.

02-1

전통 스타일 인테리어 |필립 티로 씨 댁|

전통소품과 어우러진 한옥

1 전통 한옥은 현대인들이 생활하기에 다소 불편하지만, 필립 티로 씨의 한옥은 그만의 맞춤 공간으로 설계돼 여느 주택이 부럽지 않다. 면적이 넓지 않은 편이라 공간의 활용을 위해 옷장, 선반, TV장 등의 가구들은 붙박이장으로 설치했다. 동서양의 조화가 느껴지는 식당 한 켠에 마련된 싱크대에는 격자무늬 문을 달아 공간을 깔끔하게 마무리했다. 일반 주택의 공간에서도 충분히 시도해 볼만한 아이디어다.

2 응접실로 사용되는 거실에는 통으로 창을 내 공간이 한층 넓어 보인다. 전망이 탁 트인 창가에 서니 북촌 한옥 마을이 아래로 펼쳐지고 옆으로는 겨울 산세가 한눈에 들어온다. 전통 한지를 붙인 문과 창문에는 유리를 덧대 단열을 해결했다.

3 한옥에 살기 전부터 모아왔던 소장품들을 한국의 정서가 묻어나는 곳에 진열해두고 싶었다는 티로 씨. 눈길이 머무는 공간마다 그의 취향이 고스란히 드러나는 고가구와 미술품들이 가지런히 정돈되어 있어 한옥을 더욱 돋보이게 만들어 준다.

전통 한옥이 빼곡히 들어차 있는 서울 종로구 가회동의 북촌 한옥마을. 한국인들도 마냥 신기해하는 이곳에서 한옥 두 채를 짓고 22년간 살아온 외국인 필립 티로 씨를 만났다. 외국인이 한옥이라니, 그저 단순한 호기심이겠거니 하던 생각은 실내로 들어서자 감탄으로 바뀐다. 공간 곳곳에서 느껴지는 세련된 고풍스러움은 여느 한옥에서 느끼던 무겁고 엄숙한 분위기와는 사뭇 다르다.

전통적인 한옥에 서양식 라이프 스타일을 접목시켜 직접 지었다는 티로씨의 멋스러운 한옥. 기본 골격과 서까래 등은 전통 한옥 그대로를 살렸지만 좁은 공간을 다소 넓게 보이도록 통창을 내고 각 공간마다 설치된 붙박이장, 창호 위에 유리를 덧댄 전통 창호, 보일러 난방 등 여기저기 현대식으로 개조한 부분이 눈에 띈다.

내부 인테리어까지 직접 관여했다고 하니 전통 스타일에 대한 그의 안목이 놀라울 정도다. 한국에 오기 전부터 한국의 골동품과 고가구들에 관심이 많았다는 그는 시간이 날 때마다 인사동과 답십리 등의 골동품 가게를 누비고 다닌다. 그렇게 해서 수집한 다양한 물품들은 그의 보금자리에 가지런히 진열되거나 파리에서 운영하는 '민화'라는 앤틱숍으로 보내진다. '민화'는 티로씨가 수집한 한국의 골동품을 판매하는 숍으로 현재는 한국의 젊은 아티스트들의 전시 및 활동 공간으로도 사용되고 있다.

2

3

|02-2

전통 스타일 인테리어 |김은정 씨 댁|

창호만으로도 살아나는 전통미

비록 서까래가 천장을 가로지르는 한옥은 아니지만, 전통미가 물씬 풍기는 독특한 인테리어를 원한다면 전통 창호만한 것이 없다.

종로구 청운동에 위치한 김은정 씨의 주택. 원래는 세련되고 편리하게 짜여진 현대식 공간이었지만, 일반 창문 대신 나무의 격자살이 고스란히 드러난 전통 창호를 이용해 은은한 풍취가 느껴지는 곳으로 재탄생되었다.

전통 한식 스타일의 공간은 반드시 한옥이어야 한다는 고정관념을 깬 사례로 빌라 내부 곳곳에 시공된 창호가 모던한 공간 속으로 고스란히 스며들어 전혀 어색하지 않게 인테리어를 완성시켰다.

내부 공간에서 창호는 단 네 군데. 지하층, 주방과 거실 사이, 현관, 안방에 시공돼 실내에서 큰 비중을 차지하진 않지만, 공간마다 통일성을 주면서 실내의 따뜻하면서도 밝은 분위기를 한층 돋보이게 만든다.

창호는 고재의 가격도 고가이지만 제작과정이 까다롭고 공정이 길어 비싼 편. 이 집의 창호는 한 짝당 30만원으로 춘양목 고재가 사용됐다. 모든 창호문에는 창호지 대신 투명유리를 끼워 넣어 한지에 스며드는 고즈넉한 불빛을 느낄 순 없지만, 단열과 소음에 효과적으로 만들어진 것이 특징이다.

1 현관과 거실의 경계에 창호문을 설치해 공간을 깔끔하면서도 답답하지 않도록 분리시켰다. 원래 붙박이장이 있던 공간으로 붙박이장의 문살을 떼어내 창호문으로 달고 그 안쪽으로 생긴 알코브 공간에는 컴퓨터 책상을 둬 공간의 활용을 높였다. 창호살 사이로 보이는 거실 안의 풍경이 재밌다.

2 주방과 거실 사이에 놓인 접이식 창호. 접었다 펼 수 있어 공간을 분리시키는 파티션이 되기도 하고 또 두 공간을 쉽게 합칠 수도 있다. 파티션을 완전히 펼치더라도 창살의 사이사이로 빛과 바람 그리고 시선이 드나들기 때문에 공간이 단절된 느낌이 들지 않는다.

3 교차된 대각선과 바둑판 모양이 결합된 침실의 전통창호. 격자무늬 사이로 들어오는 햇살이 안방에 은은하게 퍼져 한층 아늑한 분위기를 만들어 준다. 창가만 바라보면 이곳이 마치 한옥의 일부인 양 느껴진다.

4 계단과 이어져 있는 지층의 가족실에도 창호를 달았다. 일반적으로 지층의 경우는 어두워 문을 달지 않는 경우가 많지만, 전통창호를 달아 어둡지 않으면서도 프라이버시를 유지하는 효과도 얻었다. 한옥의 안방문처럼 양쪽으로 꺾이도록 제작해 다른 창호문과 차별을 두었다. 필요에 따라 문을 조금만 열수도, 활짝 열 수도 있어 편리하다.

1

3

02-3

전통 스타일 인테리어 |오미숙 씨 댁|
가구와 소품을 활용한 한식 인테리어

한옥에나 어울림직한 전통인테리어가 과연 아파트에서도 어울릴 수 있을까. 현재 잡지사 코디네이터로 활동하고 있는 오미숙 씨는 전통적인 분위기는 오히려 모던한 공간에서 더 큰 효과를 발휘한다고 말한다. 한옥에서는 당연하게 여겨지는 소품과 가구들이 다른 공간에서는 새롭고 고급스럽게 느껴질 수 있다는 것.

모던한 공간을 전통 스타일로 꾸미는 방법은 생각보다 어렵지 않다. 우선은 집안에 가득찬 가구들을 들어내 주변을 심플하게 만드는 것이 중요하다. 그 다음에는 다소 허전해보이는 공간에 전통 소품과 가구들을 적절히 배치하기만 하면 된다.

우리네 전통 인테리어는 어느 공간에서든지 잘 스며드는 특성이 있어 누구나 쉽게 분위기를 연출할 수 있다는 것의 그녀의 생각이다. 특히 화이트, 아이보리, 카키색 벽지가 어울리며 원목 마루 바닥이라면 어떠한 한식 소품이나 가구에도 무난하게 어울린다.

그녀의 아파트에서는 한옥에서나 느낄 수 있는 은은한 멋이 느껴진다. 오래된 항아리와 고가구들로 꾸며진 거실은 한옥의 부분부분을 그대로 따온 듯한 모습이다. 시골에 있는 친정집 곳간에서 사용되던 문짝이며 10년도 더

1 저렴하면서도 손쉽게 전통스타일을 꾸밀 수 있는 방법으로 항아리만한 것이 없다. 크고 작은 항아리를 겹치게 세워두고 전통 소품과 식물들을 매치시키면 금세 한식 공간이 만들어진다. 항아리 안에는 과일이나 쌀 등을 넣어둘 수 있어 더욱 실용적이다.

2 자연스러운 멋이 느껴지는 전통 창호와 전통등이 어우러져 공간을 아름답게 만든다. 추억이 고스란히 묻어있는 소품을 볼 때마다 아이들에게 이야기 한보따리를 풀어놓는다는 오미숙 씨. 이 공간 역시 그녀에게는 소중한 추억과 일상이 담겨 있다.

3 세월의 흔적을 보여주는 고가구와 옛 소품들만으로도 금세 한식 스타일을 연출할 수 있다. 오랜 세월 때가 묻어 빛바랜 찻상 위에 직접 만든 단아한 문양의 테이블 보를 세팅해 식물의 파란 잎이 더욱 도드라져 보인다.

4 누구나 하나쯤 갖고 싶을 법한 좌식 책상. 볕이 잘 들어오는 곳에 좌식 책상을 두고 전통 문방용품들을 올려 서재로 활용해보자. 뒤에 놓여진 병풍은 MDF와 나무틀에 한지와 민화가 그려진 패브릭을 직접 붙여 만들었다.

된 초등학교 의자와 손때가 고스란히 묻은 테이블, 오래된 뒤주를 개조해 만든 선반, 다기와 고가구 등 곳곳에서 옛 시절이 고스란히 묻어난다.

왜 전통 스타일을 좋아하느냐의 질문에 그녀는 추억이 담겨 있는 따뜻함이 느껴져서라고 말한다. 친정엄마에게서 얻은 옛 살림살이와 누군가의 손때가 묻었을 고가구 속에는 자신의 추억과 누군가의 추억이 담겨 있어 더욱 애착이 간다고.

고가구나 골동품은 대체로 고가여서 한꺼번에 구입하기보다는 마음에 드는 것을 하나씩 모아가는 것이 가장 현명한 방법이다. 하지만, 한식 스타일을 연출하는데 반드시 고가의 골동품만 필요한 것은 아니다. 고가구 하나에 전통 문양으로 된 패브릭과 직접 만든 병풍, 전통등, 발, 나무가지 등을 적절히 매치시키면 여느 고가의 소품 부럽지 않은 공간이 연출된다.

4

03
한옥 스타일의 핵심
좌식공간 연출하기

좌식 인테리어는 우리네 온돌 문화에 제격이거니와 공간을 적게 차지해 자투리 공간을 활용할 때 적합하다. 좁은 공간이라도 낮은 탁자와 방석 그리고 몇 가지 소품만 갖추면 실내 어느 곳보다도 매력 있는 장소로 연출할 수 있다.

특히 한국의 고가구들은 좌식생활에 맞춰 비교적 낮게 제작되었기 때문에 한식 스타일을 연출할 때 좌식 인테리어는 자연스럽게 형성된다. 좌식의 특성상 가족실이나 게스트룸, 취미실, 확장한 베란다 등 주로 휴식 공간에 마련되고 있다.

그러나 좌식 공간에도 엄연한 비율이 존재한다. 낮은 테이블과 방석, 보료 등으로 꾸며진 수평구도의 실내는 안정감은 있되 휑한 느낌이 들 수 있기 때문에 수직 구도의 소품이나 가구를 적절하게 배치해야 한다.

1 모던한 공간에 대청마루를 두어 전망을 감상할 수 있는 쉼터를 만들었다. 공간이 유독 튀지 않도록 바닥과 같은 재질로 마루를 올리고 위에 나무 테이블을 두어 정갈한 분위기를 연출하였다.

2 전통문양 대문과 돌수반, 장독, 좌식 테이블을 배치해 실내에서 가장 운치있는 공간으로 꾸몄다. 한옥에 사용되었던 진짜 대문은 구하기가 쉽지 않으므로 원목에 스테인을 칠해 직접 제작하거나, 고재로 전통 가구를 제작하는 공방에 문의를 하면 된다.

3 한 쪽 벽면에 은은한 전통 조명을 두고 고재와 낮은 선반, 두터운 방석 등으로 편안한 좌식 공간을 연출했다. 아늑한 공간을 꾸밀 때는 큰 가구들 대신 이동이 편리한 아기자기한 소품을 두는 것도 좋은 방법이다.

4 건축물 자체는 모던한 느낌이 강하지만 동양적 분위기의 소품을 활용해 차분하면서도 단정한 느낌으로 연출한 식당 공간. 우물마루를 깔고 좌식으로 꾸며 한식 분위기를 내고, 천장에는 등 박스를 설치해 간접적으로 빛이 새어 나오도록 설계했다.

5 거실 한 켠에 외부에서나 볼 수 있음직한 툇마루가 버젓이 들어섰다. 기와와 백시멘트로 바닥을 올리고 고재를 이용해 마루를 만들어 전체적으로 고전적인 느낌이 물씬 풍긴다. 벽면에는 아기자기한 모양의 창을 뚫어 공간을 한층 아늑하게 연출했다.

4

5

:: 포인트 하나로 변화시키는 아이디어

장식 하나, 마감재 하나로도 충분히 한식 분위기를 연출할 수 있다. 기와조 각과 전통장식물, 창호를 활용한 붙박이가구 등 일반인들도 쉽게 활용할 수 있는 아이디어를 소개한다.

》 와편을 이용한 아트월 장식

기와조각으로 꾸며진 고궁과 한옥마을의 아름다운 꽃담을 연상케 하는 와편 아트월. 주택이나 아파트 내부의 벽면에 와편을 이용한 아트월로 한옥 스타일을 연출해보자.

우선 목재로 기와가 들어갈 부분을 박스 형식으로 벽면에 설치하고 그곳 에 자신이 원하는 패턴으로 기와조각을 쌓아주면 된다. 전체적인 느낌에 따라 백시멘트, 황토색 시멘트, 석고 등을 사용해 쌓아가면 되는데 기와 를 쌓기 전 목재에 인테리어 필름을 랩핑하거나 도장을 미리 해두는 것 이 깔끔한 마감을 위해 유리하다. 또 아트월 위로 유리 마감을 하면 시공 후 관리가 용이하고 훨씬 고급스러운 느낌으로 완성된다.

와편 아트월은 주방과 거실 사이의 파티션, 실내 좁은 벽면의 포인트 벽, 공간의 경계벽면 등에 두루 활용이 가능한 아이템이다.

》 한옥의 다양한 장식 활용

한옥의 대문이나 전통가구에 사용되는 금속장식물을 사용하면 의외로 손 쉬운 방법으로 한옥의 정서를 표현할 수 있다. 우선 적당한 두께의 목재 를 세로로 길게 몇 등분하여 문을 만들고 자신이 원하는 컬러로 스테인 이나 페인트 도장을 한 뒤 문의 뒤나 중앙부 등에 황동못을 사용해 장식 을 부착하면 멋스러운 문이 만들어진다.

기존의 주택이나 신축할 주택의 현관문이나 대문을 목재로 계획하고 있 다면 이러한 방식으로 각종 장식물들을 적극 활용해보자.

》 전통창호를 활용한 붙박이 가구

한옥의 전통창호는 기능적으로나 심미적으로나 매우 우수하다. 창호는 일반적인 문의 용도 뿐 아니라 다양하게 활용될 수 있는데, 그 한 예로 붙박이장의 문으로 사용하면 아주 효과적이다.

붙박이장의 문을 한옥의 전통창호로 부착할 경우 문 하나로 한옥의 느낌 을 살릴 수 있다. 또한 창호지가 통기성을 좋게 해 옷장 내부에 습기가 차는 것을 방지할 수 있어 기능성으로나 미적으로나 효용성이 뛰어나다. 붙박이장의 경우 보통 방의 크기를 확인하고 제작이 이루어지므로 창호 로 달 경우 기존 붙박이 가구 제작자와의 사전 협의가 이루어져야 한다. 그러나 이미 만들어진 장에 문을 달게 된다면 크기에 맞춰 창호를 제작 해 달기만 하면 된다.

:: 전통 공간에 머무는 소품들

한식 공간을 연출하기 위해서는 적절한 악센트 소품들이 필수다. 다소 고가지만 하나쯤은 반드시 있어야 하는 고가구를 비롯해 전통 문양과 색채를 담은 패브릭과 벽지, 은은한 불빛을 내는 전통등 등 전통 인테리어에 빠질 수 없는 소품들을 소개한다.

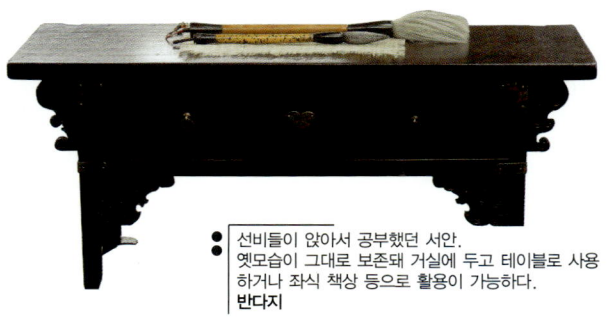

● 선비들이 앉아서 공부했던 서안.
옛모습이 그대로 보존돼 거실에 두고 테이블로 사용하거나 좌식 책상 등으로 활용이 가능하다.
반다지

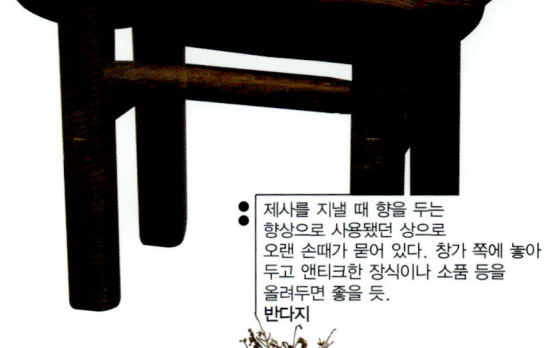

● 제사를 지낼 때 향을 두는 향상으로 사용됐던 상으로 오랜 손때가 묻어 있다. 창가 쪽에 놓아두고 앤티크한 장식이나 소품 등을 올려두면 좋을 듯.
반다지

● 좀처럼 보기 드문 자연무늬 먹감2층장.
여닫이문의 안은 칸을 분할하여 마치 서랍과 같은 구성적 묘미를 보여 주는데 실제 서랍이 달린 것도 있다.
반다지

● 전통적인 창살의 틀을 그대로 살려 제작한 격자상.
창살의 틈이 넓지 않아 굳이 유리를 받치지 않아도 다과상 등으로 사용이 가능하다.
반다지

● 4인용 고가구 소파.
추운 지방에서 서서히 자라 내구성이 강한 육송으로 제작하여
나무결의 무늬가 아름답고, 목질이 견고하며 뒤틀림 현상이 없다.
오래오래 짙은 소나무향을 맡을 수 있다.
자이로

● 고가구와 어울리는 것이
민화만한 것이 있을까.
화려한 문양과 색채의 민화 벽지는
전통 문양의 패브릭과 어우러져
마치 궁중의 실내 장식을
재현해놓은 듯
화사한 분위기를 자아낸다.
자비화

● 소나무로 골조를 만들고
한지를 붙여 사용하던 책장.
글씨가 새겨진
한지의 문양이 독특하다.
속에 전구를 넣어 한지를
통해 은은하게 빛을 내는
조명으로도 활용이
가능하다.
반다지

● 소나무로 된 옛 가마 바디를
그대로 이용해 독특하게 제작된
사이드 테이블.
옛 것을 새로운 모양으로
재탄생시킨 제품으로
그만큼 희소가치가 있다.
의자로도 사용이 가능하다.
반다지

● 100년 가량 된 충무 물레.
대나무로 하나하나 정성껏 만들어진 다음
옻칠을 해 오랜 세월 부스러진 곳 없이
고스란히 보존되었다.
반다지

● 여성스럽고 고운 선이 돋보이는
  소나무 전통 문짝.
  오랜 세월이 흘러
  더욱 가치가 더해진 제품으로
  베란다와 붙박이장,
  중문 등에 사용하면 문짝 하나도로
  전통 가옥의 느낌을 살릴 수 있다.
  반다지

● 돌과 철이 합금된 신주화로.
  예로부터 사용된 화로지만
  지금도 사용이 가능하다.
  반다지

● 못이나 기타 이물질을 전혀 사용하지 않은 고탁자.
  자연 그대로 건조시켜 제작해 갈라짐을 최소화했다.
  자이로

● 고가구 위에 두면 안성맞춤인 등잔대. 호롱불 아래에서 바느질을 하던
  여인네의 모습을 떠오르게 하는 투박하면서도 낡은 느낌의 전통 소품이다.
  반다지

● 사랑방과 서재에 두고 사용하면 좋을 8단 책가도 병풍.
  펼쳐둔 채로 사용하면 공간을 구분하는 파티션으로도 활용이 가능하다.
  모던한 가구보다는 고풍스러운 고가구를 매치시켜 연출하는 것이 전통 분위기를 살리는데 효과적이다.
  자비화

자료협조
반다지 02-578-3382 http://www.bandaji.com
자비화 032-469-9954 http://www.luxgen.com
자이로 1566-8978 http://www.jxylo.co.kr

04

공간에 생동감을 불어넣다
은은한 빛을 전하는 **전통조명**

한지에 어리는 어스름한 불빛은 깊어가는 늦가을의 운치를 무르익게 한다. 은은한 매력을 발산하며 지나간 옛 추억을 되살리는 전통조명. 형광등과 백열등으로는 절대 자아낼 수 없는 따뜻하고 아늑한 공간을 연출해 준다.

소재에서부터 모양에 이르기까지 자연을 모티브로 만들어진 전통조명은 빛을 내는 기구 역할 뿐 아니라 공간을 한층 아늑하게 연출하는 조형물로도 그 몫을 톡톡히 해낸다.

전통조명은 대량 생산해 판매되는 일반 조명에 비해 분위기와 작품의 가치에 더 의미를 두기 때문에 설치될 장소에 따라 맞춤 제작하는 것이 대다수이다. 전통이라는 이름을 띠고 있지만, 최근에는 현대적인 인테리어에도 충분히 어울리도록 종류가 다양화되고 있는 추세다. 나무, 한지, 동 등의 자연친화적 소재를 이용하고 추상적인 문양이나 식물, 곤충, 꽃, 열매 등의 다양한 자연의 모양을 모티브로 하고 있기 때문에 자연미를 높일 수 있다.

● 온화한 불빛 아래 다소곳이 앉아 바느질하는 모습이나 정좌(正坐)한 채 책을 읽는 모습은 어스름한 달빛과 스치듯 지나가는 바람소리와 어우러져 은근한 매력을 발산한다.

● 옛 시절의 향수를 느끼게 하는 좌등.
대나무와 한지로 이뤄져
공간을 한층 고풍스러운 분위기로 연출해 준다.
거실 모서리나 벽 부분에 하나씩 두면
부분 조명으로 사용하기에 좋다.
리현도공방

● 철사로 도너츠 모양의 골조를 만들고
그 위를 주문제작한 하얀 색상의 깔끔한 순지를 사용해 마무리 했다.
20와트 짜리 3파장 램프 8개를 넣어 환하면서도 눈부시지 않은 것이 특징이다.
반디조명

● 거친 질감이 느껴지는 황토빛 한지가
빛의 파장을 투과시키는 벽부등.
전영일공방

● 부드러운 한지 사이로 흘러나오는
은은함과 따듯함이 느껴지는 스탠드.
침실 머리맡에 두면 매력이 더욱 빛을 발한다.
끝부분에 레이스를 달아 고풍스러우면서도
로맨틱한 모양을 연출했다.
전영일공방

- 단아한 물풀 모양과
  보자기 형상을 그려 만든 스탠드.
  두꺼운 한지에 동양화 물감으로 채색해
  모양을 냈다.
  전영일공방

- 나비모양을 형상화한 벽등으로 침실이나 욕실에 두기에 좋다.
  일반 형광등과 달리 나비의 날개짓 사이로
  부드러운 빛이 새어나와 환상적인 분위기를 만들어 준다.
  반디조명

- 넝쿨나무 모양의 조명.
  건축주가 직접 만든 이 조명은 풍선을 불은 뒤
  그 위에 적신 한지를 붙여 조명 갓을 만들고
  철사를 꼬아 넝쿨나무가지를 만든 뒤
  전선과 전구를 연결해 완성했다.
  높은 천장 벽면에 설치해 두면
  다른 장식이 없이도 멋진 인테리어가 된다.
  반디조명

- 대나무를 잘라 사방으로 빛이 비칠 수 있도록 구멍을 냈다.
  실내 조경과도 잘 어울리며
  대나무 천연의 멋스러움이
  내부공간을 더욱 운치있게 만들어 준다.
  반디조명

- 소박하고 귀여운 캐릭터인 풍뎅이 벽등. 동과
  아크릴로 만들어 내구성이 높은 편이며 아이들
  방에 두면 재미있는 인테리어 요소가 된다.
  반디조명

- 어린시절 누구나 한번쯤은 만들어 봤을 방패
  연. 그 모양을 본따 동과 아크릴 한지로 재현
  했다. 한국의 전통을 상징하는 고전적 이미지
  가 강한 조명으로 벽면 곳곳에 장식하면 한층
  고풍스러운 분위기가 연출된다.
  반디조명

● 나비 한마리의 수줍은 날개짓이
● 어두운 밤을 환하게 밝혀주는 듯한 느낌의 좌등.
전통조명의 조도는 일반적인 조명에 비해
다소 어둡게 느껴질 수도 있지만,
은은하고 편안한 불빛이 눈의 피로를 줄여 준다.
리현도공방

● 대나무로 뼈대를 만들고 색을 물들인 한지를 오려붙인 전형적인 전통등.
● 무병장수를 의미하는 학 모양으로 전통찻집이나 사찰 등에 주로 사용된다.
낮에는 그 조형미를 감상하고
밤이면 은은히 밝혀진 등이 자아내는 풍경이 멋스럽다.
전영일공방

● 동으로 나무와 잎을 만들고
한지로 열매를 만들어
시골집 마당에 놓여진 감나무를
닮은 나뭇가지 스텐드.
3단계로 빛조절이 가능해
활용도가 높은 제품이다.
반디조명

● 보기만 해도 사랑스러운 느낌이 물씬 풍기는 하트 모양의 벽등.
● 하트 내부를 밝게 비추고 있는 3개의 조명은 소망, 믿음, 사랑을 의미해
거실이나 부부침실 조명으로 인기가 높은 편이다.
반디조명

● 나뭇잎 모양의 5등 벽등. 적동으로 나뭇잎 살을 만들고 한지를 붙여
● 잎새 사이사이로 불빛이 은은하게 번지는 모습이
입체적으로 느껴진다.
반디조명

● 호박등과 토시등, 대나무와 한지만으로 제
● 작된 등으로 죽정(대나무못)과 불을 이용
한 전통 방식으로 작업되었다. 고려시대
이후, 자취를 감춘 다양한 용도의 갓등(바
람 등의 영향을 차단하여 실외에서도 사용
할 수 있도록 한지나, 비단 등을 사용하여
갓을 씌운 등)을 복원하는데 제작의 초점
을 맞추었다.
리현도공방

자료협조
반디조명 031-631-5663
http://www.destil.co.kr
리현도공방 017-558-5563
http://www.klamp.co.kr
전영일공방 031-941-9138
http://www.e-lantern.com

05

보조난방 기능까지 겸한
황토 벽난로의 매력

벽난로는 보조 난방수단 외에 장식 효과로도 그 역할을 톡톡히 해내고 있어 어떤 모양의 벽난로를 설치하느냐에 따라 실내 분위기가 확연히 달라진다. 그 중에서도 황토 벽난로는 일반 주물 벽난로보다 더 아늑한 느낌으로 겨울 밤의 운치를 더한다. 훈훈한 열기와 함께 흙내음을 내뿜는 황토 벽난로로 실속있는 월동준비에 나서보자.

Q 황토 벽난로, 어떤 점이 좋을까?

첫째, 황토는 자체적으로 보온보습 효과가 뛰어나 벽난로에 사용될 경우 열기를 집안 곳곳에 확산시키는 효과가 뛰어나다.

둘째, 불을 때게 되면 원적외선 효능을 얻을 수 있으며 흑운모와 맥반석으로 벽을 쌓고 황토를 발라 만들 경우는 원적외선 방출량이 더욱 배가된다.

셋째, 흙집 이외에도 스틸하우스나 목조주택에도 시공이 가능하며 특히 목조주택에서는 나무와 흙내음이 조화를 이뤄 그 운치를 더해 준다.

넷째, 제대로 시공된 황토 벽난로의 경우는 연기가 잘 빠져나가기 때문에 그때그때 재를 치우는 것 외에는 별다른 관리가 필요치 않다.

다섯째, 재가 튀어나오지 않는다. 주물 벽난로의 경우 열을 받게 되면 난로 내부의 압력이 높아져 재가 밖으로 튀어나오는 경우가 많다. 반면 황토 벽난로의 경우는 자체적으로 열을 흡수해 압력을 낮추기 때문에 재가 튀어나가는 경우가 거의 없다.

Q 시공비 예산, 어느 정도로 맞출까?

다량으로 만들어지는 벽난로와는 다르게 집의 내부와 분위기 그리고 벽난로 크기, 디자인, 황토 두께 등에 따라 가격이 천차만별이다. 일반적으로 5백만원에서 1천5백만원 사이에 시공된다. 주로 거실과 방에 설치되는데, 방의 경우는 면적이 좁고 천장이 낮아 5백만원 정도면 시공이 가능하다. 반면 거실은 방에 비해 천장이 높고 면적이 넓을 뿐 아니라 디자인적인 요소도 고려해야 하므로 대략 1천만원에서 1천5백만원 정도에서 가격이 책정된다.

1 실제 벽난로를 사용하는 기간은 겨울 한철이지만 벽난로가 있다는 사실만으로도 분위기가 한층 돋보인다. 껍질만 벗겨낸 통나무를 덧댄 천장과 흙과 황토를 이용해 만든 벽난로가 산장같은 느낌이 들게 한다.
2 내화벽돌과 자연석, 생황토를 이용해 천장까지 닿는 큰 규모로 설치된 벽난로. 입식 스타일에 맞춰 불구멍을 벽난로의 중간 부분에 뚫었다. 벽난로에 고구마나 밤을 구워 먹거나 벽돌을 달궈 고기를 익혀 먹는 것도 색다른 즐거움이다.
3 한옥집 사랑방에 깔끔하게 시공된 벽난로. 좌식 스타일에 맞춰 낮게 시공하고 입구를 안으로 들여넣어 열기가 주로 활동하는 공간에 집중되도록 설계했다.

벽난로의 작품성이 높아질수록 시공비가 추가될 수 있으므로 선택 전 시공 업자와의 철저한 상의가 필요하다.

Q 벽난로 월동 준비는?

불을 지피기 전 굴뚝 주변과 화실 내부를 깨끗하게 청소해 주어야 한다. 청소용 솔을 이용해 그을음을 털어내고, 종이를 태워 벽난로 안에 있는 그을음을 날려버린다. 또 연기가 제대로 빠지는지 체크하고 겨울에 사용할 장작을 미리 비축해 둔다.

Q 장작, 어떤 것이 좋을까?

잘 마른 장작을 때야하는 것은 기본으로 참나무나 소나무 장작, 사과나무나 향나무 등이 주로 사용된다. 특히 참숯의 효과를 내는 참나무의 경우에는 건강에도 좋아 인기가 많은 편. 장작의 연소 시간은 보통 참나무 1년 건조된 상태를 기준으로 3~5시간 정도 유지가 가능하다.

참나무의 경우는 1년 반 정도 말린 후 적당한 크기로 재단한 것이 1㎥당 22만원 정도에 판매되고 있다. 각 지역에 있는 제재소를 이용하면 저렴하게 구입할 수 있으며 한 가정당 0.5톤 정도면 적당히 겨울을 보낼 수 있다. 방부목 토막이나 OSB합판 등의 자재를 사용할 경우는 유독가스가 나올 수 있으니 주의해야 한다.

Q 벽난로 시공 시 주의해야 할 점은?

설치는 전문 시공자에게 맡기는 것이 안전하다. 장작을 땔 경우 실내에서 연소된 연기가 반드시 지붕이나 벽을 통해 나가야 하는데 굴뚝의 각도와 설치 위치가 잘못되면 연기가 빠지지 않아 매우 위험하다. 또 역풍이 굴뚝을 타고 집 안으로 들어오는 것을 방지하기 위해 집의 방향과 바람이 불어오는 방향을 살펴 설치한다. 화력이 일정하게 유지될 수 있도록 설치해야 하며 불이 앞으로 나오진 않는지 꼼꼼히 체크한다.

도움말 · 황토나눔 우창섭 대표 055-748-4561 http://www.htnanum.co.kr

4 우연히 묵게 된 민박집에서 황토로 만든 벽난로가 있다면? 그곳에서 보내는 하룻밤은 오래도록 기억에 남을 것이다. 흙집의 정겨움과 운치를 물씬 풍기게 하는 벽난로.
5 넓은 전원주택에서 현관을 마주하거나 창이 있는 공간은 한 겨울 웃풍에 유의해야 한다. 현관 부근에 벽난로를 설치해 들어오는 찬바람을 열기로 녹여 실내 전체에 훈훈한 기운이 돌게 했다. 황토벽돌을 이용한 전형적인 황토 벽난로 구조지만, 위치상 굴뚝을 설치하지 않고 가는 연통으로 대신했다.

06-1

소박하고 아름다운 흙집 |최연희 씨 댁|
민예품을 활용한 인테리어

색이 바래고 풍화된 황토벽, 닳아서 맨질맨질해진 가구와 그 위에서 조금씩 부식되고 있는 철제 장식물들. 옛 추억이 담긴 낡은 소재들에서는 소박하지만 편안함이 느껴진다. 과거의 정서를 느끼려 애써 고가의 골동품들을 소장하지 않아도 그저 곁에 머무르는 혹은 버려져 있던 소품 하나에서도 우리들의 옛 이야기가 담겨 있다. 주변에 놓여진 추억의 파편들을 이용해 소박하면서도 편안한 인테리어를 완성한다.

:: 추억의 파편이 머무르는 낡고 바랜 공간

경기도 양평군 지제면. 좁은 길이 이어지는가 싶더니 곧 작은 토담집이 나온다. 담을 대신해 크고 작은 항아리들이 집 주변을 빼빽이 두르고 나뭇가지 위에는 앙증맞게도 작은 항아리가 걸려 있다. 나무를 켜 만들어 둔 대문이 바람에 밀려 흔들리고 그 앞에 걸어둔 밀짚모자는 정원 분위기를 한층 정겹게 만들어 준다.

별다른 장식도 요란스레 꾸민 모양새도 없는 듯한데 유난히 눈길을 끄는 집. 건축주인 최연희 씨는 오래 전 허름한 농가를 구입해 항상 꿈꿔왔던 아늑한 토담집으로 개조를 시작했다. 그러나 시골집의 운치를 살리고 싶었던 그녀는 낡은 곳은 고치고 생활하기 불편한 곳만 개조해 옛 집의 묵은 세월과 함께 살아가기로 했다.

시골 어디에서나 볼 수 있는 낡은 소품들이 여기저기 놓인 실내. 하나하나 보면 뭐 그리 특별한 물건도 아니지만, 그 소품들은 독특한 분위기를 자아낸다.

실내는 66㎡(20평) 남짓, 작은 방 세 개와 거실, 주방, 화장실로 이루어진 내부는 무엇 하나 부족함이 없어 보인다. 황토빛 일색인 부드러운 실내 분위기는 일반 토담집과는 사뭇 분위기가 다르다. 고운 빛깔로 천연 염색한 천조각을 잘라 하나의 문양처럼 꾸민 벽체는 벽에 바른 황토가 갈라지고 떨어지는 것을 방지하기 위해 만든 그녀만의 아이디어. 실용적이면서도 내부의 독특한 분위기를 이끌어내는 주요한 포인트가 되고 있다.

옛날 집이라 천장이 낮은 편이지만, 전혀 답답한 느낌이 들지 않는다. 실내에서도 사방의 바깥 풍경이 눈에 고스란히 들어오도록 벽마다 크고 작은 창을 냈기 때문이다. 잦은 손길로 반들반들해진 반닫이에서부터 오랜 세월이

묻어나는 작은 나무 의자, 유리를 얹어 식탁으로 사용하는 가마솥에 이르기까지 낮은 천장에 걸맞게 모든 가구들은 키가 작은 편이다. 앙증맞은 작은 의자에 앉아 있노라면 창 밖으로 하루에 두 번 기차가 지나가는 진풍경을 볼 수 있다. 그녀의 집에 놓여진 소품들은 무엇 하나 새 것이 없다. 그럼에도 마치 장식품 마냥 실내를 돋보이게 하는 이유는 지금은 보기 힘들어진 옛 생활용품들이기 때문이다.

아파트에서 생활할 때부터 시골에서 사용하지 않는 물건들을 얻어와 모아두곤 했다는 최연희 씨. 그렇게 모여진 구닥다리 물건들이 이곳에 와서 제자리를 찾았다. 그저 골동품 장식이 아닌, 새로운 모습의 실용적인 생활용품으로 말이다.

낡고 바랜 공간 속에서 그 어느 곳보다 편안함을 느낄 수 있는 것은 늘 우리 주변에 있던 추억이 담긴 옛 물건들이 불러일으키는 향수 때문이 아닐까.

이곳에 오면서부터 천연염색에 관심이 생긴 그녀는 염색한 천으로 옷을 만들어 입을 정도로 수준급이다. 자신이 만든 옷을 입고 나서면서 옷 제작 의뢰까지 받게 되었다는 그녀. 전원생활은 그녀에게 새로운 일을 가져다주었다. 바느질 솜씨가 좋았던 어머니의 소질을 물려받아 오로지 독학으로 그녀만의 옷을 짓고 있다. 그래서인지 집 안 곳곳에는 직접 염색한 천들이 옛 용품들과 자연스레 어우러져 공간을 한층 부드럽게 만든다.

1 포근하고 아늑한 공간은 어느 누구의 방문도 평온히 반겨줄 듯하다. 2,3 그녀
만의 독특한 아이디어가 돋보이는 공간. 현대적인 분위기의 통유리에 커튼 대신
사용되고 있는 격자무늬 문틀. 4 'ㄱ' 자 형의 시골집을 그대로 살려 개조한 덕분
에 천장이 낮고 방도 좁지만, 거실과 연결된 주방과 방 세 개 그리고 욕실을 갖춰
생활하기에 편리하다. 5 오랜 세월이 묻어나는 작은 나무 의자, 유리를 얹어 식
탁으로 사용되는 가마솥에 이르기까지 키가 낮은 가구들이 공간을 보다 아늑하고
편하게 만들어 준다.

06-2

소박하고 아름다운 흙집 |이기성 씨 댁|

절제와 단순함이 강조된 내부

단순화되고 덩어리화 된 가구와 인테리어로 부드럽고 따스한 감성이 묻어나는 독특한 감각의 분위기를 연출해 보자. 절제와 단순함이 강조되고, 과도한 장식을 배제한 공간에 따뜻하고 온화한 요소들로 공간을 채우는 것이 포인트. 곡선이 살아 있는 기능적인 가구와 유기적인 라인으로 이음매 없이 이어지는 천장과 벽체의 유선은 그 자체만으로 독특하고 아름다운 인테리어를 완성한다.

:: 군더더기 없는 형태의 아름다움

충북 단양군 방곡리, 시골마을을 따라 한참을 들어가니 나지막하게 자리 잡은 아담한 흙집이 눈에 띈다. 먼발치에서 봐도 범상찮은 느낌이 드는 이 집은 이기성 씨가 옛 시골집을 리모델링한 곳이다. 회벽으로 마감한 간결한 외부가 담백한 느낌이라면, 절제와 단순함이 강조된 내부는 온화하면서도 강한 개성이 느껴진다.

춘천에서 가죽공방을 운영하던 이기성 씨가 전원생활을 시작한 것은 그의 나이 서른아홉. 남들보다 일찌감치 전원행을 택했던 그는 무엇보다 자기 손으로 직접 집을 지어보고 싶었다고 한다. 그렇게 해서 시작한 집짓기도 이제 14년 경력이 되었다. 그는 작은 집이라도 뚝딱 지어내는 법이 없다. 돌하나, 나무 하나를 올리고 켜는 일에 오랜 시간을 두고 혼열을 쏟는 그에게 이 집 역시 예외는 아니었다. 1년에 걸쳐 완성된 그의 집에는 따뜻하면서도 포근한 정감이 느껴진다.

내세울만한 설계도 화려한 자재도 없이 그저 흙과 돌을 땅의 기운에 맞춰 마음 가는대로 짓는 집. 이것이 그가 추구하는 집짓기 방식이다. 가죽공예가였던지라, 다양한 문양의 가죽 조각들이 실내 곳곳을 부드럽게 감싸고 있다. 가죽 특유의 투박함과 질박한 흙의 기운이 섞여 그윽한 냄새와 독특한 분위기가 그만의 개성을 한껏 드러낸다.

모난 곳 없이 이어진 벽면을 따라 가다보면 주방과 방, 거실 등 모든 동선이 둥근 벽처럼 유유히 흐르고 역시 공예가의 집답게 공간 곳곳에는 그의 창의력을 십분 발휘한 소품과 가구들이 속속 드러난다.

한옥의 고자재를 이용해 짠 깜찍한 창과 붙박이장, 가죽을 댓대어 문양을

새긴 문, 곡선으로 부드럽게 이어진 손잡이와 장식선반 등 어느 것 하나 쉽사리 지나칠 수 없다. 일반 주택에서는 좀처럼 보기 힘든 개성 있는 실내지만 놀랍게도 흙과 나무, 돌 등 집을 둘러싸고 있는 모든 소재들은 자연 그대로의 모습을 간직하고 있다.

집을 지을 때는 편안함과 자연과의 조화로움이 가장 중요하다는 이기성 씨. 그러기에 그의 집에서는 전통과 현대가 조화를 이룬 색다른 편안함을 느낄 수 있다.

다우리공방 011-9318-8477 http://blog.naver.com/nanda0826

1 문에 매달린 가죽으로 만든 자물쇠 고리. 공간의 작은 것 하나까지도 그의 손길이 닿지 않은 곳이 없다.   2 유선을 최대한 살려 편안함과 자연과의 조화를 기본으로 하는 것이 이기성 씨의 집짓기 철학이다. 나무와 흙, 돌 그리고 가죽을 적절히 사용해 공간에 부드러움을 살려주고 필요한 가구들을 직접 제작해 실내의 모든 요소들은 집과 혼연일체가 된다.

[흙집을 꾸미다] 절제와 단순함이 강조된 내부   **341**

4

5

1 옛 가옥의 부엌문을 새로 재단해 붙박이장 문으로 사용하고 있다. 2 화장실 내부 문 옆으로는 세로로 긴 수납장을 마련했다. 자질한 용품이 많은 욕실에 활용하면 유용할 아이템이다. 3 복도에는 간단한 세면 용도의 세면대가 마련되어 있다. 위로는 손수 만든 가오리 모양의 가죽 커버를 달아 독특한 분위기를 연출했다. 4 작지만 실용성만은 그 어느 것에도 뒤지지 않는 욕실 내부의 알짜 요소들. 제각각의 크기로 만들어진 수납장은 공간에 생동감을 부여한다. 자칫 이질감이 느껴질 수 있는 환기팬과 조명을 싸고 있는 박스에서는 그만의 재치가 드러난다. 5 침실 하단부에 달린 앙증맞은 작은 창. 환기의 용도로 사용되며 문과 모기장을 달아 유용하다.

06-3

소박하고 아름다운 흙집 |전원마을 전시관|

모던한 감각이 돋보이는 인테리어

따뜻하고 자연적인 소재인 흙과 나무가 차갑고 인위적인 철을 만나게 되면, 두 가지 성질을 모두 아우르며 이중적이면서도 색다른 분위기가 연출된다. 어울리지 않을 법한 소재들의 만남은 정돈된 공간의 강한 악센트가 되기도 한다. 흙집이라고 해서 항상 소박함만을 추구할 필요는 없다. 소박하면서도 모던한 감각이 돋보이는 인테리어를 시도해본다.

흙집은 그 자체만 두고 보아도 소박하고 정겹게 느껴지지만, 다소 투박하고 어두운 느낌으로 젊은 층들 사이에서는 꺼려지는 경향이 있다. 그러나 인테리어 방식에 따라 의외로 아늑하면서도 세련된 분위기 연출이 가능하다.

경기도 안산시 사동에 위치한 한국농촌공사 전시장 내 포스트앤빔 목구조에 황토벽돌로 설계된 황토주택이 그 일례를 보여 준다. 건강한 집짓기에 중점을 둔 주택은 시멘트와 화학본드 등 일체의 유해물질이 포함되지 않은 자재와 가구들로만 제작되었다.

실내는 투박하고 어두운 기존의 흙집을 탈피해, 보다 현대적이면서 따뜻한 인테리어를 지향했다. 노출된 황토벽돌과 자연소재의 루버로 마감하고 모던하면서도 클래식한 철제 가구를 두어 흙집 고유의 소박함에 모던함을 적절히 매치시켰다.

공간 곳곳에는 오랜 세월이 느껴지는 석재와 소품들 그리고 철제 가구들과 한지 조명들이 묘하게 어우러져 색다른 분위기를 자아낸다. 흙, 나무, 철,

이 세 가지 요소를 적절히 혼합시켜 밋밋한 공간에 포인트를 주어 공간은 한층 풍부해진다.

아늑한 분위기를 살리기 위해서 1, 2층 곳곳에는 조명을 적극적으로 활용하고 있다. 조명은 한지등이 적합하며 간접 조명으로 활용 시 공간을 온화하게 변화시킨다. 황토집은 빛을 반사하지 않고 흡수하는 성질이 있으므로 조명은 조금 밝다 싶을 정도로 조도를 높이는 것이 좋다.

황토건축 기동과 보 031-881-6335 http://cafe.daum.net/refarm

TIP | 흙집에 가구를 둘 때 주의할 점

흙집은 지을 때부터 가구 위치를 고려하는 것이 좋다. 원형이나 타원형의 평면 설계는 네모난 형태의 가구를 두기 어려우므로 직접 원형벽에 짜맞추는 경우가 아니라면 지양하는 것이 좋다. 설계 시 붙박이장의 설치 공간을 미리 염두에 두는 것이 공간 활용에 효율적인데, 이는 귀틀집이나 노치식통나무주택도 마찬가지다.
흙집의 가구는 주로 원목가구가 일반적이며, 건축 시 목수에게 가구 사양을 미리 알려줘 직접 제작하게 하는 것도 좋은 방법이다. 본드를 사용한 집성목 등을 사용하지 않는 것이 좋으며, 소파 역시 고가의 가죽 소파보다는 부드러운 천연 소재로 이루어진 제품을 배치하는 것이 흙의 효소 활동을 억제하지 않는다.

1 앉아서도 외부 풍경을 볼 수 있도록 창을 크고 넓게 달고 단열을 위해서 고급 수입창호를 선택했다. 2 커다란 창과 은은한 황토빛 그리고 황토로 마감된 방 한 켠에 멍석을 깔고 커다란 찻상을 두는 것만 으로도 아늑한 다실이 꾸며진다. 3 그림은 공간을 더욱 어둡게 만들 수 있으므로 부조 형태의 목공예 품이나 드라이플라워, 철제 장식 등으로 벽을 장식하는 센스를 발휘했다. 차곡차곡 쌓여진 황토벽돌에 의한 격자모양과 실내에 그대로 드러난 목재의 곡선이 만나 별다른 소품 없이도 아늑한 공간이 완성된 다. 4 나무와 철제 가구들이 어우러져 깔끔한 내부를 연출했다. 5 모델하우스 외부전경.

07

100% 황토벽돌은 거짓말이다? |강화도 황토흙벽돌|
자연건조한 순수 적황토벽돌

:: 100% 순수 황토를 고집

황토 1그램 속에는 인체에 유익한 미생물이 2억 마리 정도 있는데, 이것은 황토가 살아 숨 쉬는 물질임을 증명한다. 황토주택에서 사는 사람들은 '자고 일어나면 몸이 개운하다', '혈색이 좋아졌고 잔병치레가 없다', '실내 공기가 쾌적해 마치 집 밖에 있는 것 같다'고들 말한다. 이것은 황토가 우리 몸에 얼마나 좋은지를 보여주는 대목이다. 하지만 여기, 그런 이로움은 순수 황토일 때 가능한 얘기라고 말하는 사람이 있다.

"다른 천연 제품에 비해 황토를 건강주택의 중심에 두는 이유는 황토가 가지는 여러 가지 효능 때문이지만, 그 효과는 황토에 이물질이 거의 들어있지 않은 상태에서나 가능한 일입니다. 접착력 등을 이유로 황토에 시멘트를 섞어 쌓는다면 황토벽돌을 쓸 이유가 없지요. 30년간 유해물질이 집안 곳곳으로 흘러나올 테니 말입니다."

주거문화의 새로운 키워드는 건강이다. 자연이나 사람과 가장 친근한 건축 소재는 '나무'와 '흙'. 골조를 목재로, 바닥·지붕·벽체를 황토로 지은 목구조 흙집이야말로 가족의 건강을 생각한 건강주택이다. 최근에는 '100% 순수'라는 말을 내걸고 지은 건강주택들이 큰 호응을 얻고 있다. 그중에서도 오래 전부터 사용되어 온 살아 숨 쉬는 건축자재 황토는 예나 지금이나 변함없이 단연 인기다.

전원을 찾아 건강한 삶을 보내려는 사람들이 부쩍 늘어났다. 21세기 주거문화의 핵심이 도심에서 '전원'으로, 견고함과 편리함에서 '건강'으로 서서히 바뀌고 있는 가운데 눈에 띄는 것이 환경 친화적인 '황토(黃土)'다. 예로부터 "사람은 하늘의 기운과 땅(황토)의 기운을 받아서 살아간다"고 했다. 만물을 소생케 하는 땅을 어머니의 푸근한 품에 비유하는 것도 이 때문이다. 맨땅 한번 제대로 밟기 어려운 도심에서 시멘트 독(毒)에 찌든 사람들이 흙내 풀풀 나는 전원을 그리워하는 것도 매한가지다.

100% 순수 적황토만 사용하여 벽돌을 생산하여 시중에 보급해 온 강화도 황토흙벽돌(묵계황토흙연구소) 권오영 대표. 그는 황토는 무조건 순수해야 한다고 말한다. 시멘트나 석회를 넣어 만든 제품은 벽돌 내에 미생물이 생존하지 않아 황토의 효과가 반감되는 것은 물론이고, 단열성이 없어 금방 결로가 생긴다는 것이다.

그는 황토업계에 발을 들이기 시작할 때부터 한결같이 자연소재인 생적황토와 물만을 주재료로 사용함으로써 온도, 습도, 통풍 조절기능 및 탈취 기능에 따른 쾌적한 실내 공간 창출이 가능하도록 했다.

"숯이다 뭐다 요즘 많이들 황토와 혼합하여 사용하는데 전 그냥 황토의 고유성을 잃는 것 같아 싫더라구요. 황토의 순수 기능만으로도 충분히 많은 효과를 낼 수 있다고 생각합니다."

:: 황토의 기능성을 최대한 살리는 자연건조는 원칙

황토벽돌을 만드는 방법에는 손수 흙을 갠 후 벽돌 틀을 만들어 손으로 찍어내는 100% 수작업으로 진행하는 방

법과 기계를 이용하는 방법 등 두 가지로 나눌 수 있는데, 강화도 황토흙벽돌의 경우는 후자의 방법을 택하여 생산하고 있다. 손수 찍어내는 방법은 아니지만 대량 생산이 가능한 점과 정교한 외부 표면을 표현할 수 있다는 점, 또한 다양한 크기의 벽돌을 편리하게 생산할 수 있다는 점 등은 오히려 손으로 직접 만드는 것보다 낫다고 한다.

하지만 건조방법만큼은 기계식이 아닌 '자연건조'를 고집한다. 열을 가하여 건조시킨 벽돌은 표면이 깨끗하고 색상도 고우나, 그것으로 집을 짓고 나면 황토에 살아 있는 유익한 미생물들이 다 죽어 황토가 숨을 쉬지 못하고 습기를 조절하지 못하는 등 황토주택으로서의 기능을 발휘 할 수 없다며 그 이유를 설명했다.

계절과 기후의 영향을 받아 많은 양의 벽돌을 생산할 수는 없지만, 그래도 제대로 된 벽돌을 만들 수 있다는 것에 보람을 느낀다. 그러한 사업 마인드로 인해 겨울에는 벽돌을 만들지 않는다. 주문이 들어와도 그동안의 방법을 어기면서까지 수익을 내고 싶지 않다는 게 권 대표의 생각이다. 지금은 벽돌 생산 및 판매, 한옥건축에만 전념하고 있지만 앞으로 황토를 이용한 여러 가지 사업에도 발을 넓혀 갈 계획이다.

강화도 황토흙벽돌 인천 강화군에 자리한 황토벽돌업체로, 게르마늄이나 옥돌 등을 첨가하지 않은 100% 순수 적황토로 만든 벽돌을 생산·판매하고 있다. 구매자가 원하는 다양한 크기의 황토벽돌을 공급하고 이를 활용한 황토한옥 건축도 함께 병행하고 있으며, 묵계황토흙연구소도 운영하고 있다.
032-934-9595 http://www.mukgye.com

08

옻칠, 황토에는 할 수 없다? |(주)옻칠나라|
황토 기능을 높인 **옻칠황토타일**

옻칠나라 상설전시장

금분 옻칠타일

친환경 도료로서 옻이 재조명되고 있다. 수 천 년 전부터 우수성이 입증되어 온 생옻. 지금까지 옻은 주로 전자파 차단, 신차증후군 해소 등을 위해 자동차내장재, 전자생활용품 등에 많이 응용되었다. 그러나 최근에는 타일, 바닥재, 벽지, 가구 등 건축내장재에도 적극적으로 검토되고 있어 옻이 새집증후군 등을 퇴치하기 위한 친환경 천연도료로 재조명되고 있음을 실감할 수 있다.

허준의 동의보감이나 이시진의 본초강목 등 유명 전통의학서에도 언급되어 있듯, 천연도료인 옻이 우리 인체에 좋은 영향을 준다는 것은 이미 잘 알려진 사실이다.

황토, 나무 등 친자연적인 소재는 자체적인 결합력 및 오염의 문제가 언제나 유발되는데, 우수한 특수 접착제 역할을 하는 옻칠은 표면을 보호하여 줄 수 있는 도막까지 만들어 주니 친환경 소재들과는 찰떡궁합이다.

:: 수작업인 옻칠기술 전통옻칠기법을 그대로 재현

옻의 용도는 약재, 접착제, 칠의 도막으로 오랜 역사 속에서 지속적으로 쓰여 왔지만, 과학적인 검증은 사실 미비한 상태였다. 그런데 현대에 들어서 옻의 가치가 하나 둘씩 연구되고 검증되면서 의약품, 식품, 도료 등에 사용돼 탁월한 효능을 인정받고 있다. 이런 가운데 (주)옻칠나라는 순수 옻칠 도료의 건강 기능성 확대에 노력하고 있다. 새집증후군의 원인인 포름알데히드 등의 유기화학물질에 대한 효과, 아토피 피부염 및 천식 등에 대한 효능, 항균기능, 실내공기 정화와 습도 조절의 기능 등이 그것이다. 옻칠나라가 연구하고 검증한 옻칠의 효능은 구체적으로 다음과 같다.

첫째, 공기 중의 포름알데히드를 제거, 실내 공기오염을 줄여 새집증후군의 원인을 근본적으로 막는다. 또 다른 실내 환경오염의 원인인 새 가구와 생활쓰레기, 음식물쓰레기에 지속적인 효과를 보이는 반영구적 실내공기정화 장치다.

둘째, 아토피 피부염은 알레르기성 비염, 천식 등을 동반하는 알레르기성 체질인 사람에게 잘 발생하며 유전적 소인이 관여되는 병이다. 집 먼지 알레르기의 배설물이나 바퀴벌레, 개미 등에 의해 전달되는 오염물질의 영향인데, 옻칠은 뛰어난 방충 효과가 있어 이들의 서식을 억제한다.

셋째, 기존 가습기의 필터로부터 발생되는 오염을 막을 수 있는 천연 가습기 역할을 한다.

넷째, 옻칠은 곰팡이균과 진균류(황색포도구균 등)에 항균 효과를 보인다.

다섯째, 실내 흡연이나 습한 환경의 지하실 냄새, 음식 냄새 등에 뛰어난 탈취 효과가 있어 항상 상쾌한 실내 환경을 제공한다.

:: 옻의 장점을 극대화 한 옻칠황토타일

옻칠은 친환경적인 소재와 만나 제품의 가치를 높이는데 의의가 있다. 옻은 누구나 칠할 수는 있지만, 칠에 대한 지식이 없으면 그 결과물은 절대 기대에 미치지 못하는 까다로운 도료이다.

옻칠의 특성은 다른 비슷한 제품들과 비교해 보면, 확연히 그 차이가 드러난다. 일반적인 도료의 특징으로 알려진 도막은 천연 소재에 혼합, 칠(漆)하였을 때 단순히 기물의 표면을 보호하는 역할 정도만 한다. 하지만 옻칠은 기물의 내부까지 침투하는 3차원 구조의 견고한 고분자가 도막을 형성하고 기물의 깊숙한 곳까지 효소가 살아서 나가는 살아 숨쉬는 도료이다.

최근 옻칠나라에서 개발한 옻칠황토타일은 그동안 황토 스스로 해결 불가능했던 부분들을 보완한 제품으로, 황토타일 하나만으로도 집 안의 인테리어의 포인트가 되는 것은 물론 건강까지도 지킬 수 있다고 강찬석 대표는 말한다.

"순수한 황토성분만으로는 시간이 지날수록 강도가 약해지고 오염 및 먼지가 발생되어 장기간 사용이 곤란합니다. 그렇다고 접착력 있는 다른 물질과 혼합하거나 덧칠하면 황토의 본래 기능은 오히려 더 떨어지게 됩니다."

강 대표는 그동안 자사에서 주력해 왔던 '옻칠마루'가 여러 차례 반복된 수(手)칠을 통해 옻칠이 원목 안으로 충분히 침투되어 내부의 강도와 나무표면에 질감까지도 느낄 수 있었음을 착안해 황토타일에도 그 방법을 적용해 보았다. 결과는 예상보다 더 만족스러웠다.

황토에 옻칠을 접목한 옻칠황토타일은 일상생활에서 생기는 오염문제를 해결하였고, 색상 및 강도는 도기제품에 비하여도 떨어지지 않는 제품이다. 옻칠과 황토의 기능 및 효과까지 함께 느낄 수 있는 세계 최초의 상품으로, 지난 2007년 대한민국 특허발명대전을 통해 대중들에게 처음 선보여 선풍적인 반응을 보였다.

아직 많은 홍보가 되지 않아 그 장점들을 다 선보이지 못했지만 앞으로 옻칠의 장점을 더욱 부각시킨 타일제품을 개발해 소비자들에게 한 발 더 다가갈 예정이다.

:: 옻에 대한 오해와 진실

옻은 전체의 60% 이상이 옻 산으로 이루어져 있는 회백색의 유상액(乳狀掖)으로 공기와 접촉하면 그 색이 갈색으로 변하는 특성을 가지고 있다. 이 같은 특성에 의해 기존의 옻칠 제품들은 검정, 주황, 갈색 등으로 그 색상이 한정되어 표현되고, 칠하기 전 고유의 자연무늬들이 제대로 표출되지 않는 문제점이 있었다. 그러다 보니 사람들은 자연스레 색이 한정된 옻칠 제품들을 인테리어 소품으로 사용하는데 대한 거부감이 있었다.

하지만 그동안의 고정관념과는 달리 요즘은 옻도 다양한 색상 표현이 가능하다. 옻칠나라에서 연구개발한 이 방법은 단순히 칠하는 것이 아닌 옻칠 원료를 생산하여 사용하는 방법이다. 광택 및 촉감 또한 그대로 살릴 수 있어 옻칠한 황토타일의 경우 벽에 포인트용으로 한두 장만 두어도 멋진 인테리어를 연출할 수 있다.

(주)옻칠나라 전통적인 도료인 옻칠을 현대적으로 개선시켜 자연친화적인 제품 개발에 앞장서고 있는 회사로, 수년의 연구기간을 거쳐 옻 다루는 기술을 개발·생산 중이다. 옻칠 자체의 뛰어난 인테리어 개념과 현대인의 생활공간인 아파트, 사무실 등의 시멘트 환경에 가장 이상적인 건강 인테리어 개념을 접목시킨 자재를 지속적으로 공급할 것이다.

02-785-5702 http://www.57nara.kr

황토와 나무는 친해질 수 없다? |청사초롱 황토주택|

홍송과 흙벽돌의 조화로 높인 내구성

웰빙주택을 원하는 소비자들 덕분에 황토주택의 흔대화는 발빠르게 진행되고 있다. 이는 그동안 현장에서 익힌 황토주택 전문가들의 노하우와 살아있는 경험을 발판으로 한다. 덕분에 최근 지어지는 흙집들은 공간 사용의 편리함은 그대로 유지한 채, 자연의 생명력은 끈끈하게 쥐고 있다.

황토주택은 마치 화장기 없는 순수한 여인의 모습과 같다. 치장과 교태보다는 있는 그대로의 아름다움을 드러낸다. 이렇게 평생 같이 살고 싶은 황토주택이라도, 막상 선택하기 전에는 두려움이 앞선다. 기존에 지어진 황토주택들은 벽체의 균열과 단열 문제 등과 싸워야 했다. 여기서 가장 필요한 것이 전문가들의 산 경험이다.

:: 홍송으로 만든 기둥과 보 구조에 직접 생산한 황토벽돌로 벽체 쌓아

청사초롱 황토주택은 오랜 경험과 현장 노하우로 흙집이 가진 문제점과 우려를 개선한 기술력을 지니고 있다. 그렇다고 화학적 재료를 적용하는 것은

아니다. 흙벽돌 자체의 색과 질감이 그대로 표면에 드러나고, 정갈한 나무기둥과 처마선이 단아한 집이다. 보드 등의 합판이나 시멘트모르타르를 섞은 미장은 절대 금물이다.

심지어 내부벽도 미장 없이 벽돌의 줄눈까지 그대로 보여 준다. 청사초롱측은 벽면에 한지를 붙이거나 풀을 먹이면 황토의 기능이 혹 차단될 가능성이 있다고 말한다. 동백기름을 기본으로 한 자연산 오일을 연구 끝에 개발해, 무색무취에 흙이 묻어나지 않는 벽을 만들었다.

공법의 기본은 목재로 기둥과 보를 만들고 벽돌로 벽체를 쌓는 것이다. 골조로는 미송보다는 북미산 홍송을 사용한다. 전통 가옥에서 쓰던 골조의 두께는 120mm에 불과하지만, 현재 황토주택의 기둥 두께는 240mm에 육박한다. 예전보다 무려 4배 두꺼운 홍송은 미송에 비해 규격 오차가 적고 뒤틀림과 수축이 덜해 청사초롱이 고집하는 구조목이다.

벽체는 강원도 홍천에서 직접 생산하는 황토벽돌을 사용한다. 두께 200mm, 길이 300mm, 높이 140mm 크기로 1층 높이에 15단 정도가 필요하다. 천장부터 정확히 계산해 내려와 벽돌은 별도의 재단이 필요 없이 간격이 들어맞는다. 벽체의 하단은 투명 방수처리를 해 빗물이 튀길 경우를 대비했다.

목재 기둥 없이 벽돌로만 쌓아 집을 짓는 경우도 있다. 벽돌로 쌓은 벽체 위에 사방으로 목재도리를 돌려 하중을 분산시키는 시스템이다.

일반 한옥 건축물은 상량 위에 서까래를 올리지만, 청사초롱의 황토집은 대들보와 서까래를 홈가공으로 맞물려 서로 의지해 지탱하게 한다. 30자가 넘는 대들보는 아

치형 목교에서 응용한 형태로 과학적인 하중분산을 이루어내고 있다.

:: 공간 곳곳에 적용되는 현장 감각

서까래를 따라 흘러내리는 지붕 모양도 한옥과는 디자인이 다르다. 한옥은 경사가 크고, 그만큼 실내의 천장고가 높아 웃풍이 생기기 쉽다. 반면 황토주택은 지붕경사를 완만하게 하고 대신 처마를 길게 내어, 외부 습기를 막고 단열에 신경 썼다.

지붕공사의 시방 내역만도 7단계로 이루어진다. 볏짚을 우선 깔고 그 위에 황토흙은 30㎜ 정도 올린다. 이는 방음과 보온을 위한 작업이다. 벌레가 기생하지 못하게 소금물을 뿌린 다음, 1~2일 지나면 습도조절을 위해 30㎜ 공간을 띄우는 작업에 들어간다. 이는 환기를 위해서도 중요한 과정이다.

그 후 75㎜ 샌드위치 패널을 씌우고 그 위로 마감재를 선택, 시공하게 된다. 흔히 황토벽돌 색과 어울리는 아스팔트 슁글로 마감하거나, 구운 기와로 격조를 한단계 높이기도 한다.

:: 벽체와 바닥에 적용된 20년 노하우

흙집은 실내가 어두운 단점이 있다. 이를 극복하는 방법은 첫째, 시선을 위로 두는 것이다. 복재의 선명하고 밝은 색이 눈에 띄도록 대들보와 서까래를 강조하면 된다.

둘째, 창을 크게 많이 낸다. 사실 전통 한옥이나 흙집은 단열성 때문에 큰 창을 배제해 왔다. 그러나 기술적 보완이 이루어진 현대식 흙집은 남향으로 통창을 내 복사열을 받고, 실내도 환하게 하는 효과를 내는 것이 좋다.

셋째, 바닥은 일반 나무마루보다는 밝은 색 한지에 천연오일을 먹이거나 침실의 경우는 돗자리로 대치한다. 골조와 벽체는 자연 소재를 사용하면서 실내에 석고보드, 합판 등으로 마감하는 것은 불필요하다는 생각이다.

흙과 나무 사이가 벌어지는 단점도 기술력으로 보완한다. 기둥 옆으로 12㎜ 정도 두께의 쫄대를 대어 벽돌과 생기는 그 틈에 황토메지를 넣어 마감하고 있다. 이렇게 하면 나중에 갈라진 틈이 생겨도 간단하게 줄눈 보수가 가능하다. 또한 바람이 줄눈과 쫄대 등에 부딪혀 실내로 들어오기 어려워 단열 성능도 높일 수 있다.

바닥은 황토로 미장한다. 자갈을 깔아 열축적을 노리고, 그 위에 350㎜ 두께의 황토를 바른다. 건조 후에도 바닥이 갈라지지 않고 면을 고르게 마감하는 것은 시공자가 얼마나 많은 기술과 경험을 갖고 있는가가 좌우한다.

현재 흙집을 찾는 이들은 불과 몇 년 전보다 30~40% 많아졌다. 그들의 발걸음을 잡기 위해서 수십년 경력으로 다져진 현장 감각을 갖춘 이들의 목소리에 귀를 기울여야 할 것이다.

> **TIP** | 황토주택, 시방서 확인은 필수
>
> **시방서란?** 건축공사에서 일정한 순서를 적어 놓은 문서로 필요한 재료의 종류와 품질, 사용처, 시공 방법, 준공 기일 등 설계 도면에 나타내기 어려운 사항을 명확하게 제시한 것이다. 흔히 일반 서양식 주택에 비해 한옥이나 황토집은 건축주가 볼 만한 시방서가 없다. 정확한 자재규격과 내역을 제시하고 시공하는 사례가 드물기 때문이다.
> 건축주는 시공자에게 이를 요구할 수 있으며 차후 자재의 문제나 하자가 생겼을 때, 시방서를 토대로 제대로 시공이 되었는지 확인할 수 있다.

청사초롱 황토주택 '자연과 사람이 만나는 집'이라는 모토 아래 현대인들에게 친환경 황토주택을 시공, 보급하고 있다. 직접 제작하는 황토벽돌과 천연홍송을 접목해 기둥보 형식의 집을 지으며 확실한 시방서 제시와 앞선 기술로 황토주택의 저변 확대에 힘쓰고 있다.
080-5744-0404, 010-4344-0026 http://www.청사초롱황토주택.kr

10

구들장은 시공이 어렵다? |따따시 온돌|
누구나 설치할 수 있는 **금속구들장**

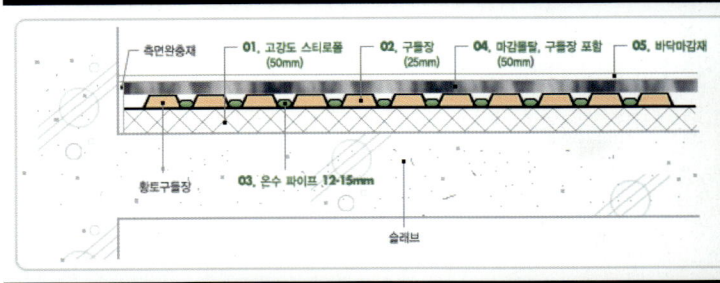

바닥 채움재인 기포콘크리트와 시멘트는 즉각적으로 열효율을 내며 시공이 간단하다는 점에서 획기적인 건축재료였다. 가격이 저렴하기 때문에 총 공사비의 2%밖에 책정하지 않는 바닥공사를 하기에도 손쉽다. 때문에 여지껏 라돈, 포름알데히드 같은 유해물질이 뿜어져나와도 어쩔 수 없이 모른 척해왔다. 하지만 구들을 시멘트만큼이나 쉽게 바닥에 깔 수 있다면 얘기는 달라질 것이다.

전통적으로 우리나라의 온돌은 구들장의 열을 황토가 축적한 후 고루 나누어서 난방에 이용했다. 그러나 구들 없이 황토를 단열재로 바닥에 쓰려면 열전도 문제로 인해 황토와 시멘트를 50% 이상 섞어야 한다.

황토 난방에 배관을 하고 온수를 돌려도 열전도가 안 되서 파이프 자리는 아주 뜨거운데 반해 그 옆은 차가운 상태가 된다. 같은 방바닥에서도 온도차이가 심하게 나는 것이다. 이와 같은 문제로 인해 시멘트는 아직까지 바닥 난방으로 널리 쓰이고 있다. 온수배관과 황토를 보완해 줄 만한 열전도체가 필요한 시점이다.

[습식공법 개념도]

:: 바닥 콘크리트의 대안이 될 황토구들장

시멘트와 황토의 가장 큰 차이점은 죽어 있는 화학재료와 살아 있는 흙이라는 것이다. 황토가 습기, 냄새 등을 걸러 숨을 쉬는 반면 시멘트는 구운 흙으로 습기나 냄새를 그대로 흡수해버린다. 헌집증후군이 생기는 것도 이같은 원인이다. 반면 황토는 생명력이 있기에 수명이 있다. 옛날 황토집에서는 이것을 보완해주기 위해 흙맥질이라 하여 흙물에 황토를 섞어 다시 발랐다. 해초, 찹쌀풀로 보수하기도 하며 소금으로 코팅을 입히기도 한다. 구들장을 깔 때 옛 시골집은 황토를 두껍게 깔았는데 두꺼울수록 바닥이 데워지는 시간이 오래 걸리고 그만큼 잘 식지도 않는다. 반면 얇게 황토를 깔면 빨리 데워진다. 취향에 따라 시공시 황토의 양도 조절할 수 있다.

따따시 온돌의 김익수 대표는 "아파트에 사는 어느 건축주는 1천만원을 들여 바닥을 뜯어내고 황토구들로 다시 바닥공사를 의뢰하기도 합니다. 지금 살고 있는 새집으로 들어가 아내와 아이들이 새집증후군으로 너무 고생을 해서 이사할 집의 바닥시공을 다시 하려는 의도이지요. 전원주택도 마찬가지입니다. 기껏 목조주택이나 흙집을 지어놓고 시멘트로 바닥공사를 하는 경우가 허다하죠. 진짜 전원주택이 무엇인지 재고해봐야 할 문제입니다"라며 황토구들장의 중요성을 강조했다. 바닥은 한번 공사하면 뜯어내기가 어려우며, 20~30년을 좌우한다. 우리나라는 온돌의 종주국임에도 불구하고 기포콘크리트로 바닥을 마감하고

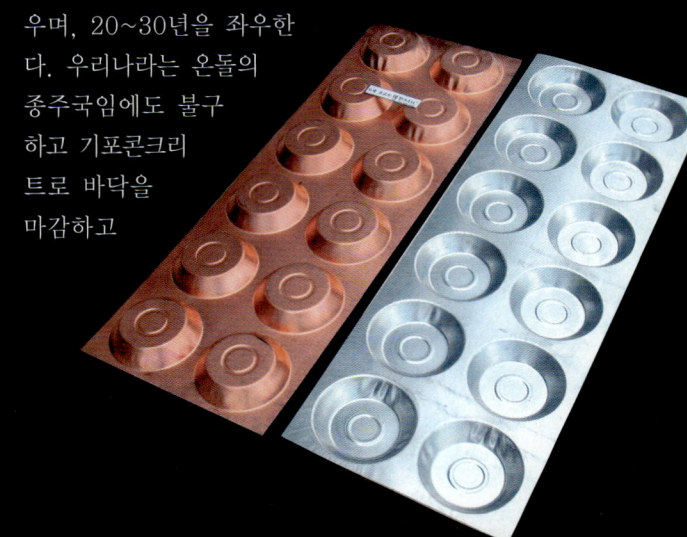

있으니 온돌난방은 점점 후퇴한다. 지금은 수출할 상품
과 기술이 없는 안타까운 실정이다.

:: 알루미늄, 아연, 동으로 만든 구들

따따시의 알루미늄, 아연, 동 구들장은 금속의 특성상
열전도율이 뛰어나다. 구들장의 튀어나온 홈 사이의 수
많은 공기주머니가 열을 모아 실내온도를 오랫동안 지
속시킨다.
높은 열전도율로 인해 호스가 지나간 자리보다 먼저 데
워지기도 하며 층간소음을 완화시켜 준다.
동판 구들장은 수맥을 예방하기도 한다. 지하의 수맥은
건축물의 안전성 뿐 아니라 사람에게도 중풍, 불면증,
신경약화, 두통 등 악영향을 끼치는데 이의 방지를 위해
서는 바닥에 동판을 깔아 수맥의 기를 차단하는 것이 이
상적인 방법으로 알려져 있다.
따따시 온돌의 시공방법은 매우 간단하다. 깔려는 면적
을 계산해 필요한 만큼 구들장을 깔면 되는 것. 손쉬운
시공방법 때문에 업체들보다 건축주가 직접 사가는 경
우가 더 많다. 김 대표는 "건축박람회를 통해 많

를 만나서 이야기를 해봐도 반응은 똑같습니다. 시멘트보다 좋은 것은 알겠
지만 우리나라 시스템 상 건축단가를 맞추기 위해서는 바닥에 그 정도의 비
용을 감수하기 힘들다는 거죠"라며 오히려 건축주가 사가서 주택이 지어질
지역에서 직영으로 시공할 수 있게 황토와 스티로폼 등의 구입처를 알려 준
다고 한다.

>> 따따시 온돌 시공방법

01 **스티로폼 단열재 깔기** 시공할 바닥의 평탄 작업을 수평에 맞게 한다.
스티로폼 단열재 50mm를 빈틈없이 전체를 채워서 깐다.

02 **구들장 깔기** 구들장 면
의 볼록이 부분을 위쪽으
로 향하게 펴서 이어 나
가며 한쪽 벽면에서 10
mm 띄어 놓고, 폭(318
mm)을 겹쳐서 이어 나간
다. 길이(906mm)쪽은 맞
대어 펼쳐 나간다(구들장

은 층간소음 방지를 위해 사방 벽에서 10mm 정도 떼어서 시공). 구들장
과 구들장이 겹쳐진 곳에 직결피스로 고정시킨다.

03 **온수관 배관하기** 온수관(12mm, 15mm)을 150mm 이상~350mm 이하의
간격(매골마다 또는 한골 건너서)으로 시공하면서 구들장에 온수관을 직
결 피스로 고정시켜 나간다.

04 **황토모르타르 덮기** 온수관 사이와 볼록이 공간을 황토미장(맥반석, 숯
가루, 옥가루, 운모석) 등으로 수평에 맞게 채운다. 볼록이 위에서 10mm
이상 마감한다. 황토 마감 후 한지 장판이나 흙장판(콩기름과 들기름 코
팅)을 시공하길 권장한다.

초배묵지 중배지(한지)
황토가 살아서 숨을 쉬게 함

황토몰탈 마감미장 (천연재료) 20mm
황토로 방바닥 마감하여 탄성유지 난방 시
원적외선 방사 방습 방충

황토(기타) 1차 미장(구들장 포함25mm)
황토, 맥반석, 세라믹, 옥, 숯 등

온수관(12~15mm) XI파이프 스텐레스 주름관,
히트파이프 등의 150mm 간격으로
전후좌우로 좌우롭게 배관됨

구들장 25mm
온수관의 열을 상부로 전달, 구들의 요철 형틀로 호
스배관 편의성, 공기주머니의 층간소음 감쇠, 축열
기능, 크랙방지 형틀, 침하 방지

고강도 스티로폼 50mm
단열 및 층간소음 완충재, 차음재 역할

반사단열재 선택
단열 및 방습효과로 전체 열성능 향상

따따시 온돌 30여 년간 철강, 금속을 전문으로 취급하던 차에 그동안 축적된 기술
력을 바탕으로 현대인의 주거환경에 맞는 황토구들장(따따시 구들)을 개발하여 판매
하고 있다. 구들 시리즈는 온수와 황토를 통해 시공 편의 향상, 층간소음 감쇠, 기포
콘크리트 하자 문제해결 등 웰빙 건강방 시공을 이루어나간다.
02-2617-8200 http://www.dadasi.co.kr

11

전통 방식 흙손벽돌은 약하다? |인토문화연구소|
손으로 만든 순수 흙손벽돌

최근에 지어지고 있는 흙집은 흙벽돌로 벽체를 쌓아 올리는 방식이 주로 쓰인다. 그 주자재인 흙벽돌은 틀 속에 흙을 넣고 다지는 수공식과 기계식으로 구분되는데, 현재는 기계식이 대세를 이루고 있다. 하지만 재래식 방법을 그대로 고수한 흙손벽돌도 생산되어 소비자의 선택의 폭이 넓어졌다.

한 때의 유행이라고 치부하기에는 친환경과 웰빙에 대한 관심이 갈수록 높아지고 있다. 더구나 새집증후군에 대한 문제가 불거지면서 콘크리트로 점철된 건축문화와 각종 화학물질로 치장된 건축내장재에 대한 시선도 곱지 않다. 이런 상황에서 그 용도가 다한 것만으로 여겨졌던 우리 전통 건축문화가 해결 방안으로 대두되고 있다.

특히나 황토를 이용한 흙벽돌 및 실내 내장재에 대한 수요가 꾸준히 늘고 있다. 그 가운데 청정흙을 주 원료로 전통 재래식의 제조법에 따른 흙손벽돌 내외장재가 선을 보이고 있다. 종전 제품에서 지적되던 균열(Crack)과 유효성분의 사멸 등의 문제점이 개선된 것이다.

:: 옻과 볏짚을 소재로 한 발효액 활용

우리 건축문화의 핵심 소재인 흙은 물질을 활성화시키는 원적외선을 대량 흡수하고 방출하는 특성을 가지고 있다.

그래서 인체의 혈액 흐름 및 발한 작용 촉진, 중금속 축출, 방균 및 탈취 효과, 공기 청정 작용 등 여러 유익한 작용을 하는 것으로 알려져 있다. 그러나 흙제품의 제조 방법인 고온 소성에 의한 일률적인 기계적 압착공정이 흙 성분의 유용한 물성을 그대로 유지시키느냐는 의문시 되었다. 또한 흙 입자 간의 약한 결합력에 의한 갈라짐도 한계점으로 지적되었다.

흙손벽돌 생산업체인 인토문화연구소는 우리 고유의 방식을 되살려 이러한 문제점을 해결하였다. 옻 추출액과 볏짚 발효 잿물을 반죽액으로 활용하였는데, 흙 입자간의 결합력을 높여 압축강도를 높이고 방균 및 탈취 등의 효과를 함께 얻었다.

예로부터 볏짚의 물을 '잿물'이라 칭하였는데, 제대로 된 볏짚 발효 잿물을 얻기 위해 농약을 사용하지 않는 대신 오리를 이용한 친환경농법으로 수확한 볏짚을 사용하였다. 또한 볏짚에 약간 축축할 정도의 물을 뿌리고 비닐 등을 덮어 일정기간 숙성시킨 발효잿물은 미생물 발효균 성분을 갖고 흙의 자연 본래 특성을 발휘하도록 돕는다.

최소한의 점성이 보장되어야 하고 오염되지 않은 흙이어야 하므로 지표에서 1m 이하의 황토층을 재료로 채취한다. 흙이 건조되면서 균열이 생기는 것은 점토가 많기 때문이며, 건조되면서 푸석푸석하고 입자가 굵게 느껴지는 것은 모래성분이 많은 데 원인이 있다.

따라서 원재료를 고를 때는 가장 기초적인 흙말이실험을 반드시 거쳐야 한다. 체로 거르지 않은 한 움큼의 흙을 집어서 축축하게 적시고 공처럼 둥글게 빚어 햇빛 아래 말려서 산산이 부서진다면 점토가 너무 적고 강도가 약한 것이라 판단하여 사용치 않는다.

흙벽돌은 흙원료를 100%로 보았을 때, 마사토 10~30%, 당해년도 생산된 무농약 볏짚 5~15%, 흙 원료량의 2~10%에 해당하는 옻 추출액, 2~10% 정도의 볏짚 발효 추출액을 배합하여 제작한다.

주원료 외에 넣는 짚은 기계장치를 이용하지 않고 벽돌을 손으로 찍기 때문에 강도가 약해지는 것을 방지하고 진흙 성분에 의해 트는 것을 예방하기 위함이다. 친환경농법으로 벼농사를 지은 곳의 볏짚을 0.5~3cm 크기로 절단해 사용하는데, 벼 수확 시기에 미리 구매해 잘 건조시켜 습기를 피해 저장한다. 그 중에도 1년 이상 묵은 볏짚은 사용치 않는다. 이런 과정을 통해 제작된 흙벽돌은 특허 출원과 함께 한국건자재시험연구원에 시험을 의뢰해 압축 및 꺾임 강도, 흡수율 실험 등에서 만족할 만한 결과를 얻었다.

》 흙손벽돌의 제조과정

01 옻 추출액 제조 큰 가마솥에 물 200ℓ 를 붓는다. 일정하게 자른 옻나무 40kg 정도를 넣고 약 하루 동안 푹 삶으면 거의 1/10 정도로 농축된 추출액을 얻는다.

1차 추출액에서 벗겨 낸 옻나무 껍질을 다시 넣고 물 100ℓ 를 부은 뒤 반나절 정도 다시 끓여서 2차로 농축된 옻 추출액을 얻는다. 이를 흙과 볏짚, 마사토를 혼합하는 반죽액으로 사용할 때는 물을 부어 희석해서 사용해도 흙 결합력에 큰 지장이 없다.

02 볏짚 발효 추출액 & 원료 배합 잿물로 통하는 볏짚 발효추출물은 농약을 사용하지 않는 오리농법으로 수확한 볏짚을 사용한다. 약간 축축할 정도의 물을 살포하고 비닐 등을 덮어 약 30~40℃ 정도의 온도에서 24시간 정도 숙성시켜 흙 원료 반죽액으로 사용한다.

배합은 흙 100%를 기준으로 마사토 10~30%, 당해년도 생산된 무농약 볏짚 5~15%, 흙 원료량의 2~10%에 해당하는 옻 추출액, 흙 원료량의 2~10%인 볏짚 발효 추출액을 각각 배합한다.

03 흙벽돌 틀 준비 & 흙 넣기 외장재용 흙벽돌은 30(길이)×17(두께)×17(높이)cm, 내장재용 흙벽돌은 30(길이)×10(두께)×9(높이)cm 규격으로 생산된다. 사각틀은 합판이나 철판을 용접해 만든다. 우선 틀 바닥에 물을 한번 끼얹고 흙 반죽을 덩어리째 양손으로 쥐고 힘을 주어 틀 안으로 내리친다. 틈이 생기지 않도록 손으로 눌러주고 윗부분까지 채우고 나면 다시 한번 물을 끼얹어 준다.

04 벽돌빼기 & 건조하기 틀에서 벽돌을 빼내기 전, 벽돌을 받칠 수 있는 밑판을 만들어야 한다. 반드시 땅 바닥과 떨어지게 받침을 두고 벽돌이 잘 마를 수 있게 띄어 놓는다. 밑판에 사각틀을

대고 틀을 위로 들어올리면 사면이 다져진 흙벽돌만 남게 된다. 건조는 자연건조 공정에 따른 효과를 극대화하는데 중점을 둔다. 건조실의 상면은 지붕이 있고 사면이 통풍과 건조가 이루어지도록 환경을 갖춘다.

인토문화연구소 경기도 여주군 여주읍 매룡리에 자리한 인토문화연구소는 국내에서 흙손벽돌을 제작하는 업체로는 가장 큰 규모를 갖추고 있다. 4만여㎡ 부지에 도자기 원료인 현장의 청정 흙만을 고집해 재래식 방법에 의해 생산, 전국적으로 유통시키고 있다. 또한 자체 생산한 흙벽돌을 사용, 적층해서 쌓는 흙집도 짓고 있다. 원활한 자재 수급을 위해 흙손벽돌 외에 옻을 칠한 강원도산 참나무 너와로 지붕을 마감하고 내외장 마감에 두루 사용하는 흙모르타르도 생산하고 있다.
031-886-7806, 011-227-5759 http://www.intocom.kr

12

거침없는 흙의 변신 |(주)흙예성|
청정환경을 제공하는 **건축내장재**

내가 기대고 있는 벽과 밟고 있는 마루가 흙 100%로 만들어진 천연자재라면, 한적한 시골 흙길에 앉아 청정공기를 들여마시는 것과 크게 다르지 않을 것이다. 움켜쥐면 손가락 사이로 흘러내리는 고운 흙가루를 1,200℃의 뜨거운 열기로 압축해 단단한 기능성 건축자재로 탈바꿈한 기업이 있다. 내장용 벽재에서부터 바닥재, 온돌판까지 흙의 변신은 지금도 현재진행형이다.

:: 습기조절 능력이 뛰어난 흙 소재의 건축자재

2억 마리의 미생물이 살고 있는 흙 1g들이 모여 내장용 벽재 하나가 만들어지면 여기서 파생되는 이로움은 얼마나 될까?

일단 수많은 미생물 속에는 산화물 분해효소인 '카타리제' 효모 활성이 풍부하여 자정력, 생명력 등이 뛰어나다. 그중 건축자재로 만들어지는 산청토(山淸土) 속의 미생물은 항생제 등을 만드는 소재가 되어 강력한 항암, 항균작용의 효능이 입증되고 있다.

또한 흙은 인체는 물론 동·식물 성장에 매우 유익한 원적외선을 다량 방사한다. 옛 선인들이 복통이 나면 기왓장을 불에 달구어 배 위에 올려놓은 것도 다 이러한 원리다. 흙 속의 미세한 구멍에 태양에너지의 광선이 다량 저장되어, 열을 받으면 원적외선 방출은 더욱 활발해진다. 실질적으로 흙자재로 실내를 마감하면 습기 조절 성능이 뛰어나 장마철 곰팡이를 예방할 수 있고, 보온 기능 때문에 겨울철 난방비 질감효과까지 볼 수 있다고 한다.

:: 흙으로 내장용 벽재와 온돌바닥재, 특수벽돌까지

도배지와 페인트를 대신할 흙 소재 내장용 벽재는 원적외선을 끊임없이 방사하는 특별한 기능을 가지게 된다. 1,200℃가 넘는 고열에 가공, 압축되어 쉽게 깨지지 않고 흙먼지도 나지 않아 관리하기도 쉽다. 또한 흙이란 이미지가 갖는 고전적 개념에서 탈피해 현대적인 인테리어에 적용해도 전혀 손색이 없는 디자인으로 만들어졌다. 규격과 문양이 다양해 선택의 폭이 넓으며 두 가지의 무늬를 섞어 포인트를 줄 수도 있다.

현재 이 내장용 벽재는 새로 지어지고 있는 아파트 실내 인테리어로 인기를 끌고 있는데, 특히 노인이나 어린이방, 거실의 아트월에 활용되고 있다.

한국의 구들장 문화를 재현한 기능성 온돌은 흙과 돌을 소재로 한 패널이다. 흙으로 패널의 상판과 하판을 구분 제작하여 그 안에 초전도 열 파이프를 내장하는 방식이다.

이 온돌패널은 층간의 진동과 소음을 원천적으로 차단하는 효과를 가진다. 시공도 간편해 시공비 절감도 노릴 수 있으며, 열을 품고 있다 내품는 흙의 기능 탓에 통상 실내 난방비를 40% 이상 절감할 수 있다고 한다.

흙으로 만든 자재 중 가장 눈에 띄는 것은 바로 나무무늬 판재와 나무무늬 특수 흙벽돌이다. 전원주택 시장에서 황토벽돌은 이미 많이 상용화되었지만, 나무 무늬의 흙판재와 벽돌은 처음 개발된 제품이다. 이 제품군은 흙으로 만들었다고는 믿기지 않을 정도로 나무의 무늬결을 잘 살려내고 있으며 가볍고 견고한 장점이 있다. 장영근 대표는 "대부분의 전원주택이나 펜션 등은 목재 루버로 실내를 마감하고 있는데 이 제품을 사용하게 되면 나무의 느낌은 그대로 살리고 독성은 전혀 느낄 수 없는 공간을 만들 수 있습니다. 나무처럼 휘거나 썩지 않고 무늬도 변하지 않는 것은 물론입니다"라며 판재를 소개했다.

흙벽돌의 경우도 곡선을 살린 디자인으로 제작되어, 쌓아 놓으면 나무 무늬가 살아나는 통나무 주택의 분위기를 낼 수 있다.

TIP | 흙타일, 간편 시공법

① 일단 시공면적을 정확히 측정하고 원하는 제품을 선택해 소요되는 수량을 산출한다.

② 시공면을 정확하게 수평을 만든다.

③ 시공면의 가로, 세로 치수의 정 중앙을 확인해 중심점부터 시공한다.

④ 벽면에 접착제를 2~4mm 두께로 일정량을 바른다. 미장용 고데기로 요철면을 만들고 중심점부터 틈이 없도록 붙여나간다. 타일을 한번에 많은 양을 쌓아놓으면 표면에 흠집이 생길 수 있어 포장상태에서 한장씩 꺼내 사용한다.

⑤ 시공이 끝나면 스폰지를 적셔 벽면을 닦아낸 다음, 먼지가 붙지 않도록 비닐 등을 씌어 놓는다.

⑥ 최소한 3시간은 만지지 말아야 하며 24시간 양생시간이 필요하다.

(주)흙예성 자연친화적인 건축내장재 기업으로 경남 산청에서 채굴한 흙을 1,200℃의 고온 가열 및 소성 작업을 통해 타일형 벽마감재인 세라믹 내장재, 방음 단열재, 흙벽돌 등을 생산하고 있다. 대량 생산 시스템을 구축, 기존의 가격보다 저렴하게 제품을 공급하면서 자연 소재의 건축내장재에 대한 선택 폭을 넓혀가고 있다.
02-545-4311 http://www.soilart.co.kr

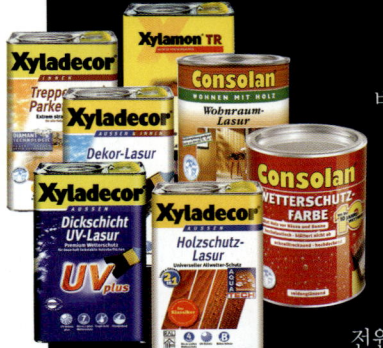

13

흙집에 쓰인 목재, 어떻게 관리하나? |태영무역(주)|
흙집 내외부 목재 전용 도료

비소와 크롬의 용탈이 함유돼 지난 2007년 10월부터 환경부에서 전면적으로 사용 및 보관이 금지된 상태다. 하지만 CCA방부목재는 이미 전원주택을 비롯해 펜션 및 휴양림, 놀이터, 공원, 조경, 체육, 수련원 시설물 등에 광범위하게 사용되었기에 이에 대한 부정적인 인식도 적잖다.

흙집의 경우, 흙과 목재가 직접적으로 접촉하기 때문에 목재의 마감처리가 중요하다. 만약 내장용 목재에 검증되지 않은 스테인 혹은 적합하지 않은 니스나 우레탄 등의 재료를 사용하면 흙집의 장점인 습도조절, 공기정화 등은 기대할 수 없다. 그러나 우수한 품질의 적절한 목재전용 도료를 사용한다면 최고의 자연친화적 주택에서 건강과 환경의 여유로움을 동시에 누릴 수 있다.

:: 외부 목재 전용 도료

목재는 자외선과 풍화작용에 의해 쉽게 부후, 부식, 부패될 수 있어 관리하기가 쉽지 않다. 흙집의 뼈대가 되는 목재의 관리는 무엇보다 더 중요한데, 목재도료인 씨라데코와 방충·방부제인 씨라몬의 사용이 권장된다. 자외선과 풍화작용 및 흙속의 미생물, 해충들에 의해 목재가 부후, 부식, 부패되는 것을 차단

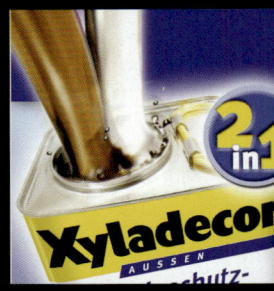

하기 위한 목재도료의 사용은 필수적이다. 특히 흙과 닿는 부분의 외부 목재는 완전 건조 후 흰개미 등 해충을 근본적으로 차단해야 한다.

목재 전용 방부·방충제인 씨라몬을 2회 도장하고, 추후 목재 외부에는 씨라데코 오일스테인으로 마감하면 자외선 및 풍화작용으로부터 목재를 보호하는 가장 경제적이고 적합한 방법이라 할 수 있다. 아울러 목재에 해를 끼치는 흰개미나 딱정벌레, 벌 등과 같은 해충과 미생물로부터 주택을 안전하게 보호할 수 있다. 만약 방부·방충제를 사용하지 않는다면 오히려 흙과 수분으로 인해 미생물 및 해충이 목재에 번식하기 쉽기 때문에 목재의 내구성을 떨어뜨리게 된다.

흙집을 지을 때, 기본적인 골격으로 목재를 쓴다. 목재는 동서양을 막론하고 예로부터 가장 많이 사용해온 천연재료이다. 나무는 수분을 적절히 조절하고 소음을 흡수하며, 온도에 대한 신축성이 적은 것이 장점이다. 또 진동에 대한 유연성이 크며 부드럽고 따스한 느낌은 정서상으로도 좋다.

황토 역시 습도조절, 항균, 공기정화 및 탈취, 단열 기능 등 다양한 효능을 가진 재료이다. 최근에는 건강에 이로운 황토 성분이 검증되면서 벽돌이나 바닥재 등 다양한 건축재로도 각광 받고 있다. 그러나 이러한 좋은 자재로 집을 짓는다 해도 마무리가 제대로 안 되면 자연 속에서도 건강한 생활을 누리기가 쉽지 않다. 특히나 외부에 노출되는 목재는 부후균 및 풍화작용과 해충에 의한 부후, 부식, 부패 등이 발생하기 쉽기 때문에 관리가 어렵다. 이러한 목재의 부식 및 부후를 방지하기 위해 우리나라에서는 약 30년 전부터 고독성 물질이 함유된 CCA방부목을 무분별하게 사용해 왔다. CCA로 방부처리된 목재에는 인체와 환경에 매우 유해한 고독성 발암물질 성분인

>> 씨라데코

독일 목재방부협회에서 품질을 인증하는 RAL마크를 받은 제품으로 방수, 방부 성분이 혼합된 기능성 제품이다. 별도의 희석제를 사용하지 않고 간단히 목재의 방부, 방수, 방충 및 탁월한 자외선 차단 기능까지 포함되어 인건비 및 시간을 대폭 줄여 경제적이다. '수도권 대기환경개선에 관한 특별법'에서 제시하는 VOC(Volatile Organic Compounds) 기준에도 적합한 제품이다.

>> 씨라몬

씨라몬은 청태, 곰팡이, 흰개미 등으로부터 목재를 보호하기 위한 최적의 방부, 방충 제품으로 추천되고 있다. 특히 사찰 및 한옥 등의 목재 보호에 탁월한 효능을 발휘한다. (재)일본문화재충해연구소를 비롯 (사)일본흰개미대책협회, (사)일본목재보존협회로부터도 인정을 받은 제품이다.

:: 내부 목재 전용 친환경 도료

사람이 생활하는 내부에 최적의 상태를 제공하는 목재 도료의 선택이 중요하다. 주택의 내부 공간은 거주자가 직접 생활하는 공간으로 직간접적으로 사람이나 동물이 목재에 접촉하거나 만질 수 있다. 때문에 잘못된 도료의 사용은 오히려 거주자의 건강을 해칠 수 있다.
내부 목재의 도료로는 독일 친환경 블루엔젤 인증 제품인 콘솔란 수용성 스테인 제품이 적합하다. 특히 목재(루버)로 마무리를 할 경우에는 더더욱 안전하고 친환경적인 콘솔란과 같은 수용성 스테인을 선택해 사용하면 된다.

>> 콘솔란 수용성 스테인

독일 환경 인증인 블루엔젤 마크를 획득하였을 뿐만 아니라 독일 DIN EN 71, PART 3(어린이 장난감 안전기준 : 도장 후 건조 상태에서 14세 이하의 어린이가 입으로 빨아도 안전한 장난감 문구, 완구의

안전기준)에 적합한 제품이다. 그만큼 환경과 인체에 매우 안전하다. 우리나라 환경부 구매규격 VOC 기준에도 적합한 제품(2008년 기준 200g/L, 콘솔란 최대 55g/L 함유)이다.

:: CCA방부목 유해성분 용탈방지용 스테인

현재는 사용이 금지되었지만, 이미 광범위한 곳에 엄청난 양의 CCA방부목이 사용돼 환경문제로까지 대두되었다. CCA방부목의 고독성 발암 물질의 누출로 인한 환경파괴와 유해성을 방지하기 위해선 씨라데코 월드 오일스테인 제품이 적합하다. 내구성이 좋고 부후균에 강하며 자외선으로부터의 퇴색 방지는 물론 목재 속으로 침투하는 기능성이 높아 유해성 발암물질(비소, 크롬 성분)의 용탈을 막는데 효과가 탁월하다. ACQ 등으로 처리된 방부목의 경우에도 같은 효과를 얻을 수 있다. 또한 제품의 방수, 방부, 방충 기능은 목재의 수명을 연장시켜 방부목의 내구성을 극대화한다.

:: 검증된 제품 사용으로 삶의 질 향상

최근 국내에는 인증이나 검증을 받지 못한 오일스테인이 급격히 확산되며 소비자들을 현혹하고 있다. 그로 인해 오일스테인의 사용을 소비자가 외면하여 목재 시장이 위축되지 않을지 염려스러울 정도다. 이제는 검증기관에서 인증된 제품인지, 국내외에서 인지도가 있는 명품인지, 품질은 우수하고 친환경적 제품인지, 목재의 내구성을 증가시키는 경제적인 제품이지, 향후 재도장 시 문제가 없는 제품인지를 확인하고 선택해야 한다.
목재 방충제 씨라몬은 일본흰개미대책협회, 일본목재보존협회, 일본문화재해충연구소 등에서 인증(등록)을 받았고, 우리나라에서도 문화재 및 사찰 등에서 사용하고 있는 제품이다. 씨라데코 스테인은 독일 목재방부공법기관(RAL)인증제품으로 방부와 방수기능이 혼합된(2 in 1)제품으로 2회 도장으로 방부와 방수를 동시에 해결한다. 타사 제품에 비해 방부 2회, 방수 2회를 처리하는 것보다 인건비 및 시간을 많이 줄일 수 있어 매우 경제적인 제품이다. 씨라데코 제품이 유럽 및 일본 시장에서 차지하는 최고 점유율이 이를 증명한다.

태영무역(주) 페인트 및 목재 스테인 분야의 세계적인 선두그룹인 ICI(Imperial Chemical Industries)그룹의 한국총판대리점으로 목조주택 조경, 놀이, 체육, 공원, 휴양림, 고궁사찰 등 목재시설물의 보존에 필요한 씨라데코(Xyladercor), 콘솔란(Consolan), 씨라몬(Xylamon) 스테인 제품과 목재 방부제를 전문으로 취급하는 회사이다.

031-767-1104~7 http://www.tyt.co.kr

14

집안에서 즐기는 삼림욕 (주)온돌라이프
웰빙 편백나무 온돌침대

터 사용해 온 소재다. 인도와 태국의 쿠즈미(Kusmi), 레인트리(Rain-Tree) 등지에서 랙(Lac)이라는 0.5mm 크기의 곤충체액과 분비물을 추출한 것인데, FDA(미국 식품의약국)가 승인한 천연수지 물질로 제약, 제과, 과일코팅제로 전 세계적으로 널리 쓰이고 있다.

셀락은 알코올과 알칼리 물질에는 용해하지만 다른 종류의 용매, 특히 탄화수소(석유류) 물질에는 전혀 녹지 않는다. 최근 들어 실내 환경 문제 발생의 주범으로 대두된 석유계 용매와는 근원적으로 어울릴 수 없다.

이 침대의 진정한 기술은 다름 아닌 개인용 온돌의 내장에 있다. 세계 최초로 전기열선이나 난방필름 없이 수증

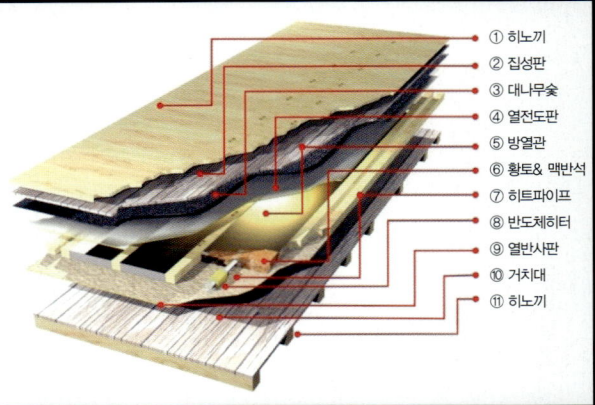

① 히노끼
② 집성판
③ 대나무숯
④ 열전도판
⑤ 방열관
⑥ 황토 & 맥반석
⑦ 히트파이프
⑧ 반도체히터
⑨ 열반사판
⑩ 거치대
⑪ 히노끼

최근 웰빙 제품의 트랜드는 천연소재를 필수로 하지만, 주거공간에 있어 건강성만을 내세운 천연재 사용은 사실 생활면에선 기능적인 한계에 부딪히기 마련이다. 그렇다면 이 둘을 적절하게 조화시킬 수는 없을까?

친환경 난방업체인 온돌라이프는 히트파이프를 이용한 편백나무 온돌 침대를 개발, '2007 특허청장상'을 수상하면서 그 대안을 제시하고 있다.

한국인에게 있어 온돌은 생활의 일부다. 우리나라 사람이 나이가 들어서도 비교적 젊게 보이는 이유 중에는 아마 따뜻한 온돌에서 생활해 혈액 순환이 잘 되기 때문이라는 추측도 있다. 이러한 개념에서 진일보한 편백나무 온돌침대는 보기에는 단지 나무침대에 불과하지만, 수많은 기술들을 담고 있다.

:: 침대 안 수증기로 따뜻해지는 기술 내장

침대 표면은 매우 부드럽고 매끈해서 살에 닿는 감촉이 매우 좋다. '셀락 (Shellac)'이라는 천연니스가 발라져 있는데, 인도의 왕실가구를 만들 때부

기로 따뜻해지는 기술을 개발하여 침대 안에 적용한 것이다. 내부에 열을 발생하는 것은 다름 아닌 히트파이프와 황토로 열을 축열한 복사난방이 담당한다.

히트파이프는 밀봉된 스테인레스관 내부에 소량의 액체가 있고, 나머지 부분은 진공 상태다. 액체는 진공에 가까울수록 기압이 낮아져서 낮은 온도에서 기체로 변한다. 기체의 활발한 운동으로 구리보다 천배 이상의 열전달 속도를 낸다. 이 히트파이프 끝 부분에는 반도체 형태로 동작되는 작은 히터가 부착되어 있다.

반도체형 히터는 일정 온도가 되면 저항값이 증가하여 센서 없이 자동으로 전원을 차단하며 전자파도 거의 없다. 히트파이프의 온도를 120℃까지 상승시켜 주변의 황토를 최고 60℃까지 데워 옛날 구들방식처럼 수증기를 이용하여 따뜻하게 만든다.

특히 이러한 방식은 발열 부분에서 온도 구배가 생겨 반듯이 누우면 머리는 차갑고 발은 따뜻해지는 이른바 두한족열(頭寒足熱) 효과가 생겨 인체의 활발한 혈액순환을 돕는다.

편백나무는 일본에서는 '히노끼' 라 부르고 중국산 편백 나무는 '향백' 으로 불린다. 우리나라 전남지역에서 많이 자생하는 국산 편백나무는 추운 겨울을 여러 해 지나면서 조직이 치밀하며 단단해지고, 향이 복합적으로 난다. 수분을 좋아하며 쉽게 썩지 않고, 피톤치드가 많이 발생하여 벌레가 잘 생기지 않는다. 또한 편백나무에서는 테르펜이라는 물질이 방향 되어 숲속에 있으면 마음이 안정되고 머리가 맑아지는 기분이 든다. 편백나무만 가지고도 침대를 만들어 자면 아토피, 비염, 천식 등의 증상이 상당하게 호전되는 것은 이미 체험한 사람들은 알고 있다.

온돌라이프는 전라남도 장성과 화순 지역의 수령이 50년 이상 된 편백나무를 평상재로 사용하고 있는 점이 주목할 만하다. 그 향이 좋아 마치 숲 속에 누워있는 듯한 효과를 느낄 수 있고 열전달 역시 우수해 침대에 제격이다. 나무 특유의 특성인 이완 및 수축 작용을 감안해 1년 이상 자연건조시킨 목재만 사용한다.

:: 편백나무 온돌 침대 특징

① 편백나무 온열침대에서는 전자파가 없다. 기존 전기열선을 사용하는 제품은 피부와 가깝기 때문에 자기장의 영향 범위 안에 들어가 유해 문제가 대두되는 것이다. 온돌라이프가 개발한 침대는 무전자파 반도체형 히터를 사용해 히트파이프를 가열시켜 열을 전달하는 방식이라 인체에 무해하다.
② 편백나무는 전라도 화순, 장정 등의 수령 50년 이상 된 것만 사용하고 침대 안에 들어가는 황토는 나주, 화순, 정읍 등의 옥토를 쓴다. 모델에 따라 황토 외에 천연옥, 맥반석, 숯 등의 원적외선이 다량 발생하는 소재를 활용하기도 한다. 또한 예전부터 인도에서 사용해 온 천연니스를 도포해 그 효과를 오래도록 지속시킨다.
③ 편백나무에는 각종 해충이 살 수 없을 뿐만 아니라 아토피의 주요 원인인 집먼지 진드기도 가까이 가면 소

서까래
빈 공간은 겨자색한지마감
창쪽에서 3칸 주광색 LED 조명
페브릭 + 편백나무
포인트벽지
간접조명
한지조명마감

멸된다. 그래서 편백나무로 인테리어까지 하면 나무 향이 진하게 퍼져 마치 숲 속에 있는 듯한 느낌을 갖게 되는데, 아이들의 학습공간으로 매주 좋다.

:: 편백나무 로하스 인테리어

온돌라이프에서는 자체 난방기술과 편백나무, 황토 등과 같은 천연소재를 접목해 인테리어 및 건축도 시행하고 있다.

일반 아파트를 리모델링할 경우, 우선 시멘트벽에 황토를 발라 독성을 막고 목재를 황토 위에 덧붙여 바람이 지나가는 통로를 확보한다. 다음 핀란드산 고급 자작나무를 붙이고 그 위에 천연니스 셀락을 3회 도포한 국내산 편백나무로 마감한다. 집중력을 필요로 하는 자녀들의 공부방을 비롯해 산후조리원, 어린이 집 등에서의 호응이 높다.

(주)온돌라이프　히트파이프를 이용한 무전자파 난방기술과 편백나무를 통한 두한족 열의 효과를 지닌 건강침대를 개발한 친환경 난방업체다. 17년 이상 히트파이프를 이용한 난방연구로 기술적인 노하우를 쌓아왔다. 편백나무 온돌침대는 한국인 특유의 등을 따뜻하게 하며 수면을 취하는 최상의 잠자리로 개인형 온돌시스템이기 때문에 난방비도 현저하게 줄이는 특징을 지닌다. 또한 이산화탄소도가 발생하지 않아 지구 온난화를 예방하고, 전자파도 없는 건강에 유익한 난방을 제공하고 있다.
062-223-3621　http://www.ondollife.com

SUPPLEMENT

[책속부록]

어릴 적 시골집 떠올리며 직접 지은 황토방

치악산 자락의 한 전원까페에 근사한 황토방이 있다는 소문을 들었다.
물어물어 카페를 찾은 날, 주인장 김명진 씨는 마을 수곡일을 한다고 마침 집을 비운 상태였다.
대신, 그의 아내가 내온 향 좋은 커피와 온기를 내뿜는 벽난로가 낯선 이를 반겼다.
카페 창 너머로 아담한 별채 하나가 눈에 들어온다. 부부가 손수 지은 황토구들방은 오가는 손님들의 언 몸을 녹이고,
밤이면 가족들의 아지트가 되는 신나는 놀이터였다.

김명진 씨 부부가 이곳으로 온지 벌써 10년이 흘렀다. 서울에서 애니메이션 일을 하던 그는 교사인 아내와 두 딸을 데리고 시골살이를 시작했다. 원주에 작업실을 두고 있던 친한 선배화가에 이끌려 치악산 골짜기 마을로 들어온 것이다.

마을 이장까지 맡고 있는 김씨는 하루가 모자라게 뛰어다닌다. 새벽같이 나가서 오전 열시가 넘어서야 집으로 돌아온 그에게 황토방 이야기에 앞서 이곳과의 인연을 전해 들었다.

"지나다 본 이 집을 무척 맘에 들어 했는데, 10년이 지나자 매물로 나온 것이에요. 불교에서 만번 이상 원하면 이루어진다는 말이 있는데, 정말 그 꿈이 현실이 되었죠. 마을 분들도 저를 보고 집터 주인은 따로 있다는 말을 실감한다고 하시더군요."

그렇게 원하던 남향집을 얻고, 부부는 안팎을 손보기 시작했다. 기존의 농가는 그대로 두고, 여기에 흙과 나무로 증축을 해 2년 만에 카페를 열었다. 오래된 농가와 새로 만든 공간이 거의 차이가 나지 않아 의아하던 차에, 그는 이렇게 답을 주었다.

"원주는 재개발도 많고, 이 동네 근처만 하더라도 헐어지는 한옥들이 아직 많아요. 고재 소나무들을 그냥 얻어오고 창틀과 창호, 구들장까지 다 모아다 집을 지었어요. 말하자면 재활용인데, 이렇게 조화를 이루니 사람들이 원래부터 있었던 농가인 줄 알더라구요."

집 주위를 에워싸고 있는 낮은 돌담은 5년 동안 그가 직접 쌓은 것이다. 마당에는 그가 심은 야생화가 있고, 카페 안에는 아내가 들꽃으로 만든 압화작품들이 전시되어 있다.

부부는 주변이 어느 정도 안정되자, 그 동안 숙원했던 황토방 만들기에 나섰다.

까페 들꽃이야기 033-762-2823

01

들꽃이야기 심벽구들방

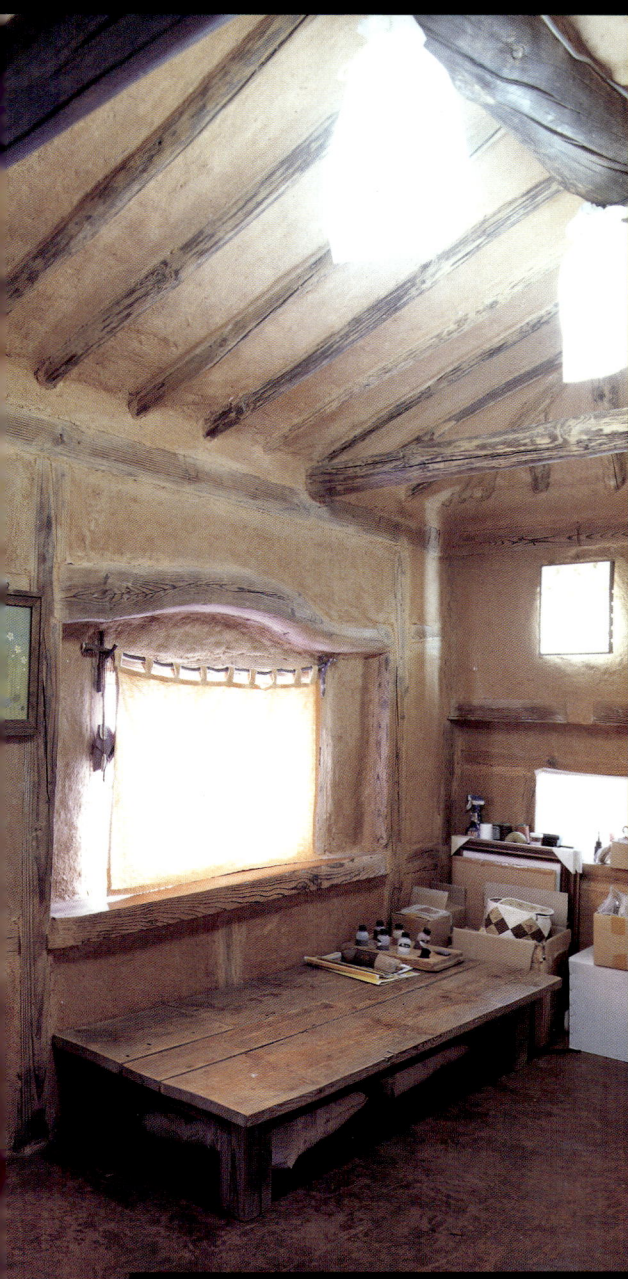

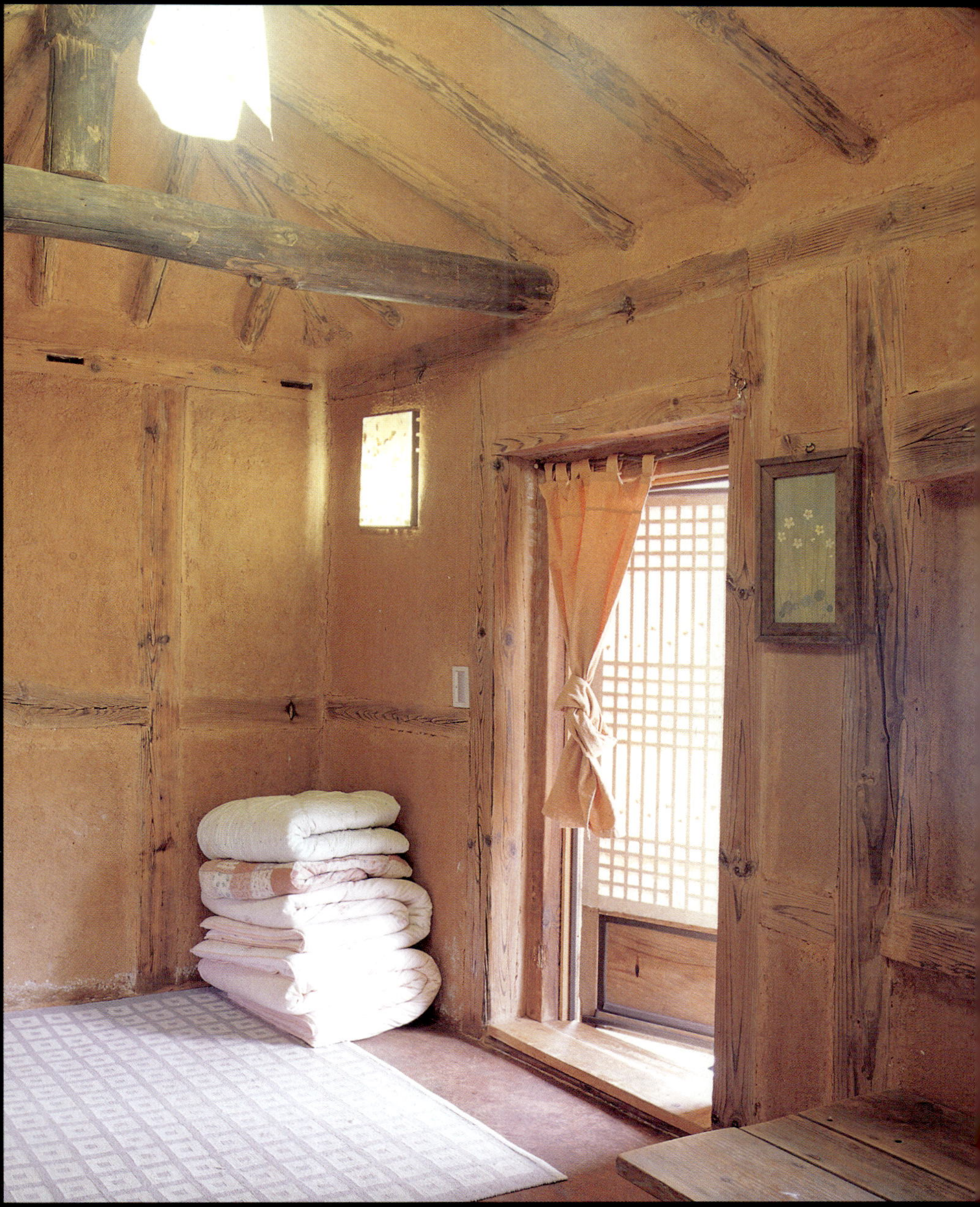

김명진 씨의 황토방은 마을 주변의 오래된 농가에서 얻은 고자재들로 지어졌다. 그가 살던 어릴 적 집 그대로 심벽치기로 벽을 세우고 줄고래로 구들장을 얹었다.거의 재활용된 자재들로, 6개월 동안 직접 지었기 때문에 총2백만원쯤 들었다고 한다. 방 안에는 아내가 손수 만든 압화작품과 황토로 염색한 커텐 등으로 꾸며졌다.

심벽구들방 어떻게 지어졌을까?

들꽃이야기의 황토방은 옛날 시골마을에 등장하는 초가집을 그대로 본 딴 형태로, 구들과 지붕의 방식, 기초까지 옛 방식을 그대로 살린 집이다.

"제가 딱 7살 때 저희 가족이 새 집을 지었어요. 동네 분들이 모두 품앗이를 오셨는데, 마침 사촌형이 구들전문가였어요. 그 때 집 한 채가 지어지는 전 과정을 눈에 담게 되었죠. 그게 마음 속에 남았는지 하나하나 생각이 나는 거에요."

김씨가 어린 시절로 돌아가 지은 황토방. 그 과정을 사진과 함께 전해 듣는다.

01 기초는 생석회와 자갈, 진흙으로 된 줄기초로 전통방식 그대로를 따랐다. 지면에서 깊이 1m, 높이 50cm로 기초를 만들어 주었다.

04 15톤 트럭으로 한대반 분량의 흙을 주문했다. 질좋은 흙도 중요하지만, 몇번 치대는 반죽효과가 흙을 더 찰지게 한다. 심벽집은 짚을 섞어 벽에 치대는 기법이므로 흙 자체의 점성이 무엇보다 중요하다.

07 어느 정도 형태가 잡힌 골조와 지붕. 지붕의 흙은 30cm 두께로 올려주었다.

02 주변의 폐가나 철거농가에서 모아 온 소나무 고재를 가공해 기둥을 세웠다. 옛날 집들은 나무 기둥이 하나로 벽체가 얇았다. 단열이 약한 점을 보완하기 위해, 고재 기둥을 두 개 겹쳐서 세우고, 그 만큼 벽도 두껍게 만들어 겹집을 짓고자 했다.

05 흙을 치기 전 대나무나 수수깡으로 힘살을 만들어 주는데, 이 마을의 폐가를 가 보니 옻나무 자른 것을 사용하고 있었다. 거기서 난 옻나무를 가져다 심을 심기 시작했다.

08 기초와 골조, 지붕작업은 일주일만에 끝났다. 그후 시간이 날 때마다 흙을 치기 시작했다. 가족들이 모여서 하면 재밌는 작업이다. 하루에 너무 많은 양을 하기보다는 마르고 다시 치대는 과정을 거쳐야 더 튼튼한 벽이 완성된다.

03 지붕이 서까래를 올리는 모습. 서까래 아래 곡선형 인방은 창이 끼워질 자리로, 인테리어 효과도 고려한 설치다.

06 옻나무가 모자라는 부분은 수수와 싸리태를 묶어 지지해 주었다.

09 황토방의 정면 벽작업이 끝났다. 봄부터 시작된 공사는 늦여름까지 이어지고 있었다.

지붕작업은 볏짚이 아닌 갈대를 올렸다. 벼는 1~2년에 한번씩 갈아줘야 하지만, 갈대는 수명이 더 길다.

벽체공사가 거의 마무리되자, 구들작업이 시작되었다. 어깨너머 배운 어렸을 때 지식은 아무래도 걱정이 되어, 전북 부안에서 구들장인을 모셔왔다.

이곳 원주지방은 전통적으로 막구들을 많이 놓는 편이지만, 난 어릴적 살던 집처럼 줄구들을 놓기로 했다. 아궁이와 부넘기를 만들고 4줄로 줄구들을 쌓았다.

구들장 위로 수평을 맞춰가며 황토를 깐다. 역시 짚을 섞은 흙이다. 구들장이 굴뚝 쪽이 높기 때문에 아궁이 쪽을 더 두껍게 발라줘야 한다.

바닥이 완성되면, 구들장 시험을 해봐야 한다. 불을 지피고 바닥이 마르면 쩍쩍 갈라지는데, 그럼 그 위에 다시 흙미장을 한다.

콩땜은 화학장판이 나오기 전 천연장판이라 할 수 있다. 생콩과 들깨를 8:2로 섞어 하루를 불린 후, 이를 갈아 광목에 넣고 방바닥에 치댄다. 흙바닥에 바로 칠해도 느낌이 자연스럽고 무엇보다 건강에 좋다.

■ 김명진 씨의 황토방 전략

풍수적으로 네모 반듯한 집이 좋다 평생 네모진 공간에서 살다가 원형 공간을 짓고 살면 뭔가 어색한 느낌이 있다. 무엇이든 자연스러운 것이 좋다. 몇천년을 이어온 우리 가옥들 중 원형집은 거의 찾아볼 수 없는 사실이 이를 뒷받침한다. 네모 정갈한 집이 우리 정서에 더욱 어울릴 것이다.

건축은 봄에 시작해 처서 전에는 끝내야 한다 처서가 지나면 흙은 수렴하는 성질을 갖게 된다. 주변의 습기를 빨아들여 잘 마르지 않고 하자가 생길 수 있다. 이왕이면 하지 때까지 벽과 바닥을 끝내놓는 것이 좋다. 그 때가 가장 잘 마르는 시기다.

흙은 어차피 손을 봐가며 살아야 한다 그 옛날 가을이면 어머니들이 흙손을 들고 집 안팎을 메우기 시작했다. 황토집은 어차피 손이 안 갈 수가 없다. 집 지을 당시 전문가들에게 관리하는 방법을 배워두고 황토와 목자재, 칠종류 등을 넉넉히 남겨두면 좋다.

마을사람들이 합심해 지은 첫작품, 손님들에게 인기 좋아요!

전북 장수의 하늘내 들꽃마을은 2006년 농촌마을가꾸기 경진대회에서 최고의 대상(大賞)을 받은 바 있다.
백두대간에서 분기된 천반산 자락에 위치한 마을은 천연기념물 수달, 1급수 어종이 서식하는 청정지역으로
농촌과 산촌다움을 고스란히 간직하고 있는 곳이다.
마을 전체는 25가구, 이 중 21가구가 체험마을사업에 참여해 폐교 운동장에 숙박시설을 지어놓았다.
흙마당은 너른 잔디마당으로 바뀌고, 마당을 빙둘러 황토구들방 세 채가 자리했다.

건축학교에서 수업받고 지은 집 마을 사람들 중 집 짓는 기술을 가진 이가 없었다. 결국 인원을 뽑아 가까운 남원에 황토집 건축학교에 등록, 한 달동안 이론과 실기를 연마해 왔다. 목수와 인부를 불러 그냥 지을 수 있었지만, 마을 사람들은 배워서 직접 짓는 집이 애정도 깃드는 법이라 입을 모았다. 또한 추후 황토방 수를 늘려야 했고, 이후에 주택 보수도 직접 해야할 지 몰랐다.

세 채 모두 구들과 지붕을 달리한 집 우선 땅을 2m 정도 파내고 콘크리트를 이용, 원형 기초를 쌓았다. 맨 바닥에 소금을 10cm 정도 채운 후 물을 부어서 벌레나 습기 등에 대처했고, 다음엔 숯을 고르게 깔았으며 그 위에 다시 모래와 자갈을 다진 후 황토로 채워서 기토를 완성했다.

세 동을 짓기로 한만큼, 겉모양은 같되 구들과 천장 마감은 방법을 각기 달리해보기로 했다. 일자, 항아리형 구들, 나선형 구들과 대들보형, 귀접이형, 원추형으로 설계하여 색다른 분위기를 연출했다. 내부는 벽체 하단부만 한지로 마감했고, 바닥은 콩기름 종이를 깔았다.

원형집을 짓기로 한 것은 나들이로 들리는 기회에 특색 있는 집에서 보낼 수 있도록 한 의도였다. 모양도 좋지만 무엇보다 한 가족이 빙 둘러 앉아서 도란도란 이야기를 나누는 풍경을 기대하며 작업했다.

짓고 나서 좋은 점과 아쉬웠던 부분 화장실을 포함하여 16.5㎡(5평) 정도의 면적이나, 원형이라 생각보다 크기가 좁았다. 수납 공간 역시 부족하여 붙박이장을 하나 정도 넣었으면 좋았겠다는 생각을 한다.

바닥 마감은 좀 더 연구하여 두꺼운 종이장판을 깔았으면 하는 후회가 든다. 아랫목 불맞이 구들장이 좀 부실했는지 열이 너무 올라와 가끔 탄 자국이 생긴다. 아궁이 앞 구들장도 좀 더 두껍고 튼실한 것으로 해야겠다는 생각이다.

마을 사람들이 모여 처음 짓는 집이라 시행착오는 있었지만, 좋은 점이 훨씬 더 많아졌다. 흙집 고유의 기능으로 여름에 시원하고 겨울에 뜨끈뜨근하니 마을 어른들도 좋아하고, 체험오는 관광객들도 좋아한다. 장작난방을 하니 유지비도 적게 들고, 아이들은 고구마를 구워먹는 재미, 나이 지긋한 어른들은 찜질하는 재미에 만족도가 높은 편이다.

향후 운동장에 2개 정도를 더 지을 계획이고, 전통 황토목구조로 1채, 그리고 마을에 20㎡(6평) 정도의 황토방을 약 10~15채를 더 지어서 본격적인 체험마을로 거듭날 기대를 품고 있다.

063-353-5185 http://www.slowzone.co.kr

:: 사진으로 보는
흙벽돌구들방 만들기

오동나무 고목을 이용한 봉창문 달기

구들놓기

15
황토에 볏짚을 섞어 바닥미장

01
상량보를 깎고 있는 모습

06
벽체 완성

11
연기가 나가는 화굴 만들기

16
지붕 이엉 엮기

02
황토집 기초와 소나무 문틀

07
서까래를 걸기

12
회굴을 향해 뻗은 고임돌의 모습

17
굴뚝 만들기

03
기초 위에 황토벽돌을 한단 쌓기

08
실내에서 보는 천장의 모습

13
열을 분산시키는 부넘기

18
내부 미장을 위해 해초풀 쑤기

04
두께 30㎝ 벽돌로 황토방 벽쌓기

09
판재 위에 방습포를 씌우고 황토를 입힌 지붕

14
두께 10㎝ 이상의 화강암 구들장 덮기

19
외벽마감 하기

초보자를 위한 황토방 간단시방서

우리집 마당에 황토방 지을 수 있나?

▶ 제대로 지은 황토방은 집과 마찬가지기 때문에, 원칙적으로 지목(地目)이 대지인 곳에만 지을 수 있다. 원래 집이 있는 곳이라면, 대부분 여분의 대지가 있을 것이다. 용적률과 건폐율을 따져봐도 별채 정도는 충분히 둘 수 있는 공간이 나오니 신고절차를 밟으면 된다.

▶ 땅의 지목이 농지나 산지라면 전용과 형질변경 절차를 거쳐야 한다. 이 부분은 행정적인 까다로움이 있지만, 기본적인 문서를 가지고 해당 시, 군청의 관련부서에 문의해 처리하는 것이 가장 확실하다. 농업진흥지역 밖 주말농장에 짓는 연면적 33㎡(10평) 이하 소형주택은 농지보전부담금이 감면되는 혜택도 있다.

▶ '농막'은 농지전용 없이, 신고만으로 농지에 설치가 가능하다. 연면적 합계가 20㎡(약 6평)이 넘지 않는 규모에 전기, 가스, 수도 등 간선공급시설을 설치하지 않고 농업인이 자기 토지에 짓는 건축물이다. 그러나, 임야인 경우 산지관리법상 200㎡ 미만으로 산지전용신고(공익용산지 제외)를 한 후 농막을 설치하게 되어 있다.

▶ 농업인 주택의 마당에는 축사와 창고 등 부속건축물을 둘 수가 있다. 그러나 실제 전업농이 아니라도 전원주택에는 창고 용도의 컨테이너 하우스나 정자 등이 필요한 실정이다.
작은 면적으로 지어 농작물을 보관하거나 건조시키는 용도로 사용하다 겨울철 찜질방으로 이용한다면 부속건축물로 분류될 수 있다.

01 설계도면 작성

아무리 작은 크기의 집이라도, 도면 없이 무턱대고 시공하는 경우는 없다. 지면에서의 높이와 문과 창의 위치와 크기 등 세밀하게 계획하고 자재를 발주해야 한다.

02 기초공사

우리의 옛가옥들은 신을 벗고 올라서는 높은 집들이다. 이는 구들이 그 아래 깔려 있기 때문인데, 현대에 재현하는 황토구들방도 콘크리트 줄기초로 높게 하는 방식이다. 혹 습기의 완벽한 차단을 위해 바닥면까지 통기초를 하는 경우도 있다. 처음 기초를 잡을 때는 수직과 수평을 반드시 맞춰야 하므로 어느 정도 전문지식이 있는 사람을 대동하는 것이 좋다. 아궁이와 굴뚝 위치도 설계도에 맞춰 잡아줘야 한다.
(폭 : 300~450㎜, 높이 : 900~1200㎜)

03 벽체공사

벽의 시공 방식은 다양하다. 그러나 초보자가 손쉽게 할 수 있는 것은 황토벽돌이다. 단열성능을 위해 폭은 20㎝ 이상으로 하고, 이왕이면 시멘트 성분이 없는 것이 좋다. 물을 먹였을 시 전혀 묻어나지 않는 벽돌은 화학성분이 첨가된 벽돌로 보아야 한다. 기둥 없이 벽돌만 쌓았을 때 문제가 될 소지가 있다. 9.9㎡(3평) 이상이 되면 목재기둥을 두는 것이 안전하다. 기둥에 조적공사가 완료되면, 지붕틀을 만들기 위한 도리목을 설치하고 벽체를 만들기 전 도면에 따라 창호, 문틀, 도리용 목재, 서까래 등을 준비한다.

04 창호공사

창호는 설계도에 맞춰 정확한 위치 및 높이가 산정되어야 한다. 목재로 창틀을 할 경우, 반드시 완전 건조된 나무를 사용해야 한다. 혹 알루미늄 새시나 시스템 창호를 원하는 이들도 있는데, 이는 취향의 문제다.

03

06 구들공사

방바닥에는 구들을 놓아야 찜질방 기능을 할 수 있다. 구들은 집의 보온에 관한 것이므로 많은 기술을 요한다. 그래서 일반인들이 가장 어렵고 까다롭게 생각하는 공정이다.

07 미장공사

벽돌의 메지에 황토모르타르를 채우면 제법 멋진 외관이 탄생한다. 또는 황토물을 만들어 벽 전체에 발라줄 수도 있다. 외벽은 방수처리를 위해 해초 삶은 물을 쓰기도 한다. 내벽은 한지를 발라주거나 역시 황토물을 곱게 개어 바르도록 한다.

08 방바닥 공사

구들장이 놓여 지면 그 위에 황토를 발라 방바닥을 만든다.
방바닥을 바를 때는 보리풀이나 볏짚, 솜 등을 섞은 황토로 발라주면 단단하고 갈라지지 않는다. 바닥 미장 후에는 보름 내 자주 군불을 지펴 습기를 완전히 제거해 줘야 한다.
마지막 미장단계는 한지를 몇 겹 바르기도 하고, 바로 콩땜을 하기도 한다. 구들에서 올라오는 열기를 그대로 느끼기 위해서는 마루나 화학장판은 피하고, 최대한 자연소재로 마무리한다.

05 지붕공사

흙벽돌로 벽체를 쌓은 집은 처마의 길이에 신경써야 한다. 적어도 1,200㎜ 이상 길게 빼줘야 비바람을 막을 수 있다. 서까래를 올리고 개판을 꼼꼼히 댄 다음, 지붕루핑과 단열재를 두르고 지붕재를 얹는다. 흙을 깔 때는 약간 질척한 황토로 12cm 정도 되게 발라주고 천장 쪽에서 다시 곱게 도배하듯 발라서 마무리 한다.
지붕재는 기와, 초가, 너와 등 다양하게 선택할 수 있다. 기와나 적삼목 등은 황토주택의 고전미를 더욱 부각시켜주는데, 비용이 높은 단점이 있다.
유지관리가 가장 쉽고 경제적인 것은 역시 슁글이다. 황금색이나 적갈색 슁글을 이용하면 흙색과도 무난히 어울리고, 혹 현대적인 본채가 있는 집이라면 시도해 볼 만하다.

황토방의 백미 구들놓기

구들은 바닥 속에 숨겨져 있어서, 대체 그 속을 알 수가 없다. 그래서 건축을 좀 안다 하더라도 구들 부분에는 유독 자신 없어 하는 이들이 많다.

우리의 전통구들은 조상의 지혜가 담뿍 담긴 과학적인 구조이다. 서양의 난방방식에 비해 열에너지를 오랜 시간 저장할 수 있으며, 연기, 화재 재 등을 피하고 열에너지만 가려내어 사용한 방식이다. 구들은 지역에 따라 다양한 형태로 발전되어 왔다. 일반적인 줄 고래부터 남부지방의 흩은 고래, 연기가 아궁이 쪽으로 되돌아 나오는 되돈 고래 등 여러 종류가 있다. 그러나 그 원리는 똑같다. 바닥 난방 방식으로 취사와 난방을 동시에 할 수 있는 효율적인 난방방식이다.

다만, 몇 년에 한번씩 뜯어내고 다시 놓는 불편함이 있고 자칫하면 연기가 새거나 화재의 위험이 있어 주의를 해야 하는 단점을 갖고 있어 현대주거생활에 그대로 활용하기는 어려움이 있다.

구들의 내부구조 파헤쳐보기 구들의 구조를 크게 나누면 아궁이, 부넘기, 고래, 구새(굴뚝)로 나누어진다. 내부는 아궁이부터 구새까지 열기가 흘러 위치별로 온도가 다르다. 이 때문에 뜨거운 아랫목과 선선한 윗목이 생기는 것이다.

아궁이는 불의 시작점이다. 부넘기는 아궁이에서 만들어진 불의 힘을 작은 구멍으로 밀어 넣어 불의 힘을 극대화시키는 역할을 한다. 구들 끝까지 열기를 밀어줄 수 있는 엔진의 역할을 한다. 부넘기를 넘은 열기는 구들장을 덥히고 불 속의 습기는 구들개자리 하단 부분으로 가라앉는다.

구들장으로 열이 쌓이고, 굴뚝 쪽으로 가면서 열은 약해져 밖으로 연기가 나온다. 굴뚝 속으로 나가는 연기와 굴뚝으로 들어오는 외부의 찬 공기가 만나면 목초액이 생긴다. 목초액은 다양하게 활용하기도 하지만, 좋은 장작을 땔 때만 좋은 효과를 낸다.

구들의 장단점

장 점	단 점
• 유지관리비가 적게 든다	• 실내 공기가 건조하다
• 배관이 없어 동파 걱정이 없다	• 불길이 역류하면 화재 위험이 있다
• 냄새가 없다	• 여름철 습할 수가 있다
• 여름철 찬 지열로 시원하다	• 보수가 어렵다
• 찜질 기능을 한다	• 막히기 쉽다
• 천연방충제이자 천연방부제 역할을 한다	• 구들장이 무너질 수 있다
• 에너지 낭비와 환경오염을 줄인다	• 틈새가 생기면 가스가 샐 수 있다

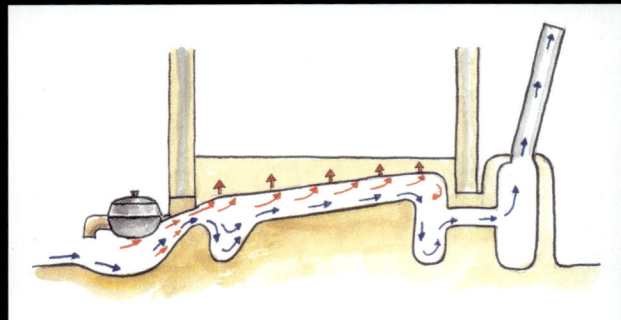

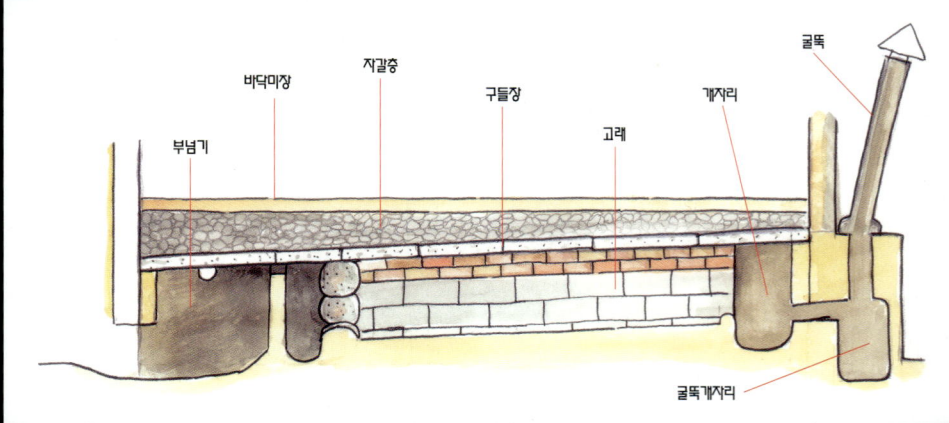

부넘기 바닥미장 자갈층 구들장 고래 개자리 굴뚝 굴뚝개자리

개량형 구들의 구조와 원리

개량형 구들은 (사)대한구들협회의 조창와 대표가 만든 구들놓기의 한 방식으로, 수년에 걸친 실험을 통해 보완점을 개선한 현대식 구들이다.
구들장이 약해 무너지거나, 열이 한 곳에만 집중되는 현상을 미연에 방지해 평생 가는 튼튼한 구들을 만들 수 있다. 구들의 과학적 원리를 그대로 유지하고 실용도를 높인 방법이다.

고래 속에 불길이 살아나가는 길을 만든다　바닥에서 습기와 냉기가 올라오면 제대로 된 구들이 못된다. 굴뚝에서 식은 연기가 나오는 것 보다는 따뜻한 연기가 나오는 것은 불길이 잘 살아나가는 좋은 구들이다.
쾌적한 고래환경을 만들기 위해서 시멘트모르타르와 방수액이 필요하다. 건강을 생각해 인상을 찌푸리는 이들도 있겠으나, 건강보다 중요한 것이 안전임을 명심해야 한다.
불을 맞는 정면은 기단석(축대돌)을 쌓고 뒤편으로는 시멘트블록을 아래에, 축열벽돌을 위에 두어 줄고래를 만들면 경제적이다.

고래와 고래둑의 규격　고래둑의 높이는 80cm 이상, 폭은 30cm 정도면 충분하다. 고래 폭은 구들장을 먼저 구하고, 이에 맞춰 정하면 된다. 단, 35cm 이상은 되어야 한다. 구들장을 놓을 때 흔히 굄돌을 놓는 경우가 있는데, 이는 구들장 위에 다른 구들장의 끝을 겹쳐 놓는 방식이다. 이는 열을 한 곳으로 집중시켜 방바닥이 고루 따뜻할 수 없다.

구들장 놓고 마감하기　구들장과 구들장을 나란히 맞추고 사이에 틈새가 없도록 시멘트모르타르로 잘 메워야 한다. 이 역시 흙을 쓰지 않고 시멘트를 사용한다는 얘기에 반감을 가질 수 있겠으나, 흙이 갈라져 가스가 새어나오고 구들장이 무너지는 안전사고가 생긴다면, 하소연 할 곳이 없다.
구들장과 구들장 사이를 메운 후 전체적으로 시멘트모르타르를 7cm 두께로 전체미장을 한다. 미장 후 연기를 피워 연기가 새는지 재차 확인한 후, 2~3일 정도 자연건조시킨다.
미장된 방바닥에 아랫목 22cm, 윗목 1~2cm 두께로 자갈을 깐다. 자갈은 틈 사이로 열에너지가 잘 퍼져 금세 따뜻해지고 축열 기능도 높일 수 있다.

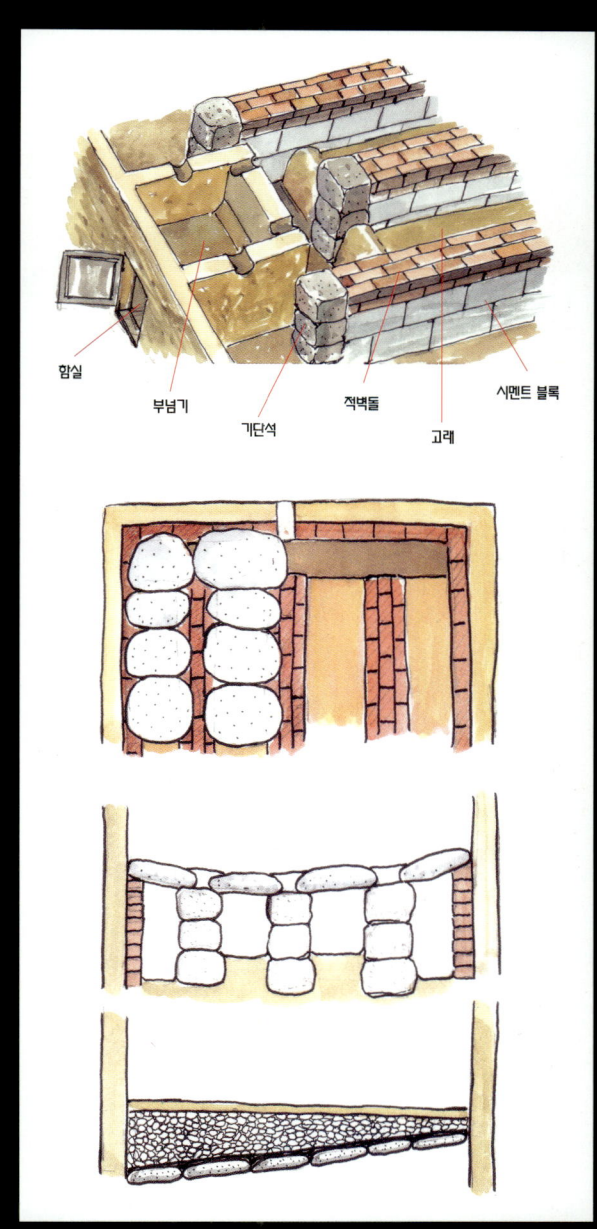

함실
부넘기
기단석
적벽돌
고래
시멘트 블록

연기가 잘 빠지는 굴뚝 만들기   굴뚝은 처마에서 약 30㎝ 정도 위에 설치하고, 굴뚝 자체에 보온 기능이 있어 내부 열기가 식지 않아야 한다. 그래야 안에서 계속 상승기류가 생겨 연기를 잘 배출할 수 있다. 굴뚝 하단에는 개자리를 만들어줘야 한다. 밑빠진 항아리나 플라스틱 통을 넣어 공간을 만들어 준다. 찬기운의 역풍이 굴뚝 안으로 들어올 때 이 바람이 구들 속으로 직접 들어가지 못하도록 완충작용을 하는 곳이다. 이 곳은 목초액이 쌓이는 곳이니 밑바닥에 구멍을 내어 놓아야 한다.

치솟는 난방비, 펜션은 구들난방이 제격이다   펜션을 운영하는 이들은 대개 보일러나 전기온돌을 사용한다. 기름값은 천정부지로 올랐고, 심야전기료도 나날이 높아지고 있다. 이 때문에 펜션의 유지비는 높아만 지고, 특히 겨울철에는 손님이 없어도 동파가 걱정되어 보일러를 돌려야 한다.

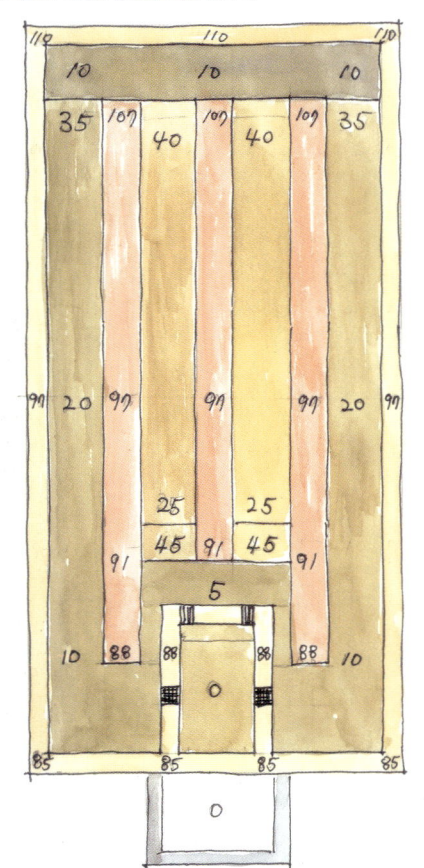

아래 도면은 구들의 높이를 치수화한 것이다. 고래는 아궁이에서 굴뚝 방향으로 점점 높아지게 되는데, 따뜻한 열기가 위를 향하기 때문에 이러한 방법을 쓰는 것이다.

보일러 유류비가 생존권까지 위협하는 수준에 이르렀다고 할 수 있다. 이러한 상황에서 펜션에 구들을 설치하면 여러 좋은 이점이 있다.

자연을 찾아 펜션에 놀러오는 손님들에게 불 때는 일은 색다른 체험이다. 마당 한켠에 장작을 쌓아두고 아이들과 함께 도끼질도 해보고, 군불에 고구마 감자를 구워먹는 일은 누구나 즐길만한 일이다.

또한 겨울철 유지비가 거의 들지 않는다. 손님이 오기 1시간 전에만 미리 불을 때어도 도착 시에는 뜨끈뜨끈한 아랫목을 선사할 수 있다. 펜션의 손님들은 대개 예약손님이니 허둥될 일도 없다. 빈방일 때는 불을 안 때도 배관이 없는 구들이므로 동파 걱정도 없다. 여름철에도 지열 덕분에 실내가 시원해서 에어컨 유지비도 거의 들지 않는다.

19.8㎡(6평)짜리 방 하나 불을 지필 때, 나무값은 하루에 1천원 정도이다. 이보다 경제적일 수 없을 것이다. 혹 화목보일러에 관심을 갖는 이들이 있는데, 이는 하루에 두세 번 불을 넣어줘야 하며, 손실되는 열에너지도 매우 크다. 장작 소요량이 많아 본일은 제쳐두고 나무꾼이 되기 십상이니 피하는 것이 좋다.

구들장의 종류와 특징

구 분	단 점	산 지
운모석	백운모, 흑운모가 있으며 금빛 은빛결이 겹겹이 붙어 있고 그 사이 열을 축적하는 최고급 구들장이다.	논산 왕암
편모암	검정색 돌로 일명 스레트석이라 불린다. 작고 얇은 것은 너와기와로도 쓰인다.	보은 금관리 옥천 담양리
화강암	자연적으로 넓적하게 깨져있는 돌들을 사용하고 5~9㎝ 정도의 돌을 결대로 사용한다.	인천 석모도 서산 장현리
중고 구들장	골동품점에서 구할 수 있다. 단, 직사광선을 쪼이거나 비를 맞은 흔적, 금이 간 흔적이 있으면 좋지 않다.	경기 광주 경기 송추
중국산 화산암	수입산 돌로 구들장이 5㎝ 두께로 일정하다. 일정한 바둑판 모양으로 규격화되어 개량형 구들에 쓰인다.	인천 신천리 경남 산청

구들시공 시 유의점

01 아궁이 바닥은 지면보다 낮게

부삭이라 불리는 아궁이 바닥은 구들에서 가장 중요한 부분의 하나다. 지면에서 아궁이 바닥쪽으로 서서히 낮아지게 만들어야 찬공기가 자연스럽게 아궁이 속으로 공기를 밀어 준다. 구들에서 최초로 자연적인 대류를 활용하는 장치다.

실내에 둔 아궁이는 외부에서 강제로 찬공기를 끌어 들여야 한다. 아궁이 앞 쪽으로 7㎝ PVC관을 묻어 외부에서 들어오는 공기통로를 만든다.

02 구들 내부는 흙을 배제하자

흙으로 둑을 쌓으면 쥐나 동물들이 흙을 파기 쉬워 구들장이 무너지거나 주저앉기 쉽다. 또한 우기나 습기 등으로 무너지기 쉬우며 높게 쌓지도 못하는 단점이 있다.

고래둑이 높아야 부넘기를 넘은 불이 열기와 수분으로 나뉠 수 있고, 재로 인해 막히는 경우도 줄일 수 있다. 개량형 구들에서 고래의 높이는 80㎝ 이상되어야 한다.

03 고래의 모양은 줄고래로

우리나라에서는 고래의 90% 이상이 놓기 편한 '흩은 고래' 이다. 흩은 고래란, 고래둑을 세우지 않고 돌로 괴어놓은 구들형태를 말한다. 옛날 가옥의 아랫목을 보면 검게 탄 자국을 어김없이 발견하는데, 돌이 괴인 부분에 유독 열이 많이 올라와서 타는 것이다. 개량형 구들에서는 구들방의 견고성을 높이고 불의 양을 배분할 수 있는 줄고래를 이용한다.

04 아궁이 문은 꼭 단다

불을 어느 정도 때고, 아궁이 문을 닫아 놓아야 열에너지 소모를 막을 수 있고, 짐승들이 들어가는 것도 방지할 수 있다. 또한 굴뚝을 통해 갑자기 돌개바람이 불어 불길이 역류할 때 화재의 위험도 막을 수 있다.

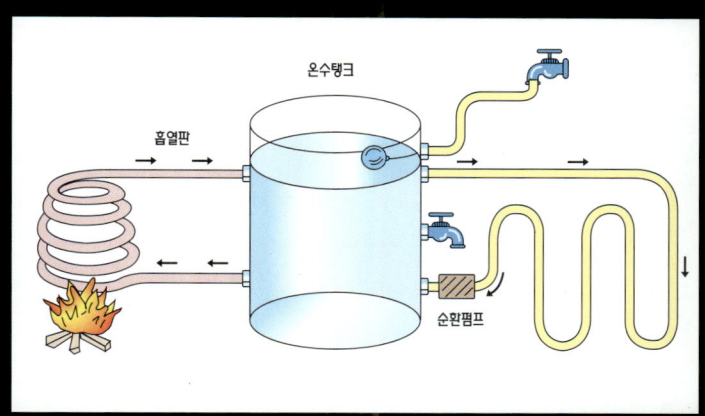

TIP | 구들보일러와 온수시스템

최근 구들은 난방전용(함실구들)으로 만들어지고 있다. 그러나 함실구들 속에 동파이프로 만든 흡열판을 설치하고 물탱크를 연결하면 전기도 필요없는 무동력으로 많은 양의 온수를 얻을 수 있다. 거실이나 주방 등의 난방에 이용하면 33㎡(10평) 정도 거실을 3~4시간 정도 따뜻하게 난방할 수 있고 4인 가족의 하루 목욕물 정도를 데울 수 있다.

• 흡열판의 동파이프는 6번 정도를 감으면 좋다.
• 물이 너무 데워지면 가스로 바뀌려 하므로 폭발음이 들릴 수 있다. 이를 방지하려면 물이 들어오는 방향에 순환펌프를 달아 식은 물을 밀어주면 된다.

생태화장실 파파라치

외부 생활이 많은 전원주택에서는 간혹 야외 화장실이 필요한 경우가 있다.
이 때 정화조 설치가 필요 없고, 텃밭에 거름으로도 쓸 수 있는 생태화장실은 바람직한 해결책이 된다.
약간의 수고만으로 우리 몸과 땅을 살찌우는, 전국의 숨은 생태화장실 사례를 공개한다.

01

고드미마을의 순환식 생태화장실

충북 청원군 고드미마을에는 경사지에 화장실이 있다. 용변을 담는 아래층을 바로 퇴비실로 활용했기 때문. 화장실은 두 칸으로 나눠, 한쪽 화장실을 쓰다 퇴비칸이 다 차고 고온화되기 시작하면 그 옆 화장실을 이용하게 된다.
안에는 일을 보고 각자 뿌려줘야 하는 톱밥이나 왕겨가 마련되어 있다.

02

토굴건강마을의 책이 있는 화장실

토굴집으로 유명한 경기도 포천의 황토건강마을에는 주인장 권오혁 씨가 직접 만든 생태화장실이 있다. 여느 생태화장실과 마찬가지로 물을 사용하지 않아 수질오염이 없으며, 소변이나 대변에 바로 나무와 재, 부엽토 등을 뿌려 퇴비로 활용한다. 측면에 간이책장을 두어 누구나 화장실에서 책을 볼 수 있게 한 아이디어가 정감있어 보인다.

--- 사용한 물을 다시 걸러 쓰는 B. M. W 방식의 인뇨 플랜트 화장실 ---

이제는 석유가 아니라 물이 분쟁의 씨앗이 되는 시기다. 세계적으로 인구의 1/3이 물 부족에 시달리고 있고, 물 사용의 불평등도 높아져 하루 사용량이 미국은 5백ℓ인데 반해 아프리카 잠비아의 경우는 겨우 4.5ℓ라고 한다.

우리가 일상적으로 사용하는 수세식 화장실은 한 번에 10ℓ이상의 물을 사용하고, 또한 이렇게 생성된 물은 동시에 모아져 한꺼번에 처리되거나 아니면 완전히 처리되지 않은 상태에서 강으로 유입된다.

원론적으로 생각하면 화장실의 가장 좋은 순환 시스템은 분뇨를 퇴비화하여 재활용하는 것이다. 하지만 생활이 변하여 지금은 많은 사람들이 수세식 화장실을 사용하고 있고, 그러한 화장실에 익숙한 사람들은 재래식 화장실이 고욕일 수 있다.

환경오염을 줄이기 위해 물을 재활용하면서, 생활의 불편함을 최소화하려는 여러 노력 중의 하나로 B. M. W 처리 방식이 있다. B. M. W라는 것은 박테리아(Bacteria), 미네랄(Mineral), 물(Water)의 약자로 이들을 사용하여 유기물을 분해하는 정화과정을 말한다.

원래는 축산 분뇨를 처리하는 기술로 개발되었는데, 현재는 처리된 물을 농작물의 생산이나 가축에게 재사용하는 방식으로까지 활용 범위가 확대되었다. 화장식의 분뇨가 B. M. W 시설로 투입되면 화강암, 경석, 부식토에 의해 정화과정을 거친다. 이 물은 수세식 화장실의 물로 다시 사용하고, 여분은 농사에 사용하거나 넘쳐 방류시킨다.

〈도움말 · 풀무농업기술전문학교 정민철 교사〉

간디청소년학교의 인뇨정화 화장실

인뇨처리플랜트를 이용해 대변을 따로 모아 퇴비로 활용하고, 소변은 정화시켜 다시 화장실물로 쓰거나 농업용수로 활용한다. 최대 인원 2백명 기준으로 지어졌고, 하루에 0.2톤 양을 처리할 수 있다.

스트로베일하우스 대나무벽 화장실

경북 경주시 강동면에 위치한 스트로베일하우스. 작업실로 지어진 30㎡ 면적의 집에는 화장실이 포함되어 있다. 볏짚에 흙미장을 한 벽 상단과 천장은 푸른대나무로 마감해 싱그러운 이미지를 준다. 작은 창은 자칫 어두울 수 있는 화장실을 밝게 만들고 있다. 거의 완성단계로 양변기 뚜껑을 부착해 좀 더 쾌적한 환경을 만들 계획이다.

서리태 주말농장의 통시만들기

충북 장호원에서 주말농장을 운영하는 이민우 씨는 농장 내 생태화장실을 만들어 두고 질 좋은 거름을 얻고 있다. 이씨는 "자기 배설물을 거름으로 순환해 다시 먹는 순환 방법으로, 결국 사람과 자연에게 유익한 일"이라 강조한다. DIY 정신으로 솜씨를 발휘한 그의 화장실을 소개한다.

Http://blog.daum.net/lmw4753

Do It Yourself

■ 고정식 화장실

자재준비 ·····
주위를 다니다가 주운 철판 받침용 팔레트(나무가 매우 튼튼하고 길다) / 골함석 8장, 함석판 1장 / 재생플라스틱 물통 1개 / 못, 경첩, 손잡이, 안쪽 잠금고리 / 제재소에서 산 톱밥 1마대(8천원) / 줄자와 톱

≫ 만들기 과정

장소 정하기　사람의 왕래가 적고 호젓한 곳, 생활공간에서 약간은 떨어진 곳을 택하고 둔덕이 약간 있어, 물이 침투하지 않는 곳이 좋다.

변기통 묻기　땅을 파고 재생 플라스틱 물통을 묻는다. 입구 부분이 위로 5cm 정도 올라오게 하고 수평이 잘 맞도록 한다.

외벽 뼈대 만들기　가로 1m, 세로 1.5m, 높이 2m 정도를 계산하여 기둥은 약간 굵은 것으로, 가로대는 약간 가는 것으로 고른다. 세로 중간에 보강 각목을 하나 덧대 준다.

지붕 만들기　가로 1.8m, 세로는 외벽 뼈대와 같이 길이로 사각 프레임을 만든다. 그 위에 골함석을 뼈대보다 약 30~40cm 앞뒤로 나오게 씌운다. 함석지붕용 못으로 골함석의 높은 부분에 박아야 빗물의 침투를 방지할 수 있다.

발판 만들기　그림과 같이 굵은 가로 막대기를 변기통 돌출부보다 조금 높게 설치한 후 넓은 판 두 개로 발판을 만든다. 나중에 분뇨를 퍼낼 때, 들어내야 하는 부분이므로 바닥에 고정시키지 않는다.

문짝 만들기　앞쪽 기둥간의 폭을 재서 프레임을 만든 후 함석판으로 고정한다. 함석작업 시 가위로 절단한 면이 노출되면 날카로울 수 있으니 주의한다.

기타작업　안쪽에서 걸 수 있는 고리 및 손잡이를 만든다. 주변 경치가 한적하고 좋다면, 굳이 문을 닫지 않고 싸리대 울타리를 낮게 둘러도 좋을 것이다.

마무리　화장실이 고정되어 있지 않으므로 센 바람에 넘어질 우려가 있다. 네 곳의 기둥상단을 끈이나 철사로 고정한 후 바닥에 앵커를 박고 묶어둔다. 입구와 내부를 청결히 하고자 하면, 모르타르 처리를 해도 좋다.

사용 방법
용변 후에 톱밥, 썩은 낙엽, 쌀겨 등을 충분히 뿌려 준다. 톱밥은 제재소에서 큰 마대로 7천~8천원씩 구입할 수 있다. 낙엽 썩은 것을 잘 말리거나, 발효퇴비 파는 것을 잘 말려서 사용해도 좋다. 주변에 퇴비장을 만들어 밭에서 뽑은 잡초와 같이 켜켜이 섞어 발효시키면 좋다.

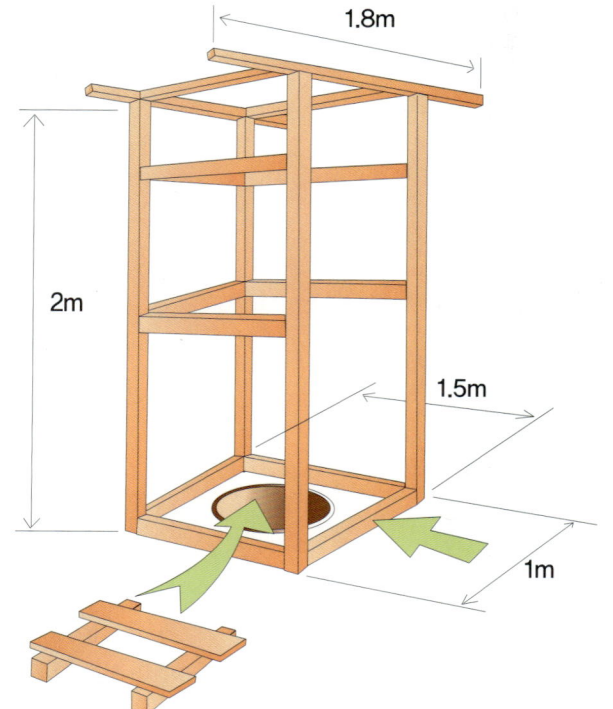

■ 이동식 화장실

비교적 간단하고 처리가 용이해 누구나 만들고 사용할 수 있는 형태다. 용변 후 톱밥이나 재를 뿌리고 어느 정도 차오르면 속에 있는 양동이를 꺼내서 바깥에 미리 마련해둔 퇴비장에 쏟아낸다.

자재준비
합판 1장 / 양변기 뚜껑 / 재생 플라스틱통 / 직소, 못, 연필, 사포

》 만들기 과정

1 합판 한 장에 설계도와 같이 재단하고 직소로 따낸다. 통은 거꾸로 대고 연필로 원을 그려 따낸다.

2 원형의 그림대로 잘라낸 후 통에 맞대본다.

3 외곽 뼈대를 다 만든 후 피스로 조여서 탄탄하게 만들어 둔다.

4 양변기 뚜껑은 철물점이나 화장실 용기 파는데서 구할 수 있다. 엉덩이가 닿는 아랫부분을 본체에 고정시키기 위해 바닥면의 지지대를 떼어 낸다.

5 플라스틱 통은 합판 위로 5~10mm 올라와야 한다. 그래야 용변이 새지 않고 냄새도 막을 수 있다.

6 완성된 후, 날카롭거나 거친 부위는 사포 80번이나 120번으로 잘 문질러서 매끈하게 해 준다.

사용 방법

용변 후 사용자가 직접 톱밥이나 재를 뿌린다. 어느 정도 통이 차면 뚜껑을 젖히고 통만 들어내서 퇴비장에 골고루 부어준다. 아예 처음부터 신문지를 들통 안에 깔아두면 신문지까지 한 번에 퇴비더미에 버릴 수 있으니 간편하다.
퇴비장은 플라스틱재질의 팔레트 3장으로 만들어 주었다. 빗물이 땅으로 스며들어오지 못하게 바닥을 높이고 아래쪽에 거친 재료(볏짚)를 깔고 인분 한 켜, 밭에서 뽑아낸 잡초 위에 또 인분 한 켜 식으로 쌓아올린다. 맨 위는 다시 볏짚으로 덮어서 마무리한다.

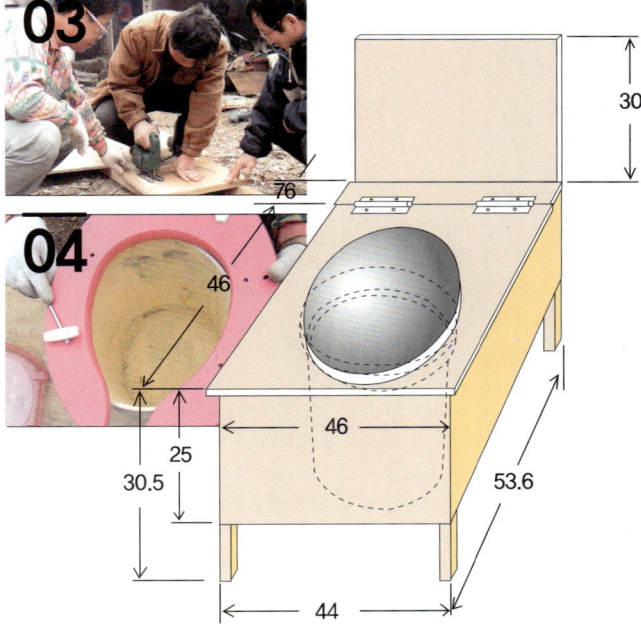

5년간 찾아다닌 우리나라 흙집

흙집으로 돌아가다

2009년 1월 10일 초판 1쇄 찍음
2014년 3월 10일 초판 5쇄 펴냄

발행인 이 심
편집인 임병기
발행처 (주)주택문화사
출판등록번호 제13-177호
주 소 서울시 강서구 강서로 466 우리벤처타운 6층
전 화 02-2664-7114(代)
팩 스 02-2662-0847

기획&진행 이세정
기획&편집 김연정
사 진 변종석
편집디자인 고스트에이전시
마케팅 서병찬
총판·관리 장성진, 이미경

자매지 월간 전원속의 내집 · www.uujj.co.kr
            주간 노년시대신문 · www.nnnews.co.kr

출 력 삼보프로세스
인 쇄 애드그린 인쇄(주)
용 지 영은페이퍼(주)

정 가 35,000원

ISBN 978-89-85047-06-7-13540